电化学法废水处理技术及其应用

曾郴林　刘情生 ／　主编

中国环境出版集团·北京

图书在版编目（CIP）数据

电化学法废水处理技术及其应用 / 曾郴林，刘情生
主编 . —北京：中国环境出版集团，2022.1
　　ISBN 978-7-5111-5028-8

　　Ⅰ . ①电… 　Ⅱ . ①曾… ②刘… 　Ⅲ . ①废水处理—
电化学处理 　Ⅳ . ① X703

　　中国版本图书馆 CIP 数据核字（2022）第 016391 号

出 版 人　武德凯
责任编辑　殷玉婷
责任校对　任　丽
装帧设计　大燃润色
封面设计　宋　瑞

出版发行　中国环境出版集团
　　　　　（100062　北京市东城区广渠门内大街 16 号）
　　　　　网　　　址：http://www.cesp.com.cn
　　　　　电子邮箱：bjgl@cesp.com.cn
　　　　　联系电话：010-67112765（编辑管理部）
　　　　　　　　　　010-67112736（第五分社）
　　　　　发行热线：010-67125803，010-67113405（传真）
印　　刷　北京中科印刷有限公司
经　　销　各地新华书店
版　　次　2022 年 1 月第 1 版
印　　次　2022 年 1 月第 1 次印刷
开　　本　787×1096　1/16
印　　张　23
字　　数　462 千字
定　　价　90.00 元

编委会

主　　编：曾郴林　　刘情生

副 主 编：钟世民　　封明甫　　闵根平

参编人员：普世祥　　李江燕　　孙　权

　　　　　彭　昊　　代永亮　　李泗维

　　　　　张　勇　　徐国忠　　白国正

　　　　　余继玲

前　言

　　随着国家工农业的飞速发展，其所面临的环境污染问题愈益严重。工业行业种类繁多，废水性质迥异，处理难度大。经过几十年的不懈努力，环境科技工作者开发出了行之有效的处理工艺，使常见的污水得到有效处理。但高浓度难降解废水，特别是一些有毒有害的人工合成生物难降解物质的处理方法一直是困扰着环保科技工作者的难题。因此，难降解废水处理技术的研究开发是我国该领域科技工作者的一个重要和迫切的热点课题。

　　基于解决实际问题的应用需求和科学发展的必然选择，近年来电化学法废水处理技术受到高度关注，其成为环境科学与工程领域最重要的研究与发展方向之一。电化学是一门历史悠久、应用前景广泛的交叉学科，作为一种环境友好技术，在能源、材料、金属的防腐与保护、环境等领域发挥了很大作用。电化学与环境科学相结合，形成了环境电化学科学或环境电化学工程的研究领域。早在 20 世纪 40 年代，已有人提出采用电化学法处理废水；20 世纪 60 年代在电力工业发展的推动下，电化学水处理技术逐渐引起人们的关注并将其应用于废水处理工艺的研究中。电化学法废水处理技术以电化学的基本原理为基础，利用电极反应及其相关过程，通过直接和间接的氧化还原、电絮凝、吸附降解和协同转化等综合作用，对水中的有机物、重金属、硝酸盐、胶体颗粒物、细菌、色度、嗅味等有优良的去除效果。由于电化学法废水处理技术具有不需向水中投加药剂、水质净化效率较高、无二次污染、使用方便、易于控制等突出优点，在工业废水处理、生活污水处理与回用、饮用水净化等方面得到了越来越多的应用，表现出巨大的发展潜力。电化学法不仅丰富了废水处理的理论体系和技术体系，而且为解决常规方法不能处理的水污染问题提供了重要的途径。

　　本书以多年电化学法处理废水实践案例为基础，总结概括出几种电化学法废水处理技术的常用方法，希望对从事废水处理工程技术和相关教学的工作者有所启发。

全书共分为 8 章，第 1 至 7 章为理论部分，主要介绍了各种电化学法的作用机理、影响因素、电极材料、技术特点、相关试验研究等，为理解电化学法废水处理技术打下了理论基础。第 8 章为实例部分，通过案例解读的形式，对各类废水水质特征、主要污染物及工程实施方案进行了阐述，为读者呈现了包括重金属废水、矿山废水、制药废水、垃圾渗滤液废水、化工废水、制膜废水及酵母废水等的处理技术及工程方案设计。本书主要作者从事水处理工作 30 余年，设计的工程项目类型多，处理的故障多，所精选的实例均由作者亲自设计或参与指导设计，不仅覆盖面广，而且得到了实际实施，运行效果良好，突出了其创新性、实用性、成熟性和代表性。同时，书中还汇集了常用的废水处理系统、设备结构设计概算等专业数据、图表和专业设计规程、规范条文等资料，是有关水处理设计方面的实用书籍。本书适用于从事水处理工作方面的专业人员及相关专业的高校师生阅读参考，也可作为水处理设备经营人员的参考资料。

　　本书在编写过程中参考了大量的著作和相关的文献资料并在书中引用，在此向这些著作和文献的作者由衷地表示感谢。

　　在编写本书的过程中虽对某些论点进行反复推敲核证，书中仍难免有不全面乃至错误之处，热忱欢迎有关专家和广大读者批评指正。

作　者

2021 年 7 月 1 日

目录

第 **1** 章

绪　论

水是人类不可缺少的自然资源。当前，水资源污染是世界各国面临的急需解决的问题之一。水中的污染物，尤其工业生产中排放的高浓度有机污染物和有毒有害污染物，种类多、危害大，有些污染物难以生物降解且对生化反应有抑制和毒害作用。如农药生产过程的中间产物及副产物在自然界中较难降解，且具有毒性和"三致"（致癌、致畸、致突变）危害，其中许多物质属于美国国家环境保护局（USEPA）于 1977 年公布的 129 种优先控制的污染物（US Preferred Controlled Pollution in Water）。虽然废水中易降解的有机污染物的处理有较成熟的技术，但有毒难降解的有机污染物仍然是水处理过程中的难点，导致部分有毒难降解废水直接排放。造成水污染问题的原因除了资金和管理外，更主要的还是没有找到最佳的治理技术。

1.1 水的污染问题

目前我国的水污染十分严重，除了工业废水外，日常生活中排放的洗涤污水也会严重污染水质。例如，含磷洗衣粉会造成水质磷污染、富营养化致使蓝藻猛长，导致水生生物大量死亡。

饮用水中的污染物主要有无机化合物、有机化合物、微生物和环境荷尔蒙 4 大类。现已确认在饮用水中存在 700 多种对健康有害的化学品。它们可能会引发癌症、不孕症、神经系统和免疫系统的失调等疾病。

无机化合物污染源主要由微量的有毒、有害金属矿物质组成。水中的有毒、有害的无机物主要有铝（Al）、铅（Pb）、氟（F）、砷（As）、铬（Cr）、汞（Hg）、银（Ag）、镉（Cd）、石棉、硝酸盐和亚硝酸盐。通常水中的铅由镀锌水管和水龙头带入。当饮用水中 Pb 含量大于 50×10^{-3} mg/L 时就会损害儿童智力神经，长期饮用则会损坏肾脏、红血球细胞及其再生。有机化合物主要包括挥发性有机化合物、非挥发性有机化学品、消毒副产物和多环芳烃等。有机化合物的主要致癌物见表 1-1。

表 1-1　有机化合物的主要致癌物

致癌物名称	来源	排放限量 /（mg/L）
三氯甲烷	水中含氯与有机物反应而成	0.1
四氯化碳	工业去油剂、烘烤业等	0.005
苯	清洗剂、有机溶剂	0.05
三氯乙烷	溶剂、去油剂、杀虫剂	0.002
氯乙烯	用于塑料、橡胶制造过程	0.002
二溴乙烯	用于汽油添加剂、杀虫剂	0.005
二溴氯丙烷	用于农业的杀虫剂	0.002

微生物污染源包括多种有害的细菌、病毒、寄生虫，它们可造成伤寒、霍乱、肝炎、小儿麻痹、痢疾、感冒等疾病。水中氮（N）和磷（P）含量的增加则会造成藻类大量繁殖，使水中有霉味或鱼腥味。水中的藻类还可能产生藻毒素。

环境荷尔蒙指外因性物体进入人体或生物体内干扰内分泌系统，造成类似荷尔蒙的作用或破坏干扰原有内分泌系统的平衡及功能，进而可能对人体或生物的成长、发育、生殖等产生不良影响的物质。此类物质有 70 多种，其代表性物质有垃圾焚烧物二噁英类、多氯联苯（PCB）类电器产品、农药杀虫剂、除草剂、三丁基锡型防污剂、壬基苯酚乙烯型非离子表面活性剂、壬基苯酚型洗涤剂、聚碳酸酯塑料成分和双酚 A 等。环境荷尔蒙主要会影响人类的生殖功能，造成免疫系统失调，使癌症（尤其是乳腺癌和前列腺癌等）的发病率上升，它能通过母乳将化学污染传给下一代，致儿童患多动症等病症。

1.1.1　无机盐类

人类活动产生的生活污水中的氯化物主要来自人类的排泄物，而工业废水（制革工业、漂染工业等）以及沿海城市采用海水作为冷却水时，都会产生含有高浓度氯化物的废水。水中氯化物的浓度高时，对管道及设备有腐蚀作用；当氯化钠的质量浓度超过 4 000 mg/L 的限值时，会抑制微生物对废水进行生物处理。

废水中的硫酸盐用 SO_4^{2-} 表示，生活污水中的硫酸盐主要来源于人类排泄物；而工业废水中较高浓度的硫酸盐来源于洗矿、制药、化工、发酵及造纸等。硫酸盐分布范围很广。天然水中的 SO_4^{2-} 主要来源于石膏、硫酸镁、硫酸钠等矿岩的淋溶、硫铁矿的氧化，含硫有机物的氧化分解及某些含硫工业废水的污染。废水中的硫化物主要来源于工业废水（硫化染料废水、人造纤维废水等）和生活污水。硫化物在废水中的存在形式有硫化氢（H_2S）、硫氢化物（HS^-）及硫化物（S^{2-}）。硫化氢有强烈的臭味，每升水中只要含有零点几毫克就会引起人体不适。硫化物属于还原性物质，会消耗废水中的溶解氧（DO），且会与废水中的重金属离子反应生成黑色的金属硫化物沉淀。

1.1.2　无机非金属有毒物

水溶液中的无机非金属有毒污染物主要有氰化物（CN）、砷（As）等。

元素砷不溶于水，几乎没有毒性，但在空气中极易被氧化为剧毒的三氧化二砷（As_2O_3），即砒霜。砷的化合物很多，固态的有 As_2O_3、As_2S_2、As_2S_3 和 As_2O_5 等，液态的有 $AsCl_3$，气态的有 AsH_3。砷化物在水中以无机砷化物（如亚砷酸盐 AsO_2^-、砷酸盐 AsO_4^{3-}）及有机砷（如三甲基砷）的形式存在。砷化物对人体的毒性排序为有机砷＞亚砷酸盐＞砷酸盐。砷会在人体内积累，属于致癌（皮肤癌）物质之一。废水中的砷主要来自化工、焦化、造纸、火力发电及皮革等工业。

氰化物是指含有—CN基的一类化合物的总称，分为简单氰化物、氰络合物和有机氰化物。其中最常见的简单氰化物是氰化氢、氰化钠和氰化钾，且它们易溶于水。废水中的氰化物主要有无机氰（如氢氰酸HCN、氰酸盐CN^-）及有机氰化物（称为腈，如丙烯腈C_2H_3CN）。氰化物是剧毒物质，人体摄入量是0.05～0.12 g，人中毒后会出现呼吸困难、全身细胞缺氧，甚至导致死亡。天然水体中一般不含有氰化物。水中的氰化物往往来源于工业废水，如电镀、焦化、制革、塑料、农药、选矿、化纤及高炉煤气等工业废水，含氰浓度在20～80 mg/L。

工业废水是造成环境污染的主要污染源，尤其是有机工业废水，不仅数量大、分布面广，而且由于大量有机物及有毒物质的存在，给环境带来严重的污染和危害。如石油化纤排出的高浓度有机废水，其COD平均值高达13×10^4 mg/L，而且成分十分复杂；某些农药废水的COD可高达450 000 mg/L，并含有大量生物难降解有机物，其对环境的污染是极其严重的。一些工业行业排放的有机污染物如表1-2所示。

表1-2　一些工业行业排放的有机污染物

工业行业	有机污染物
石油加工	苯、甲苯、乙苯、多环芳烃、苯酚等
焦化	苯、甲苯、乙苯、多环芳烃、间甲酚等
塑料制造	苯、甲苯、二甲苯、二氯甲烷、酚酸、酯类等
化学纤维	苯、甲苯、二甲苯、苯酚等
农药制造	苯、甲苯、氯苯、二氯甲烷、苯胺、苯酚、间甲酚、对硝基甲苯、对硝基苯酚等
医药制造	苯、萘、三氯苯、苯酚、苯胺、硝基苯、对硝基氯苯等
染料制造	苯、萘、三氯苯、苯酚、苯胺、硝基苯、对硝基氯苯等
造纸	苯酚、氯苯酚、有机氯等
化学行业	苯、甲苯、苯酚、卤代烃等
有机化工原料制造	苯、氯苯、二甲苯、苯胺、苯酚、氯仿、四氯化碳等
有色金属冶炼加工	苯酚、甲酚、苯、甲苯、乙苯、多环芳烃等
化学试剂制造	甲苯、乙苯、苯酚、二氯甲烷、氯仿、溴甲烷、三氯乙烯、四氯乙烯、硝基苯等
皮革	苯、甲苯、有机氯等

由表 1-2 可知，工业废水中的有机污染物显然以苯类、酚类居多，这样的物质都具有较大的生物毒性，会对生化处理的微生物造成毒害和抑制作用，不易为微生物所降解，当它们随污水进入环境中后，会在水体、土壤等自然介质中积累，然后经食物链进入生物体内并富集，最后进入人体内危害健康。以酚基化合物为例，它是一种原生质毒物，可经皮肤黏膜、呼吸道及消化道进入体内，低浓度可引起蓄积性慢性中毒，高浓度可引起急性中毒以致昏迷死亡。

1.1.3 重金属离子

重金属是指原子序数在 21～83 的金属或相对密度大于 4 的金属。废水中的重金属主要是汞（Hg）、铬（Cr）、镉（Cd）、铅（Pb）、锌（Zn）、镍（Ni）、铜（Cu）、锰（Mn）、锡（Sn）、钴（Co）等，特别是汞、铬、镉、铅及其化合物危害最大，它们与砷（As）并称"五毒"。当然轻金属中，铍（Be）及其化合物也是一种重要的毒物。

重金属污染物的特点：一是因其某些化合物的生产与广泛的应用，在局部地区可能出现高浓度的污染。二是重金属污染一般具有潜在的危害性。重金属在水体中难以被微生物分解消除，它们会在食物链中逐级积累富集，摄入人体后会在人体内积累，并引起慢性中毒。在生物体内的某些重金属又可被微生物转化成毒性更大的有机化合物（如无机汞可转化为有机汞）。三是重金属污染物的毒性不仅与其摄入人体内的数量有关，而且与其存在的化学形态有密切的关系，不同形态的同种重金属化合物其毒性可以有很大的差异。元素的价态不同，其毒性也不一样，如六价铬毒性大于三价铬，三价砷毒性大于五价砷，高价钒毒性大于低价钒等。四是毒性大。甲基汞能大量积累于大脑中，会引起乏力、神经末梢麻木、动作失调、精神错乱、痉挛等。六价铬中毒时能使鼻隔穿孔，皮肤及呼吸系统溃疡，引起脑膜炎和肺癌。镉中毒时引起全身疼痛、腰关节受损、骨节变形，有时还会引起心血管病。铅中毒时会引起贫血、肠胃绞痛、知觉异常、四肢麻痹。镍中毒时会引起皮炎、头疼、呕吐、肺出血、虚脱、肺癌和鼻癌。锌中毒时会损伤肠胃等内脏，抑制中枢神经，引起麻痹。铜中毒时会引起脑病、血尿和意识不清等。铍中毒会引起急性刺激，导致结膜炎、溃疡、肿瘤和肺部肉芽肿大。

作为毒物的重金属毒性以离子状态存在时最严重，故通常又称为重金属离子毒物；不能被生物降解，有时还可被生物转化为更毒的物质；能被生物富集于体内，既会危害生物，又可以通过食物链危害人体。生活污水中的重金属离子主要来源于人类排泄物；工业废水中都含有不同的重金属离子，如电镀、玻璃、陶瓷、电池、制革、造纸、塑料及氯碱等工业废水。

1.1.4 pH

pH 主要表示水体的酸碱性。pH 等于水溶液中 H^+ 浓度的负对数，即 pH= $-\lg\alpha_{H^+}$，是污水化学性质的重要指标。pH=7 时，水溶液呈中性；pH<7 时呈酸性，数值越小，酸性越强；pH>7 时呈碱性，数值越大，碱性越强。当废水的 pH 在 6~9 的范围时，会对生物造成危害，并会对水的物理、化学及生物处理产生不利影响。当废水的 pH 小于 6 时，还会对管道、污水处理构筑物（如曝气池）及设备（如水泵）产生腐蚀作用。一般要求废水经处理后 pH 保持在 6~9。天然水体的 pH 一般维持在 6~9 的范围，当受到酸、碱污染时，水体的 pH 发生变化，破坏了其自然缓冲能力，消灭或抑制了水体中生物的生长，妨碍水体自净功能，使水质恶化、土壤酸化或盐碱化。化工、制酸、电镀、炼油及金属加工厂的酸洗车间等会产生酸性废水；造纸、印染、制革、金属加工等生产过程中会产生碱性废水，大多数情况是无机碱，部分污水也含有机碱。

碱度是指废水中含有的能与强酸发生中和反应的物质，即是 H^+ 受体。形成碱度的物质能分为三类，分别是能全部解离出 OH^- 的强碱（如 NaOH、KOH）、部分解离出 OH^- 的弱碱（如 NH_3、$C_6H_5NH_2$）和强碱弱酸组成的盐（如 Na_2CO_3、K_3PO_4、Na_2S）。废水中的碱度可用以下的方程式表达：

$$碱度 = [OH^-] + [CO_3^{2-}] + [HCO_3^-] - [H^+]$$

废水的酸度和碱度的测定方法有酸碱指示剂滴定法和电位滴定法，通常都折合成 $CaCO_3$ 来计算，单位是 mg/L。

1.1.5 植物营养元素

废水中除大部分是含碳有机物外，还包含氮、磷的化合物及一些其他的物质，它们是植物生长、发育的养料，称为植物营养元素。同时，氮、磷是污水进行生物处理时微生物所必需的营养物质，主要来源于某些工业废水、动物排泄物和生物残体。从农作物生长角度来看，植物营养元素是宝贵的养分，但过多的氮、磷进入天然水体会导致富营养化，从而引起各种藻类的大量繁殖，使水生动物的生存空间越来越小，且藻类的种类逐渐减少，而个体数则迅速增加，藻类过度生长繁殖还将导致水中溶解氧的急剧变化。藻类在有阳光时，通过光合作用产生氧气；夜晚无阳光时，藻类的呼吸作用和死亡藻类的分解作用会消耗氧，能在一定时间内使水体处于严重缺氧状态，从而影响水生物的生存。水体中氮、磷含量与水体富营养化程度密切相关，就污水对水体富营养化的作用而言，磷的作用远大于氮。

废水中的含氮化合物有 4 种，分别是有机氮、氨氮、亚硝酸盐氮和硝酸盐氮。

4 种含氮化合物的总量称为总氮（TN，以 N 计）。有机氮很不稳定，容易在微生物的作用下分解成其他的 3 种含氮化合物。在无氧的条件下，分解为氨氮；而在有氧的条件下，先分解为氨氮，再分解为亚硝酸盐氮与硝酸盐氮。凯氏氮（KN）是有机氮与氨氮之和。凯氏氮指标可以作为判断废水进行生物处理时，营养是否充足的依据。氨氮在废水中的存在形式有游离氨（NH_3）与离子状态铵盐（NH_4^+）2 种。废水在进行生物处理时，氨氮不仅向微生物提供营养，同时对废水的 pH 起到缓冲作用。但是氨氮过高时（如超过 1 600 mg/L，以 N 计），会对微生物的活动产生抑制作用。

废水中的含磷化合物可分为有机磷与无机磷两类。有机磷的存在方式有磷肌酸、葡萄糖-6-磷酸及 2-磷酸-甘油酸等；无机磷都以磷酸盐的形式存在，包括正磷酸盐（PO_4^{3-}）、偏磷酸盐（PO_3^-）、磷酸氢盐（HPO_4^{2-}）和磷酸二氢盐（$H_2PO_4^-$）等。

1.2　难降解有机污染物

1.2.1　难降解有机污染物定义

废水中的污染物按种类大致可分为固体污染物、营养性污染物、需氧污染物、酸碱污染物、有毒污染物、油类污染物、生物污染物、感官性污染物、热污染物等。水环境中污染物的大致分类如表 1-3 所示。

表 1-3　水环境中的污染物

分类	污染物质类别	主要来源
无机无害物	水溶性氯化物、硫酸盐、无机酸、无机碱、盐中无毒物质、硫化物	采矿、化纤、造纸和酸洗等行业的排水
无机有毒物	铅、汞、砷、镉、铬、氟化物、氰化物等重金属元素及无机有毒化学物质	电镀、冶金、焦化、制革、电池、造纸、颜料及塑料等工业排放的废水
好氧有机物	碳水化合物、蛋白质、油脂、氨基酸等	生活污水，食品、造纸、石油化工、化纤、制药、印染等行业排放的废水
植物营养物	铵盐、磷酸盐、磷、钾等	农田排水、生活污水和化肥工业产生的废水
有机有毒物	酚类、有机磷农药、有机氯农药、多氯联苯、多环芳烃、苯等	炼油、焦化、石化、农药、印染等行业的排水

续表

分类	污染物质类别	主要来源
病原微生物	病菌、病毒、寄生虫等	生活污水，畜牧、医疗、生物制品等行业的排水
放射性污染物	铀、镭、钴、锶、铯等	核医疗、核试验等产生的废水
热污染	含热废水	核电站、热电站等工厂排放的热水

废水中的有机污染物按生物降解的难易程度，一般可分为三类：

（1）不含有毒有害物质且易生物降解的有机污染物，该有机污染物进入水体后能在较短时间内被生物降解；

（2）含有害物质但可生物降解的有机污染物，该有机污染物进入水体后能被降解到一定程度但所需时间较长，或降解得不够彻底；

（3）含有毒有害物质且难以生物降解的有机污染物，该有机污染物进入水体后几乎不能被微生物所降解或降解所需时间较长，对环境的危害难以控制。

所谓难降解（难生物降解）有机物是指微生物在任何条件下不能以足够快的速度降解的有机物。难降解有机物主要包括含有双键/三键的烃类、卤素化合物、醚类化合物、硝基偶氮类化合物、水溶性高分子化合物、具有杀菌作用的化合物等。这些化合物不但难降解，而且也是难降解的因素。一个分子中一旦引入了这些因素，均会造成生物难降解。废水中有机物难以生物降解的原因除了在处理时的外部环境条件（如温度、pH等）没有达到生物处理的最佳条件外，还有两个重要的原因：一是由于化合物本身的化学组成和结构（如分子中所含碳原子数、环的数目、偶键数目、偶氮基团、单取代基、取代基位置、取代基数目、结构复杂性等），在微生物群落中，没有针对要处理化合物的酶，使其具有抗降解性；二是在废水中含有对微生物有毒或能抑制微生物生长的物质（有机物或无机物），从而使得有机物不能被快速降解。难降解有机物主要来自农药、染料、塑料、合成橡胶、化纤等行业的工业废水及农田废水排放，如有机氯化物、多氯联苯及多环有机化合物等。

生物降解性能即有机污染物被生物降解的难易程度，是指通过微生物的呼吸代谢消化作用，使某一物质改变其最初的物理化学性质，在该物质结构上引起变化所能达到的程度。实际上难生物降解是相对于易生物降解而言的，所谓"难""易"是根据有机物所在的体系而确定的：对于自然生态环境系统，如果一种化合物滞留可达几个月或几年之久，则被认为是难以生物降解；对于人工处理系统而言，如果某种化合物通过一定的处理，还不能被活性污泥微生物分解或去除，则同样被视为是难以生物降解的。理论上，几乎所有的有机物均能被微生物矿化，但在实际水处理过程中，因受到许多环境因素的限制，所以现实情况非常复杂，在污水处理厂中有毒物质可能会导致微生物群落向不利的方向转变，最终破坏污水处理厂的正常运行。生物毒性是指废水中的化学物质抑制微生物的代谢作用，降低其活性，甚至使微生物中毒死亡的性质。一些有机物毒性虽然不大，但对微生物的分解作用有很高的阻抗和持久性，生物降解速度非常缓慢，被称为难生物降解污染物，而有些有机化合物通常二者兼有，且常是其生物毒性抑制了其生物降解性。

1.2.2 难降解有机污染物的特点

有毒难降解有机污染物能在生态环境中长期滞留和积累，并随水体等在自然环境中扩散，通过食物链对人类健康和动植物生存造成负面影响。有毒难降解物质的大量进入，会给传统的生化处理构筑物带来很大的冲击作用：一方面，这类物质自身难以被微生物所利用，去除率低；另一方面，这类物质的存在会影响其他化学物质的生物降解，主要表现为抑制活性污泥微生物的活性，使微生物不能充分发挥降解性能，有时甚至会造成活性污泥微生物的中毒、死亡。

有毒难降解有机污染物具有以下 4 种基本特性：

（1）长期残留性。一旦进入环境中，它们就很难被降解，因此可以在水、土壤等环境中滞留长达几年甚至更长时间。

（2）生物蓄积性。难降解有机物一般都有低水溶性、高亲脂性的特性，能够在大部分生物脂肪中出现生物蓄积现象。

（3）半挥发性。有的难降解有机物具有半挥发性，可以在大气环境中随气流远距离飘移，它们对人畜具有毒性作用，有的可以导致生物体内分泌失调，有的甚至能够引起癌症等严重疾病。

（4）高毒性。有的随工业废水进入城市污水处理厂，抑制生物处理系统中微生物的活性，甚至使微生物中毒死亡。

1.3 废水中难降解有机物

各国对难降解有机污染物的评价也不同。1977 年美国国家环境保护局根据有机物的毒性、生物降解性以及在水体中出现的概率等因素，从 7 万种污染物中筛选出 65 类 129 种优先控制的污染物，其中有机化合物有 114 种，占 88.4%。这些优先控制的污染物包括 21 种杀虫剂、26 种卤代脂肪烃、8 种多氯联苯、11 种酚、

7 种亚硝酸及其他化合物。美国 EPA 规定的 114 种优先控制有机污染物的名单具体如表 1-4 所示。

表 1-4　美国 EPA 规定的 114 种优先控制有机污染物名单

类别	种类
可吹脱的有机物（31 种）	挥发性卤代烃类 26 种（氯仿、溴仿、三氯乙烯、氯苯、氯甲烷、氯乙烯等），苯系物 3 种（苯、甲苯、乙苯）及丙烯醛、丙烯腈
酸性、中性介质可萃取的有机物（46 种）	二氯苯、三氯苯、六氯苯、硝基苯类、邻苯二甲酸酯类、多环芳烃类、联苯胺、N-亚硝基二苯胺、多环芳烃（芴、荧蒽、苯并［a］芘）
碱性介质可萃取的有机物（11 种）	苯酚、硝基苯酚、二硝基苯酚、二氯苯酚、三氯苯酚、五氯苯酚、对氯间甲苯酚等
杀虫剂和多氯联苯（26 种）	α-硫丹、β-硫丹、α-六六六、β-六六六、γ-六六六、δ-六六六、艾氏剂、狄氏剂、七氯、氯丹、毒杀芬、多氯联苯、4,4′-滴滴涕等

1989 年 4 月我国国家环保局提出了适合中国国情的"水中优先控制污染物"（China Preferred Controlled Pollution in Water）名单，包括 14 类 68 种有毒化学污染物，其中 58 种有机物，主要为挥发性氯代烃、苯系物、氯代苯类、酚类、硝基苯类、苯胺类、多环芳烃类、酞酸酯类、农药类等。

在难降解的污染物中，又将一些极难降解的污染物称为持久性有机污染物（Persistent Organic Pollutants，POPs）。这类污染物化学稳定性强，难以生物转化，在环境中能长时间滞留；由于它们具有低水溶性、高脂溶性的特征，可以被生物有机体在生长发育的过程中直接从环境介质或从所消耗的食物中摄取并积蓄；持久性有机污染物在相应环境浓度下，对接触该物质的生物造成有害或有毒效应，对人类健康和环境造成严重危害。持久性有机污染物除了具有环境持久性、生物积累性、高毒性外，还具有长距离迁移的能力，它们在大气环境中长距离迁移并沉降回地球的偏远极地地区。

2001 年 5 月 22 日，在瑞典斯德哥尔摩召开了全球外交代表大会，通过了《关于持久性有机污染物的斯德哥尔摩公约》（以下简称《斯德哥尔摩公约》），该公约划分出了 12 种对人类健康和环境造成威胁的持久性有机污染物。《斯德哥尔摩公约》中首批控制的 12 种有机污染物中，有 9 种是有机氯农药，其中除艾氏剂、狄氏剂、异狄氏剂和灭蚁灵没有生产外，我国曾大量生产和使用过滴滴涕（DDT）、毒杀芬、六氯苯、氯丹和七氯等。自从 1982 年开始实施农药登记制度以来，已陆续停止了上述农药的生产和使用。12 种首批控制持久性有机污染物的分子结构如图 1-1 所示。

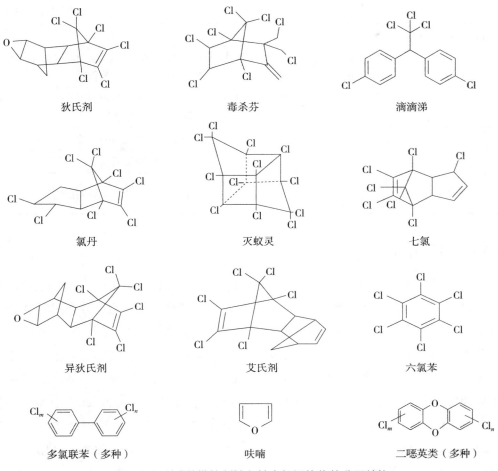

图 1-1 12 种首批控制持久性有机污染物的分子结构

狄氏剂　毒杀芬　滴滴涕

氯丹　灭蚁灵　七氯

异狄氏剂　艾氏剂　六氯苯

多氯联苯（多种）　呋喃　二噁英类（多种）

　　有毒难降解有机物具有共同特性：难降解、毒性大、残留时间长，能通过食物链富集，产生"三致"作用，对人类健康产生长远的危害。各类常见难降解有机污染物的来源及危害如表 1-5 所示。

表 1-5　常见难降解有机污染物的种类、来源及危害

难降解有机污染物	主要来源	危害
多环芳烃	焦化行业、石油化工、交通运输等	性质稳定，致癌性强
杂环化合物	焦化行业、石油化工行业、染料工业、橡胶工业、农药废水、制药废水	性质稳定，生物富集，具有致突变、致癌作用
有机氰化物	石油化工、人造纤维行业、焦化工业、有机玻璃单体合成废水	剧毒物质

难降解有机污染物		主要来源	危害
有机合成化合物	多氯联苯	机械工业、塑料工业、化工废水、电力工业、润滑油工业	通过食物链富集进入人体,对人体产生急性中毒作用、致癌作用
	合成洗涤剂	纺织化纤企业、造纸企业、皮革工业、金属洗涤厂、食品制造厂	发泡而影响生物处理净化效果,对致癌的多环芳烃具有增溶作用
	增塑剂	塑料工业、化工企业	稳定性强,对人的中枢神经有抑制作用
	合成农药	农药废水	对人具有毒性及致癌作用
	合成染料	染料废水、纺织印染废水、造纸废水、食品工业	色度高,具有毒性及致癌作用

1.3.1 多环芳烃

多环芳烃(Polycyclic Aromatic Hydrocarbons,PAHs)是指分子中含有两个或两个以上苯环的碳氢化合物,可分为芳香稠环型及芳香非稠环型。芳香稠环型是指分子中相邻的苯环至少有两个共用碳原子的碳氢化合物,如萘、蒽、菲、芘等;芳香非稠环型是指分子中相邻的苯环之间只有一个碳原子相连化合物,如联苯、三联苯等。有致癌作用的多环芳烃多为4~6环的稠环化合物。1979年美国国家环境保护局规定,目前属于优先控制的PAHs有16种,包括萘(Naphthalene,NAP)、苊(Acenaphthene,ANA)、苊烯(Acenaphthylene,NY)、芴(Fluorene,FLU)、蒽(Anthracene,ANT)、菲(Phenanthrene,PHE)、荧蒽(Fluoranthene,FLT)、芘(Pyrene,PYR)、苯并[a]蒽[Benzo(a)anthracene,BaA]、䓛(Chrysene,CHR)、苯并[a]芘[Benzo(a)pyrene,BaP]、苯[b]荧蒽[Benzo(b)fluoranthene,BbF]、苯并[k]荧蒽[Benzo(k)fluoranthene,BkF]、苯并[g,h,i]芘[Benzo(g,h,i)perylen,BPE]、二苯并[a,h]蒽[Dibenz(a,h)anthracene,DahA]、茚并-[1,2,3-c,d]芘[Indeno(1,2,3-c,d)pyrene,IcdP]。我国也在"中国环境优先污染物黑名单"中列出了7种多环芳烃。几种多环芳烃的结构如图1-2所示。

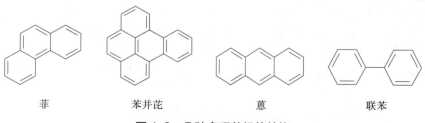

菲　　　　　　苯并芘　　　　　　蒽　　　　　　联苯

图1-2 几种多环芳烃的结构

常温下大部分多环芳烃都是无色或淡黄色的结晶，个别颜色较深，具有蒸汽压低、疏水性强、辛醇-水分配系数高、易溶于苯类芳香性溶剂等特点。多环芳烃的可溶性和生物降解性随苯环数量的增多而降低。一般双环和三环的多环芳烃易被生物降解，而四环、五环和六环的多环芳烃却很难被生物降解。多环芳烃的毒性主要表现为强的"三致"作用；对微生物生长有强抑制作用；多环芳烃经紫外光照射后毒性更大。PAHs 的来源主要分为人为源和天然源两种。人为源主要包括化石燃料及其他碳氢化合物的不完全燃烧、工业"三废"的排放、交通运输、石油泄漏以及生活污水等。天然源主要是森林和草原火灾、火山活动以及生物内源性合成等。地表水体中的 PAHs 主要来源于大气沉降、地表径流、土壤淋溶、工业排放和城市废水排放等，已知地表水体中的多环芳烃有 20 余种，它们通过 3 种方式存在于水体中，分别是吸附在悬浮性固体上、溶解于水和呈乳化状态。PAHs 作为一类典型的持久性有机污染物，一旦通过各种途径进入水生生物体内，就很难被生物代谢，易蓄积于生物脂肪组织中，通过不断地累积形成生物富集，对生物体造成极大的危害，是一种高致癌性的物质。16 种优先控制污染物 PAHs 的分子式及其性质如表 1-6 所示。

表 1-6　16 种多环芳烃的分子式及性质

名称	结构	分子式	熔点/℃	沸点/℃	分子量	致癌程度
萘		$C_{10}H_8$	80.3	217.9	128	致癌
芴		$C_{13}H_{10}$	117	295	166	
菲		$C_{14}H_{10}$	101	340	178	弱致癌
蒽		$C_{14}H_{10}$	218	342	178	致癌
荧蒽		$C_{16}H_{10}$	111	384	202	弱致癌
芘		$C_{16}H_{10}$	151.2	404	202	弱致癌
䓛		$C_{18}H_{12}$	258.2	448	228	弱致癌
苯并[a]蒽		$C_{18}H_{12}$	160	437.6	438	致癌

续表

名称	结构	分子式	熔点/℃	沸点/℃	分子量	致癌程度
苯并［b］荧蒽		$C_{20}H_{12}$	168	481	252	强致癌
苯并［k］荧蒽		$C_{20}H_{12}$	217	480	252	致癌
茚并［1,2,3-c,d］芘		$C_{22}H_{12}$	162.5	536	276	特强致癌
二苯并［a,h］蒽		$C_{22}H_{14}$	266	524	278	特强致癌
苯并［g,h,i］苝		$C_{22}H_{12}$	277	550	276	弱致癌
苊		$C_{12}H_{10}$	95	279	154	弱致癌
苊烯		$C_{12}H_8$	92	275	152	弱致癌
苯并［a］芘		$C_{20}H_{12}$	179	475	252	特强致癌

1.3.2　杂环化合物

杂环化合物（Heterocyclic Compounds）是分子中含有杂环结构的有机化合物。环上除碳原子外，其他杂原子通常为氧、硫、氮原子，环数由一元环、二元环至多元杂环，而且环上还可以附有各类取代基，这样就构成了杂环化合物庞大的家族体系。自1857年Anderson从骨焦油中分离出吡咯，1870年Scheele制出呋喃和1882年Meyer发现噻吩至今也不过一个多世纪，被研究的杂环化合物已发展到惊人的数字。20世纪30年代《拜耳斯坦有机化学手册》记载的杂环化合物数目约占当时已知的数十万种有机化合物的1/3，是一类重要的有机污染物。到1971年，已知的数百万种有机化合物中，有一半以上是杂环化合物。近几十年来，杂环化合物在有机物中所占的比例仍是有增无减。随着杂环化合物数目的迅速增加，其种类也越来越复杂。

最常见的杂环化合物是五元杂环、六元杂环及稠环杂环化合物等。五元杂环化合物有呋喃、噻吩、吡咯、噻唑、咪唑等。六元杂环化合物有吡啶、吡嗪、嘧啶、哒嗪等。稠环杂环化合物有吲哚、喹啉、蝶啶、吖啶等。杂环化合物中，最小的杂环为三元环，最常见的是五元环、六元环，其次是七元环。杂环的成环规律和碳环一样，最稳定、最常见的杂环也是五元环或六元环。几种杂环化合物的结构如图1-3所示。

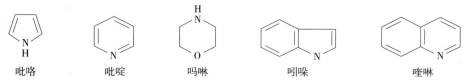

吡咯   吡啶   吗啉   吲哚   喹啉

图1-3 几种杂环化合物的结构

杂环化合物广泛存在于自然界，与生物学有关的重要化合物多数为杂环化合物，如核酸、某些维生素、抗生素、激素、色素和生物碱等。此外，还合成了多种多样具有各种性能的杂环化合物，其中有些可做药物、杀虫剂、除草剂、染料、塑料等。含有杂环化合物的工业废水主要有：

（1）焦化及石油化工企业的工业废水，这种废水都含有一定量的杂环化合物，如在焦化废水中含有喹啉、吡啶、咔唑等杂环化合物；

（2）染料废水，如现在广泛应用的染料靛蓝、阴丹士林等都是杂环化合物；

（3）橡胶工业废水，橡胶工业常利用杂环化合物（如哌啶及其衍生物）做抗氧剂及硫化促进剂；

（4）农药废水，含有吡啶衍生物、苯并咪唑衍生物、嘧啶衍生物、哒嗪衍生物等；

（5）制药废水，许多合成药都是各类杂环的衍生物。

1.3.3 有机氰化物

氰化物特指带有氰基（CN）的化合物，其中的碳原子和氮原子通过三键相连接。三键给予氰基以相当高的稳定性，使之在通常的化学反应中都以一个整体存在。因该基团具有和卤素类似的化学性质，常被称为拟卤素。有机氰化物是由氰基通过单键与另外的碳原子结合而成。视结合方式的不同，有机氰化物可分类为腈（C—CN）和异腈（C—NC），相应的氰基可被称为腈基（—CN）或异腈基（—NC）。氰化物在有机合成中是非常有用的试剂。常用来在分子中引入一个氰基，自动氰化物分析系统生成有机氰化物，即腈。例如纺织品中常见的腈纶，它的化学名称是聚丙烯腈。腈通过水解可以生成羧酸，通过还原可以生成胺等。

最常见的有机氰化物有丙烯腈、乳腈等，主要存在于石油化工及人造纤维等相关行业的有机废水中，另外，在焦化工业煤气洗涤废水中也含有一定量的有机氰化物。煤气发生炉废水含氰100～500 mg/L（以焦化或含烟煤为原料），高炉煤气洗涤废水每升含几十毫克氰，有机玻璃单体合成废水则每升含氰达数百至数千毫克。几种有机氰化物的结构如图1-4所示。

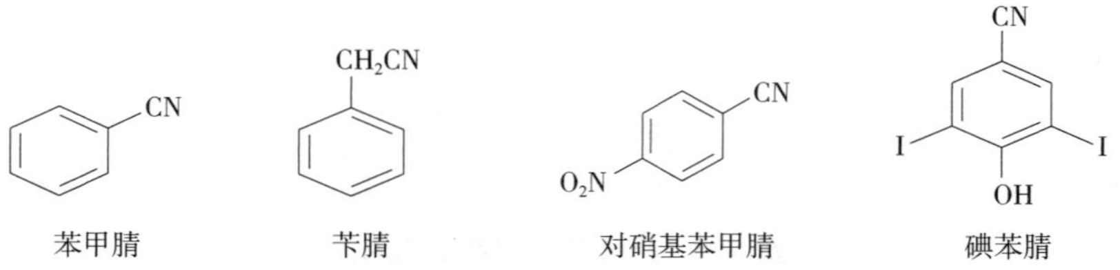

苯甲腈   苄腈   对硝基苯甲腈   碘苯腈

图1-4　几种有机氰化物的结构

有机氰化物在水中能被降解为氰离子和氢氰酸，因此毒性与无机氰同样强烈。氰化物进入人体后会析出氰离子，氰离子与细胞线粒体内氧化型细胞色素氧化酶的三价铁结合，会阻止氧化酶中的三价铁还原，妨碍细胞正常呼吸，组织细胞不能利用氧，造成组织缺氧，导致机体陷入内窒息状态。另外，某些腈类化合物本身具有直接对中枢神经系统的抑制作用。

1.3.4　酚类化合物

酚（Phenol），化学式为ArOH，是芳香烃环上的氢被羟基（—OH）取代的一种芳香族化合物。酚类化合物是指芳香烃中苯环上的氢原子被羟基取代所生成的化合物，这类有机化合物的相对分子质量一般为100～200，根据其分子所含的羟基数目可分为一元酚、二元酚和多元酚；根据能否随水蒸气一起挥发，可分为挥发酚与不挥发酚。挥发酚包括苯酚、甲酚、二甲酚等，属于可生物降解有机物，但对微生物有毒害或抑制作用。部分挥发酚包括间苯二酚、邻苯三酚等多元酚，属于难生物降解有机物，并对生物有毒害或抑制作用。酚类化合物种类繁多，有苯酚、甲酚、氨基酚、硝基酚、萘酚、氯酚等，而以苯酚、甲酚污染最突出。含酚废水是当今世界上危害大、污染范围广的工业废水之一，是环境中水污染的重要来源。美国国家环境保护局的优先控制污染物中有11种苯酚和甲酚：苯酚、2-氯苯酚、2,4-二氯苯酚、2,4,6-三氯苯酚、五氯苯酚、2-硝基苯酚、4-硝基苯酚、2,4-二硝基苯酚、2,4-二甲基苯酚、4,6-二硝基-对甲苯酚、3-甲基-4-氯苯酚。其中，苯酚、2-氯苯酚和2,4-二氯苯酚3种容易残留于水中；其他8种易存在于底泥中。五氯苯酚和2,4-二甲基苯酚易被生物积累。几种酚类化合物的结构如图1-5所示。

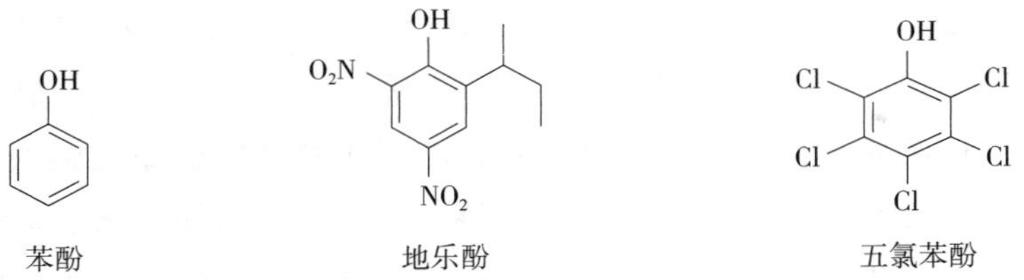

图 1-5 几种酚类化合物的结构

我国环境优先污染物中有 7 种酚类物质，其中包括 2-氯酚、2,4-二氯酚、2,4,6-三氯酚和五氯酚等毒性很高的物质。这些物质对任何生物体都具有毒害作用，属于"三致"物质，而且其毒性随着含氯度的增加而明显提高。五氯酚（PCP）可引起人和动物的急性或慢性中毒，具有"三致"作用。氯代苯酚类化合物的毒性规律为毒性随分子氯取代基数增多而增强，随分子最高占据轨道能的增高而增强。苯酚邻位上的氢被取代所生成的化合物对底泥氨氧化活性的抑制作用强弱按取代基排序为—Cl、—CH₃≈—NO₂、—H、—OH、—NH₂。苯酚对位上的氢被取代时则为—Cl、—NH₂≈—H≈—OH、—NO₂。当氢被单个—Cl 或—CH₃ 取代后，毒性增强，增加—Cl 或—CH₃ 的个数则会使抑制作用削弱。酚的取代化合物对底泥氨氧化活性的抑制作用强弱与该化合物的酸性呈负相关关系。部分酚类的同系有机物对微生物的抑制作用规律如表 1-7 所示。

表 1-7 部分有机物对微生物的抑制作用规律

抑制性	酚类	胺类	苯类
抑制性增强 ↑	五氯酚	乙酰苯胺	2,4-二硝基苯
	2,4-二硝基酚	二乙基苯胺	邻二氯苯
	2,4-二氯酚	间硝基苯胺	对硝基甲苯
	3,5-二甲酚	N,N-二甲基苯胺	二甲苯
	硝基酚（邻、间、对）	苯胺	对二氯苯
	甲酚（邻、间、对）	苯	乙苯
	二苯酚（邻、间、对）		苯
	苯酚		
	苯		

酚类化合物在水中的溶解度较高，COD 可达到上千毫克每升至几万毫克每升，当这类有机物在水中的浓度较高或有其他取代基时，其生物降解性会大大降低。水体被酚类化合物污染后会影响水产品的产量和质量。当饮用水水源中的酚含量超过 0.01 mg/L 时，用氯消毒水中会带有异味。水体中的酚浓度很低时已能影响鱼类

的洄游繁殖，酚的含量达 0.1～0.2 mg/L 时鱼肉有酚味，浓度高时可引起鱼类大量死亡，甚至绝迹。废水中高浓度酚对农作物亦有危害作用，可抑制光合作用和酶的活动，妨碍细胞功能，破坏植物生长，并使生物体内的酚量增加，影响产品质量。在许多工业领域（如煤气、焦化、炼油、冶金、机械制造、玻璃、石油化工、木材纤维、化学有机合成、塑料、医药、农药、油漆等）排出的废水中均含有酚。这些废水若不经过处理，直接排放或灌溉农田，则可污染大气、水、土壤和食品。

1.3.5 氯代芳香族化合物

氯代芳香族化合物从结构上讲是指芳香烃及其衍生物中的一个或几个氢原子被氯原子取代的产物。用于化工原料、医药及染料的中间体，作为溶剂、润滑剂、杀虫剂、绝缘材料、传热介质、除草剂、增塑剂等。在工业生产过程中，由于原料生成产品的转化率低，大量该类化合物成为废弃物排放，这些污染物大多具有毒性和"三致"作用，是一类污染面广的难降解有机污染物，在美国 EPA 所列的 114 种优先控制的污染物中，氯代芳香族化合物占 22%。含有该类污染物的废水主要为染料废水、农药废水、造纸废水等。

在氯代芳香族化合物中，氯代单芳烃对人体健康危害很大。5 种氯苯类有机物（氯苯，邻、间、对二氯苯，1,2,4-三氯苯）对活性污泥都有抑制作用，氯代程度越高，抑制作用越大，尤其对二氯苯和 1,2,4-三氯苯抑制作用更大。由于氯苯、邻二氯苯、间二氯苯的降解速率极低，在正常的活性污泥法运行中，绝大部分可穿透整个二级处理系统；而对二氯苯和 1,2,4-三氯苯由于本身的抑制作用，可对活性污泥法产生不利影响。六氯苯是一种持久性有机污染物（POPs），具有长期残留性、生物积累性、半挥发性和高毒性。多氯联苯（PCBs）是联苯分子中的一部分或全部氢被氯取代后所形成的各种异构体混合物的总称，是典型的毒性较大的一类物质，根据联苯分子中氢原子取代的不同方式，有 209 种同类物。PCBs 按氯原子数或氯的百分含量分别加以标号，我国习惯上按联苯上被氯取代的个数将 PCB 分为三氯联苯（PCB_3）、四氯联苯（PCB_4）、五氯联苯（PCB_5）、六氯联苯（PCB_6）、七氯联苯（PCB_7）、八氯联苯（PCB_8）、九氯联苯（PCB_9）、十氯联苯（PCB_{10}）。PCBs 含氯原子越多，越容易在人和动物体的脂肪组织和器官中蓄积，越不易排泄，毒性就越大。PCBs 有剧毒，脂溶性强，易被生物吸收且具有化学性质稳定等特点，不易燃烧，强酸、强碱、氧化剂都难以将其分解，耐热性高、绝缘性好、蒸汽压低、难挥发等特性。因此，PCBs 作为绝缘油、润滑油、添加剂等被广泛用于变压器、电容器以及各种塑料、树脂、橡胶等工业，因此 PCBs 通常以废油、渣浆、涂料剥皮工业液体的渗漏和废弃等形式进入环境，污染生态系统并通过食物链的传递和富集进入人体。其急性中毒症状为腹泻、脱水、中枢神经系统受到抑制，直至死亡。目前，全世界 PCBs 产量远超过 100 万 t/a，其中 25%～35% 直接排入环境。另外，一些油漆厂使用多氯联苯添加剂生产罩光漆、防腐漆，也会将污染物排入水体。PCBs 在天然水和生物体内都很难降解，是一种稳定的环境污染物。

1.3.6 有机合成化合物

随着化学工业的发展和化学品的广泛使用，大量的化工合成有机化合物通过各种途径进入环境。这些化合物中有一部分是能够被水或土壤中的微生物迅速降解的。然而也有很多化合物，由于其化学结构和特性与天然有机物不同，目前还没有发现能够有效分解这类化合物的微生物体系，因而使这类化合物表现出难以被微生物降解的特性。由此造成了这些化合物在环境中长期存在并积累，其中有些毒性大，可能有"三致"等作用，对人类健康构成威胁。

1.3.6.1 增塑剂

目前，增塑剂的品种趋于齐全，增塑剂的品种按化学结构可分为邻苯二甲酸酯类、其他苯二甲酸酯类、脂肪族二元酸酯、磷酸酯、环氧类、苯多酸酯类、石油酯、氯化石蜡和聚酯增塑剂等。阻燃增塑剂有氯化石蜡、液化石蜡及磷酸酯类增塑剂；耐候耐光增塑剂有环氧大豆油、环氧棉籽油、环氧亚麻油、环氧酯等环氧类增塑剂；耐污染增塑剂有 BBP；耐抽出增塑剂有聚酯类增塑剂；无毒增塑剂有柠檬酸三丁酯等；耐寒增塑剂有 DOS、DOA、DOG、ED$_3$ 等。此外还有绝缘级、食品级、医药级 DOP。如今，常用的增塑剂已达 30～40 种。

1.3.6.2 合成洗涤剂

合成洗涤剂的基本成分是表面活性剂，其分子结构特点是具有不对称性。表面活性剂的整个分子可分为两部分：一部分是亲油（Lipophilic）的非极性基团，又叫疏水基（Lipophilic Group）或亲油基；另一部分是亲水的极性基团，又叫亲水基（Hydrophobic Group）。因此，表面活性剂分子具有"两亲"性质。生活污水与使用表面活性剂的工业废水中含有大量表面活性剂。洗衣粉的有效成分是十二烷基磺酸钠，这是一种典型的表面活性剂，亲水基是—OSO$_3^-$，疏水基是含有苯环的碳氢链。

通常按表面活性剂分子的化学结构将表面活性剂分成若干类型。由于表面活性剂的亲油基基本上只含有碳、氢两种元素，表现在亲油性上的差异不是很明显。但各种表面活性剂分子中的亲水基却不同，差异较大，所以人们总是按照表面活性剂分户中亲水基的结构和性质来划分表面活性剂的种类。按其离子类型可分为离子型表面活性剂和非离子型表面活性剂。而离子型表面活性剂按其在水中生成的表面活性离子的种类，又可分为阴离子型表面活性剂、阳离子型表面活性剂、两性表面活性剂等。

1.3.6.3　合成染料

染料是指能使纤维和其他材料着色的有机物质，分为天然和合成两大类。天然染料分为植物染料（如茜素等）和动物染料（如胭脂虫等）。合成染料又称人造染料，主要从煤焦油分馏出来（或石油加工）经化学加工而成，俗称"煤焦油染料"。又因合成染料在发展初期主要以苯胺为原料，故有时称"苯胺染料"。合成染料与天然染料相比具有色泽鲜艳、耐洗、耐晒、能大量生产的优点，在纺织、印染、造纸、医药和食品等行业具有广泛的运用。

染料按化学结构的不同分为偶氮染料、直接染料、分散染料及硫化染料等。其中偶氮染料在品种上或数量上是应用最多的一种，偶氮染料分子结构上都含有苯环和"—N＝N—"键，分子结构较为稳定。偶氮染料生产过程所排放的废水中有机物浓度高，色度高，排入环境后很难自然降解，一个染料厂往往会导致一条河或一个村庄地下水受到污染，而且具有"三致"作用，长期存留在环境中也不易降解，对人体健康危害极大。

1.3.6.4　合成农药

目前，世界上生产、使用的合成农药已达 1 000 多种，全世界化学农药的年产量（以有效成分计）约 200 万 t，主要是有机氯、有机磷和氨基甲酸酯等，其中除草剂 80 万 t（占 40%）、杀虫剂 70 万 t（占 35%）、杀菌剂 40 万 t（占 20%）、其他约 10 万 t。随着发达国家对环境保护力度的不断加大，农药的生产逐渐转移到发展中国家，我国的农药产量也不断增加，目前年产量达到 20 万 t 以上。

有机氯农药（OCPs）是一类具有毒性的难降解有机物，化学性质稳定，一般不溶于脂肪、脂类或有机溶剂，其相对分子质量一般为 300～400，包括应用最早、最广的杀虫剂滴滴涕（DDT）和六六六（HCH）以及林丹、氯丹、七氯、艾氏剂、狄氏剂等。有机氯农药的化学结构和毒性大小虽然各不相同，但理化性质基本相似，如挥发性低、化学性质稳定、不易分解、残留期长。DDT、艾氏剂、氯丹、狄氏剂、异狄氏剂、七氧、灭蚁灵和毒杀芬 8 种农药被列入《斯德哥尔摩公约》管控名单。HCH 属于美国国家环境保护局确定的 129 种优先控制的污染物之一。

1.4 难降解有机污染物的可生化性

废水的可生化性（Biodegradability）也称为废水的生物可降解性，即废水中有机污染物被生物降解的难易程度，是废水的重要特性之一。难降解有机物是指微生物不能降解或在任何环境条件下不能以足够快的速度降解而使它在环境中长期累积的化合物，主要含难降解有机物的废水称为难降解有机废水。生物可降解性是指有机物能被微生物分解成无害化小分子化合物的性能，生物降解也可以认为是微生物将有机物原有的化学结构和物理化学性质进行改变的过程。

废水存在可生化性差异的主要原因在于废水所含的有机物中，除一些易被微生物分解、利用的有机物外，还含有一些不易被微生物降解甚至对微生物的生长产生抑制作用的有机物，这些有机物的生物降解性质以及在废水中的相对含量决定了该种废水采用生物法处理（通常指好氧生物处理）的可行性及难易程度。在特定情况下，废水的可生化性除了体现废水中有机污染物是否可以被微生物利用以及被利用的程度外，还反映了处理过程中微生物对有机污染物的利用速度：一旦微生物的分解利用速度过慢，会导致处理过程所需时间过长，在实际的废水工程中很难实现，因此，一般也认为该种废水的可生化性不高。

确定废水的可生化性，对于废水处理方法的选择、确定生化处理工段进水量和有机负荷等重要工艺参数具有重要的意义。国内外对于可生化性的判定方法根据采用的判定参数大致可以分为好氧呼吸参量法、微生物生理指标法、模拟实验法以及综合模型法等。

1.4.1 好氧呼吸参量法

在微生物对有机污染物的好氧降解过程中，除 COD、BOD 等水质指标的变化外，同时伴随着 O_2 的消耗和 CO_2 的生成。好氧呼吸参量法就是利用上述事实，通过测定 COD、BOD 等水质指标的变化以及呼吸代谢过程中的 O_2 或 CO_2 含量（或消耗、生成速率）的变化来确定某种有机污染物（或废水）可生化性的判定方法。根据所采用的水质指标，主要可以分为水质指标评价法、微生物呼吸曲线法、CO_2 生成量测定法。

1.4.1.1 水质指标评价法

BOD_5/COD_{Cr}（B/C）比值法是最经典、也是目前国内最为常用的一种评价废水可生化性的水质指标评价法。传统观点认为 BOD_5/COD_{Cr} 体现了废水中可生物降解的有机污染物占有机污染物总量的比例，从而可以用该值来评价废水在好氧条件下的微生物可降解性。目前普遍认为，B/C<0.3 的废水属于难生物降解废水，在进行必要的预处理之前不易采用好氧生物处理；而 B/C>0.3 的废水属于可生物降解废水。B/C 值越高，表明废水采用好氧生物处理所达到的效果越好。使用此方法衡量废水的可生化性指标时可参考表 1-8 的数据。

表 1-8　废水可生化性评价参考数据

B/C	>0.45	0.3~0.45	0.2~0.3	<0.2
可生化性	较好	可以	较难	不宜

工业废水中组分复杂，含有大量的有毒、难降解物质，可生化性差。例如，垃圾渗滤液含有高浓度的氨氮和大量的难降解有机物，可生化性差；印染废水含有大量有毒性的化合物，导致废水 B/C 在 0.25 左右；含酚废水、制药废水和造纸废水也都是难降解废水；焦化废水由于含有长链烷烃、多环芳烃、杂环化合物等生物毒性抑制物质，导致废水的 B/C 在 0.3 左右，还有一些其他行业有机废水呈现出同样的特点。废水中一些常见有机物的可生化性详见表 1-9。

表 1-9　常见有机物的可生化性

类别	有机物	分子式	可生化性
醇类化合物	甲醇	CH_4O	B/C=0.78，可生化性较好
	乙醇	C_2H_6O	B/C=0.6，可生化性较好
	乙二醇	$C_2H_6O_2$	B/C>0.3，可生物降解
	异丙醇	C_3H_8O	B/C<0.1，不能生物降解
烃类化合物	甲苯	C_7H_8	B/C=0.1，长期驯化可被降解
	苯乙烯	C_8H_8	B/C=0.36，可生物降解
酯类化合物	甲酸乙酯	$C_3H_6O_2$	B/C=0.33，可生物降解
	乙酸乙酯	$C_4H_8O_2$	B/C=0.8，可生物降解
酮类化合物	丙酮	C_3H_6O	B/C=0.5，可生物降解
	丁酮	C_4H_8O	B/C=0.697，可生物降解
醛类化合物	苯甲醛	C_7H_6O	B/C=0.621，可生物降解
	甲醛	CH_2O	B/C=0.673，可生物降解
酰胺类化合物	DMF	C_3H_7NO	B/C<0.065，难生化降解
	乙酰胺	C_2H_5NO	B/C=0.583，可生物降解
杂环化合物	吡啶	C_5H_5N	不能生物降解
	糠醛	$C_5H_4O_2$	B/C=0.578，可生物降解
	吲哚	C_8H_7N	B/C=0.91，可生物降解

随着近几年来 B/C 指标测定方法的发展、改进，国外多采用 BOD_5/TOD 及 BOD_5/TOC 的值作为废水可生化性判定指标，并给出了一系列的标准。在采用 BOD_5/TOD 值评价废水可生化性指标时可采用表 1-10 所列的标准。

表 1-10　废水可生化性评价参考数据

BOD_5/TOD	<0.2	0.2~0.4	>0.4
可生化性	难生化	可生化	易生化

BOD_5/COD、BOD_5/TOD 或 BOD_5/TOC 评价方法的主要原理都是通过测定可生物降解的有机物（BOD_5）占总有机物（COD、TOD 或 TOC）的比例来判定废水可生化性的。主要优点在于：BOD、COD 等水质指标的意义已被广泛了解和接受，且测定方法成熟、所需仪器简单。但是 BOD_5 的测定受水样中毒物和抑制性物质浓度的影响，在微生物受到初步抑制的情况下与微生物量也有很大的关系，因此对于众多工业废水 BOD_5 的测定难有相关性，所以水质指标评价法在实际应用中受到限制。

1.4.1.2　微生物呼吸曲线法

微生物呼吸曲线是以时间为横坐标，以生化反应过程中的耗氧量为纵坐标作图得到的一条曲线，曲线特征主要取决于废水中有机物的性质。测定耗氧速度的仪器有瓦勃氏呼吸仪和电极式溶解氧测定仪。微生物内源呼吸曲线：当微生物进入内源呼吸期时，耗氧速率恒定，耗氧量与时间成正比，在微生物呼吸曲线图上表现为一条过坐标原点的直线，其斜率即表示内源呼吸时耗氧速率。微生物呼吸曲线如图 1-6 所示。

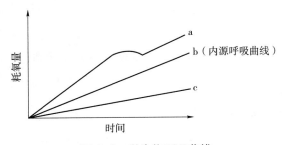

图 1-6　微生物呼吸曲线

如图 1-6 所示，比较微生物呼吸曲线与微生物内源呼吸曲线，曲线 a 位于微生物内源呼吸曲线上部，表明废水中的有机污染物能被微生物降解，耗氧速率大于内源呼吸时的耗氧速率，经过一段时间后，曲线 a 与内源呼吸曲线几乎平行，表明基质的生物降解已基本完成，微生物进入内源呼吸阶段；曲线 b 与微生物内源呼吸曲线重合，表明废水中的有机污染物不能被微生物降解，但也未对微生物产生抑制作用，微生物维持内源呼吸；曲线 c 位于微生物内源呼吸曲线下端，耗氧速率小于内源呼吸时的耗氧速率，表明废水中的有机污染物不能被微生物降解，而且对微生物具有抑制或毒害作用，微生物呼吸曲线一旦与横坐标重合，则说明微生物的呼吸已停止、死亡。

根据相对耗氧速率（水样的耗氧速率／内源呼吸耗氧速率）随基质浓度的变化绘制的曲线，叫作相对耗氧速率曲线，如图 1-7 所示。图中描绘了四类不同废水的相对耗氧速率曲线。利用相对耗氧速率曲线，我们可以初步判断该类废水是否可以被微生物所降解。

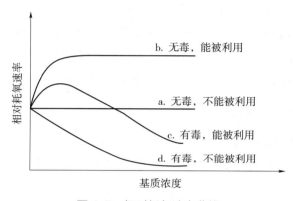

图 1-7　相对耗氧速率曲线

该种判定方法与其他方法相比，操作简单、实验周期短，可以满足大批量数据的测定。但必须指出的是，用此种方法来评价废水的可生化性，必须对微生物的来源、浓度、驯化和有机污染物的浓度及反应时间等条件作严格的规定，加之测定所需的仪器在国内的普及率不高，因此在国内的应用并不广泛。此外，对于实际工业废水，生物系统中对微生物的自然筛选、废水对微生物的驯化，都对废水的处理产生重要的作用。

1.4.1.3　CO_2 生成量测定法

微生物在降解污染物的过程中，在消耗废水中 O_2 的同时会生成相应数量的 CO_2。因此，通过测定生化反应过程中 CO_2 的生成量，就可以判断污染物的可生物降解性。通常产生的 CO_2 量越多越说明作为底物的有机物被氧化降解越彻底，该有机物属易生物降解性；反之，产生 CO_2 量越少，甚至出现负值（使内源呼吸受抑制），则难生物降解，有机物属难生物降解性。

目前最常用的方法为斯特姆测定法，反应时间为 28 d，通过比较 CO_2 的实际产量和理论产量来判定废水的可生化性，也可以利用CO_2/DOC值来判定废水的可生化性。由于该种判定实验需采用特殊的仪器和方法，操作复杂，仅限于实验室研究使用，在实际生产中的应用还未见报道。

1.4.2 微生物生理指标法

微生物与废水接触后，利用废水中的有机物作为碳源和能源进行新陈代谢。微生物生理指标法就是通过观察微生物新陈代谢过程中重要的生理生化指标的变化来判定该种废水的可生化性。目前可以作为判定依据的生理生化指标主要有脱氢酶活性、三磷酸腺苷（ATP）含量。

1.4.2.1 脱氢酶活性法

有机物的生化降解，实质是在微生物多种酶催化下的氧化还原反应。微生物对有机物的氧化分解是在各种酶的参与下完成的，其中脱氢酶起着重要的作用：它催化氢从被氧化的物质转移到另一物质。由于脱氢酶对毒物的作用非常敏感，当有毒物存在时，它的活性（单位时间内活化氢的能力）下降。因此，可以利用脱氢酶活性作为评价微生物分解污染物能力的指标。如果在以某种废水（有机污染物）为基质的培养液中生长的微生物脱氢酶的活性增加，则表明该微生物能够降解这种废水（有机污染物）。

脱氢酶活性可以通过加入人工受氢体的办法进行检测。通常用于检测脱氢酶活性的人工受氢体包括2,3,5- 三苯基氯化四氮唑（TTC）、刃天青、亚甲基蓝以及对碘硝基四唑紫（INT）等。

1.4.2.2 三磷酸腺苷法

微生物对污染物的氧化降解过程，实际上是能量代谢过程，微生物产能能力的大小直接反映其活性的高低。三磷酸腺苷是微生物细胞中贮存能量的物质，因而可通过测定细胞ATP的水平来反映微生物的活性，并作为评价微生物降解有机污染物能力的指标，如果在以某种废水（有机污染物）为基质的培养液中生长的微生物ATP的活性增加，则表明该微生物能够降解这种废水（有机污染物）。

本方法的基本原理是ATP是生物活性指标之一。在有机物生物降解过程中，它的产量随时间延长而出现变化，把变化各点相连则得到一条曲线，称为有机物降解的ATP产量曲线。该曲线有两个极重要的特征性表征，一是曲线峰值出现的时间，它代表降解速度；二是曲线峰高对应数值，代表该有机物被降解的深度。这两个表征作适当处理后，可求出一个综合指数（IA）。综合指数（IA）可以根据下式计算：IA=（峰高指数 / 峰值指数）×100。根据不同有机物的 IA，可对各有机物的生物降解性能作出评价。评价表具体见表 1-11。

表 1-11　ATP 综合指数标准

IA	IA＞150	50＜IA＜150	IA＜50
生物降解性能	易降解	可降解	难降解

虽然目前脱氢酶活性、ATP 等测定都已有较成熟的方法，但由于这些参数的测定对仪器和药品的要求较高，操作也较复杂，因此目前微生物生理指标法主要还是用于单一有机污染物的生物可降解性和生态毒性的判定。

1.4.3　模拟实验法

模拟实验法是指直接通过模拟实际废水处理过程来判断废水生物处理可行性的方法。该方法原理简单，即通过小型模型装置，模拟实际生物处理流程，控制相同的水力停留时间、有机负荷、泥龄，经一段时间的连续运行，得到对含有某种有机物的废水生化处理效果。根据模拟过程与实际过程的近似程度，可以大致分为培养液测定法和模拟生化反应器法。

1.4.3.1　培养液测定法

培养液测定法又称摇床试验法，具体操作方法是在一系列三角瓶内装入以某种污染物（或废水）为碳源的培养液，加入适当 N、P 等营养物质，调节 pH，然后向瓶内接种一种或多种微生物（或经驯化的活性污泥），将三角瓶置于摇床上进行振荡，模拟实际好氧处理过程，在一定阶段内连续监测三角瓶内培养液物理外观（浓度、颜色、嗅味等）上的变化、微生物（菌种、生物量及生物相等）的变化以及培养液各项指标（如 pH、COD 或某污染物浓度）的变化。

1.4.3.2　模拟生化反应器法

模拟生化反应器法是在模型生化反应器（如曝气池模型）中进行的，通过在生化模型中模拟实际污水处理设施（如曝气池）的反应条件，如 MLSS 浓度、温度、DO、F/M 等来预测各种废水在污水处理设施中的处理效果及其各种因素对生物处理的影响。

由于模拟实验法采用的微生物、废水与实际过程相同，而且生化反应条件也接近实际值，从水处理研究的角度来讲，相当于实际处理工艺的小试研究，各种实际出现的影响因素都可以在实验过程中体现，避免了其他判定方法在实验过程中出现的误差，且由于实验条件和反应空间更接近于实际情况，因此模拟实验法与培养液测定法相比，能够更准确地说明废水生物处理的可行性。

1.4.4 综合模型法

综合模型法主要是针对某种有机污染物可生化性的判定，通过对大量的已知污染物的生物降解性和分子结构的相关性，利用计算机模拟预测新的有机化合物的生物可降解性，主要的模型有 BIODEG 模型、PLS 模型等。综合模型法需要依靠庞大的已知污染物的生物降解性数据库（如 EU 的 EINECS 数据库），而且模拟过程复杂、耗资大，主要用于预测新化合物的可生化性和进入环境后的降解途径。

1.5 难降解有机污染物的危害

由于难降解有机化合物不易被微生物降解，它们必然不易被目前使用最广泛的生物处理工艺所去除，排放到水体等自然环境后也不易通过天然的自净作用而逐渐减少其含量。因此，它们会在水体、土壤等自然介质中不断积累，打破生态系统原有的平衡，对人类赖以生存的环境造成巨大的威胁，它们还可以通过食物链进入生物体并逐渐富集，最后进入人体，危害人体健康。难降解有机物对人体健康、动植物、生态环境的危害可以分为下面的几种类型。

1.5.1 慢性中毒

难降解有机污染物能引起人体的慢性中毒。慢性中毒又称蓄积毒性，指生物体与浓度较低的某些毒性污染物长期接触，使体内此类有机物的浓度蓄积到某一阈值，才能显示出其毒性，如有机磷脂类需在接触一段时间后才显示出迟发性的神经毒性作用。人们已经认识到的大致有以下几方面：干扰机体的代谢功能，影响机体免疫功能，对细胞组织结构的损伤作用，对机体酶体系的干扰，抑制机体对氧的吸收、运输和利用，以及直接的物理性刺激和化学性损伤作用。如大鼠摄入六氯苯后，联苯 α-羟化酶活力会因此加强，从而促进多环胺类代谢产物氨基酚的形成，并有致癌作用。又如芳香胺、偶氮化合物等能引起生成过多量的高铁血红蛋白，造成红细胞内血红蛋白的再生跟不上，同样可使血液输氧能力明显降低。表面活性剂等也能加剧红细胞的破坏而导致溶血。氯仿、四氯化碳、溴苯等进入人体后，会引起肝细胞的化学损伤。

电化学法废水处理技术及其应用

1.5.2　急性中毒

难降解有机污染物的废水进入水体后，立刻会对人、动物及微生物造成明显的致毒作用，如农药厂、化工厂排放的废水由于含有毒性物质会造成整个水域人畜中毒、鱼类及其水生动物死亡。这类废水包括有机磷农药生产废水、氰化物生产废水、除草剂生产废水等。

1.5.3　潜在毒性

第一类有机物是某些人工合成的有机物，不具有明显的毒性，而且可能导致长远的遗传影响。它们对各种人体细胞产生不可逆的致突变作用，对生物体细胞产生不可逆的改变，诱发致癌、致畸、致突变效应，对人类产生严重的危害。据报道，人类癌症80%～90%与环境因素有关，而在已发现的致癌化学物中，80%为有机污染物。目前已证明的与人类肿瘤有因果关系的有机化合物有黄曲霉素、4-氨基氯苯、苯胺、苯、氯苯胺、双氯甲醇、氯霉素、环磷酰胺、苯丙氨酸氮芥、芥子气等。第二类有机物属于可凝的致癌物，这一类有机物虽经动物试验证实有致癌性，但缺乏足够的流行病学证据。属于这一类的有机化合物有亚硝胺类化合物、芳香胺类染料等。第三类化合物是对人类有潜在致癌性的化合物。它们包括大量在动物致癌试验中呈阳性，但同人类肿瘤的发生之间的关系尚未得到充分证实的化合物，如DDT、六六六、四氯化碳、氯仿等。

1.5.4　环境激素造成的危害

环境激素是指由于人类活动而释放到环境中的一类有害化学物质，这些化学物质进入生物体后能够影响和扰乱生物体内分泌系统，通常被称为"外因性内分泌干扰物质"。如果有外来化学物质经过食物、空气管道进入生物体，将产生"假性激素"即类激素作用，影响生物体本身的激素分泌量，并将干扰原来的平衡分泌机制。环境激素危害人类健康的机理大致有4个方面：①在人体内产生类似内分泌激素的作用；②拮抗人体内正常分泌的内分泌激素的作用；③破坏人体内分泌激素的合成和代谢过程；④破坏内分泌激素受体的合成和代谢过程。

目前，怀疑对人类健康有直接影响的化学物质有200多种。自然界中产生的环境激素物质主要来自人类活动。

化学合成物对生物的危害，特别是对生物雄性生殖系统的危害，早在20世纪60年代就开始有所报道。最早的发现是一些鱼类的生殖器官始终不能发育成熟，雌雄同体率增多，雄性退化、种群退化。此后，美国研究人员发现佛罗里达

028

州的鳄鱼阴茎变小；在非洲还发现雄豹的睾丸停留在腹腔内，不能正常下降至阴囊。

由于环境激素类物质的化学性质极为稳定，几乎不能进行生物降解，因而具有很高的环境滞留性，能长久地滞留于空气、水和土壤中，强烈地吸附于颗粒上，借助于水生和陆生食物链不断富集而最终危害人类。当吸入空气中污染了环境激素的细粒子或食用被其污染的禽畜肉、蛋、奶及其制成品，环境激素物质也就进入了人体。进入人体内的此类物质首先被小肠吸收，经过血液散布到体内各部位，并将随着血液再被运送到其他内脏和组织中，始终难以排出体外。由于人体内不具备分解环境激素物质的条件，因此它们进入人体内可累积数年。当累积到一定数量时，就会导致人体组织发生病变。

总之，环境激素对人体的危害概括起来大致有 3 个方面：免疫系统功能的降低、生殖能力的下降和恶性肿瘤的易发性等。

1.5.5　危害生态环境

难降解有机污染物对生态环境的影响是多种多样的，其主要特征就是有机污染物在环境中长期滞留、不易自然降解。以难降解的多氯联苯类有机化合物为例，多氯联苯类化合物是从 20 世纪 20 年代开始使用的一类人工合成化合物，由于它易溶于有机溶剂及脂肪内，一般难以被微生物所降解，因此它们被发现广泛地残留在水、土壤和大气环境中，特别容易在生物体的脂肪内大量富集。从北极海生哺乳动物到南极的鸟蛋，以及人们食用的牛奶、鱼类中都被检测出有多氯联苯的踪迹。在工业区附近的环境中多氯联苯的累积浓度很高。由于多氯联苯的生物降解性能很差，环境中残留的多氯联苯需要很长时间才能清除干净，1977 年以后美国和世界上其他国家相继限制或禁止其生产和使用。

有机氯杀虫剂是一类典型的难降解有机物，而且具有很强的生物毒性。它们对生态系统造成的破坏十分严重，是各国环保部门制定的优先控制污染物名单中非常重要的化合物；DDT 是最早使用的有机氯杀虫剂，具有高度的稳定性，在自然界很难被微生物所降解，但能被生物体部分代谢转化为 DDD 和 DDE。艾氏剂的生物转化产物是狄氏剂，这种产物很难被进一步降解。在世界各地都发现了有机氯化合物的残留物，特别是在生物体内，南极洲鸟类和水生生物的机体内，都发现了有机氯杀虫剂。狄氏剂可通过消化道、皮肤和呼吸道进入人体，慢性中毒症状为肝肾功能障碍、贫血和末梢神经炎，对人类的危害不容轻视。

第 **2** 章

电化学法概述

电化学是一门历史悠久、应用前景广阔的交叉学科，作为一种环境友好技术，在能源、材料、金属的防腐与保护、环境等领域发挥了很大作用。电化学与环境科学相结合，形成了环境电化学或环境电化学工程的研究领域。1799 年，Valta 制成的 Cu-Zn 原电池是世界上第一个将化学能转化为电能的化学电源；1833 年，法拉第提出了法拉第电解定律，建立了电流和化学反应关系；19 世纪 70 年代，Helmholtz 提出双电层概念；1887 年，Arrhenius 提出了电离学说；1889 年，Nernst 提出了电极电位与电极反应组分浓度关系的能斯特方程；1905 年，Tafel 提出了塔菲尔公式，揭示电流密度和过电位之间的关系；20 世纪 50 年代，Bochris 等发展了电极过程动力学。近几十年来，开始进行半导体电极过程特性研究和电子理论解释溶液界面电子转移等研究。早在 20 世纪 40 年代，已有人提出采用电化学方法处理废水，但受电力的限制发展缓慢。20 世纪 60 年代在电力工业发展的推动下，电化学水处理技术逐渐引起人们的关注并应用于废水处理工艺的研究中。电化学方法处理难降解的有机物具有很好的效果，它可以使非生化降解的有机物转换为可以生化降解的有机物种，或使非生化降解的有机物燃烧生成 CO_2 和 H_2O。

2.1　电化学法基本概念

电化学法是近年发展起来的颇具竞争力的重金属废水处理方法。它利用电化学原理处理废水，具有如下优点：

（1）无须添加任何氧化剂、絮凝剂等化学药品，电子转移只在电极及溶液间进行，不会或很少产生二次污染；

（2）既可单独处理又可与其他技术相结合，提高废水的可生化性；

（3）反应条件温和，在常温常压下就可进行；

（4）设备体积小，占地面积少，因此该法被称为清洁处理法。

2.1.1　瞬时电流效率

电流效率是衡量一个电化学工艺最主要的指标，常用的电流效率确定方法有两类：一是氧气流速法，二是 COD 方法。

氧气流速方法中的瞬时电流效率（ICE）定义为

$$ICE = \frac{V_0 - (V_t)_{org}}{V_0} \qquad (2-1)$$

式中，V_0 为在不存在有机物条件下电催化产生的氧气流量（mL/min），$(V_t)_{org}$ 为在有机物存在条件下电催化处理 t 时刻 O_2 的产生流量（mL/min）。

COD 方法定义为

$$ICE = \frac{COD_t - COD_{t+\Delta t}}{8I\Delta t} FV \times 100\% \qquad (2-2)$$

式中，COD_t、$COD_{t+\Delta t}$ 分别表示降解时刻 t、$(t+\Delta t)$ 时的化学需氧量 COD（g/L）；F 为 Faraday 常数（96 487 C/mol）；V 为溶液体积（L）；I 为电流（A）。

2.1.2　电化学氧化指数

电化学氧化指数（EOI）反映了有机物降解的平均电流效率，用于衡量有机物电化学氧化的难易程度。

$$EOI = \frac{\int_0^t ICEdt}{\tau} \qquad (2-3)$$

式中，τ 是 ICE 接近 0 时所需的电解时间（min）。

2.1.3　电化学需氧量

电化学需氧量（EOD）定义如下：

$$EOD = \frac{8(EOI)I_t}{F} \qquad (2-4)$$

式中，EOD 表示用于有机污染物氧化所应该由电化学产生的氧气（g/L）。

2.1.4　氧化度

$$\chi = \frac{EOD}{(COD)_0} \times 100\% \qquad (2-5)$$

式中，χ 表示溶液的氧化度，$(COD)_0$ 是溶液初始 COD 值（g/L）。

2.1.5　平均电流效率

采用 TOC 来计算电化学反应的平均电流效率（ACE）：

$$ACE = \frac{\Delta(TOC)_{exper}}{\Delta(TOC)_{theor}} \qquad (2-6)$$

式中，$\Delta(TOC)_{exper}$ 为在 t 时刻溶液中 TOC 去除量；$\Delta(TOC)_{theor}$ 为在 t 时刻理论 TOC 去除量，它通过 t 时刻的电量与矿化 1 个分子有机物所需电子数之间的关系计算得出。

2.2 电化学法基础

2.2.1 水溶液的电导率

水（H_2O）是最基本的电解质，液态的水可以发生电离反应生成 H^+ 和 OH^-：

$$H_2O \Longleftrightarrow H^+ + OH^- \tag{2-7}$$

但纯水的电导能力极弱，25℃时纯水的理论电导率仅为 0.054 8 μS/cm。当水中溶解了一定量的电解质以后，其导电性会得到加强。水溶液的导电性与其中溶解的电解质性质、浓度直接相关，如 25℃时 10^{-3} mol/L 的 HCl 水溶液的摩尔电导率为 421.36 S·cm^2/mol。

由于水溶液的导电性在很大程度上取决于电解质浓度，所以通常以摩尔电导率作为参数来表示溶液的导电性。摩尔电导率就是把含有 1 mol 电解质的水溶液全部置于相距 1 cm 的两个足够大的电极之间所表现出来的电导率，表示为

$$\Lambda = Vk = \frac{1\,000}{c}k \tag{2-8}$$

式中，Λ 为摩尔电导率（S·cm^2/mol）；V 为含 1 mol 电解质的溶液体积；c 为溶液浓度（mol/L）；k 为电导率（S/cm）。

水溶液的摩尔电导率与电解质性质密切相关。强电解质的摩尔电导率大，而且随着溶液的缓慢稀释逐渐增加，当稀释到一定浓度后，摩尔电导率与溶液浓度呈直线关系。但弱电解质不同，在其高浓度时电导率很小，随着浓度下降摩尔电导率迅速增加。

温度对水溶液的导电性具有影响。一般情况下，温度升高电导率上升。这是由于温度升高时，溶液中离子间相互作用力减小、黏度下降，使离子运动速度增加。在极稀溶液条件下，离子间力已不起作用，所以摩尔电导率总是随着温度的上升而变大。所以人们把极稀离子浓度的水溶液摩尔电导率称为极限电导率。根据经验，前人将各种电解质的极限摩尔电导率归纳为离子独立移动定律：

$$\Lambda_0 = \lambda_0^+ + \lambda_0^- \tag{2-9}$$

式中，λ_0^+ 和 λ_0^- 分别为溶液中正离子和负离子单独的极限摩尔电导率（以下简称离子电导率）。即每种离子在稀释情况下对溶液的极限摩尔电导率都有固定不变的贡献，且与共存离子的本性无关。

2.2.2　电解质溶液

电化学池中电解质溶液是电极间电子传递的媒介，它是由溶剂和高浓度的电解盐（作为支持电解质）以及电活性物种等组成，也可能含有其他物质（如络合剂、缓冲剂）。电解质溶液大致可以分为 3 类，即水溶液体系、有机溶剂体系和熔融盐体系。

在电解质溶液中，除了电活性物质外还有溶剂和改善溶液导电性的电解质，有时还加有 pH 缓冲溶液。电解质溶液可以大致分成 3 类：水、有机溶剂、熔融盐。最常见的电解质溶液是水溶液，溶剂是 H_2O，电解质有 H_2SO_4、HCl、$HClO_4$、$LiOH$、KOH、$NaOH$、KCl、$NaCl$、$KClO_4$ 等。尽管它们在电化学领域中占有重要地位，但是它们不是电解质溶液的全部，特别对许多有机物质是不适用的。不少有机物质不溶于水，需要采用其他的溶剂。上述电解质在水中有很好的溶解度和离解度，但在其他溶剂中未必适用，需要更合适的盐类。

溶剂有不同的分类方法。依据溶剂中质子在质子化过程的活化性质分为质子活性溶剂和质子惰性溶剂两类，这对于电化学应用似乎比较合适。因为质子化过程对电极反应过程，特别是对阴极还原过程影响甚大。在质子高活性介质中，质子化过程一般发生在传荷过程之前。已质子化物质与未质子化物质相比，还原已质子化物质一般可以在更正电位下进行。在质子中等活性介质中，未质子化物质还原成自由基阴离子，并快速质子化为自由基。这自由基的进一步还原要比还原未还原物质容易得多。因此，在质子活性的溶剂中，质子化过程将使电极反应过程变得复杂。与此相反，在质子惰性介质中，传荷过程形成的自由基可以作为产物稳定存在着，还原自由基比还原未还原物质更困难。因此，在质子惰性溶剂中，电极反应历程比较简单，形成自由基的单电子反应居多。

质子活性溶剂常见的有 H_2O、CH_3OH、H_2SO_4（98%～99%）、HAc、NH_3、EDA（乙二胺）以及 H_2O∶CH_3OH 为 1∶1 的混合液等。中性溶剂有 H_2O 和 CH_3OH。CH_3OH 电化学性质与 H_2O 十分类似，适用于 CH_3OH 的电解质有 NH_4Cl、$LiCl$、HCl、KOH、$NaClO_4$ 等。H_2SO_4 及其甲醇混合液常在工业电解中作溶剂，无须另加电解质，不过要注意氧化或磺化的影响。HAc 是很好的酸性溶剂，可以溶解很多物质。适量加 $HClO_4$ 到包含有乙酐的 HAc 中，既提高了酸度又可移走化学反应产生的水。适合于 HAc 溶剂的电解质有 NaOAc、NH_4OAc、$LiCl$、HCl、H_2SO_4、$HClO_4$、$NaClO_4$、TBAP（高氯酸四丁基铵）、TBAT 等。NH_3 是适用于低温研究的碱性溶剂，液态温度范围为 -77.7～$-33.4\,℃$。适用的电解质有 NH_4Cl、NH_4NO_3、KNO_3、$NaClO_4$ 等。EDA 是可在常温使用的碱性溶剂，不过它特别容易被氧化，仅适用于在阴极还原反应时作溶剂。适用的电解质有 LiCl 和 NaNO₃。

质子惰性溶剂有乙腈（CH₃CN）、二甲基甲酰胺（DMF）、吡啶（Pyridine）、二甲基亚砜（DMSO）、无水丙酮、丙烯碳酸酯（PC）、四氢噻吩等。电解质常用四乙基或四丁基的季铵阳离子（Et₄N⁺ 或 Bu₄N⁺）分别与卤素阴离子（Cl⁻、Br⁻、I⁻）、过氯酸根阴离子（ClO₄⁻）和四氟硼酸根阴离子（BF₄⁻）组成各种盐类。Et₄N⁺ 和 Bu₄N⁺的缩写分别是 TEA 和 TBA。Cl⁻、Br⁻、I⁻、ClO₄⁻、BF₄⁻ 的缩写分别是 C、B、I、P、T。如 TBAT 代表 Bu₄NBF₄ 盐，TEAP 代表 Et₄NClO₄ 盐。

在选择电解质溶液时，可用于研究的电极电位范围和溶剂介电常数是经常要考虑的两个问题。电极电位范围既取决于电极材料，也与溶剂和电解质有关。对质子惰性溶剂配制的电解质溶液，可用于研究的电极电位范围比较宽。一般来说，要还原溶剂是很困难的，阴极还原电位上限主要取决于电解质抗还原能力，阳极氧化电位上限主要取决于溶剂抗氧化能力。溶剂介电常数是重要参量，介电常数越大，盐在该介质中解离越好，电解质溶液导电性也越好。水的介电常数为 80，0.5 mol/L盐水溶液的电导率可期望达到 10¹² S/cm。对于乙腈和二甲基亚砜的中等介电常数（20～50），则需要大于 1 mol/L 盐浓度才能达到同样的电导率。若用低介电常数的溶剂，如四氢呋喃就要更高的浓度才能获得合适的电导率溶液。

2.2.3　电极

电极（Electrode）是与电解质溶液或电解质接触的电子导体或半导体，为多相体系。电化学体系借助于电极实现电能的输入或输出，电极是实施电极反应的场所。

电势高的极称为正极，电流从正极流向负极。在原电池中正极是阴极，在电解池中正极是阳极。电势低的极称为负极，电子从负极流向正极。在原电池中负极是阳极，在电解池中负极是阴极。按照电荷的流动方向：发生还原作用的极称为阴极，在原电池中，阴极是正极；在电解池中，阴极是负极。发生氧化作用的极称为阳极，在原电池中，阳极是负极；在电解池中，阳极是正极。

一般电化学体系为三电极体系，相应的 3 个电极可以分为工作电极（Working Electrode，WE）、辅助电极（Counter Electrode，CE）和参比电极（Reference Electrode，RE）。

2.2.3.1　工作电极

工作电极，又称研究电极，是指所研究的反应在该电极上发生。一般来讲，对工作电极的基本要求是所研究的电化学反应不会因电极自身所发生的反应而受到影响，并且能够在较大的电位区域中进行测定；电极必须不与溶剂或电解液组分发生反应；电极面积不宜太大，电极表面最好应是均一、平滑的，且能够通过简单的方法进行表面净化等。工作电极可以是固体，也可以是液体，各种各样能导电的固体材料均能用作电极。通常根据研究的性质来预先确定电极材料，但最普通的"惰性"固体电极材料是玻碳（GC）、铂、金、银、铅和导电玻璃等。在液体电极中，汞和汞齐是最常用的工作电极，它们都是液体，都有可重现的均相表面，制备和保持清洁都较容易。

（1）铂电极

铂是最常用的一种电极材料。因为高纯度的铂容易得到，容易进行加工，而且具有化学性质稳定、氢过电位小等特点，是实验室不可缺少的电极材料。

（2）金电极

金电极和铂电极一样，是一种经常使用的电极材料。旋转圆盘电极分析法中经常使用金圆盘电极。把金电极与铂电极进行比较，其作为固体电极的最大缺点就是难以把金封入玻璃管中，即电极制作麻烦。但是，金比铂更容易与汞形成汞齐。也就是说，可以用金电极测定正电位一侧的电化学反应，而相同形状的汞齐化的金电极则可以用于观测负电位一侧的还原现象。

（3）碳电极

碳电极具有电位窗口宽、容易得到、使用方便等特点。一般可分为石墨电极、糊状碳电极、玻璃碳电极等。

石墨电极有两种，一种是浸入石蜡的多孔性石墨电极，由于电极表面较软，用细砂纸擦后即容易得到新的表面；另一种是用热分解制作的致密性石墨电极，通过研磨或者用砂纸亦可得到新的表面。

对石墨电极进行浸石蜡处理是因为高纯度的石墨是多孔性的，使用时会因浸入电解液或者氧气而影响测定，处理后的石墨电极虽然具有较大的残余电流但有相当宽的电位窗口。由于含有石蜡，电极表面具有疏水性，可用含有表面活性剂的水溶液进行处理而使其成为亲水性表面。

热分解石墨是高温减压下、在 2 000 ℃左右的基板上使碳水化合物热分解形成的很薄的具有结晶构造的层状物，因此液体和气体无法通过，金属等杂质的混入量比多孔性石墨也少得多。所以，残余电流小。但液体等容易从层的边缘部分进入层间，所以，也应进行浸石蜡的预处理，通过研磨或者用砂纸亦可得到新的表面。

糊状碳电极是在润滑油中加入石墨粉，并以石蜡、环氧化物、硅橡胶等为载体做成的电极。在非水溶液中，有的载体会溶解。它具有制作简单、再现性好、阳极极化的残余电流小等优点。此外，与铂电极相比，因为碳电极本身不会形成氧化膜，在阳极区具有较宽的电位窗口。而且，由于材料本身较软，所以容易更换新的电极表面。

玻璃碳电极性质与热分解石墨电极大致相似，与铂电极相比价格便宜、表面通过研磨可以再生、氢过电位和溶解氧的还原过电位小，具有导电性高、对化学药品的稳定性好、气体无法通过电极、纯度高等特点。可被应用于溶出伏安法以进行水中微量的金属离子分析。

（4）汞电极

汞在 $-39\sim356.6\,℃$ 的范围内是液态。汞电极具有表面均匀、光洁、表面积容易计算以及汞的化学稳定性高，氢在其上析出的过电位高的特点，故汞可以在相当宽的电位范围内（如在 KCl 溶液中 $-1.6\sim0.1\,V$）被当作"惰性电极"使用，从而在汞电极上可以进行许多电化学反应的研究。其中，使用汞电极进行的极谱分析法是电化学分析中经常使用的方法。

因为汞电极的氢过电位很大，所以其在还原区域的电位窗口范围很宽。在非水溶剂体系中应用时，由于溶剂本身不易分解，因此可用来观测各种溶解于体系中的有机化合物的还原现象。但是，由于汞本身容易溶解，所以不适合用来观测电解液中化合物的氧化反应，汞以 Hg^+ 或者 Hg^{2+} 形式溶解后，容易与溶液中的阴离子（如卤素离子或 CN^- 等）形成络合物。由于 Cr^{2+}、Fe^{2+} 在比汞络合物溶解电位更负的电位下被氧化，所以可用汞电极来研究它们的氧化反应。但是，其他的氧化反应几乎都将被汞的溶解反应所掩盖。汞电极表面容易特性吸附含有硫的化合物。因该电极沸点低，所以不适合用于熔融盐电解体系。

汞电极有滴下型、流动型、池型 3 种形状，在电化学测量中以滴汞电极应用最为广泛。用橡皮管将一根内径为 $50\sim80\,\mu m$ 的玻璃毛细管与贮汞瓶相连接，借调节贮汞瓶的高度，使汞滴从毛细管末端滴落，这样就得到所谓的滴汞电极。滴汞电极不但具有一般静汞电极的优点，还具有表面不断更新的特点，能经常保持新鲜的电极表面，不受生成物和不纯物吸附的影响，因此不必进行电极的磨光或者洗净等前处理。这种电极具有一系列对电化学测量来说极为重要的性质，具体表现在：①由于每一汞滴的"寿命"不过几秒钟，因而低浓度的杂质由于扩散速度限制不可能在电极表面大量吸附。计算表明，若汞滴"寿命"为 10 s，则当杂质浓度低至 $10^{-5}\,mol/L$ 以下时就不可能在电极上引起可观的吸附覆盖，这就意味着对研究溶液的纯度要求降低了 $4\sim5$ 个数量级，因而大大有利于提高实验数据的重现性。②由于汞滴不断落下，其表面也不断更新，故不致发生长时间内累积性的表面状况变化，这对提高表面的重现性也是十分有利的。③由于滴汞电极是"微电极"（最大表面积为百分之几平方厘米），通过电解池的电流往往很小（一般为 $10^{-6}\sim10^{-4}\,A$）。因而，除非电解时间特别长，或溶液体积特别小，可以不考虑因电解而引起的电极活性物质的浓度改变。④由于滴汞电极的表面积往往比辅助电极的面积小得多，电解时几乎只在滴汞电极上出现极化。若溶液较浓，则溶液中的 IR 降可忽略，因此槽电压的变化近似于滴汞电极电位的变化。

（5）其他金属电极

Pd、Os、Ir 等贵金属也经常用作电极材料，特别是 Pd 的氢过电位和 Pt 一样小，而且具有多孔性表面，容易吸藏氢，用作氢电极非常合适。此外，Ni、Fe、Pb、Zn、Cu 等也经常作为电解用电极材料，按其使用目的可作为电解用电极（特别是电解食盐用电极）以及电池用电极。

（6）特殊电极

即具有导电性且透明的电极，如在玻璃基板上蒸发吸附上一层 In_2O_3 或者 SnO_2 的电极，还有像 Si、CdS、TiO_2 那样的半导体电极、碳电极上涂上高分子化合物的电极。

2.2.3.2　辅助电极

辅助电极（CE），又称对电极，该电极和工作电极组成回路，使工作电极上电流畅通，以保证所研究的反应在工作电极上发生，但必须无任何方式限制电池观测的响应。由于工作电极发生氧化或还原反应时，辅助电极可以安排为气体的析出反应或工作电极反应的逆反应，以使电解液组分不变，即辅助电极的性能一般不显著影响研究电极上的反应。但减少辅助电极上的反应对工作电极干扰的最好办法可能是用烧结玻璃、多孔陶瓷或离子交换膜等来隔离两电极区的溶液。为了避免辅助电极对测量到的数据产生任何特征性影响，对辅助电极的结构还是有一定的要求的。如与工作电极相比，辅助电极应具有大的表面积使外部所加的极化主要作用于工作电极上，辅助电极本身电阻要小，且不容易极化，同时对其形状和位置也有要求。

2.2.3.3　参比电极

参比电极（RE），是指一个已知电势的接近于理想不极化的电极，参比电极上基本没有电流通过，用于测定研究电极（相对于参比电极）的电极电势。实际上，参比电极起着既提供热力学参比，又将工作电极作为研究体系隔离的双重作用。既然参比电极是理想不极化电极，它应具备下列性能：①电极表面的电极反应必须是可逆的，它的电位是平衡电位，电解液中的化学物质必须服从能斯特平衡电位方程式（也称为 Nernst 效应）；②原则上讲参比电极的稳定性和重现性要好，也就是说参比电极放置一定时间后其电极电位值应不改变，而且各次制作的参比电极的电位也应相同；③流过微小的电流时，电极电位能迅速恢复原状，不产生滞后现象；④当温度发生变化时，一定的温度能相应有一定的电位，没有温度的滞后；⑤像 Ag/AgCl 那样的电极，要求固相不溶于电解液；⑥参比电极的制备、使用和维护要方便。

现在经常使用的参比电极有下面 3 种：①金属相或者溶解的化合物分别与其离子组成平衡体系，如 H^+/H_2（Pt）、$[Fe(Cp)_2]^+/Fe(Cp)_2$（Cp 为茂基）、Ag^+/Ag、汞齐型 M^+/M（Hg）；②金属与该金属难溶化合物电离出的少量离子组成的平衡体系，如 $AgCl/Ag$、Hg_2Cl_2/Hg、Hg_2SO_4/Hg、HgO/Hg；③其他体系，如玻璃电极、离子选择性电极。

不同研究体系可选择不同的参比电极，水溶液体系中常见的参比电极有饱和甘汞电极（SCE）、Ag/AgCl 电极、标准氢电极（SHE 或 NHE）等。常用的非水参比体系为 Ag/Ag^+（乙腈）。工业上常应用简易参比电极或用辅助电极兼做参比电极。在测量工作电极的电势时，参比电极内的溶液和被研究体系的溶液组成往往不一样，为降低或消除液接电势，常使用盐桥；为减小未补偿的溶液电阻，常使用鲁金毛细管。

2.2.4 原电池

在水处理过程中，经常利用原电池的原理设计电化学净水反应器，如所谓的铁碳微电解法，就利用了铁和碳分别作为正极和负极并以待处理水作为电解质溶液所构成的原电池原理设计的水处理工艺。

原电池又称化学电池，它是一种通过化学反应而直接产生电流的装置，从能量转化的角度，原电池实现了将化学能转化为电能的过程。任何电池，只要用引线把两极接上，就立刻产生电流。按物理学习惯，电流的方向为从正极到负极。但实际电子的流动却是从负极经由导线而进入正极。在电池内部，正离子需通过溶液向正极迁移；负离子则以相反的方向向负极迁移。与此同时，负极上总是发生氧化反应；正极上总是发生还原反应，电池的整体反应即为两极的反应之和。

丹尼尔（Daniell）电池是一个典型的原电池，其构造如图 2-1 所示。该电池是将锌片插入硫酸锌溶液中，铜片插入硫酸铜溶液中，两种溶液用多孔隔板分开，并允许离子通过，以防止两种溶液由于相互扩散而完全混合。在 Zn 电极上发生氧化反应，故 Zn 电极是阳极。在 Cu 电极上自动发生还原反应，故 Cu 电极是阴极，其反应为

阳极：

$$Zn(s) \longrightarrow Zn^{2+}(aq) + 2e^- \qquad (2-10)$$

阴极：

$$Cu^{2+}(aq) + 2e^- \longrightarrow Cu(s) \tag{2-11}$$

总反应：

$$Zn(s) + Cu^{2+}(aq) \longrightarrow Cu(s) + Zn^{2+}(aq) \tag{2-12}$$

铜-锌原电池可以表示为

$$Zn(s)|\,ZnSO_4(aq)|\,CuSO_4(aq)|\,Cu(s) \tag{2-13}$$

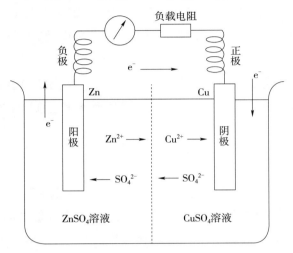

图 2-1　Daniell 电池示意图

2.2.4.1　电动势与能斯特方程

电极上所发生的化学反应都属于氧化还原反应。原则上任何一个氧化还原反应也都能构成电池反应。电池的电动势（E）是在通过电池的电流趋于零的情况下两极间的电位差，它等于构成电池的各相间的各界面上所产生的电位差的代数和。电池的电动势主要取决于参加电极反应的物质本性，也与电解质溶液的组成、浓度及温度等因素有关。假设某电池在放电过程中发生如下氧化还原反应：

负极（氧化）：

$$aA \longrightarrow gG + ne^- \tag{2-14}$$

正极（还原）：

$$bB + ne^- \longrightarrow hH \tag{2-15}$$

总反应式：

$$aA + bB \longrightarrow gG + hH \tag{2-16}$$

根据等温线方程，此反应的自由能变为

$$\Delta G = \Delta G^{\ominus} + RT \ln \frac{a_G^g a_H^h}{a_A^a a_B^b} \tag{2-17}$$

或表示为

$$\Delta G = \Delta G^{\ominus} + RT\ln Q_a \qquad (2\text{-}18)$$

由于 $-\Delta G = nFE$，即可得电动势随组成变化的能斯特（Nernst）方程：

$$E = E^{\ominus} - \frac{RT}{nF}\ln Q_a \qquad (2\text{-}19)$$

式中，n 为参加电池反应物质的量，也等于平衡反应方程式表示的氧化剂与还原剂之间的电子转移数；$E^{\ominus}$ 为在指定温度（一般为 25℃）及 1 标准大气压下，A、B、G、H 各物质的活度皆等于 1 时的电动势，即标准电动势。电动势主要由 $E^{\ominus}$ 决定，而 $E^{\ominus}$ 主要由该反应的 $\Delta G^{\ominus}$ 决定。此外，温度和压力等也对电动势产生影响。但除了气体电极，压力的影响非常小，可忽略不计，而温度的影响一般也不十分显著。能斯特方程是原电池的基本方程，也是水处理氧化还原反应方法应用的重要判断依据。

2.2.4.2　电极电位

原电池是由两个"半电池"组成的，而每一个"半电池"有一个电极及其周围的溶液。由不同的半电池可以组成不同的原电池。原电池的电动势（E）是构成电池的各相间的各界面上所产生的电位差的代数和：

$$E = \Delta\varphi_1 + \Delta\varphi_2 + \Delta\varphi_3 + \Delta\varphi_4 \qquad (2\text{-}20)$$

以式（2-13）所示的铜-锌原电池为例，则式中 $\Delta\varphi_1$ 表示金属铜与硫酸铜溶液之间的电位差，简称为阴极的电位差；$\Delta\varphi_2$ 表示硫酸铜溶液与硫酸锌溶液之间的电位差，称为液体界电位或扩散电位；$\Delta\varphi_3$ 表示硫酸锌溶液与金属锌之间的电位差，简称为阳极的电位差；$\Delta\varphi_4$ 表示锌电极与铜导线之间的电位差，称为接触电位。

如以 φ^+ 和 φ^- 分别表示原电池中正极的电极电位和负极的电极电位，则原电池的电动势可以表示为

$$E = \varphi^+ - \varphi^- \qquad (2\text{-}21)$$

为能够获得一个标准一致的电极电位，在电化学中采用把任何一电极与标准电极组成原电池的方法，并规定该电池的电动势为所求电极电位，以 φ 表示。当给定电极中各组分均处于活度为 1 的标准态时，其电极电位称为给定电极的标准电极电位，以 $\varphi^{\ominus}$ 表示。原则上，任意电极均可作为比较的基准，但目前按统一规定，一律采用标准氢电极为基准。标准氢电极是氢气的压力为 1atm，溶液中氢离子活度为 1 时的氢电极，即 $Pt|H_2(1atm)|H^+(aH^+=1)$。将标准电极作为发生氧化作用的阳极，给定电极作为发生还原作用的阴极，组成下列原电池：

标准氢电极 ‖ 给定电极

或　　　　　　　　　$Pt|H_2(1atm)|H^+(aH^+=1)$ ‖ 给定电极

按此规定，任意温度下氢电极的标准电极电位为零，即 $\varphi^{\ominus}\mathrm{H^+|H_2}=0$。在标准状况下，所测定的一些物质半反应的标准电极电位如表 2-1 所示。

表 2-1　25℃时水溶液中的一些标准电极电位

电极	电极反应	$\varphi^{\ominus}/\mathrm{V}$
$\mathrm{Li^+\mid Li}$	$\mathrm{Li^+ + e^- \longrightarrow Li}$	−3.045
$\mathrm{K^+\mid K}$	$\mathrm{K^+ + e^- \longrightarrow K}$	−2.932
$\mathrm{Ca^{2+}\mid Ca}$	$\mathrm{Ca^{2+} + 2e^- \longrightarrow Ca}$	−2.76
$\mathrm{Na^+\mid Na}$	$\mathrm{Na^+ + e^- \longrightarrow Na}$	−2.710 9
$\mathrm{Mg^{2+}\mid Mg}$	$\mathrm{Mg^{2+} + 2e^- \longrightarrow Mg}$	−2.375
$\mathrm{OH^-,\ H_2O\mid H_2}$	$\mathrm{2H_2O + 2e^- \longrightarrow H_2 + 2OH^-}$	−0.827 7
$\mathrm{Zn^{2+}\mid Zn}$	$\mathrm{Zn^{2+} + 2e^- \longrightarrow Zn}$	−0.762 8
$\mathrm{Cr^{3+}\mid Cr}$	$\mathrm{Cr^{3+} + 3e^- \longrightarrow Cr}$	−0.74
$\mathrm{Cd^{2+}\mid Cd}$	$\mathrm{Cd^{2+} + 2e^- \longrightarrow Cd}$	−0.402 6
$\mathrm{Ni^{2+}\mid Ni}$	$\mathrm{Ni^{2+} + 2e^- \longrightarrow Ni}$	−0.23
$\mathrm{Pb^{2+}\mid Pb}$	$\mathrm{Pb^{2+} + 2e^- \longrightarrow Pb}$	−0.126 3
$\mathrm{Fe^{3+}\mid Fe}$	$\mathrm{Fe^{3+} + 3e^- \longrightarrow Fe}$	−0.036
$\mathrm{H^+\mid H_2}$	$\mathrm{2H^+ + 2e^- \longrightarrow H_2}$	0.000 0
$\mathrm{Fe^{2+}\mid Fe}$	$\mathrm{Fe^{2+} + 2e^- \longrightarrow Fe}$	−0.44
$\mathrm{Cu^{2+}\mid Cu}$	$\mathrm{Cu^{2+} + 2e^- \longrightarrow Cu}$	+0.340 2
$\mathrm{OH^-,\ H_2O\mid O_2}$	$\mathrm{O_2 + 2H_2O + 4e^- \longrightarrow 4OH^-}$	+0.401
$\mathrm{Cu^+\mid Cu}$	$\mathrm{Cu^+ + e^- \longrightarrow Cu}$	+0.522
$\mathrm{Ag^+\mid Ag}$	$\mathrm{Ag^+ + e^- \longrightarrow Ag}$	+0.799 6
$\mathrm{H^+,\ H_2O\mid O_2}$	$\mathrm{O_2 + 4H^+ + 4e^- \longrightarrow 2H_2O}$	+1.299
$\mathrm{Cl^-\mid Cl_2}$	$\mathrm{Cl_2 + 2e^- \longrightarrow 2Cl^-}$	+1.358 3
$\mathrm{Fe^{3+},\ Fe^{2+}\mid Pt}$	$\mathrm{Fe^{3+} + e^- \longrightarrow Fe^{2+}}$	+0.770

2.2.5　电解池

电解是将电化学方法用于水处理工艺的最重要过程。通过电解反应，可以将水中的有机污染物和无机污染物通过电化学氧化还原反应进行降解、凝聚等方法去除。水中的某些有机污染物，可以通过电解氧化反应部分或彻底降解；而对于具有不饱和官能团的生色有机物，也可以通过阴极的电还原进行降解脱色。按照电解的原理，通常可将其分为直接电解和间接电解。

（1）直接电解

直接电解是指污染物在电极上直接被氧化或还原而从废水中去除。直接电解可分为阳极过程和阴极过程。阳极过程就是污染物在阳极表面氧化而转化成毒性较小的物质或易生物降解的物质，甚至发生有机物无机化，从而达到削减、去除污染物的目的。阴极过程就是污染物在阴极表面还原而得以去除，主要用于卤代烃的还原脱卤和重金属的回收。

（2）间接电解

所谓间接电解，就是将产生于电化学反应过程中的氧化还原物质，作为反应剂或者催化剂，促进污染物逐渐转化为毒性较小的物质。间接电解分为可逆过程和不可逆过程。可逆过程（媒介电化学氧化）是指氧化还原物在电解过程中可能发生电化学再生和循环使用。不可逆过程是指利用不可逆电化学反应产生的物质，如具有强氧化性的氯酸盐、次氯酸盐、H_2O_2 和 O_3 等氧化有机物的过程，还可以利用电化学反应产生的"短寿命"的、强氧化性的中间体，包括溶剂化电子、$\cdot OH$、$\cdot HO_2$ 等自由基氧化降解污染物。

水可以被电解生成 H_2 和 O_2：

$$H_2O \Longleftrightarrow H_2 + 1/2O_2 \tag{2-22}$$

这是由于在通电以后，水电离产生的 H^+ 和 OH^- 分别在电流的作用下向阴极和阳极迁移，H^+ 在阴极被还原成 H_2，而 OH^- 在阳极被氧化为 O_2。这一过程是在一种所谓的电解池中来完成的。

在水溶液中，当外电源在两极施加一定电压时，即有电流通过并在两极伴随着化学反应发生，这种过程称之为电解。它是将电能转化为化学能的过程，而电解池是利用电能以发生化学反应的装置。常见的电解池原理如图 2-2 所示。溶液中的正离子（Cation）将向阴极（Cathode）迁移，在阴极上发生还原作用。而负离子（Anion）将向阳极（Anode）迁移，并在阳极上发生氧化作用。

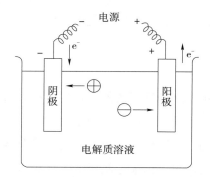

图 2-2　常见的电解池原理示意图

在电解进行时，溶液中正离子因受电场作用而迁移至阴极，并在阴极界面释放电子被还原。同时，溶液中的负离子迁向阳极，并在阳极界面获得电子被氧化。习惯上，人们把电解时供给电子使物质发生还原的电极称为阴极，把接受电子使物质发生氧化的另一极称为阳极。

2.3　电化学反应器设计计算

电解质溶液在电流的作用下，发生电化学反应的过程称为电解。与电源负极相连的电极从电源接受电子，称为电解槽的阴极；与电源正极相连的电极把电子转给电源，称为电解槽的阳极。在电解过程中，阴极放出电子，使废水中某些阳离子得到电子而被还原，阴极起还原剂的作用；阳极得到电子，使废水中某些阴离子失去电子而被氧化，阳极起氧化剂的作用。废水进行电解反应时，废水中的有毒物质在阳极和阴极分别进行氧化、还原反应，产生新物质。这些新物质在电解过程中或沉积于电极表面或沉淀下来，或生成气体从水中逸出，从而降低了废水中有毒物质的浓度。像这样利用电解的原理来处理废水中有毒物质的方法称为电解法。

2.3.1　法拉第电解定律

电解过程的耗电量可用法拉第（Faraday）电解定律计算。法拉第电解定律是阐明电和化学反应物质相互作用定量关系的定律，是电解反应定量计算的基本依据，也是水处理电化学反应器设计、电化学参数确定和电解产物评价的基本依据。实验表明，电解时在电极上析出的或溶解的物质质量与通过的电量成正比，并且每通过 96 487 C 的电量，在电极上发生任一电极反应而变化的物质质量均为 1mol，这一定律称为法拉第电解定律，可用下式表示：

$$G = \frac{1}{F} EQ \text{ 或 } G = \frac{1}{F} EIt \tag{2-23}$$

式中，G 为析出的或溶解的物质量（g）；E 为物质的化学当量（g/mol）；Q 为通过的电量（C）；I 为通过的电流强度（A）；t 为电解时间（s）；F 为法拉第常数，取 96 487 C/mol。

在实际电解过程中，由于发生某些副反应，所以实际消耗的电量往往比理论值要大。

2.3.2　分解电压

电解过程中所需要的最小外加电压与很多因素有关。通常，通过逐渐增加两极的外加电压研究电流的变化。当外加电压很小时，几乎没有电流通过。电压继续增加，电流略有增加。当电压增加到某一数值时，电流随电压的增加几乎呈直线关系急剧上升。这时在两极上才明显有物质析出。能使电解正常进行时所需的最小外加电压称为分解电压。

产生分解电压的原因有以下几方面。首先电解槽本身就是某种原电池，由原电池产生的电动势同外加电压的方向正好相反，称为反电动势。电极的极化现象主要有浓差极化和化学极化。

浓差极化是由于电解时离子的扩散运动不能立即完成，靠近电极表面溶液薄层内的离子浓度与溶液内部的离子浓度不同，结果产生一种浓差电池，其电位差也同外加电压方向相反。这种现象称为浓差极化。化学极化是由于在进行电解时两极析出的产物构成了原电池，此电池电位差也和外加电压方向相反，这种现象称为化学极化。

另外，当通电进行电解时，因电解液中离子运动受到一定的阻碍，所以需一定的外加电压加以克服。其值为 IR，I 为通过的电流，R 为电解液的电阻。

实际上，分解电压还与电极的性质、废水性质、电流密度（单位电极面积上流过的电流，A/cm^2）及温度等因素有关。

2.3.3 有机物电解还原的电流效率

电流效率（Current Efficiency，CE）是反映电解过程特征的重要指标。电流效率越高，表示电流的损失越小。电解槽的处理能力取决于通入的电量和电流效率。两个尺寸大小不同的电解槽同时通入相等的电流，如果电流效率相同，则它们处理同一废水的能力也是相同的。

在电解反应过程中，参加反应的物质量与通过电极的电量之间的关系符合法拉第电解定律，即当电化学反应中得失的电子数为 n，则通过 1F 的电量时，应该有 $1/n$ mol 的物质在电极上发生了反应。

在有机物的电解还原降解过程中，由于在阴极上同时发生了析氢等一些副反应，因此阴极上的主反应即有机物的还原电流效率总是小于100%。要提高有机物电解还原的电流效率，就要选择合适的电催化剂和电解条件来加快主反应的速率，抑制或减慢副反应的进行。因此，有机物的还原电流效率可以定义为

$$电流效率 = \frac{有机物实际被还原的物质量}{按法拉第电解定律计算应被还原的有机物的物质量} \times 100\% \quad (2-24)$$

式（2-21）中的分母按法拉第电解定律计算应被还原的有机物物质的量（mol）可以用式（2-23）计算：

$$应被还原的有机物物质的量 = \frac{Q}{nF} \quad (2-25)$$

影响电流效率的因素很多，主要有以下几个方面：①电极材料。电解材料的选用甚为重要，选择不当能使电解效率降低，电能消耗增加。②槽电压。为了使电流能通过并分解电解液，电解时必须提供一定的电压。③电流密度。电流密度即单位极板面积上通过的电流数量，单位为 A/m^2，所需的阳极电流密度随废水浓度而异。④ pH。废水的 pH 对于电解过程操作很重要。⑤搅拌作用。搅拌的作用是促使离子对流与扩散，减少电极附近浓差极化现象，并能起清洁电极表面的作用，防止沉淀物在电解槽中沉降。搅拌对于电解历时和电能消耗影响较大，通常采用压缩空气搅拌。

2.3.4 电解槽的结构形式和极板电路

电解槽的形状多采用矩形。按照在电解槽中的水流方式，电解装置可分为翻腾式、回流式和竖流式 3 种类型。

（1）翻腾式电解槽

翻腾式电解槽（图 2-3）在平面上呈长方形，用隔板分成数段，每段中水流顺着板面前进，并以上下翻腾方式流过各段隔板。其特点是极板采取悬挂方式固定，防止极板与池壁接触，可减少漏电现象，更换极板较回流式方便，也便于施工维修，且极板两端的水压相等，极板不易挠曲变形，安装与检修较为方便，缺点是流线短，不利于离子的充分扩散，槽的容积利用系数较低。在废水处理中常采用翻腾式电解槽。

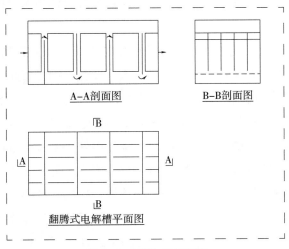

图 2-3　翻腾式电解槽

（2）回流式电解槽

回流式电解槽（图 2-4）是在槽内设置若干块隔板，使水流沿极板水平折流前进，电极板与水流方向垂直。其特点与翻腾式电解槽恰好相反。回流式水流流程长，离子易于向水中扩散，容积利用率高，但施工和检修较困难。

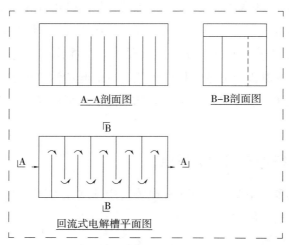

图 2-4　回流式电解槽

（3）竖流式电解槽

竖流式电解槽的水流在槽内呈竖向流动，它又分降流式（从上而下）和升流式（从下而上）两种。前者有利于泥渣的排出，但水流与沉积物同方向运动，不利于离子的扩散，且槽内死角较多。升流式的水流与机积物逆向接触，在固体颗粒周围产生无数微小淌流，有利于离子扩散，改善了电极反应的条件，电耗较小。但竖流式电解槽水流路短，为增加水流路程，应采用高度较大的极板，因此池子总高度也会随之增大。

极板间距对电耗有一定的影响。极板间距越大，电压就越高，电耗也就越高。但极板间距过小，不仅安装不便，材料用量大，而且给施工带来困难，所以极板间距应综合考虑各种因素后确定。电解槽中极板间距应适当，一般为 30～40 mm。电解需要直流电源，整流设备可根据电解所需要的总电流和总电压选用。

目前国内采用的电解槽，根据电路分单极性电解槽和双极性电解槽两种，具体如图 2-5 所示。双极性电解槽较单极性电解槽投资少。另外在单极性电解槽中，有可能由于极板腐蚀不均匀等原因造成相邻两块极板碰撞，会引起短路而发生严重安全事故。而在双极电解槽中极板腐蚀较均匀，相邻两块极板碰撞机会少，即使碰撞也不会发生短路现象。因此，采用双极性电极电路便于缩小极距、提高极板的有效利用率、降低造价和节省运行费用。因为双极性电解槽具有这些优点，所以国内采用得比较普遍。

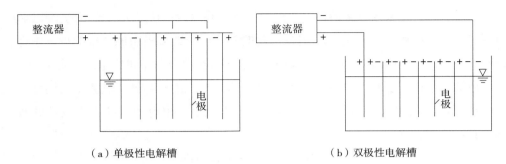

（a）单极性电解槽 　　　　　　　　（b）双极性电解槽

图 2-5　电解槽的极板电路

2.3.5　设计计算

2.3.5.1　电解法处理含铬废水

（1）电解法处理含铬废水基本原理

在电解槽中一般放置铁电极，在电解过程中铁板阳极溶解产生亚铁离子。亚铁离子是强还原剂，在酸性条件下，可将废水中的六价铬还原为三价铬，其离子反应方程如下：

$$Fe - 2e \longrightarrow Fe^{2+} \qquad (2-26)$$

$$Cr_2O_7^{2-} + 6Fe^{2+} + 14H^+ \longrightarrow 2Cr^{3+} + 6Fe^{3+} + 7H_2O \qquad (2-27)$$

$$CrO_4^{2-} + 3Fe^{2+} + 8H^+ \longrightarrow Cr^{3+} + 3Fe^{3+} + 4H_2O \qquad (2-28)$$

从以上反应式可知，还原一个六价铬离子需要三个亚铁离子，阳极铁板的消耗，理论上应是被处理六价铬离子的 3.22 倍（重量比）。若忽略电解过程中副反应消耗的电量和阴极的直接还原作用，从理论上可算出，1 A·h 的电量可还原 0.323 5 g 铬。

在阴极，除氢离子获得电子生成氢外，废水中的六价铬直接还原为三价铬。离子反应方程式为

$$2H^+ + 2e \longrightarrow H_2 \qquad (2-29)$$

$$Cr_2O_7^{2-} + 6e + 14H^+ \longrightarrow 2Cr^{3+} + 7H_2O \qquad (2-30)$$

$$CrO_4^{2-} + 3e + 8H^+ \longrightarrow Cr^{3+} + 4H_2O \qquad (2-31)$$

从上述反应可知，随着电解过程的进行，废水中的氢离子浓度将逐渐减少，结果废水碱性增强。在碱性条件下，可将上述反应得到的三价铬和三价铁以氢氧化铬和氢氧化铁的形式沉淀下来，其反应方程式为

$$Cr^{3+} + 3OH^- \longrightarrow Cr(OH)_3 \downarrow \qquad (2-32)$$

$$Fe^{3+} + 3OH^- \longrightarrow Fe(OH)_3 \downarrow \qquad (2-33)$$

试验证明，电解时阳极溶解产生的亚铁离子是六价铬还原为三价铬的主要因素，而阴极直接将六价铬还原为三价铬是次要的。这可从铁阳极腐蚀严重的现象中得到证明。因此，为了提高电解效率，采用铁阳极并在酸性条件下进行电解是有利的。

应该指出的是，铁阳极在产生亚铁离子的同时，由于阳极区氢离子的消耗和氢氧根离子浓度的增加，引起氢氧根离子在铁阳极上放出电子，结果生成铁的氧化物，其反应式如下：

$$4OH^- - 4e \longrightarrow 2H_2O + O_2 \uparrow \qquad (2\text{-}34)$$

$$3Fe + 2O_2 \longrightarrow FeO + Fe_2O_3 \qquad (2\text{-}35)$$

将上述两个反应相加得

$$8OH^- + 3Fe^- - 8e \longrightarrow Fe_2O_3 \cdot FeO + 4H_2O \qquad (2\text{-}36)$$

随着 $Fe_2O_3 \cdot FeO$ 的生成，铁板阳极表面生成一层不溶性的钝化膜。这种钝化膜具有吸附能力，往往使阳极表面黏附着一层棕褐色的吸附物（主要是氢氧化铁）。这种物质阻碍亚铁离子进入废水中去，从而影响处理效果。为了保证阳极的正常工作，应尽量减少阳极的钝化。减少阳极钝化的方法大致有 3 种：

①定期用钢丝刷清洗极板。这种方法劳动强度大。

②定期将阴极、阳极交换使用。利用电解时阴极上产生氢气的撕裂和还原作用，将极板上的钝化膜除掉，其反应为

$$2H^+ + 2e \longrightarrow H_2 \uparrow \qquad (2\text{-}37)$$

$$Fe_2O_3 + 3H_2 \longrightarrow 2Fe + 3H_2O \qquad (2\text{-}38)$$

$$FeO + H_2 \longrightarrow Fe + H_2O \qquad (2\text{-}39)$$

电极换向时间与废水含铬浓度有关，一般由试验确定。

③投加食盐电解质。由 NaCl 生成的氯离子能起活化剂的作用。因为氯离子容易吸附在已钝化的电极表面，接着氯离子取代膜中的氧离子，结果生成可溶性铁的氯化物而导致钝化膜的溶解。投加食盐不仅有利于除去钝化膜，也可增加废水的导电能力，减少电能的消耗。食盐的投加量与废水中铬的浓度等因素有关，可用试验确定。

（2）工艺流程

电解法宜用于处理生产过程中所产生的各种含铬废水。用电解法处理的含铬废水，六价铬离子含量不宜大于 100 mg/L，pH 宜为 4.0～6.5。

电解法除铬的工艺有间歇式和连续式两种。一般多采用连续式工艺，其工艺流程如图 2-6 所示。从车间排出的含铬废水汇集于调节池内，然后送入电解槽，经电解处理后流入沉淀池，沉淀后的废水再经滤池处理，符合排放标准后可重复使用或直接排放。

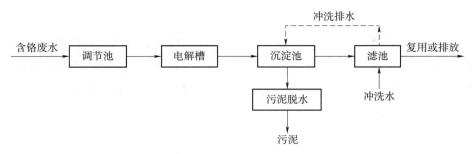

图 2-6　含铬废水处理工艺流程

　　调节池的作用是调节含铬废水的水量和浓度，使进入电解槽的废水量和浓度比较均匀，以保证电解处理效果。调节池设计成两格，容积应根据水量和浓度的变化情况确定，如无借鉴资料可按 2～4 h 平均水力停留时间设计。

　　沉淀池的作用是使在电解过程中生成的氢氧化铬和氢氧化铁从水中分离出来。当废水中六价铬离子含量为 50～10 mg/L 时，沉淀时间宜为 2 h，污泥体积可按处理废水体积的 5%～10% 估算。当废水中六价铬离子含量为 100 mgL 时，处理 1 m³ 废水所产生的污泥干重可按 1 kg/m³ 计算。在沉淀池沉淀下来的污泥送入污泥脱水设备，经脱水后运走进行处置。

　　滤池的作用是去除未被沉淀池除去的氢氧化铬和氢氧化铁。滤池可采用重力式或压力式滤池。滤池反冲洗水排入沉淀池处理。

　　（3）电解槽有效容积

　　电解槽有效容积可按下式计算，并应满足极板安装所需的空间。

$$W = \frac{Qt}{60} \qquad (2\text{-}40)$$

　　式中，W 为电解槽有效容积（m³）。t 为电解时间，当废水中六价铬离子含量小于 50 mg/L 时，t 值宜为 5～10 min；当含量为 50～100 mg/L 时，t 值宜为 10～20 min。

　　（4）电流强度

　　电流强度可按下式计算：

$$I = \frac{K_{Cr}QC}{n} \qquad (2\text{-}41)$$

　　式中，I 为计算电流（A）；K_{Cr} 为 1 g 六价铬离子还原为三价铬离子所需的电量，宜通过试验确定，当无试验条件时，可采用 4～5 A·h/g Cr；Q 为废水设计流量（m³/h）；C 为废水中六价铬离子含量（g/m³）；n 为电极串联次数，n 值应为串联极板数减 1。

（5）极板面积

极板面积可按下式计算，电解槽宜采用双极性电极、竖流式，并应采用防腐和绝缘措施。极板的材料可采用普通碳素钢板，厚度宜为 3～5 mm，极板间的净距离宜为 10 mm 左右。还原 1 g 六价铬离子的极板消耗量，可按 4～5 g 计算。电解槽的电极电路，应按换向设计。

$$F = \frac{I}{am_1m_2i_F} \tag{2-42}$$

式中，F 为单块极板面积（dm^2）；a 为极板面积减少系数，可采用 0.8；m_1 为并联极板组数（若干段为一组）；m_2 为并联极板段数（每一段串联极板单元为一段）；i_F 为极板电流密度，可采用 0.15～0.3 $\mathrm{A/dm}^3$。

（6）电压

电解槽采用的最高直流电压，应符合国家现行的有关直流安全电压标准、规范的规定。计算电压可按下式计算：

$$U = nU_1 + U_2 \tag{2-43}$$

式中，U 为计算电压（V）；U_1 为极板间电压降，一般宜在 3～5 V 范围内；U_2 为导线电压降（V）。

（7）极板间电压降

极板间电压降可按下式计算：

$$U_1 = a + bi_F \tag{2-44}$$

式中，a 为电极表面分解电压，宜试验确定，当无试验资料时，a 值可采用 1 V 左右；b 为板间电压计算系数（V/A），b 值宜通过试验确定，当无试验资料时，可采用表 2-2 中的数据。

表 2-2　极间电压计算系数（b）

投加食盐含量 /（g/L）	温度 /℃	极距 /mm	电导率 /（μS/cm）	b 值 /（V/A）
0.5	10～15	5		8.0
		10		10.5
		15		12.5
		20		15.7
不投加食盐	13～15	5	400	8.5
			600	6.2
			800	4.8
		10	400	14.7
			600	11.2
			800	8.3

（8）电能消耗

电能消耗可按下式计算：

$$N = \frac{IU}{1\,000Q\eta} \quad\quad (2\text{-}45)$$

式中，N 为电能消耗（kW·h/m³）；η 为整流器效率，当无实测数值时，可采用 0.8。

选择电解槽的整流器时，应根据计算的总电流和总电压值增加 30% 的备用量。

2.3.5.2　电解法处理含银废水

含银废水多采用脉冲电解法处理，与普通直流电解法相比，可减少浓差极化，提高电流率 20%～30%，电解时间缩短 30%～40%，节省电能 30%～40%，提高银回收纯度。

（1）脉冲电解法减少浓差极化的原理

传统电解法采用直流电源，由于镀银废水中所含银离子浓度低而且杂质多，回收银的纯度达不到回用镀银的要求，而且电流效率较低，因此有研究者开发了脉冲电解法。普通直流电解法主要存在浓差极化问题。脉冲电解法减少浓差极化的原理是使用直流电，时而接通，时而关断，而且脉冲电源的频率很高。在关断的时间间隔内，由于浓度差，电解槽内废水中的金属离子会向阴极扩散，可减少浓差极化，降低槽电压，提高电流效率，缩短电解时间。电源关断时，因废水中的杂质和氢从阴极向废水中扩散，不容易在阴极沉积，所以可提高回收银的纯度。另外，由于脉冲峰值电流大大高于平均电流可促使金属晶体加速形成，而在电源关断的时间内又阻碍晶体的长大，结果晶体形成速度远远大于晶体长大速度，这样在阴极沉积的金属结晶细化、排列紧密、孔隙减少，电阻率下降。

脉冲电源参数主要有以下 3 个：

通电时间（又称脉冲宽度或脉宽时间）$t_{通}$，可采用 350×10^{-6} s；

断电时间（又称间断时间）$t_{断}$，可采用 350×10^{-6}～600×10^{-6} s；

峰值电流 $A_{峰}$，可采用平均电流 $A_{平}$ 的 2.0～2.7 倍。

由以上 3 个参数可以导出下列参数：

周期 $(T) = t_{通} + t_{断}$，采用 700×10^{-6}～950×10^{-6} s；

波 $(\omega) = \dfrac{1}{T} = \dfrac{1}{t_{通} + t_{断}}$（又称频率），采用 1 052～1 428 Hz；

脉宽系数（又称占空比）$(\alpha) = \dfrac{t_{通}}{t_{通} + t_{断}}$，采用 0.37～0.5；

平均电流，$A_{平}=dA_{峰}$。

理论电解耗电量按法拉第电解定律公式计算，因为不管采用何种电源，该定律都是成立的。

（2）工艺流程

脉冲电解法处理含银废水的工艺流程如图 2-7 所示。

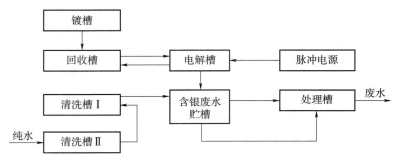

图 2-7　脉冲电解法处理含银废水工艺流程

（3）主要设计参数

电解槽电极电路：宜采用单极性电路，便于从阴极板剥取银，电解槽最好连续运行。

阴阳极材料：可用不锈钢板，阳极板厚度不小于 1.2 mm，间距约 20 mm，不宜过小，否则银箔脱落会造成短路。

废水含银浓度为 1～5 g/L 时，平均电流密度采用 0.1～0.2 A/dm²。

还原 1 g 银所用电量为 0.25 A·h/g。

每小时每平方分米极板面积（两面）可回收银 0.5 g 左右，即 0.5 g/（dm²·h）。

（4）设计时应注意的问题

电解槽的运行最好是连续的，在电解过程中，阴极析出银快，而阳极氧化氰较慢，一旦停电，阴极析出的银会反溶到溶液中去。

阴极银厚度在 0.5 mm 以上时剥银，阴极剥下银箔后，先用稀硝酸洗，再用蒸馏水冲洗。回收槽内须用蒸馏水或低纯水，以减少杂质干扰。阳极板亦须定期清洗除去极板上的钝化膜，清洗方法与阴极板同。清洗槽含氰废水处理后，因有余氯及盐类不能重复使用。

2.4　电化学水处理技术的定义及分类

随着工业的发展，有机废水排放量日益增加，尤其化学、食品、农药、染料和医药行业排放的高浓度废水，色度高、毒性大，含有大量生物难降解成分，严重污染江河湖海。电化学水处理技术就是利用外加电场作用，在特定的电化学反应器内，通过一系列设计的化学反应、电化学过程或物理过程，达到预期的去除废水中污染物或回收有用物质的目的。

　　电化学水处理新技术具有无须添加化学药剂、设备体积小占地少、便于自动控制、不产生二次污染等优点，受到国内外的关注。已研究过各种因素对电极溶蚀和钝化过程，从水中去除污染物质的影响，以及净化生活饮用水和工艺用水时应用此方法的条件。现已有成套的电化学饮水净化装置，并应用于内河船舶、小市镇居民点、游憩处所、工厂和企业等的饮用水净化。我国是从 20 世纪 70 年代开始对电化学工艺进行研究。到目前已取得了很多成就。此技术目前已应用在：纯水和高纯水的预处理工艺；饮用水净化方面，如除氟的研究、除重金属离子、作电渗析淡化苦咸水预处理；处理生活污水和各种工业废水，如印染废水、含油废水、焦化废水、照相凝胶生产污水的杂质、合成洗涤剂污水、机械制造企业的废清洗液及宾馆废水等。

　　与其他水处理方法相比，电化学法具有多功能、灵活性、易于控制、无污染或少污染等优点，被称为"环境友好技术"。电化学法用于水处理的基本原理是使污染物在电极上发生直接电化学反应或间接电化学转化。按原理可以分为两种，即直接电解和间接电解。直接电解是指污染物在电极上直接被氧化或还原而从废水中去除。直接电解可分为阳极过程和阴极过程。阳极过程就是污染物在阳极表面氧化而转化成毒性较小的物质或易生物降解的物质，甚至发生有机物无机化，从而达到削减、去除污染物的目的。阴极过程就是污染物在阴极表面还原而得以去除，主要用于卤代烃的还原脱卤和重金属的回收。间接电解是指利用电化学产生的氧化还原物质作为反应剂或催化剂，使污染物转化成毒性更小的物质。间接电解分为可逆过程和不可逆过程。可逆过程（媒介电化学氧化）是指氧化还原物在电解过程中可能发生电化学再生和循环使用。不可逆过程是指利用不可逆电化学反应产生的物质，如具有强氧化性的氯酸盐、次氯酸盐、H_2O_2 和 O_3 等氧化有机物的过程，还可以利用电化学反应产生寿命短、氧化性强的中间体，包括溶剂化电子、$HO\cdot$、$\cdot HO_2$ 等自由基，它们可以氧化降解污染物。

　　目前，电化学法已经广泛应用于各类废水的处理，根据电极反应发生方式的不同，电化学法可分为电化学氧化 / 还原法、微电解法、电絮凝法及电催化氧化法。

第 3 章

电化学氧化 / 还原法

随着经济发展，农药、印染、制药等生产过程排放大量的废水。所谓难降解有机废水是指难降解、可生化性差，其 BOD_5/COD 值很小，通常小于 0.2，而 COD 浓度高或色度高的有机废水，亦称高浓度难降解有机废水。这些废水水量不大，但是成分复杂，其中含有许多难降解有机物，如酚、烷基苯磺酸、氯苯酚、农药、多氯联苯、多环芳烃、硝基芳烃化合物、染料及腐殖酸等。其中有些有机物具有致癌、致畸、致突变等作用，对环境和人类有巨大的危害。废水处理技术发展至今，一些成分简单、生物降解性能好、浓度较低的废水可通过组合传统工艺而得以去除。但是有些化工合成的有机物往往难以用传统的废水处理方法（主要是生物处理法）去除，因此处理这类难以生物降解的有机废水成为我们面临的严峻挑战。

电化学氧化还原法是指电解质溶液在电流的作用下，在阳极和电解质溶液界面上发生反应物粒子，失去电子的氧化反应、在阴极和电解质溶液界面上发生反应物粒子与电子结合的还原反应的电化学过程。电化学的氧化原理分为两类：一种是直接氧化，即让污染物直接在阳极失去电子而发生氧化，在含氰化物、含酚、含醇、含氮的有机废水处理中，直接电化学氧化发挥了十分有效的作用；另一种则是间接氧化，即通过阳极反应生成具有强氧化作用的中间产物或发生阳极反应之外的中间反应来氧化污染物，最终达到氧化降解污染物的目的。电化学还原即通过发生阴极还原可处理多种环境污染物，如金属离子、含氧有机物、二氧化硫等，可分为阴极直接还原和阴极间接还原。有机物直接电化学还原可使多种含氯有机物转变成低毒性物质，提高污染物生物可降解性；间接阴极还原是利用电化学反应生成的一些氧化还原物质将污染物还原去除。

3.1 电化学氧化 / 还原法基本原理

3.1.1 电化学氧化法原理

20 世纪 80 年代高级氧化概念提出后，人们开始研究利用电化学方法产生的氧化性强、无二次污染的新型氧化剂处理废水，如·OH、臭氧、芬顿（Fenton）试剂等。20 世纪 90 年代，随着利用·OH 对废水进行无害处理研究的不断深入，电化学氧化工艺逐渐发展成熟。

电化学氧化法成为处理难生物降解有机废水领域的研究热点，因其具有其他方法难以比拟的优越性，表现为①能量消耗低、效率高。反应条件在较低温度下进行即可，同时可以通过控制反应条件减少副反应等原因引起的能量损失。②污染小，处理污染物主要通过电子转移反应，不需添加其他试剂，避免因添加试剂产生的污染。同时反应的选择性高，电解产生的自由基可直接与有机污染物反应，并降解为简单低分子有机物和无机物，二次污染小。③操作易于调控，设备简单，费用不高。④占地小，可就地处理，适用于面积小、人口多的城市。⑤可取代传统的方法单独使用，也可作为前处理，与其他方法有效结合，将难生物降解的有机物转化为可生物降解物质，提高废水的可降解性。

电化学氧化法是通过发生得失电子反应，在电极表面上产生羟基自由基、过氧化氢等强氧化物质降解有机物的一种方法。这种降解方法会使废水中的有机物彻底氧化，不易产生有毒的中间产物，无须后续处理。随着电化学氧化技术的发展，电化学氧化技术用于处理有机废水的研究不断增多。

电化学氧化法是指在电场作用下，存在于电极表面或溶液相中的修饰物能促进或抑制电极上发生的电子转移反应，使有毒有害的污染物变成无毒无害的物质，或形成沉淀析出或生成气体逸出，从而达到除去污染物的目的，而电极表面或溶液相中的修饰物本身并不发生变化的一类化学作用。电化学氧化有机物的原理分为两类：直接氧化和间接氧化。图 3-1 是阳极氧化有机化合物的机理。

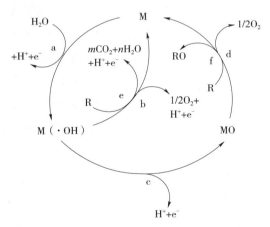

图 3-1　有机化合物在非活跃电极（反应 a、b 和 e）和活跃电极氧化（反应 a、c、d 和 f）过程

广义的电化学氧化实际上就是指电化学的整个过程，是根据氧化还原反应的原理，在电极上发生直接或者间接的电化学反应，从而将污染物从废水中减少或去除。

而狭义的电化学氧化是特指阳极过程，在电解槽中放入有机物的溶液或悬浮液，通过直流电，在阳极上夺取电子使有机物氧化或是先使低价金属氧化为高价金属离子，然后高价金属离子再使有机物氧化的方法。通常，有机物的某些官能团具有电化学活性，通过电场的强制作用，官能团结构发生变化，从而改变了有机物的化学性质，使其毒性减弱以至消失，增强了生物可降解性。

3.1.1.1　电化学直接氧化法

电化学直接氧化法，是指有机污染物在电极表面电子直接传递或与电极表面上产生的强氧化剂作用，被氧化成毒性较低的或易生物降解的物质，甚至将有机物直接氧化成无机物。直接氧化分为两步：一是有机污染物从溶液扩散到电极表面；二是有机污染物在电极表面被氧化。电极表面的电子转移是电化学过程的决速步，其速率取决于电极活性和电流密度。电化学直接氧化污染物的过程如图 3-2 所示。

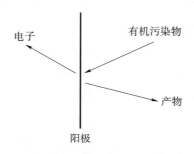

图 3-2　电化学直接氧化污染物的过程

根据被氧化物质氧化程度的不同，直接氧化法又分为两类：一是电化学转换，即被氧化物质未发生完全氧化。相对于废水处理而言，电化学转化可以把有毒物质转变为无毒物质，或把非生物相容的有机物转化为生物相容的物质（如芳香物被开环氧化为脂肪酸），以便进一步实施生物处理；二是电化学燃烧，即被氧化物质彻底氧化为稳定的无机物。相对于废水处理而言，电化学燃烧可以将废水中的有机物彻底氧化为 CO_2。电化学燃烧产生的污染少，所需的温度低，一般在常温常压下即可进行。

研究表明有机物在金属氧化物阳极上的氧化反应类型同阳极金属氧化物的种类和价态有关，阳极材料不同、电解液成分不同，所产生的具有电化学活性的物种也不同，因而导致反应类型不同。

阳极直接氧化时，表面形成的·OH 吸附在电极（MO_x）表面形成 MO_x［·OH］。MO_x［·OH］与电极附近有机物发生脱氢、亲电加成反应。在金属氧化物 MO_x 阳极上生成的较高价金属氧化物 MO_{x+1} 有利于有机物选择性氧化生成含氧化合物；在 MO_x 阳极上生成的自由基 MO_x［·OH］有利于有机物氧化燃烧生成 CO_2。·OH 中的原子转移到阳极晶格上形成高价氧化物，然后选择性矿化有机物。氧化产物 RO 可被阳极表面的·OH 进一步氧化。废水中污染物的直接电化学氧化反应过程如下。

首先溶液中的 H_2O 或 OH⁻ 在阳极上放电并形成吸附的羟基自由基：

$$H_2O + MO_x \longrightarrow MO_x［·OH］+ H^+ + e^- \qquad (3-1)$$

然后吸附的羟基自由基和阳极上现存的氧反应，并使羟基自由基中的氧转移给金属氧化物晶格而形成高价氧化物 MO_{x+1}：

$$MO_x[\cdot OH] \longrightarrow MO_{x+1} + H^+ + e^- \tag{3-2}$$

当溶液中不存在有机物时，两种状态的活性氧按以下步骤进行氧析出反应：

$$MO_x[\cdot OH] \longrightarrow 1/2O_2 + MO_{x+1} + H^+ + e^- \tag{3-3}$$

$$MO_{x+1} \longrightarrow 1/2O_2 + MO_x \tag{3-4}$$

当溶液中存在可氧化的有机物 R 时，反应如下：

$$R + MO_x[\cdot OH]_y \longrightarrow CO_2 + MO_x + yH^+ + e^- \tag{3-5}$$

$$R + MO_{x+1} \longrightarrow RO + MO_x \tag{3-6}$$

由以上的化学反应式可知，在电化学氧化过程中阳极上存在两种状态的活性氧，即吸附的羟基自由基和晶格中高价态氧化物的氧，因此电化学氧化反应可以按两条途径进行。当反应（3-2）的速度比反应（3-1）的快时，主要发生电化学转化反应，此时电流效率取决于反应（3-6）与反应（3-4）的速度之比，由于它们都是纯化学步骤，反应（3-6）的电流效率与阳极电位无关，但依赖于有机物的反应活性和浓度及电极材料。当反应（3-2）的速度比反应（3-3）慢时，主要发生电化学燃烧反应，此时电流效率取决于反应（3-5）与反应（3-3）的速度之比。由于这两个反应都是电化学步骤，反应（3-5）的电流效率不仅依赖于有机物的本质和浓度以及电极材料，而且与阳极电位有关。

直接的电还原方法已被试用于水中含卤有机物的处理，过程属于电化学脱卤反应。如用碳纤维填充床，阴极在 30 min 内可使水中五氯代酚的浓度由 50 mg/L 降至 0.5 mg/L，但是所需的阴极电位很高，伴随着发生析氢反应，完全脱氯的电流效率较低。

3.1.1.2　电化学间接氧化法

电化学间接氧化法是利用电化学反应产生的强氧化剂（如·OH），这些物质传质到本体溶液中与污染物发生反应使其降解。由于间接氧化既在一定程度上发挥了阳极的直接氧化作用，又利用了产生的氧化剂，因此处理效率大为提高。污染物的间接氧化有多种形式。

根据机理的不同，间接氧化可分为有机物在阳极上的间接氧化和阴极还原产生的类 Fenton 试剂氧化。在电化学反应过程中，电极表面可以产生一些活性中间产物，如·OH、OCl^-、H_2O_2、O_3 等，这些中间产物参与氧化污染物，使污染物降解去除。

第一类有机物在阳极上的间接氧化是通过阳极反应，先将溶液中的某些基团和离子氧化成强氧化剂（如 O_3、H_2O_2、·OH、Cl_2、ClO^-、Fenton 试剂等），再进一步氧化降解废水中的有机物，从而去除污染物。这些氧化剂在水中极易扩散，因此增加了与污染物的接触机会，使有机污染物氧化降解变得容易，此外，在间接氧化的同时也进行电化学直接氧化的过程，提高了处理效率。常用的间接电化学氧化法是利用电极反应生成的中间体（·OH、O_2^-、·HO_2），来降解去除污染物，此过程不可逆，反应速率受到中间体在溶液中扩散速度的影响。污染物的电化学间接氧化过程如图 3-3 所示。

图 3-3　电化学间接氧化污染物的过程

·OH 自由基的产生途径如下：

阳极：

$$H_2O \longrightarrow 2H^+ + 2\left[\;\cdot OH\;\right] + 2e^-（酸性体系）\tag{3-7}$$

$$2OH^- \longrightarrow 2\left[\;\cdot OH\;\right] + 2e^-（碱性体系）\tag{3-8}$$

阴极：

$$H_2O + e^- \longrightarrow \left[\;H\;\right] + OH^-\tag{3-9}$$

Cl^- 在阳极放电，生成新生态活性氯 ClO^-，反应过程如下：

$$2Cl^- \longrightarrow Cl_2 + 2e^-\tag{3-10}$$

$$Cl_2 + H_2O \longrightarrow HClO + Cl^-\tag{3-11}$$

$$HClO \longrightarrow H^+ + ClO^-\tag{3-12}$$

第二类阴极还原产生的类 Fenton 试剂氧化反应是在外加电源作用下利用阴极的还原反应，先将溶解氧还原为 H_2O_2，当溶液中存在亚铁离子时发生芬顿反应，氧化分解废水中的有机物，从而使污染物得到去除。该法具有以下优点：无须另外投加药剂，产量及反应速率可以通过反应条件的调节进行精确控制，且新生成的氧化剂有较强的氧化能力，降解速度快并避免了运输过程中的损失浪费。

间接氧化可分为可逆过程与不可逆过程两种类型。

（1）可逆过程

1）媒介电化学氧化

媒介电化学氧化（Mediated Electrooxidation，MEO）是基于可逆氧化还原电对氧化降解有机物的过程，利用可逆氧化还原电对氧化降解有机物，氧化还原物质如金属氧化物（如 BaO_2、MnO_2、CuO 和 NiO）悬浮在溶液中，在电化学反应过程中被氧化成高价态，这些高价态物质氧化降解有机物，此时高价态氧化物被还原成原来价态，这样周而复始达到氧化去除污染物的目的。这类间接电化学氧化过程对于可逆氧化还原电对（媒介，M）有 4 个基本要求：① M 的生成电位必须远离析氢或析氧电位，以保证媒介在循环再生中有较高的电流效率；② M 的产生速率要足够快，以保证该方法对处理负荷的要求；③ M 对目标污染物有较好的选择性，反应速率大；④污染物或其他物质在电极上的吸附小，以利于媒介的再生并循环使用。媒介电化学氧化反应原理如图 3-4 所示。

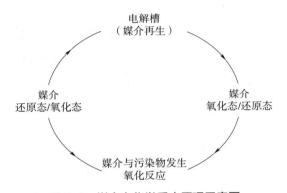

图 3-4　媒介电化学反应原理示意图

常用的氧化还原对还有 Ce（Ⅳ）/Ce（Ⅲ）、Ag（Ⅱ）/Ag（Ⅰ）和 Co（Ⅲ）/Co（Ⅱ）。

2）电化学转换与电化学燃烧

电化学转换与电化学燃烧：在析氧效应产生的条件下，阳极表面的有机物氧化过程分为电化学转化以及电化学燃烧。在电解过程中金属氧化物电极生成高价氧化物时，有机物以电化学转化的形式得到去除；若金属氧化物电极已是最高价态，则形成羟基自由基，此时有机物的降解主要以电化学燃烧的方式进行。电化学燃烧的过程中间产物及副产物少，有机物可完全矿化为二氧化碳和水。

根据 Comninellis 的观点，有机物电化学降解过程按以下主要步骤进行。

首先，H_2O 或 OH^- 在阳极上放电产生物理吸附态的 $\cdot OH$：

$$MO_x + H_2O \longrightarrow MO_x（\cdot OH）+H^+ + e \tag{3-13}$$

吸附态的 $\cdot OH$ 与有机物发生电化学燃烧作用：

$$R + MO_x（\cdot OH）\longrightarrow CO_2 + H^+ + e + MO_x \tag{3-14}$$

同时，如果吸附 $\cdot OH$ 能与氧化物阳极发生快速氧化反应，氧从 $\cdot OH$ 上迅速转移到氧化物阳极的晶格上形成高价氧化物 MO_{x+1}，而阳极表面·OH 保持在很低的水平，则高价金属氧化物与有机物发生选择性氧化，如式（3-15）、式（3-16）所示：

$$MO_x（·OH）\longrightarrow MO_{x+1}+H^++e \qquad （3-15）$$

$$R+MO_{x+1}\longrightarrow RO+MO_x \qquad （3-16）$$

式（3-16）即电化学转化（Conversion）过程，是一个可逆过程。

（2）不可逆过程

在电化学反应过程中，电极表面可以产生一些活性中间产物，如·OH、OCl⁻、H_2O_2、O_3 等，这些中间产物参与氧化污染物，使污染物降解去除。

1）产生羟基自由基（·OH）

在可逆过程中已经介绍了 Comninellis 等认为物理吸附态的"活泼氧"（·OH）主要起电化学燃烧作用，使有机物完全氧化，这是一个不可逆过程。

Polcaro 等认为在有机物浓度较高时发生的是直接电氧化，而在有机物浓度较低时，则发生的是与·OH 的反应，如式（3-17）～式（3-19）所示：

$$H_2O\longrightarrow ·OH+H^++e \qquad （3-17）$$

$$有机物 + ·OH \longrightarrow 产物 \qquad （3-18）$$

$$2·OH \longrightarrow H_2O+1/2O_2 \qquad （3-19）$$

还有研究者认为电化学氧化可以发生类芬顿反应，产生·OH 氧化有机污染物，如 Tomat 等认为有机物的电化学氧化是由以下的步骤组成（以甲苯的电化学氧化为例）：

$$O_2+2H^++2e \longrightarrow H_2O_2 \qquad （3-20）$$

$$M_{ox}+e \longrightarrow M_{red} \qquad （3-21）$$

$$M_{red}+H_2O_2 \longrightarrow M_{ox}+·OH+OH^- \qquad （3-22）$$

$$甲苯 + ·OH \longrightarrow 苯甲醛、苯甲醇 \qquad （3-23）$$

$$·OH+M_{red} \longrightarrow M_{ox}+OH^- \qquad （3-24）$$

氧分子在阴极表面还原生成 H_2O_2，H_2O_2 与还原态金属发生 Fenton 反应生成·OH，降解有机物。

2）产生次氯酸根（OCl⁻）

Panizza 等认为电化学处理含氯有机废水时有机物去除主要是通过间接过程实现的，即氯化物电化学氧化生成次氯酸盐，次氯酸根再氧化降解有机物。在含氯溶液中，OCl⁻ 通过以下反应实现：

$$2Cl^- \longrightarrow Cl_2+2e \qquad （3-25）$$

$$Cl_2+H_2O \longrightarrow HOCl+HCl \qquad （3-26）$$

$$HOCl \longrightarrow H^+ + OCl^- \qquad (3-27)$$

Chiang 等用电解方法处理含氯废水，结果证明电解产生的氯气／次氯酸盐的间接氧化起主要作用。该方法已被有效应用于印染废水、甲醛废水、垃圾渗滤液的处理。

Ribordy 等认为在有氯离子存在情况下阳极发生以下 3 个反应：

$$OH^- \longrightarrow \cdot OH + e \qquad (3-28)$$

$$Cl^- \longrightarrow \cdot Cl + e \qquad (3-29)$$

$$2Cl^- \longrightarrow Cl_2 + 2e \qquad (3-30)$$

同时还可能发生以下反应：

$$Cl_2 + \cdot OH \longrightarrow HOCl + Cl^- \qquad (3-31)$$

$$Cl_2 + 2H_2O \longrightarrow HOCl + H_3O^+ + Cl^- \qquad (3-32)$$

$$HOCl + H_2O \longrightarrow H_2O^+ + OCl^- \qquad (3-33)$$

这些具有氧化作用的含氯物质（$\cdot Cl$、Cl_2、OCl^- 等）与羟基自由基（$\cdot OH$）共同氧化降解有机污染物。

3）产生臭氧（O_3）

还有研究者认为阳极可产生 O_3，从而氧化降解有机物，Thanos 等发现在铅电极上有 O_3 生成，痕量的强吸附离子存在时可以提高氧气的析出电位，增加了 O_3 的产生。电化学方法可以在线产生 O_3，它比空气放电产生 O_3 要容易得多。O_3 是通过以下反应产生的：

$$3H_2O \longrightarrow O_3(g) + 6e + 6H^+ \qquad (3-34)$$

$$O_2 + H_2O \longrightarrow O_3(aq) + 2e + 2H^+ \qquad (3-35)$$

O_3 具有很强的氧化能力，可以通过电化学过程在线产生 O_3，用于水中污染物的氧化降解、杀菌消毒等。

4）产生过氧化氢（H_2O_2）

在前面已经提到 O_2 在阴极得电子，发生还原反应生成 H_2O_2。其形成过程可能是吸附在阴极催化剂表面的 O_2 通过捕获电子，形成过氧基离子 O_2^-，然后通过一系列反应形成 H_2O_2，如式（3-36）～式（3-40）所示：

$$O_2 + e \longrightarrow O_2^- \qquad (3-36)$$

或

$$O_2^- + H^+ \longrightarrow HO_2 \cdot \qquad (3-37)$$

$$O_2^- + HO_2 \cdot \longrightarrow O_2 + HO_2 \qquad (3-38)$$

$$2HO_2 \cdot \longrightarrow H_2O_2 + O_2 \qquad (3-39)$$

$$HO_2^- + H^+ \longrightarrow H_2O_2 \qquad (3-40)$$

5）同时产生 OCl⁻ 和 H_2O_2 ［成对电氧化（Paired-electrooxidation）技术］

成对电氧化是指利用阴极和阳极的双重氧化作用，即利用阳极产生的 OCl⁻ 和阴极产生的 H_2O_2 氧化降解有机物的技术。阳极通常采用 DSA 阳极，阴极采用石墨板。其阴极、阳极过程如下所示。

阴极：

$$O_2(g) \Longrightarrow O_2(aq) \qquad (3-41)$$

$$O_2(aq) \Longrightarrow O_2(sol) \qquad (3-42)$$

$$O_2(sol) + H_2O + 2e \Longrightarrow HO_2 + OH_2^- \qquad (3-43)$$

阳极：

$$2Cl^- \Longrightarrow Cl_2 + 2e \qquad (3-44)$$

$$Cl_2 + H_2O + 2e \Longrightarrow HOCl + H^+ + Cl^- \qquad (3-45)$$

$$HOCl \Longrightarrow H^+ + OCl^- \qquad (3-46)$$

6）其他物质

有研究表明电解过程中会产生 esol、ClO_2、$O_2 \cdot$、$HO_2 \cdot$ 和 $O \cdot$ 等，上述组分均可氧化降解有机污染物。

3.1.2 电化学还原法原理

电化学还原法是在外电源作用下通过阴极发生的还原反应降解去除污染物的方法。它也可以利用阴极的还原作用产生 H_2O_2，再通过外加试剂发生芬顿反应，从而产生·OH 降解有机物。电化学还原法分为两类，即直接还原法和间接还原法。

直接还原法是指污染物在阴极上直接发生还原反应。目前，直接还原过程常用于回收金属。此外，还原法还用于还原毒性较大的难降解有机污染物（如氯代有机化合物等），通过还原将其转化为无毒或低毒性的物质，同时提高有机污染物的可生化性，使其脱卤转变成低毒性物质。电化学还原法中采用的电极一般是具有高析氢过电位的金属（Fe、Cu 等）。其反应过程如下：

$$2H_2O + 2e^- + M \longrightarrow 2(H)_{ads}M + 2OH^- \qquad (3-47)$$

$$(R-X) + M \Longrightarrow (R-X)_{ads}M \qquad (3-48)$$

$$(R-X)_{ads}M + 2(H)_{ads}M \Longrightarrow HX + (R-H)_{ads}M \qquad (3-49)$$

$$(R-H)_{ads}M \Longrightarrow (R-H) + M \qquad (3-50)$$

水在阴极表面放电生成吸附态氢原子与吸附在阴极表面的卤代烃分子发生取代反应，使其脱卤。这种技术的意义在于可以减小有机物的毒性，提高可生化性，有利于进一步生化处理。

间接还原法是利用电解过程中产生的具有还原性物质将污染物还原成无毒或

低毒性物质的方法。如可通过间接电化学还原法把 SO_2 转化为单质 S，其反应式如下：

$$SO_2+4Cr^{2+} \longrightarrow S+4Cr^{3+}+2H_2O \qquad (3-51)$$

目前，电化学还原法处理高浓度有机废水的研究相对较少，且研究内容主要集中于染料废水、硝基苯、氯代有机物和硝酸盐类物质。电化学还原法主要用于回收废水中的有毒重金属：电解过程中，阴极提供的电子作为还原剂并还原溶液中的重金属离子（如 Cr、Ni、Cd、Hg、Pb 等）使其在阴极表面沉积进行回收。

采用电化学还原法对染料废水进行脱色的研究较少，但确实有研究表明，电化学还原能够对染料废水进行有效的降解脱色。电化学还原降解与电化学氧化降解染料废水脱色的研究相似，由于电子转移发生在两种固体之间，因此还原速度较慢、电流效率较低。所以需要通过选用水溶性媒介作为电子载体或设计特殊的电化学反应器，以便增加电极与染料颗粒间的接触机会，从而使还原速度得到提高。

3.2　电解还原有机污染物作用机理

电解还原处理有机污染物的基本原理是阴极的直接还原反应和间接还原反应，即有机物在准阴极上得到电子发生直接还原反应和利用阴极表面产生的强还原活性物质使有机物发生还原转变。由于硝基芳香族化合物的电解还原降解受到多种因素的影响，反应体系非常复杂，其中的电解还原反应机理还有很多需要研究的问题。

3.2.1　阴极直接还原

电解直接还原是指通过阴极还原使有机污染物和部分无机物转化为无害物质。在生物抑制性有机物和无机物的处理中，直接阴极还原能发挥很有效的降解作用，如直接电解还原还可以使多种氯代有机物转变成低毒性的物质，同时提高了有机污染物的可生物降解性。溶液中 DNT 在电解阴极还原降解的反应过程中，可以通过传质吸附在阴极表面，并在阴极表面得到电子而被直接还原。

溶液中的 DNT 经过一系列的还原反应后，最终被还原成 DAT。DNT 在铜极上发生直接还原的总反应可用式（3-52）表示：

$$DNT+12H^{+}+12e \longrightarrow DAT+6H_2O \qquad (3-52)$$

3.2.2　阴极间接还原

电解间接还原是指先通过阴极反应生成具有还原能力的中间产物或氧化还原媒质如 Ti^{3+}、V^{2+}、Cr^{2+} 和 H· 等，然后该类物质使有机污染物和部分无机物还原转化为无害物质。当废水中的有机物浓度较低时，有机物在阴极上发生直接还原反应的概率减少，处理过程多为阴极上的 H· 还原有机物的间接还原反应。

在电解溶液中 DNT 阴极还原降解的反应过程中，在阴极表面发生了析氢的副反应。析氢副反应的最终产物是分子氢，但两个水化质子在电极表面的同一处同时放电的机会非常少，质子还原反应的初始产物是 H· 而不是氢分子。H· 具有高度的化学活泼性，其标准电极电位为 $E^{\ominus}$（H^+/H·）$= -2.106$ V，其还原能力较强。因此，溶液中的 DNT 可以与阴极表面形成的 H· 反应而被间接还原。

阴极表面上的析氢副反应一方面需要消耗更多电能，降低了电解过程的电流效率，研究中近 90% 的电能被副反应所消耗；另一方面由于析氢反应中生成了强还原能力的 H·，促进了有机污染物在阴极表面的还原降解。为了提高主反应的电流效率，需要选择合适的电催化剂和电解条件来加快主反应的速率，抑制或减慢副反应的进行。在电解工业中常用高过电位的电极（如 Hg、Pb 和 Cd 等）作为阴极材料，以减低副反应的氢析出反应速率并提高电流效率。

在电解反应体系的阳极表面，氧化反应主要是析出氧气的过程，其反应方程式可表示为

$$2H_2O \longrightarrow 4H^+ + 4e + O_2 \tag{3-53}$$

阳极的氧化反应过程中生成了大量的质子 H^+ 带正电荷，由于电荷的吸引可通过电解反应体系中的 Nafion 质子膜，进入阴极室的主体溶液中。

在电解反应体系的阴极表面，主体溶液中的质子 H^+ 得到电子而生成还原能力较强的中间产物 H·，其反应方程式可表示为

$$2H^+ + 2e \longrightarrow 2H\cdot \tag{3-54}$$

溶液中 DNT 在阴极表面上的电解还原反应较复杂，其反应动力学过程可分为以下 3 个阶段：

（1）主体溶液中 DNT 向阴极表面的传质过程。DNT 主要通过对流传质到达阴极表面附近的扩散层。而阴极表面由于存在液固界面，对流混合对传质的作用较小，质子主要通过扩散传质到达阴极表面，并在阴极表面进行式（3-54）的反应。

（2）质子在阴极表面快速形成 H·，DNT 传质至阴极双电层并与 H· 反应。由于 DNT 穿过扩散层而传质至双电层的过程较慢，该过程为反应速率控制步骤，期间导致大部分的 H· 相互结合生成氢气并析出。

$$2H\cdot \longrightarrow H_2 \tag{3-55}$$

（3）溶液中的 DNT 与 H· 进行一系列的还原反应后，最终被还原成 DAT。DNT 与 H· 发生的还原总反应可用式（3-56）表示。

$$DNT + 12H\cdot \longrightarrow DAT + 6H_2O \tag{3-56}$$

3.3 电极材料

3.3.1 阳极材料

电化学氧化处理有机废水是通过有机物在阳极表面直接失去电子或被阳极表面生成的羟基自由基（·OH）所氧化，因而电极材料是电催化反应系统的核心，高活性、性能稳定、能重复利用的电极材料的研究和开发成为该技术的关键，同时也是深入探究电化学氧化机理的基础所在。目前已经被广泛研究的阳极材料有石墨、Pt、IrO_2、TiO_2、PbO_2、SnO_2 和 BDD 等。

（1）铂（Pt）电极

铂电极是最常用的铂族金属电极，耐腐蚀性强、电催化活性高。为了减少铂用量、降低成本，一般是在某些金属（如钛、钽、铌）基体上镀一薄层铂。近年来关于铂电极制备的研究主要集中于外加负载对铂电极基体电化学氧化性能以及电化学性能的影响。

（2）硼掺杂金刚石薄膜电极（BDD）

未掺杂金刚石碳的禁带宽度高达 5 eV，通过掺杂特定元素可以使其导电。如果掺杂硼元素可以得到 p 型半导体，而磷或氮掺杂得到的则是 n 型半导体。BDD 电极是 20 世纪 90 年代后期开发出的新型电极材料，具有析氧电位高、稳定性好、电催化活性高等诸多优异性质，被认为是废水中有机污染物电化学氧化处理的理想电极。金刚石薄膜一般采用等离子体辅助化学气相沉积的技术沉积在导电基体 Ti 或 Si 上，气相由含 0.5%～3% 甲烷气的氢气构成，氢气作为载气，甲烷作为碳源，沉积在 750～825℃下进行。为了将硼掺杂进电极材料，需要将含硼物质（如三甲基硼烷）加入气相混合物中。可见，BDD 电极制备对设备和条件的要求很高，导致其制备成本高、价格高昂，且目前该电极的大面积制备还存在很多问题，因此并不适合大规模工业应用。

BDD 电极以其较高的析氧过电位，可以在其表面电解水产生较多的羟基自由基。反应过程如下：

$$BDD + H_2O \longrightarrow BDD\left[\cdot OH\right] + H^+ + e^- \tag{3-57}$$

$$BDD\left[\cdot OH\right] + 有机物 \longrightarrow BDD + CO_2 + H_2O + 无机离子 \tag{3-58}$$

BDD 电极电化学稳定性高，耐腐蚀性强，因此用其降解浓缩液中的难生物降解有机污染物具有一定的可行性。

（3）DSA 电极

由于传统电极的缺陷，目前研究及应用较多的电极为金属氧化物阳极，又称型稳阳极（Dimensionally Stable Anode，DSA），由 Beer 发明，于 1968 年由意大利公司首先实现工业化生产。型稳阳极一般由金属基体、中间惰性涂层及表面活性涂层组成。金属基体起支撑骨架与导电作用，目前常用的金属基体为钛金属；中间惰性涂层一般是为了提高形稳阳极稳定性而添加的涂层，能够有效阻止电解液及活性氧向基体方向的迁移；表面活性涂层则是参加阳极电化学反应的主要部分，起到电化学催化与导电作用。型稳阳极的问世，解决了传统电极所存在的物理化学性质不稳定以及易溶解等缺点，同时也为电催化电极的制备提供了一种新思路，即可根据所需达到的目标确定金属氧化物涂层的性能要求，进而通过材料的选择、搭配与调整，并辅以涂覆工艺的调节与改进来制备出符合要求的相应电极，由此可以较容易地制备出本身不具备支撑性质的金属氧化物材料电极。

DSA 电极的出现，克服了传统的石墨、铂、铅基合金、二氧化铅等电极存在的缺点，解决了日常生活和生产实践遇到的许多问题，使一些电解工业部门生产面貌大为改观，曾被誉为氯碱工业一大技术革命，从而进入了钛电极时代。

经典的 RuTi 涂层 DSA 电极的研究和开发完全是在工业实验室中秘密进行的，有趣的是，氯碱工业氯析出反应的工艺研究领先于其基础研究。起关键作用的因素并不是氯析出反应活化能和超电势的降低，而是电极的电化学稳定性大幅提高。采用 RuTi 涂层 DSA 电极后，可使食盐电解槽的工作电压显著降低，工作电流密度显著增大，工作寿命大大延长，同时达到节约能量、增大产量和降低成本等方面的效果。

DSA 电极的应用非常广泛，除了在氯碱工业、电解有机合成等领域广泛应用外，在水处理领域也应用颇广。可以用于核废水中 NO_3^- 的电解脱氮，用于电解氧化处理垃圾填埋厂渗滤液，医院污水处理，电镀工厂含氰废水的处理，在工业冷却水循环系统、空调系统、制冷系统、自来水系统等用水系统中用于阻垢、除垢、杀菌、灭藻，以及处理染料废水等。

自 20 世纪八九十年代以来，国内外关于以钛金属为基体的金属氧化物涂层电极的研究很多，主要包括 Sb-SbO₂、PbO₂、RuO₂、IrO₂ 及 NbO₂。

SnO₂ 是一种禁带宽度约为 3.6 eV 的宽禁带氧化物半导体材料，因电阻率很高而不能直接作为阳极材料，但采用 Sb 等元素进行掺杂改性可以形成具有良好导电性的复合氧化物电极。钛基 Sb-SnO₂ 电极的析氧过电位较高，对有机物氧化降解的电催化活性良好。Ti/SnO₂ 电极具有优良的电催化活性，但在应用中仍然存在导电性差引起的槽电压高、能耗大的缺陷，且其最主要的制备方法——涂覆热分解法工序繁杂，需要耗费大量人力、物力，不利于自动化生产和质量控制。电化学水处理技术是一种较新颖的物化处理技术，其关键在于所用阳极。

PbO$_2$ 电极由于具有良好的导电和耐蚀性、较高的析氧过电位、较低的成本以及强的氧化能力，是研究和应用历史最久，也是最为广泛的氧化去除有机物的电极材料之一。PbO$_2$ 电极一般采用不活泼的 Ti 基材作为支撑，通过电化学阳极氧化沉积的方法获得 PbO$_2$ 活性涂层材料，称为 Ti 基 PbO$_2$ 形稳阳极。该电极成本低廉制备容易、易于实现自动化控制。在过去的几十年发展历程中，PbO$_2$ 型阳极已被广泛用于处理各种有机废水，并取得了很好的应用效果。例如，有研究比较了几种不同的电极材料（Ti/PbO$_2$、Ti/Pt、Ti/Pt-SnO$_2$）对葡萄糖的氧化效果，发现只有在 TPbO$_2$ 电极上葡萄糖和其氧化中间物的去除速率比较好。

（4）金刚石电极

金刚石电极是一种新的电极材料，近些年已经成为环境电化学与环境工程领域的研究热点。这种材料具有如下优点：①超强的硬度；②抗腐蚀性；③透光性；④耐热和抗辐射性；⑤高热传导性。这些优点使它成为一种很好的电极材料。通常原始的金刚石的绝缘特性（大于 10^{12} Ω·cm）使得它不适合作为电化学材料，但化学气相沉积（CVD）法制得的金刚石薄膜使得其电绝缘性只有 0.01 Ω·cm。金刚石电极在强酸性或强碱性电解质中性质稳定，在析氢和析氧过程时有氟离子和氯离子存在时也是惰性和微结构稳定的。

1995 年，Carey 等将金刚石薄膜电极引入废水处理过程，从而为电化学处理有机废水的研究开辟了新的方向。金刚石电极拥有许多优良性质，包括：①其宽电势窗可用于产生过氧化物、O$_3$ 等强氧化性物质；分解水中的有机污染物，使其分解成无毒的 CO$_2$，达到不产生二次污染的水处理理想状态；②由于金刚石电极本身的化学稳定性，表面不易污染，并具有自清洁效果，可以长期使用不需要更换；③没有溶出，不会造成污染。Comninellis 等通过 ESR、HPLC 等多种手段证明在金刚石电极电解过程中会产生大量的·OH，并且会生成 H$_2$O$_2$，可以有效降解有机污染物。

3.3.2　阴极材料

阴极材料有许多种，大多为石墨（Graphite）、网状多孔炭（Reticulated Vitreous Carbon，RVC）、汞池（Mercury Pool）、炭毡（Carbon-felt）、碳-聚四氟乙烯充氧阴极［Carbon-polytetrafluoroethylene（PTFE）O$_2$-fed Cathode］等。其中利用充氧阴极的电-Fenton 反应降解有机物的研究最多，这是因为这种电极具有较高的电催化产生 H$_2$O$_2$ 的活性。研究表明，采用高比表面积的活性炭纤维作为阴极，也可以产生高浓度的 H$_2$O$_2$ 和·OH，可以有效降解有机污染物。

3.4　电极钝化及防治措施

　　由于在电化学法过程中，金属阳极经过一段时期工作后，其表面会形成一层致密的、不溶性的、导电较差的氧化膜，它能够减弱或完全停止阳极金属的溶解。因此，电极钝化是电化学法存在的一个主要问题，同时也影响了该项工艺的广泛应用。特别是在污水处理中，由于所采用的电流密度较高，电极钝化问题更为突出。近几年来，这个问题已引起了研究者们的重视。

3.4.1　电极钝化理论

　　金属阳极溶蚀的过程中，阳极极化不大时，金属溶蚀服从电化学极化规律，其溶蚀速度随电极电位的变正而增加，当阳极极化继续增大，电极电位达某一数值，阳极发生钝化。电极电位继续增大，金属溶蚀速度突然下降，这个现象称为阳极钝化。它是一种界面现象，因为并没有改变金属本身的性能，只是使金属表面在介质中的稳定性发生了变化。目前存在两种解释金属钝化现象的学说，即薄膜理论和吸附理论。

　　主张薄膜理论者认为，金属从活化状态过渡到钝化状态，是由于它的表面形成了致密的、看不见的多分子氧化膜。而按照吸附理论，钝化的主要原因是在金属表面产生氧分子或含氧化合物的吸附。金属阳极溶蚀减慢，也是由于它的表面吸附了化合物所引起的。由上可知，两种钝化的理论，即薄膜理论和吸附理论的概念是相近的。它们的区别在于其引起钝化现象到底在金属表面上发生何种变化。至今还不清楚在什么条件下可生成薄膜，它们又是如何在各种活性阴离子下被破坏的。

3.4.2　影响电极钝化的因素

　　（1）电流密度的影响

　　金属阳极发生钝化，有一临界电流密度值$I_{临界}$。若阳极电流密度$I<I_{临界}$，则金属可以长时间溶蚀而不发生钝化。当$I>I_{临界}$时，钝化很容易发生，建立钝态所需时间较短。当I稍大于$I_{临界}$时，建立钝态较难，所需时间较长。

　　（2）Cl⁻对钝化膜的破坏

　　电解质溶液中含卤素离子时，会破坏金属的钝化，其中以Cl⁻破坏作用最大。吸附从具有选择性这个特点出发，对于过渡金属Fe、Ni、Cr等，Cl⁻比氧分子或含氧化合物更易吸附在金属表面，并从金属表面把氧分子或含氧化合物排挤掉。这种Cl⁻和氧分子或含氧化合物竞争吸附的结果使金属钝态遭到局部破坏。但Cl⁻对不同金属钝化膜的破坏作用是不同的。

（3）温度的影响

升高温度，金属钝化变困难或被破坏。温度越高，钝化作用越弱，金属阳极溶蚀显著增大。因为化学吸附及氧化反应一般都是放热过程，根据化学平衡移动规律，降低温度对于吸附过程及氧化反应都是有利的。

3.4.3　去钝化的措施

从电极表面去除沉积物，通常采用机械法（手动或利用各种工具）或化学法（在酸性介质中溶解）。这些方法都要使电解槽停止工作，且净化电极的劳动很繁重。特别是在处理放射性污水时，由于具有高辐射，工作条件更困难。为此，近年来人们设计了各种方法来实现电极的去钝化。

（1）提高极间的水流速度

提高电极间水的流动速度，在电化学法反应器中造成一定的水动力工况。它的特征是提高雷诺数 Re，并把需要净化的水送到电化学法反应器下部，使水和氢的流动方向一致，既能改善电化学法反应器的水力工作条件，又可以不增加原有的电耗。

（2）加氯

氯离子既能使铝电极表面活化，又可以使沉积物化学溶解。铝阳极的活化程度与溶液中阴离子的性质和浓度有关。不同的阴离子透过钝化膜的相对能力顺序如下：$Cl^->Br^->I^->F^->SO_4^{2-}>NO_3^->PO_4^{3-}$。

（3）电极极性的倒换

根据电流密度，可以 5～30 min、3～4 h 或每月一次倒极电极的极性。试验表明，极性的倒换以每 15 min 一次最为适宜。但在极性倒换期间，铝电极的电流效率会急剧降低，这时便不能将电极上的沉积物去除。

（4）提高处理水温

水温的增高，既可阻碍电极上沉淀物的形成，又能提高钝化膜的溶解速度，减少膜的厚度及其保护性质，使膜变得疏松，很容易从极板的表面除去。

另外，添加次氯酸钠、水中有足够的盐分、添加盐酸和食盐、采用单流式电解槽或柱形电化学法反应器、使用回转电极和固定刮板的电化学法反应器、阴极上带刮条的回转式电化学法反应器、电极间布置回转刮板、应用空气和净化水流再循环、多流循环回转电极电化学法反应器、不钝化合金电极、利用磨料、振动等，都能去钝化。

上述介绍的各种方法都是以材质为铝、铁或钢的电极板（管、块）作为电极的。

3.5 电化学氧化／还原法影响因素

3.5.1 电化学氧化法影响因素

电极催化特性、电极结构与电化学反应器结构特性等操作条件都是影响电化学氧化效率的重要因素，因而一直是电化学氧化法研究的主要内容。

3.5.1.1 电极催化特性

电极材料的性质是决定电极催化特性的关键因素。不同的电极材料可以使反应速度发生数量级的变化。改变电极材料的性质，既可以通过变换电极基体材料来实现，也可以用有电催化性能的涂层对电极表面进行修饰改性而实现。电极涂层的制备工艺条件对其催化性能有很大的影响。常见的用于废水处理的电极材料有金属、碳素体、金属氧化物等。

金属电极在废水处理中最大的问题是容易发生钝化反应从而在表面生成一层氧化物膜，使电极的活性降低。为此，人们常用贵金属作为阳极处理污水。张清松曾用 Pt 阳极处理含酚废水，发现用 Pt 电极进行的是电化学转化过程，主要为苯醌的生成反应和开环反应，氧化产物相当复杂，而不是将酚完全氧化为 CO_2。

碳素体种类很多，常用的有石墨电极和活性炭电极。Tennakoon C L K 在圆柱形反应器中放置石墨中心电极作为阳极，用于处理人体排泄物，可将其彻底氧化为 CO_2。活性炭常作为粒子电极用于三维电极中。

金属氧化物电极具有重要的催化特性，大多为半导体材料，钛基涂层电极是金属氧化物电极的主要形式，近年来在废水处理中屡见报道。冯玉杰等对钛基 RuO_2 电极、钛基电沉积 PbO_2 电极、钛基 Sb 掺杂 SnO_2 电极在含苯酚废水处理中的应用进行了研究，结果表明：

（1）在氯碱工业广泛应用的钛基 RuO_2 电极，对有机物的降解效率却很低，但在电极中分别掺杂中间层 SnO_2 和少量稀土金属 Gd 后，降解效率明显提高。在降解前期，苯酚浓度的变化与 TOC 较为一致，但在后期，掺杂 Gd 后带有 SnO_2 中间层的钌电极对 TOC 的降解速度明显加快，说明不同的电极材料对苯酚降解中间产物的选择性也不同，使有机物彻底氧化分解的电极对各中间产物也有很好的降解效果。

（2）PbO_2 有 2 种晶形，分别为 α-PbO_2 和 β-PbO_2，前者是斜方晶系，后者是金红石型晶格的四方晶系。β-PbO_2 电极的固有电阻率、耐腐蚀性、电沉积电流密度均优于 α-PbO_2 电极。对比 Ti/α-PbO_2、Ti/Sb-SnO_2/β-PbO_2、Ti/α-PbO_2/β-PbO_2

3 种电极，在苯酚完全降解的情况下，对 COD 的去除率分别为 79.4%、82.4%、69.2%，表明这 3 种电极对苯酚电化学降解时产生的各类中间产物的处理效率也不相同。含有 Sb-SnO$_2$ 中间层的钛基 β-PbO$_2$ 电极降解效果较好。

（3）钛基 Sb 掺杂 SnO$_2$ 电极不仅具有良好的导电性能，而且能与钛基牢固结合，对有机物阳极氧化及废水处理均有较好的电催化作用。根据对苯酚降解中间产物的分析，Ti/Sb$_2$O$_3$-SnO$_2$ 电极趋向于电化学燃烧，而其他电极趋向于电化学转化，所以 Ti/Sb$_2$O$_3$-SnO$_2$ 电极对 COD 的去除率更彻底一些。

3.5.1.2　电极结构及反应器形状

电极结构及反应器几何形状的确定主要考虑两个方面：改善或加强传质，以及提高电极比表面积。

（1）改善或加强传质

在电化学氧化过程中，常出现被氧化物在电极表面上形成聚合物膜的现象，使传质受到影响，为改变这种状况，发展了碳颗粒喷射床电极（Ejecting-bed-electrode）、滚动床电极（Rolling-bed-electrode）。增大被处理液流量或提高被处理液温度也可以改善传质，但提高温度会降低活性因子的活性，所以温度改变存在最佳值。1973 年，M Feischmamn 和 F Goodridge 研制出了复极性固定床反应器（BPBE）。该反应器内电极材料在高梯度电场的作用下复极化，形成复极粒子，每一个粒子都相当于一个微电解池，在两端分别发生氧化还原反应。由于每个微电解池的阴极和阳极距离很近，传质变得非常容易，因此效率成倍提高。

（2）提高电极比表面积

为了提高电极比表面积，可以把电极做成多孔状、网状、球状、环状等多种形状，也可以采用三维电极反应器。三维电极是在传统二维电极之间填装粒状或者其他碎屑状工作电极材料，并使填装的电极材料表面带电而改进形成的。三维电极具有很大的比表面积，能以较低的电流密度提供较大的电流强度，适用于处理重金属离子废水，但在有机废水处理领域还没有工业化应用的成功实例。

3.5.1.3　操作条件

（1）电流密度

电流密度是影响电化学反应速度的主要因素，电极表面积恒定时，单位面积提供的电量随电流密度的增大而增大，反应速度也随之增大。但电流密度不能无限增大，当超过某一值后，过量的电子不经过电极反应，直接流进溶液，使电流效率下降。以甲基橙溶液为处理对象，以 Ti/SnO$_2$+Sb$_2$O$_3$ 电极为阳极，COD 去除率与电流密度关系曲线表明，电流密度提高，COD 去除率及阳极上的总反应速度均提高，但由于"漏电"现象及存在阳极析氧等副反应，平均电流效率反而减小。

（2）溶液（废水）导电性

废水的导电性增强，溶液的电阻减少，槽电压降低，因而平均电流效率提高。导电性增强，溶液的电流密度相应增大，有机物的 COD 去除率也提高。在以甲基橙溶液为处理对象，以 $Ti/SnO_2+ Sb_2O_3$ 电极为阳极，通过投加 Na_2SO_4 电解质改变溶液导电性的实验中，Na_2SO_4 的质量浓度从 0 增加到 5 g/L，槽电压从 85 V 下降到 58 V，COD 去除率从 65% 提高到 73%。继续投加电解质到 50 g/L，槽电压从 58 V 降低到 47.5 V，下降速度变缓。COD 去除率经短暂上升到 77% 后随即下降到 74.5%。可见，在一定的质量浓度范围内，导电性增强可使槽电压大幅下降，COD 去除率提高，这在生产中具有巨大的经济效益。在实际电解中，废水中常存在一些无机离子，使废水具备一定的导电性。

（3）处理时间

氧化处理时间直接影响 COD 的去除率，氧化时间越长，通过的电量越多，有机物降解越彻底。但随着有机物浓度的降低，电流效率逐渐下降。研究发现，电流密度为 50 mA/cm²，采用 Pt/Ti 阳极时，随着电解的进行，溶液中苯酚的浓度下降符合一级反应动力学速率方程，其电流效率由 1 h 时的 69 % 下降到 6 h 的 12%；采用 SnO₂/Ti 阳极时，溶液中苯酚的浓度下降更快，电流效率由 1 h 时的 22% 下降到 6 h 的 4%。

3.5.2 电化学还原法影响因素

3.5.2.1 电流密度

有研究表明，DNT 在铜电极表面的电解还原过程受电流密度的影响较明显，属于电子释放控制型反应过程。而在石墨电极表面的电解还原过程受电流密度的影响较小。这主要是因为增大电流密度加速了电解反应的进行，在电解阴极除了进行 DNT 的还原降解外，还存在副反应：$2H^++2e \longrightarrow H_2$。对于石墨电极，随着电流密度的增大，副反应速率显著加快，且形成的氢气泡附着在电极表面，使 DNT 难以快速与电极表面接触从而被电解还原。铜电极表面也会产生大量的氢气泡，但由于铜电极表面与氢气泡的附着力不强，氢气泡能迅速离开电极表面，使得溶液中 DNT 可快速到达电极表面被电解还原。

3.5.2.2 极水比

有研究表明，随着极水比（即电极板面积与 DNT 溶液体积的比值）减小，在相同的时间电解还原降解 DNT 的处理效率逐渐降低，表观一级反应速率也减小。在一定的电流密度和 DNT 浓度条件下，电解池的极水比减小，意味着单位面积的阴极表面还原处理 DNT 的量增大，导致了在相同时间内还原反应处理效率下降，表观一级反应速率减小。为了提高 DNT 的还原降解处理效率，加速 DNT 的电解还原反应速度，可以考虑增大电解池的极水比，即处理相同体积的 DNT 溶液时采用更大的面积的阴极板。但阴极板面积的增大必然会增大工程投资，故应在电解池的设计过程中采用经济合理的极水比。

3.5.2.3　极板间距

当极板间距小时，电子迁移的距离减小，所需施加的电压降低，由此降低了电能消耗。因此在实际工程中总是力图减小极板间距，增大电解池的利用率。但是极板间距的减小也有限度。当极板间距太小时，如果溶液中掺杂有固体物质，容易造成阴阳极的短路；太小的极板间距也会造成液体流动时的压力差增大。此外，电解副反应产生氢气和氧气，形成气泡在溶液中积累，增加阴阳极间电阻而增大能耗，故应考虑到气体的排出。因此在实际工程应用中应该综合多方面的因素，尽量选用较小的极板间距。

3.5.2.4　电解质

电解质对有机污染物在电解还原降解过程的影响表现如下：

（1）随着电解质浓度的增高，溶液的电导率增大，导电能力增强，质子从溶液主体迁移至阴极板表面的速率增大，可以生成较多强还原能力的氢自由基（H·）从而加速了溶液中 DNT 的还原降解。

（2）电解质浓度增大，溶液的电阻减小。当控制一定的电流密度电解时，可减小向电解池两端所施加的压，故处理相同量的有机污染物时降低了电能耗。

3.5.2.5　溶液 pH

实际的工业废水的 pH 通常不稳定，变化范围较大，对一些废水处理方法（如生物法）的处理效率影响较明显，在处理前需要对废水的 pH 进行调节。

研究表明，虽然溶液的 pH 对 DNT 在阴极室的还原降解处理效率有一定的影响，但相比生化处理工业废水时需要较严格控制 pH 的范围而言，采用电解阴极还原处理受 pH 的限制要小得多。由于废水在处理前调节 pH 时通常需要较多的化学药剂，增加了工艺的运行费用。而采用电解还原降解处理过程中，一般不需要对废水的 pH 进行调节，可节省药剂费用，也是电解还原法的优点之一。

3.6　电化学氧化法技术特点

3.6.1　技术优势

电化学技术作为新型的环境友好技术，已越来越受到大众的关注，该方法的主要优点在于体系产生的羟基自由基能够无选择性地氧化有机物，其氧化能力仅次于氟，在这样的强氧化剂下大多数有机物都能够被其降解；依靠自由基为氧化剂，所以不需要添加其他氧化试剂，这样有效地避免了二次污染问题；即开即停，可控性强；通过电子的转移实现氧化还原过程，无须外加药剂；反应受外界环境影响小，既可作为单独处理单元，也可和其他工艺结合，组合灵活；在去除污染的同时，兼具气浮、絮凝、消毒作用；设备占地面积小，操作简单。

早在 20 世纪 40 年代，就已有人提出电化学方法处理废水，但由于当时经济条件落后，电力资源匮乏，导致这项水处理技术发展缓慢；70 年代以来，该项技术随着新型电极材料的不断开发得到了较快的发展。近年来，国内外许多研究人员从性能稳定的电极材料选择入手，对各类有机污染的氧化效率进行研究，探索了不同有机物在降解时的机制，考察了与其他处理技术联用的机制，并运用到实际废水的处理过程中，取得了较大的突破。

3.6.2　体系组成

电化学氧化装置相当于电解池，由供电单元、电解质溶液、电极单元三部分组成。根据电极材料选择的不同构筑不同功能的电化学水处理氧化系统。以比较常用的电化学氧化技术——电-Fenton 体系为例，主要分为两种过程，其一是利用气体扩散阴极的电化学反应，原位生成过氧化氢，并与外加的二价铁离子共同构成 Fenton 反应，也被称为阴极电-Fenton 过程；另一种则是利用阳极的电化学溶解方法生成二价铁离子，与外加的过氧化氢构成 Fenton 反应，也被称为阳极电-Fenton 过程。在电-Fenton 过程中，部分 Fe^{3+} 也可在阴极还原为 Fe^{2+}。与传统 Fenton 法相比，电-Fenton 法具有 H_2O_2 与 Fe^{2+} 利用率高、处理过程清洁、产泥量少、设备占地面积小等优点。

3.7　电化学氧化法在处理难降解废水中的应用

电化学氧化法以其氧化能力高、化学药剂投入少、适应性强、易于操作等优点引起国内外环保工作者的广泛注意，广泛应用于生物难降解有机废水的处理中，尤其在含烃、醛、醇、醚、酚及染料等有机污染物的处理中逐渐得到了一定的应用。

硝基酚类化合物被广泛应用于炸药、染料、色素和橡胶等化学工业生产中，是重要的环境污染物质，具有极强的毒性。含 2,4,6-三硝基-1,3,5-苯三酚的废水的处理一直是一个难点。2,4,6-三硝基-1,3,5-苯三酚，简称三硝基均苯三酚（Trinitrophlog-lucinol，TNPG），属于硝基酚类化合物，为淡黄色针状晶体，具有强酸性，它含有 3 个硝基和 3 个羟基，是重要的猛炸药，在生产和使用过程中很容易造成环境污染，所以对它的治理不容忽视。周鑫江等以 Ti/IrO$_2$ 为阳极，通过实验研究了电化学氧化法对 2,4,6-三硝基-1,3,5-苯三酚的去除效果，同时考察了电流密度、极板间距、电解质浓度、TNPG 初始浓度等运行参数对 TNPG 处理效果的影响。研究结果表明，电化学氧化法可以有效去除水中的 TNPG，最佳运行工艺条件为电流密度 20 mA/cm^2、极板间距 10 mm、NaCl 质量浓度 0.3 g/L、Na$_2$SO$_4$ 质量浓度 0.5 g/L。在最佳运行条件下，当 TNPG 初始质量浓度为 400 mg/L 时，电解 240 min，溶液 COD 去除率为 65.4%；当 TNPG 初始质量浓度为 50 mg/L 时，电解 80 min，溶液 COD 去除率为 100%。

随着石油化工、塑料、合成纤维、焦化等工业的迅速发展，各种含酚废水也相应增多。由于酚的毒性较大，而且影响水生生物的生长和繁殖，污染饮用水水源。国内外对含酚工业废水的排放均有严格的规定。一般条件下，规定饮用水含挥发性酚的浓度不高于 0.001 mg/L；水源水体中含酚最高容许浓度为 0.002 mg/L。因此，工业含酚废水的处理已成为工业废水处理方面亟待解决的问题之一。刘月丽等利用氯碱厂报废的 DSA 电极电解苯酚，结果表明，报废的 DAS 电极仍具有良好的导电性和电催化性能，对一定浓度的苯酚溶液有较好的去除效果；影响废水中苯酚电解效果的主要因素是电流密度，其次为 pH、支持电解质（Na$_2$SO$_4$）浓度、苯酚浓度。经优化，最佳的试验条件：电流密度为 30 mA/cm^2、pH=10、支持电解质浓度为 10 mg/L、苯酚浓度为 10 mg/L，电解 2 h 后，COD$_{Cr}$ 的去除率为 66.7%，吸光度去除率为 90%，效果明显较好。

电絮凝法

早在 1889 年，Eugene Hermite 首次提出了使用电极净化废水的概念，1909 年美国政府批准了一项使用铝-铁电极净化废水的专利，并于 1911 年在俄克拉何马州的 Santa Monica 及 Oklahoma City 建立了相应的污水处理设施。电絮凝技术一度被认为是最有前途的水处理技术。但由于当时的技术水平低、能耗高，1930 年所有的水处理厂都停止了这项技术的应用。

电絮凝（Electrocoagulation，EC）就是在外电场作用下，使可溶性阳极（牺牲阳极）产生大量阳离子对废水进行絮凝，从而将污染物去除的水质净化技术，它兼具电化学氧化、絮凝和气浮三者的特点。电絮凝法是利用铝或铁阳极在电流作用下溶解生成铝或铁的氢氧化物的凝聚性来凝聚水中的胶体物质从而使水获得净化的一种电化学方法。电絮凝主要包含 3 个过程：①"牺牲阳极"电解氧化产生混凝剂；②水中胶体颗粒的脱稳；③脱稳胶体形成絮凝体。其中，由于"牺牲阳极"氧化产生的离子间相互作用使得胶粒双电层被压缩，同时电解产生的反离子与水中的离子发生电中和作用使得静电斥力减小、范德华吸附力占主导而使胶体发生凝聚效应，并最终形成较粗大的絮凝体得以从水中分离去除。

4.1 电絮凝法基本原理

电絮凝是一个复杂的过程，涉及许多学科，机理较为复杂。废水中的污染物成分不同，电絮凝作用机理也不同。一般来说，大部分电絮凝技术是在外加电场的驱动下，通过牺牲阳极产生的具有絮凝特性的阳离子，然后在水中经过水解、聚合成一系列多核羟基络合物，通过其吸附、混凝、沉淀等作用实现重金属的去除，同时阴极发生还原反应，并产生具有微小结构的氢气气泡，由于这类气泡具有良好的黏附性能，通过其气浮的作用，可以将悬浮物带到水面从而使污染物得以去除。

电絮凝综合了电化学氧化和化学絮凝的优点，通过压缩双电层、吸附架桥、网捕等将污染物吸附、聚集在电极表面。同时阴极产生的氢气与悬浮颗粒接触可获得良好的黏附性能，其吸附能力远高于药剂法产生的絮凝剂。污染物通常可以直接被矿化为 CO_2 和 H_2O，未被彻底氧化的中间产物还可通过悬浮颗粒絮凝，在重力和电场力的双重作用下沉淀，因此电絮凝是吸附-电中和、压缩絮凝、氧化及气浮等综合作用的结果。

4.1.1 电絮凝

电絮凝法的基本原理：将金属电极（铝或铁）置于被处理的水中，然后通以直流电，此时金属阳极发生电化学反应，溶出 Al^{3+} 或 Fe^{2+} 离子并在水中水解而发生混凝或絮凝作用。污染物质颗粒被极化、脱稳、电泳，同时在两极发生强氧化和强还原作用，使水溶性污染物被还原或氧化成低毒或无毒物质，如使还原型（或氧化型）色素被氧化（或还原）呈无色。除阴、阳两极能发生强的氧化和还原作用外，它还具有凝聚、吸附、上浮等净化废水的作用。

电絮凝法最常用的"牺牲阳极"是铁材和铝材，其去除污染物的过程较复杂，基本反应机理如图 4-1 所示。

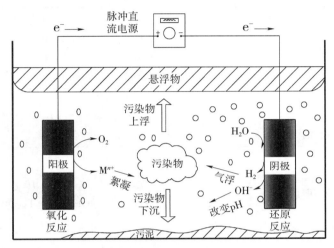

图 4-1　电絮凝的基本原理示意图

其中发生的主要电极电解反应如下：

阳极：$M \longrightarrow M^{n+} + ne^-$

$M^{n+} + nH_2O \longrightarrow M(OH)_n + nH^+$

阴极：$2H_2O + 2e^- \longrightarrow H_2 + 2OH^-$

当处理的水中含有 Cl^- 时，阳极会发生 Cl^- 的电解及 Cl_2 的水解反应：

$$2Cl^- \longrightarrow Cl_2 + 2e \tag{4-1}$$

$$Cl_2 + H_2O \longrightarrow HClO + H^+ + Cl^- \tag{4-2}$$

$$HClO \longrightarrow H^+ + ClO^- \tag{4-3}$$

阴极主要是 H_2O 的电解释放出 H_2 的反应：

$$2H_2O + 2e \longrightarrow H_2 + {}_2OH^- \tag{4-4}$$

阳极表面的直接电氧化作用和 Cl^- 转化成活性氯的间接电氧化作用对水中溶解性有机物和还原性无机物有很强的氧化能力，阴极释放出的新生态氢则具有较强的还原作用。

电絮凝常选用铝或铁作为电极材料，根据溶液的酸碱性差异，电极发生的主要反应具体如表 4-1 所示。电絮凝中将金属电极（铝或铁）置于被处理的水溶液中，然后通以直流电，此时金属阳极发生电化学反应，溶出铝离子、铁离子等离子并在水中水解而发生混凝或絮凝作用，其过程和机理与化学混凝基本相同。此过程主要存在以下5个方面的反应：①阳极的电化学溶解反应；②阴极电化学还原反应；③电凝聚作用；④电解气浮作用；⑤极化作用。这几类反应相互之间协同作用，进而影响了电絮凝体系的处理效果以及能耗。

表 4-1　电絮凝中的电化学反应

阳极	阴极
$40H^- - 4e \longrightarrow 2H_2O + O_2$ $2H_2O - 4e^- \longrightarrow 4H^+ + O_2$	$2H_3O^+ + 2e^- \longrightarrow 2H_2O + H_2$ $2H_2O + 2e^- \longrightarrow 2OH^- + H_2$ $2H_2O + O_2 + 4e \longrightarrow 4OH^-$
铝电极 $Al - 3e^- \longrightarrow Al^{3+}$ $Al^{3+} + 3H_2O \longrightarrow Al(OH)_3 + 3H^+$	$Al + 4OH^- \longrightarrow [Al(OH)_4]^- + 3e^-$
铁电极 $Fe - 2e^- \longrightarrow Fe^{2+}$ $Fe^{2+} + 2H_2O \longrightarrow Fe(OH)_2 + 2H^+$ $Fe^{2+} - e^- \longrightarrow Fe^{3+}$ $Fe^{3+} + 3H_2O \longrightarrow Fe(OH)_3 + 3H^+$	$Fe(OH)_3 + OH^- \longrightarrow [Fe(OH)_4]^-$ $[Fe(OH)_4]^- + 2OH^- \longrightarrow [Fe(OH)_6]^{3-}$

废水中悬浮态颗粒物的胶核往往带有电荷，由于其电位粒子的吸附作用会在其周边形成带异号电荷的离子层。当胶核与溶液发生相对运动时，胶体粒子就沿滑动面一分为二，滑动面以内的部分是一个做整体运动的动力单元。胶体粒子由于范德华力的作用会相互靠近，但是由于粒子都带有相同的电荷，同性电荷之间的分子间斥力作用阻止了它们的靠近，因此胶体得以在废水中长期稳定存在，如图 4-2所示。

电絮凝过程中电解出的 Al^{3+}（或 Fe^{2+}）具有极强的活性，在电极表面与水产生不可逆的化学吸附，形成水合离子，通过电极反应的表面催化作用在不同的 pH 条件下形成多种单核水解产物。由于单核水解产生的综合作用，又生成一系列多核水解产物，最终形成表面含有羟基的高分子线性物。这些水解产物（尤其是带正电的多核配合物）对促进絮凝过程有重要作用。当水中 Al^{3+}（或 Fe^{2+}）浓度增加到一定程度后，即生成 $Al(OH)_3$［或 $Fe(OH)_2$、$Fe(OH)_3$］沉淀。同时，带电的污染物颗粒在电场中移动，其部分电荷被电极中和而促使其脱稳聚沉，而 $Al(OH)_3$［或 $Fe(OH_2)$、$Fe(OH)_3$］沉淀的网捕作用协同多核配合物的电中和作用使絮凝过程快速进行。在不同的 pH 条件下，金属离子及其水解聚合产物可发挥压缩双电层、吸附架桥、电中和及沉淀网捕作用。其主要机理如下。

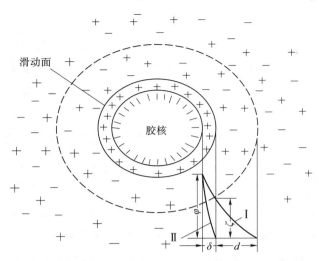

图 4-2　胶体粒子结构示意图

（1）压缩双电层作用

根据 DLVO 理论，当 ζ 电位达到临界电位时，胶体就失去稳定性，胶粒之间可进行碰撞凝集。压缩双电层是依靠溶液中反离子浓度的增加而使胶体扩散层厚度减小，导致 ζ 电位降低，并非反离子被吸附在脱核表面，故胶核表面总电位 φ_0 保持不变。压缩双电层不仅与絮凝剂剂量有关，还与金属离子价数有关，离子价数越高，所需絮凝剂剂量越少，如 Al^{3+}、Fe^{3+} 比 Ca^{2+}、Na^+ 压缩双电层更有效，对于一价、二价、三价反离子，混凝剂临界浓度遵循叔采-哈迪价数规则。当废水中悬浮颗粒的双电层被阳极产生的离子侵入时，双电层的电极电位降低，扩散层变薄，悬浮颗粒间距变近，相互碰撞时容易吸引而凝聚。

（2）吸附架桥作用

电絮凝产生的聚合物具有线状结构，通过各种吸附作用使大量胶体或悬浮物吸附在其表面，形成胶体或悬浮颗粒间的吸附架桥，使它们逐渐变大形成粗大的絮凝体。另外，铝或铁离解水解成高聚合度分子进行吸附架桥作用，或可理解为大体积的同号胶粒之间以小体积的异号胶粒连接形成的吸附架桥。

（3）沉淀网捕作用

电极反应产生的高价金属离子（Al^{3+}、Fe^{2+} 或由 Fe^{2+} 氧化为 Fe^{3+}）经水解缩聚可形成大量的氢氧化物固体从水中析出。这些氢氧化物一般都是聚合体（如 $[Al(OH)_3]_n$），可以网捕、卷带水中细小胶粒形成絮状物，这种作用基本上是一种机械作用。水中胶体杂质少时，所需剂量很大；反之，所需剂量较少。在废水的实际处理过程中，上述各种机理往往同时或交叉发挥作用，只是依条件的不同而以其中的某一种起主导作用而已。

（4）电中和作用

电中和指胶粒表面对异号离子、异号胶粒或链状高分子带异号电荷的部位有强烈的吸附作用，其吸附力如静电引力、氢键、共价键及范德华引力等。吸附作用中和了它的部分电荷，导致胶粒 ζ 电位降低，减少了静电斥力，容易和其他颗粒接近而互相吸附。

电絮凝法是一项复杂的物化技术，其核心内容是絮凝剂的生成。对于 Al 阳极，电解产生的 Al^{3+} 在水中迅速以水合离子 $Al(H_2O)_6^{3+}$ 的形态存在，随后很快水解失去 H^+，形成一系列单核络合物，如 $Al(H_2O)_5OH^{2+}$、$Al(H_2O)_4(OH)_2^+$、$Al(H_2O)_3(OH)_3$ 等。由于羟基铝离子增多，剩余孤对电子，羟基配位能力未饱和，可与另一个铝离子逐渐聚合为羟基桥联结构，形成两个羟基键桥，从而由单核铝的络合物缓慢聚合成表面富含羟基的多核高分子网状聚合物 $Al_m(H_2O)_x(OH)_n^{(3m-n)}$，如 $Al_2(H_2O)_8(OH)_2^{4+}$、$Al_{16}(H_2O)_{24}(OH)_{36}^{12+}$ 等，并最终转化成无定形的 $[Al(OH)_3]_n$ 絮凝剂。A Sarpola 等通过质谱分析证实了有超过 80 种单价铝核阳离子（$Al_2 \sim Al_{13}$）和 19 种多价铝核阳离子（$Al_{10} \sim Al_{27}$）存在，另外，还发现超过 45 种单价铝核阴离子（$Al_1 \sim Al_2$）和 9 种多价铝核阴离子（$Al_{10} \sim Al_{32}$），而铝絮凝剂的聚合度最多可达 32 个铝。另外，除上述高分子网状聚合物 $Al_m(H_2O)_x(OH)_n^{(3m-n)}$ 外，还会生成一些氧化铝合氢氧根的大分子聚合物，如 $Al_{13}O_4(OH)_{24}^{7+}$ 等，或当水体中含有 NaCl 电解质时，还会生成一些被 NaCl 分子包覆的絮凝剂如 $[Al_2(OH)_3(H_2O)_3 \cdot 2.05NaCl]^{3+}$、$[Al_3(OH)_6(H_2O)_8 \cdot 2.00NaCl]^{3+}$ 等。一般地，聚合度与絮凝效率呈正相关，研究表明 30 个铝的聚合比 13 个铝的聚合的吸附和架桥作用强，而且有更宽的有效投量范围。通常，低聚合度絮凝剂是通过吸附作用去除污染物粒子；而高聚合度絮凝剂则因表面积大、表面基团多，对污染物粒子通过网捕包覆去除，但高聚合度的絮凝剂，产生的后续污泥量较大，增加了处置成本。

一般情况下，铝絮凝剂在弱碱性条件下能快速聚合，但由于氢氧化铝的两性特征，pH 过高时聚铝又易解离成 $Al(OH)_4^-$。研究表明，铝絮凝剂在除污过程中根据 pH 与絮凝剂量的不同存在两种机理：pH 低于 6.5 时，溶解的 Al^{3+} 浓度小于 60 μmol，Al^{3+} 在水中以水合态 $Al(H_2O)_6^{3+}$ 和带正电的单核 $Al(H_2O)_5(OH)^{2+}$、$Al(H_2O)_4(OH)^{2+}$ 絮凝剂的形式存在，其主要通过电荷中和作用对带负电污染物进行去除；pH 超过 6.5 时，溶解的 Al^{3+} 浓度大于 60 μmol，Al^{3+} 在水中以无定形的 $[Al(OH)_3]_n$ 絮凝剂的形式存在，其通过直接吸附去除污染物。当水体有硫酸盐时，吸附在 $Al_m(H_2O)_x(OH)_n^{(3m-n)}$ 上的 SO_4^{2-} 由于氢键和电荷的吸引作用可促进更多的高分子网状聚合物连接起来最终形成无定形的 $[Al(OH)_3]_n$ 絮凝剂。Al^{3+} 在水体中的停留时间越长，与 OH^- 水化越充分，聚铝的聚合度和产量就越大，越有利于后续除污，但停留时间过长会降低电絮凝的时空效率。电絮凝法通常采用序批间歇式或循环流动式的水流设置来保证金属离子的水化聚合及絮凝过程的完全和高效。

对于铁阳极，随 pH 变化溶出的铁离子会发生氧化还原反应和水解、聚合等复杂过程。D Lakshmanan 等研究了铁阳极的氧化情况，发现铁阳极溶出的 Fe^{2+} 在 pH 为 6.5～7.5 时较少发生氧化，并且在低 DO 浓度下保持可溶性 Fe^{2+} 状态，而随着 DO 浓度的增加，则以 Fe^{2+} 和难溶的 $Fe(OH)_3/FeOOH$ 状态共存；pH=8.5 时，Fe^{2+} 会迅速氧化成 Fe^{3+} 并水解为 $Fe(OH)_3/FeOOH$，其间 Fe^{3+} 在水中主要以水合态 $Fe(H_2O)_6^{3+}$ 的形式存在，当遇到水中的·OH 时会水解成一系列单核水解产物 $Fe(H_2O)_5(OH)^{2+}$、$Fe(H_2O)_4(OH)^{2+}$ 等。同样这些单核水解产物由于羟基的配位数未达饱和，在相邻羟基的键桥作用下可聚合成大分子聚合物并最终形成 γ-FeOOH 沉淀。铁絮凝剂生长的快慢主要由铁溶出速率和 pH 决定，在铁溶出速率一定时，pH 在 6～10 有利于 γ-FeOOH 的生成。如 D Lakshmanan 等在电絮凝除砷的研究中发现，电解 2 min 后，在 pH=8.5 的水体中，Fe^{3+} 已全部聚合成 γ-FeOOH。

4.1.2 电气浮

4.1.2.1 电气浮机理

电解过程中生成的气体以微小气泡的形式出现，与原水中的胶体、乳状油等污染物黏附在一起浮升至水面而被去除。电絮凝产生的气泡远小于加压气浮产生的气泡，因而其气浮能力更强，对污染物的去除效果也更好。

电絮凝法的电气浮作用主要指阴极析出的氢气，有时阳极钝化也会析出氧气。氢气泡粒径为 10～30 μm，不溶于水，其容量为水容量的 1/11 200，气体上升速度达到 1.5～4 cm/s，氧气泡粒径为 20～60 μm，微溶于水，加压气泡的粒径为 100～150 μm，可见电解产生气泡的捕捉能力要比加压气浮强。电解产生的气泡在 20℃时的平均密度为 0.5 g/L，而一般空气密度为 1.29 g/L，可见浮载力要比加压气浮强大 1 倍，因此氢气具有较好的浮升基本条件。

电气浮过程中产生的 H_2 和 O_2 的量，可按照 Faraday 电解定律进行计算。电气浮法的各电极反应如下。

阳极：$2H_2O \longrightarrow O_2 + 4H^+ + 4e^-$

阴极：$2H_2O + 2e^- \longrightarrow H_2 + 2OH^-$

电解生成气泡的数量以及微观尺寸决定了气浮分离的效率。微气泡平均直径越小，同样产气量时单位体积水中微气泡个数越多，此时微气泡的比表面积越大，对水中悬浮颗粒具有较好的黏附性能与分离效率。气泡数量可通过改变电流密度的大小来进行调节，电流密度越高，单位时间内电极表面产生的气泡数量越多，气泡直径越小，气泡数量越多，气泡和污染物颗粒间碰撞的概率越高。pH 大小决定了电解过程中气泡的分布情况。以中性 pH 条件为例，氢气的尺寸最小，但在酸性条件下，尺寸变大。对于氧气气泡来说则是酸性介质中的尺寸最小。

　　电气浮的物理过程包括气泡的生成或成核、长大和脱离 3 个阶段。至于气泡的长大，最初是由于溶解气体向气/液界面的传递以及气泡内部压力的增大而使气泡膨胀。主要的气泡长大过程是通过 3 种聚并方式进行的：电极表面细小气泡的聚并；以中等气泡为中心，在其生长过程中兼并周围的细小气泡；滑移聚并，即大气泡在电极表面上升滑移时兼并中、小气泡不断长大。电气浮的气泡长大过程具体如图 4-3 所示。较之加压气浮，这些气泡尺寸小，比表面积大，对悬浮物和胶体的吸附浮载能力强，浮升条件良好。反应过程中气泡与水、絮体充分接触，结构疏散的絮体在吸附大量气泡后迅速上浮而去除。影响气浮效果的因素包括气泡的尺寸和数量、颗粒大小和尺寸分布、水力停留时间、进水温度、pH、原水、絮体与气泡间的表面张力等。最主要的影响因素是气泡产生量，这可通过改变电流密度进行调控。

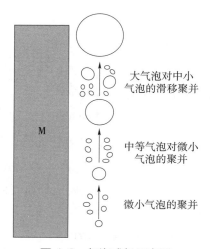

图 4-3　气泡成长示意图

　　电气浮需要使得胶体颗粒物、废水和微小气泡三者间发生充分接触作用。实现电解气浮分离需要具备 3 个基本条件：一是需要产生足够数量的微小气泡，即单位体积内通过的电量大小；二是必须使待分离的颗粒形成不溶性固态或液态悬浮体；三是必须使气泡能够与颗粒相黏附，黏附作用通常由化学键、分子间范德华力及静电吸附作用所促使。

电气浮和其他溶气气浮一样要使水、气泡和凝聚体三者充分接触，废水中污染物和电解过程中生成的金属氢氧化物构成结构疏散的絮凝体，这种絮凝体成为吸附微小气泡的吸附剂，由于气泡和水的物理性质不同，而且氢气泡在水中的溶解度很小，极易被絮凝吸附。促使吸附作用的既有分子间的范德华力，又有化学键的作用和带有不同电荷离子的静电吸附。吸附过程也符合吸附动力学的 3 个连续步骤：①依靠气泡本身的上升力和水力运动扩散到絮凝体表面，并依靠水流动的紊流作用，透过絮凝体的表面膜加快吸附作用；②依靠毛细管作用，气泡在絮凝体空隙中扩散，使气泡不断的吸附在空隙中的孔壁上，形成疏松的絮凝体；③微小的气泡在絮凝体表面和孔隙内互相碰撞吸附结合。

在电絮凝体系中，阴极在外电场的作用下析出氢气气泡，同时阳极的副反应会析出氧气气泡。通过范德华力等分子间作用力，这些微小气泡可吸附在废水中污染物质表面，通过吸附、顶托、裹挟等作用将污染物带到水面。

电气浮的分离效果与电极表面释放出的 H_2 和 O_2 的气泡大小紧密相关。影响气泡大小的因素包括电流密度、温度和电极表面曲率等。但最主要的影响因素有两个：溶液 pH 和电极材料。此外，电解槽内的水力学条件和电极的布设方式均对气泡的运动轨迹有影响，从而影响电气浮的分离效果。

4.1.2.2　电气浮的作用因素

根据气泡和絮粒的各自特性，结合气浮净水研究实践中的各种现象，可知气泡和絮凝粒的黏附主要是由以下 4 种因素综合作用的结果。

（1）气泡与絮粒的碰撞黏附作用

由于絮粒与微气泡有一定的憎水性能，比面积很大，有剩余的自由界面能，因此它们都有相互吸附而降低各自表面能的倾向。在一定的水力条件下，具有足够动能的微气泡和絮粒互相碰撞时，彼此挤开对方结合力较弱的外层水膜而靠近，当排列有序的气泡内层水膜碰到絮粒的剩余憎水基团时，相互通过分子间的范德华力而黏附。现已测定，黏附发生时，气泡与絮粒间的水膜厚度已减小到几十或几百埃。由于絮粒柔软易变形，而微气泡又有一定的弹性，因此，两者之间的碰撞是软碰撞。碰撞后，絮粒与气泡实现多点黏附，黏附点越多，黏附条件越好。

（2）絮粒的网捕、包卷和架桥作用

絮粒可将微气泡包围在中间的情况如下：

①大的微气泡撞进大絮粒网络结构的凹槽内，被游动的絮粒所包卷；

②两絮粒互撞结大时，将游离在中间的自由气泡网捕进去；

③已黏附有气泡的絮粒之间互撞时，通过絮粒、气泡或者两者的吸附架桥而结

大，成为夹泡性带气絮粒。

（3）微气泡与絮粒之间的共聚作用

理想的带气絮粒是在絮体内部包含着气泡，在上浮过程中，气泡不会脱落，而且成为浮渣后也不易下沉。所以尽可能实现微絮粒与微气泡的碰撞黏附并在上浮过程中继续成长并长大。这种有微气泡直接参与凝聚而与絮粒共聚并大的过程称为共聚作用。

（4）表面活性剂的参与作用

水中存在表面活性剂时，往往会影响絮粒的憎水性能以及微气泡的大小、数量和牢度。黏附了气泡的絮粒（简称带气絮粒）在水中上浮时，在宏观上将受到重力 $F_重$、浮力 $F_浮$ 和阻力 $F_阻$ 等外力的影响。

$$V_上 = \left[\frac{2g(\rho_水 - \rho_絮)}{C \times \rho_水}\right]^{\frac{1}{2}} \times \left(\frac{V}{A}\right) \tag{4-5}$$

式中，$V_上$ 为带气絮粒上升速度（cm/s）；g 为重力加速度（cm/s^2）；$\rho_水$ 为水的密度（g/cm^3）；$\rho_絮$ 为带气絮粒密度（g/cm^3）；V 为带气絮粒体积（cm^3）；A 为在水流方向带气絮粒的投影面积（cm^2）；C 为阻力系数。

$V_上$ 取决于水和带气絮粒的密度差，带气絮粒的直径以及水的温度和流态。带气絮粒中气泡所占比例越大，带气絮粒的密度就越小。其特征直径则相应增大，两者都使上浮速度大大提高。

4.1.2.3 电气浮影响因素

目前，研究者主要就电气浮的影响因素进行研究。影响电气浮效果的因素有电极材料、极板间距、水板比、电极形式、电流密度、水力停留时间、浮选剂种类及投加量等。具体影响因素如下。

（1）pH

气泡的大小与 pH 及电极材料有关。氢气泡在中性时最小，氧气气泡的尺寸则随 pH 的增加而增加。阴极材料影响氢气气泡的大小，阳极材料也影响氧气气泡的大小。pH 对电气浮的影响主要体现在其决定了电解过程中气泡的大小分布。在中性 pH 条件下，H_2 气泡的尺寸最小，碱性介质中尺寸较小，而在酸性条件下甚大。但对于 O_2 气泡来说，酸性介质中其尺寸较小，随着溶液 pH 的升高，O_2 气泡急剧变大，具体如表 4-2 所示。

表 4-2　不同电极材料和 pH 时气泡大小分布

pH	H_2 气泡粒径 /pm		O_2 气泡粒径 /μm	
	Pt 电极	Fe 电极	石墨电极	电极
2	45～90	20～80	18～60	15～30
7	5～30	5～45	5～80	17～50
12	17～45	17～60	17～60	30～70

（2）电流密度

电流密度是装置运行中的最重要的一个参数，根据法拉第定律电流密度的大小直接决定了产生气泡数量的多少，从而决定了悬浮物及油的去除率。

气泡尺寸也与电流密度及表面状况有关。气泡大小随着电流密度的增大而增大。研究发现气泡大小也会随电流密度的增大而减小，但是这种情况只是在电流密度较小的时候存在。

电气浮过程中电流密度的大小决定了产生气泡的数量和大小。电流密度越高，单位时间内电极上释放出的气体的量越多。按照 Faraday 电解定律，当电解过程中通入 1F（26.8A·h）电量时，可释放出 0.022 4 Nm^3 H_2 和 O_2。此外，随着电流密度的增加，气泡直径逐渐减小，但当电流密度大于 200 A/m^2 时，气泡大小分布在 20～38 μm，没有明显的变化趋势。电极表面的粗糙程度亦对气泡的大小有着重要影响，电极表面粗糙度越大，气泡越大，镜面抛光的不锈钢电极表面上气泡最小。打磨光滑的不锈钢板状电极所产生的气泡很微小。

（3）电极的排列方式

电极通常由一组或多组电极组成。多组电极可分为单极式和复极式两种电极连接方式，采用何种方式主要取决于电源的电压和电流，电源的选取又取决于处理水量的大小。通常，阳极放在底部，不锈钢网状阴极放在阳极的上方。这种电极排列方式有利于阳极产生的氧气气泡能迅速地扩散到废水中，直接提高气浮效率。

如果废水的电导率低，而且为了防止短路，上面的可移动的阴极与下面的阳极之间的极间距较大，使得能耗非常大。气泡的迅速扩散与获得微小的气泡对于气浮效率来讲同样重要。

对于传统的电极系统，只有上面的阴极直接对着废水，而下面的阳极产生的氧气不能直接与废水混合，这就导致下面的阳极产生的氧气不能很快地扩散到待处理的废水中。结果一些氧气气泡聚并成无用的大气泡，这不仅降低了小气泡的有效性，而且容易打碎本已形成的絮体，这些都直接影响气浮效率。当阳极和阴极放在同一水平面时，这种开放式结构使得阴极和阳极直接接触废水流，这样两极产生的气泡均可以快速扩散到废水中，并有效地黏附到絮体上，保证了高的气浮效率。

研究证明，开放式结构在气浮油和悬浮颗粒时非常有效。在新型的电极结构中，因为极间距较小，所以节省了很多电能。电气浮过程所需要的电压主要消耗在欧姆电压降，溶液阻抗，特别是电导率较低、电流密度较高的时候。

电气浮产生的气泡分布范围较窄，尺寸也较小，因此有很高的分离效率。在电气浮过程中，钛基 DSA 电极上气泡大小服从正态分布，90% 以上的气泡大小为 $15\sim45$ μm；而在溶气气浮（DAF）过程中气泡的大小一般在 $50\sim70$ μm。气泡越小，提供的表面积越大，气浮效率越高。

（4）电极材料

电极材料是电气浮单元的最重要的部分。主要可工业化应用的材料有石墨电极、钛电极、铁电极、铝电极及其他金属电极。其中石墨电极、钛电极是不溶性电极，阳极产生 O_2、Cl_2 等，阴极产生 H_2。铁电极、铝电极是可溶性电极，阳极电化学反应产生对应的水合金属离子，形成絮凝剂，起混凝浮选作用，阴极产生 H_2，起气浮作用。铁、铝和不锈钢价格低廉，很容易获得，可以同时完成电絮凝和电气浮，但是用它们作阳极时能够溶解，电极表面变得粗糙，上面产生的气泡较大。

石墨和铅的氧化物是常用的不可溶性阳极，也很便宜，且容易获得，但是它们的析氧过电位较高，而且耐久性差。PbO_2 阳极容易产生有毒的 Pb^{2+}，导致严重的二次污染。也有研究者用铂或镀铂材料作阳极，比石墨和铅的氧化物稳定得多，但是太昂贵不能大规模地应用于工业中。

由 Beer 发明的 TiO_2-RuO_2 型稳阳极，产生氯气的效果很好，但析氧时寿命短。20 世纪，IrO_x 为基体的型稳阳极获得广泛关注，它的使用寿命可达到 RuO_2 的 20 倍。IrO_x-Ta_2O_5 为基体表面镀钛，这种材料做成的电极可成功地用于电气浮中作阳极。

1969 年以后，金属氧化物阳极（DSA）得到广泛的研究。大多数过渡金属氧化物在酸性和碱性介质中具有较好的稳定性，尤其是铂系金属氧化物电极导电性能好，表面多孔，具有很高的电催化性能。热分解方法是制作 DSA 中最常见的方法。DSA 中的 TiO_2-RuO_2 电极具有较低的析氧和析氯过电位，对于氧的析出有很高的电催化活性。在阳极极化过程中，RuO_2 部分分解生成 RuO_4^{2-} 或挥发性的 RuO_4，导致电催化活性降低，通常需加入少量惰性金属氧化物以保持较高的电催化活性和稳定性。近年来 IrO_x 用作氧电极逐渐被重视，其寿命是 RuO_2 电极的 20 倍左右，但因价格昂贵，使其应用受到很大限制。研究发现，Ti/IrO_x-Sb_2O_5-SnO_2 电极具有很高的电化学稳定性，对氧的释放有极强的催化活性，含 10%（摩尔分数）IrO_x 电极在强酸性介质中的预期寿命在 $1\ 000$ A/m^2 电流密度下达 9 年以上。在电气浮中电流密度通常较小，IrO_x 含量为 2.5%（摩尔分数）时即可具有较好的稳定性和催化活性。

电极寿命（SL）与电流密度（i）之间的简单关系为

$$SL \propto 1/ia, \quad \alpha=1.4 \sim 2.0$$

（5）水板比

水板比主要取决于原水与出水悬浮物及油的去除率，并控制气浮所需的气水比。

（6）水力停留时间

水力停留时间主要决定了产生气泡的利用效率，通常也通过试验确定。

（7）浮选剂种类及投加量

当使用可溶性电极产生的絮凝剂量不足时，通常需另外加入浮选剂，可通过混凝试验来确定浮选剂的种类及投加量。

4.1.3　极化作用

处于热力学平衡状态的电极体系，由于氧化反应和还原反应速率相等，电荷交换以及传质均处于动态平衡，净反应速率为 0，此时的电极电位即为平衡电位。当电极表面有电流通过时，净反应发生，电极失去原有的平衡状态，电极电位也因此偏离原有的平衡电位，这种外电流通过引发的电极电位偏离平衡电位的现象称为电极的极化。在电化学体系中，极化现象发生的条件下，阳极通过电流时，电位向正的方向变化称为阳极极化；阴极通过电流使得其电位向负的方向变化叫阴极极化。电极体系类似于两类导体串联组成的电路。断路时，导体中没有载流子的流动，只存在电极与溶液界面上的氧化 / 还原反应的动态平衡；当电流通过电极时意味着外电路以及金属电极内发生了自由电子的定向迁移、溶液中正负离子的定向运动，以及界面间发生的净电极反应。当电流通过时，产生的这种矛盾互相作用：一方面，电子的流动引发电极表面电荷的累积，使得电极电位偏离平衡状态，即极化作用；另一方面，电极反应吸收电子运动所传递的电荷，促使电极电位恢复平衡状态，即去极化作用。

电子的运动速度往往大于电极的反应速率，因而极化作用一般占据主导地位，电流的通过使得阴极表面发生负电荷积累，阳极表面发生正电荷积累，因此阴极电位向负移动，阳极电位向正移动。电极极化现象是极化与去极化两种效应互相作用的综合表现，实质是电极反应速率低于电子运动速度产生电荷在电极界面的积累即电子运动与电极反应速率之间的矛盾。但是存在两种特殊情况，即理想极化电极与理想不极化电极。在一定条件下电极表面不发生电极反应的电极称为理想极化电极，此时不发生去极化作用，流入电极的电荷全部积累于电极表面，只作用于电电位的改变，即改变双电层结构。可根据需求通过改变电流密度的方式，使电极极化至所需要的目标电位。对应地，当电极反应速率较大，造成电流通过时电极电位几乎不变，此时不出现极化现象的这类电极即为理想不极化电极。

通常可将电絮凝过程中的极化分为电化学极化、浓差极化和电阻极化三类。

（1）电化学极化

电化学极化又称活化极化，当电流通过水溶液时，两极发生氢离子的还原反应和水的放电反应。这两个反应均受到化学动力学因素的约束。电极反应由连续的基元反应所组成，控制基元反应最慢的步骤往往对反应动力学过程起决定性作用。为了使电化学反应向正向进行，必须施加额外电压克服反应的活化能，其本质可理解为由于电化学反应速率小于电子运动速率而造成的极化。

（2）浓差极化

当电化学体系处于动态平衡时，溶液中电解质的浓度分布处于一种均一的状态。在外电流存在的条件下，由于电极反应的发生，进而造成了电极表面及其附近的离子浓度持续消耗以及不断地生成。与此同时，在电化学反应过程中，依靠电化学反应自身的动力学性质，无法使得物质迅速并有效地扩散。随着电化学反应的持续进行，使得电极表面与溶液本体间形成了明显的浓度梯度效应，进而造成的分解电压偏离浓度均匀分布时的平衡值。浓差极化的本质可以理解为溶液中组分扩散速度小于其电化学反应速率而造成的极化。

（3）电阻极化

电场驱动力使得正负离子向两极定向迁移时，离子在电解质溶液中所受到的阻力即为欧姆内阻。为克服内阻，需要额外施加一定的电压推动离子的电传质运动。欧姆极化也称电阻极化，在电化学反应体系中一般指电极表面生成了具有保护作用的氧化膜、钝化膜等不溶性的高电阻产物，这些产物增大了体系电阻，使电极反应受阻而造成的极化。而钝化现象会产生电极极化，导致电量大量消耗。

在实际电化学水处理过程中，上述 3 种极化效应往往是同时发生，相互作用影响着体系的电位以及传质。

4.1.4 电絮凝-电气浮

电絮凝-电气浮法（简称电聚浮）的理论基础是应用电子学、流体力学、电化学等相关技术所结合而成的一种组合的水处理新技术。该法主要机制是利用电场的诱导，使粒子产生偶极化，借助流道的设计而自动凝聚成絮体，在不外加空气的情况下，利用电解所产生的气泡与絮体充分结合，适当添加助凝剂后自动上浮除去。

粒子偶极化：极板通过直流电即可产生电场，通过隔板的设置及流道的设计，使水溶液中的粒子在一密闭的电场下被诱导，在适当的电场强度下，粒子本身内部电荷重新分配，正电荷偏向负极板，负电荷偏向正极板，重新分布的电荷大小取决于粒子本身的性质，此过程称为粒子偶极化。而水分子也会受到电场的影响，产生偶极化效应，同时使包围杂质的水合力减弱，粒子便拥有较高的自由度，有利于后续作用的发生。当粒子进入电场后，偶极化立即产生，电场消失，偶极化粒子慢慢恢复原状，电场使粒子同时带有正、负电子，这与传统粒子仅带一种电荷不同。

粒子聚合：粒子经偶极化带上了正负电荷，在流动过程中，由于正负电荷互相吸引，使两杂粒子互相接近结合成新的粒子，此新的粒子在电场中再重新被偶极化，成为一个更大的带有正负电荷的粒子。

絮体形成：当粒子与周围的粒子碰撞结合后，由于水流处于稳定状态，不易再与其他粒子碰撞形成更大的絮体，粒子去除效果将大受影响。因此，改变传统电解法中水流方向与极板成平行状的做法，借助流道的特殊设计，使流体产生扰流状态，以增加粒子的碰撞机会。经过反复碰撞结合后，许多粒子可以成长至原来的 $10^3 \sim 10^4$ 倍。粒径可由 $100 \sim 1\,000 \text{Å}$ 增大至 $0.1 \sim 1$ mm。

除由于粒子偶极化聚合而形成絮体外，如果电絮凝-电气浮反应器阳极或金属隔板为铁或铝，则溶解出铁、铝离子的混凝作用也可促进絮体的生成。胶体粒子脱稳后才能形成絮体。脱稳主要是通过降低粒子间静电斥力使其凝聚。在电絮凝-电气浮反应器中主要通过以下几种方式聚集：

（1）粒子运动而在电场中产生磁场相吸；

（2）电解产生气泡上升过程中形成一个速度梯度，而产生搅拌作用；

（3）电场中电泳的作用，带同种电荷的粒子因荷质比的差异造成不同的电泳速度，进而增加碰撞凝聚的机会，带异性电荷的粒子也会因电泳方向不同而互相碰撞凝聚；

（4）改进流道的设计，使流体在流动状况下产生扰流状态。

絮体上浮：水分子在电解作用下，在两极会产生 H_2 和 O_2，而产生大量的气泡。因此，在无外加空气情况下，便能使絮体中充满大量气体而成为海绵状，这使得絮体的密度远小于水，故可在极短时间内迅速上浮而与水分离。

4.2　电絮凝法基本参数

电絮凝法中的电化学参数主要有电极、电流密度、极间距、外加电压以及电极的联结方式等。

4.2.1　电流密度

电絮凝过程中的电流密度决定了金属电极（Al、Fe）上金属离子（Al^{3+}、Fe^{2+}）的溶出量。对于铝而言，其电化学当量为 335.6 mg/（A·h），铁的电化学当量则为 1 041 mg/（A·h）。

采用电絮凝净化水和废水时，最佳电流密度的选择具有重要意义。当电流密度很高时电解槽的工作最为有利，因为这时电解槽的容积和电极的工作表面得到了充分的利用。

然而随着电流密度的提高，电极的极化现象和钝化也增长，这就导致了所需电压的增加和次要过程电能的损耗，电流效率急剧下降。通常电凝聚过程中电流密度宜控制在 20～25 A/m²。同时，电流密度的选取应综合考虑 pH、温度和流速，保证电凝聚反应器在较高的电流效率下运行。

金属的电化学溶解主要包括金属的阳极溶解和与周围介质相互作用而产生的化学溶解。Al 阳极的电流效率通常可以达到 120%～140%，Fe 溶解的电流效率接近100%。但在外加低频声场的作用下，Fe 电极电流效率亦可超过 100%。据报道，在 50 Hz 声场中 Fe 溶解电流效率可达到 160%。

电絮凝出水水质与反应过程中释放出来的金属离子（Al^{3+}、Fe^{2+}）的数量有关。按照 Faraday 定律，金属离子的溶出与电量，即电解时间与电流的乘积成正比。通常污染物的去除对应一个临界电量（表 4-3）。超过临界值后继续提高电流密度时出水水质不会有明显的提高和改善。

表 4-3　电絮凝净化污染物的临界电量

污染物	去除量	初级净化		深度净化	
		Al^{3+}/mg	E/（W·h/m³）	Al^{3+}/mg	E/（W·h/m³）
浊度	1 mg	0.04～0.06	5～10	0.15～0.2	20～40
色度	1°	0.04～0.1	10～40	0.1～0.2	40～80
硅	1 mg SiO_2	0.2～0.3	20～60	1～2	100～200
铁	1 mg Fe	0.3～0.4	30～80	1～1.5	100～200
氧	1 mg O_2	0.5～1	40～200	2～5	80～800
藻类	1 000 个	0.006～0.025	5～10	0.02～0.03	10～20
细菌	1 000 个	0.01～0.04	5～20	0.15～0.2	40～80

研究表明，当电流密度为 10～40 mA/cm² 时，电絮凝过程中生成的 H_2 气泡大小为 15～30 pm，O_2 气泡平均直径为 45～60 μm。

4.2.2　电极

电絮凝通常采用的电极材料有两种：铝和铁。对于饮用水处理，通常采用铝作为阳极。这主要是由于采用 Fe 作为阳极时，Fe 的消耗量要比使用 Al 时的消耗量大 3～10 倍，并且经常出现极化和钝化现象。此外，使用 Fe 阳极时要求水在电极之间停留的时间更长。虽然铝离子要比铁离子的凝聚效果好，但从实用和经济角度来看，在废水处理中还是使用铁比铝更方便和合适些。对于重金属离子的去除，采用铁作为阳极时费用较低，同时可以获得更好的处理效果。目前在废水处理中普遍使用 A3 钢板作为电极。当水中 Ca^{2+}、Mg^{2+} 含量较高时，宜选取不锈钢作为阴极。

4.2.3　电极连接方式

按照反应器内电极连接的方式，电絮凝反应器可分为单极式和复极式，电路连接方式如图 4-4 所示。有时也称为单极式电絮凝反应器和双极式电絮凝反应器。在单极式电絮凝反应器中，每一个电极均与电源的一端连接，电极的两个表面均为同一极性，或作为阳极，或作为阴极。在复极式电絮凝反应器中则有所不同，仅有两端的电极与电源的两端连接，每一电极的两面均具有不同的极性，即一面是阳极，另一面是阴极。

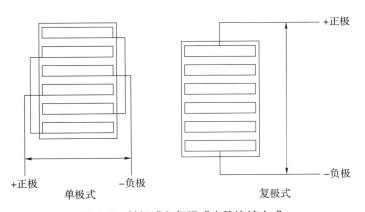

图 4-4　单极式和复极式电路连接方式

采用单极式电絮凝时，电解槽内电极并联，槽电压较低而总电流较大，因此电极上电流分布不太均匀。对直流电源要求较高，需要提供较大的电流，费用高，另外其占地面积较大，但设计制造比较简单。采用复极式电絮凝时，电解槽内电极串联，槽电压较高而总电流较小，电极上电流分布比较均匀，所需直流电源要求电流较小，较经济，设备紧凑、占地面积小，但其设计制造比较复杂。采用复极式电化学反应器时应该防止旁路和漏电的发生。由于相邻两个单元反应器之间有液路连接，这时电流在相邻的两个反应器中的两个电极之间流过，不仅可使电流效率降低，而且可能导致中间的电极发生腐蚀。

4.2.4　液路连接方式

根据原水通过电絮凝反应器的方式，可分为并联和串联两种液路连接方式，如图 4-5 所示。

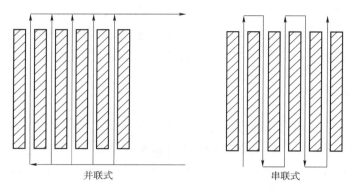

图 4-5　电絮凝液路连接方式

国内大部分电絮凝采用并联式，这样结构上较为简单，但并联后水流速度仅为 3～10 mm/s，这样低的流速不利于电解铝（铁）离子的迅速扩散及基铝絮体的良好形成和充分吸附。此外，若不能以较高流速的水流及时将电解的铝离子迁移出电极表面的滞流层，还会造成极板钝化、过电位升高、电耗增加等不良后果。由于以上原因，采用极板间水流串联，提高水流速度可以提高电凝聚反应器的处理效果，性能较水流并联为好。但应注意不应使水流速度过高，否则会使已经形成的絮体破碎，也会影响处理效果。因此，可采用流水道部分并联然后串联的方式来保证水流速度。此外，水流串联流动时在电凝聚反应器内将产生更大的温升，也是应该考虑的。

4.2.5　电絮凝电解电流及电压

4.2.5.1　电解电压

电流通过任何一个电解单元时，遇到的阻力除可逆的反电动势外，还有阳极过电位、阴极过电位以及由处理水电阻引起的欧姆压降。相邻二极板间的电解电压，即单元电解电压，可由式（4-6）计算：

$$U_0 = E_d + Z_a + Z_c + \frac{d}{k} \cdot i \tag{4-6}$$

式中，U_0 为单位电解电压（V）；E_d 为可逆反电动势（即理论分解电压，V）；Z_a 为阳极过电位（V）；Z_c 为阴极过位电位（V）；d 为相邻两电极净间距（m）；k 为处理水电导率（S/m）；i 为电流密度（A/m²）。

阳极主反应为极板失去电子，产生金属离子（Fe^{2+} 或 Al^{3+}），其过电位主要是由覆盖在阳极表面的氧化膜与其他沉积物引起的电阻过电位，可由式（4-7）计算：

$$Z_a = \frac{e_a}{k_a} \cdot i \qquad (4\text{-}7)$$

式中，Z_a 为阳极氧化膜及其他沉积物平均厚度（m）；k_a 为阳极氧化膜及其他沉积物平均电导率（S/m）。

阴极主反应为释 H_2 反应，其过电除电阻过电位外，还显著地存在活化过电位：

$$Z_c = Z_{c1} + Z_{c2} \qquad (4\text{-}8)$$

式中，Z_{c1} 为阴极电阻过电位（V）；Z_{c2} 为阴极活化过电位（V）。

Z_{c1} 可由式（4-9）计算：

$$Z_{c1} = \frac{e_c}{k_c} \cdot i \qquad (4\text{-}9)$$

式中，e_c 为阴极氧化膜与其他沉积物平均厚度（m）；K_c 为阴极氧化膜与其他沉积物平均电导率（S/m）。

Z_{c2} 可用 Tafel 公式计算：

$$Z_{c2} = a + b\ln i \qquad (4\text{-}10)$$

式中，a、b 为常数。

式（4-6）～式（4-10）整理得

$$U_0 = E_d + a + \left(\frac{e_d}{k_a} + \frac{e_c}{k_c} + \frac{d}{k}i + b\ln i \right) \qquad (4\text{-}11)$$

4.2.5.2　电解电流

电絮凝处理水与废水的机理，实际上是通过电化学反应，产生具有混凝作用的 Fe^{2+} 或 Al^{3+}（阳极主反应产物）以及具有氧化作用的 Cl_2（阳极副反应产物），对水中杂质进行混凝与氧化，最终使水与废水得到净化。因此，电絮凝的处理效果主要取决于阳极的电化学反应量。按极板两侧的电极极性分，电絮凝器可分为单极式、双极式及组合式三类，其电流流动情况如图 4-6 所示。

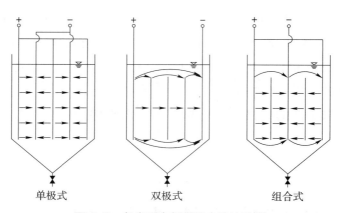

单极式　　　　　双极式　　　　　组合式

图 4-6　各类型电絮凝器电流流动图

在电凝聚器中，电流在水相中的流动为离子流动，在电极内部的流动则为电子流动，电流由离子流动转为电子流动时，必然发生电子转移，即发生电化学氧化还原反应。对于单极式电凝聚器，电势高低交错，电流总是由某一阳极流向相邻的阴极，而不可能绕过几块极板流向其他阴极，因此该类电凝聚器不存在电流泄漏问题。双极式与组合式的情况则有所不同，部分电流可以绕过几块极板，从靠近电源正极的一些极板直接流向靠近电源负极的一些极板，因此双极式与组合式电凝聚器存在电流泄漏现象。

在电凝聚器中，相邻的两极板构成一个小的电解单元，流过一个电解单元的电流称为单元电解电流。单元电解电流可用法拉第电解定律计算：

$$I_0 = \frac{FM_0}{I-U} \tag{4-12}$$

式中，I_0 为单元电解电流（A）；F 为法拉第常数，为 96 484.6 C/g 当量；M_0 为一个电解单元的阳极电化学反应速率（g 当量 /s）；U 为电流泄漏率，即绕过极板流动的电流占流过一个电解单元电流的比率。

对于单极式电凝聚器，$U=0$；而对于双极式与组合式电凝聚器，通常 $0<U<1$，U 主要与电凝聚器的结构有关，极板区之外的空间越大，U 就越大，反之 U 就越小。此外，U 还与处理水的电导率有关，处理水的电导率越大，U 也越大，反之 U 就越小。

4.2.5.3　电解能耗

各类电凝聚器单位水量的电解能耗可用式（4-13）计算：

$$E = \frac{I_0 U_0 (n-1) \times 3\,600}{1\,000Q} \tag{4-13}$$

式中，E 为吨水处理能耗（kW·h/t）；N 为电絮凝器极板数（$n-1$ 为电解单元数）；Q 为处理数量（t/h）。

一台电絮凝器总电化学反应速率可用式（4-14）计算：

$$M = (n-1) M_0 \tag{4-14}$$

式中，M 为一台电絮凝器总电化学反应速度（g 当量 /s）。

由式（4-11）～式（4-14）可得

$$E = \frac{3.6FM\left[E_d + a + \left(\dfrac{e_a}{k_a} + \dfrac{e_c}{k_c} + \dfrac{d}{k}\right)i + b\ln i\right]}{(1-U)Q} \tag{4-15}$$

由式（4-15）可看出，i、d 及 U 越小，E 也越小。但 k 的情况比较复杂，当 k 较小时，E 随 k 增加而下降，而当 k 超过某一限值时，随着 k 的进一步增加，U 将明显增大，E 反而增加。

4.3　电絮凝影响因素

电絮凝过程的影响因素很多，其中最主要的包括 pH、电流密度和电解时间，此外还有电导率、共存离子、反应器构造等也是影响电絮凝过程的重要因素。这些影响因素将直接或间接影响絮体产生量进而决定污染物的去除效果。

4.3.1　极板的影响

通常铁电极产生的絮体粒径小、沉淀密实、沉降快，但出水因含 Fe^{3+} 而显黄色，断电时电极易继续锈蚀。而铝电极产生絮体速度快、无色度生成、絮体颗粒大且吸附能力强，但沉淀松散、沉降缓慢不利于后续处理，另外对于含油废水，铝电极去除 COD 的效率略低于铁电极，这可能与溶解态的 Fe^{3+} 具有一定氧化性有关。

板间距从时空关系上影响着电絮凝剂生长和后续絮凝效果。通常适宜的极板间距为 0.5～2.5 cm，极板厚度为 1～2 mm，板间距过大或过小均不利于提高电絮凝效率和降低能耗。

极板的布置和水体流态也会影响传质效率。通常，极板的排布方式可分为单极和双极模式。单极模式下所有极板均与导线相连；而双极模式仅两端的极板与电源相连以提供极化电场而不溶出，中间的极板靠极化作用溶解，不仅易于更换，还实现了电絮凝和电浮选的结合。原水的流向也会影响电絮凝效率，原水在极板间的流向可分为整体推流式和沿着极板组成的渠道呈现的折流式，后者可提供更长的停留时间；原水在整个电絮凝池的流向可分为平流式和竖流式，竖流式中的上流式絮凝效率较高。

4.3.2　pH 的影响

在水和废水处理中，pH 对许多物理化学过程均有着重要的影响，尤其是对于电化学反应和化学絮凝过程。在一定条件下，电化学溶解出来的 Al^{3+} 经过水解、聚合或配合反应可形成多种形态的配合物或聚合物以及 $Al(OH)_3$。

聚铝絮凝剂或聚铁絮凝剂在较高 pH 下吸附架桥能力会更强，混凝效果更好。一般情况下，pH 过低不利于絮凝剂的生成，另外，在强碱性条件下，铝或铁的氢氧化物又会溶解，抑制其聚合生成絮凝剂。因此通常电絮凝剂生长适宜的 pH 为中性或弱碱性（pH 在 6～10）。然而，各种絮凝剂在水中等电位所对应 pH 不同，因此 pH 的选取还应视具体水质而定：对于含砷废水，pH 应在 7.5 左右；去除 Cr^{3+} 的 pH 应在 5.0 左右；去除 F^- 的 pH 宜在 6.0 左右；去除染料分子的 pH 约为 8.5；等等。

Al^{3+} 的单核配位化合物的形成机理如下：

$$Al^{3+} + H_2O \longrightarrow Al(OH)^{2+} + H^+ \tag{4-16}$$

$$Al(OH)^{2+} + H_2O \longrightarrow Al(OH)_2^+ + H^+ \tag{4-17}$$

$$Al(OH)^{2+} + H_2O \longrightarrow Al(OH)_3 + H^+ \tag{4-18}$$

$$Al(OH)_3 + H_2O \longrightarrow Al(OH)_4^- + H^+ \tag{4-19}$$

当 Al^{3+} 浓度较高或随着水解时间的延长溶液发生陈化时，可形成多核配位化合物和 $Al(OH)_3$ 沉淀。

$$Al^{3+} \longrightarrow Al(OH)_n^{3-n} \longrightarrow Al_2(OH)_2^{4+} \longrightarrow Al_{13} \text{聚合体} \longrightarrow Al(OH)_3 \tag{4-20}$$

在 pH=4～9 的范围内，电化学产生的 Al^{3+} 及其水解聚合产物包括 $Al(OH)^{2+}$、$Al(OH)_2^+$、$Al_2(OH)_2^{4+}$、$Al(OH)_3$ 和多核配位化合物［如 $Al_{13}(OH)_{32}^{7+}$］等，表面带有不同数量正电荷，可发挥吸附电中和及网捕作用。

当 pH＞10 时，水中铝盐主要以 $Al(OH)_4^-$ 的形态存在，絮凝效果急剧下降。而在极低的 pH 条件下，电解产物以 Al^{3+} 存在，几乎没有任何吸附作用，主要发挥压缩双电层作用。

在化学混凝过程中，一般需加入碱调节出水的 pH，这是因为加入混凝剂后通常导致溶液 pH 降低。在电絮凝过程中，当进水 pH 在 4～9 内时处理后水 pH 通常会有所升高，这是由于阴极析出 H_2 导致了 OH^- 浓度的升高（在电絮凝过程中生成的 Al^{3+} 和 OH^- 比例为 1：3，而在 pH=5～6 范围内 Al 发生水解时这一比值通常在

2~2.5，因此出现 OH^- 积累）；但当进水 pH>9 时，电絮凝出水的 pH 通常会下降。由此可见，与化学混凝不同，电絮凝对于处理废水的 pH 具有一定的中和作用。

以下对此现象进行简要分析。电絮凝对 pH 的调节作用可通过以下几个反应说明：

$$2Al + 6H^+ \longrightarrow 2Al^{3+} + 3H_2 \uparrow \qquad （4-21）$$

$$Al^{3+} + 3H_2O \longrightarrow Al(OH)_3 + 3H^+ \qquad （4-22）$$

$$Al(OH)_3 + OH^- \longrightarrow Al(OH)_4^- \qquad （4-23）$$

在酸性条件下，过饱和 CO_2 由于 H_2 和 O_2 的"吹脱"作用而析出；在酸性较强的条件下，Al 发生如式（4-20）所示的化学溶解。生成的 $Al(OH)_3$ 发生溶解，式（4-21）向左进行，这几种因素均可引起溶液 pH 上升。当 pH 较高时，有利于式（4-22）向右顺利进行，Ca^{2+}、Mg^{2+} 可以和 $Al(OH)_3$ 发生共沉淀。在更高的 pH 条件下会发生式（4-21），这些过程均可导致溶液 pH 下降。

4.3.3　电解质的影响

废水电导率低会增加电絮凝处理时的能耗和导致电极过度极化，降低除污效率和电极寿命。因此，可采用向废水中投加合适的强电解质，通过提高水体电导率来提高电絮凝效率并降低能耗的方法。

当电解质中含 Cl^- 时有利于电絮凝法处理废水，Cl^- 在阳极能生成具有强氧化性和漂白性的 Cl_2 和 HClO，可将水中的有机物氧化降解，并去除色度；同时，由于 Cl^- 半径小、穿透能力强，易吸附于阳极并与金属形成可溶性化合物，因此可使电极表面的钝化膜穿孔破裂，加速金属钝化层的溶解。G Mouedhen 等在含 Ni^{2+}、Cu^{2+}、Zn^{2+} 的废水中加入 NaCl 来降低槽压和抑制阳极纯化，当 NaCl 质量浓度从 0 增加到 100 mg/L 时，电压从 42 V 降低到 7 V，同时阳极纯化膜出现明显点蚀痕迹。另外，J L Trompette 等采用铝阳极处理 pH=8.0、COD 为 800 mg/L 的废水，加入铵盐增加电导率并缓冲 pH，电解 16 min，NH_4Cl 作电解质的 COD 去除率为 84%；电解 30 min，$(NH_4)_2SO_4$ 作电解质的 COD 去除率仅 60%。然而，I Heidmann 等的研究也表明，在电解有机废水时，氯能与有机物发生氯化反应生成高毒性的有机氯化物，增强废水毒性。J L Trompette 等报道 SO_4^{2-} 也能增加废水的电导率，但由于 SO_4^{2-} 对 Al^{3+} 有保护作用，不利于絮凝剂的生成，因此处理含 SO_4^{2-} 的废水时能耗较高，除污效率偏低。N Daneshvar 等的研究表明：当废水含有 HCO_3^-、SO_3^{2-} 时，易和金属阳离子生成沉淀附着在电极表面，降低电絮凝效率，而废水中含 Cl^- 时可水解产生 HCl、HClO，抑制碳酸盐和亚硫酸盐沉淀的生成。

4.3.4　电流密度的影响

电流大小直接决定电极上溶解的 Al 或 Fe 的量。电流大时所需要的电絮凝单元小。但是当电流密度过大时，有更多的电能浪费在水的加热上，更重要的是电流密度过大，电能的效率降低。电流密度的选定应考虑其他的操作参数（如 pH、温度和流速等），以确保电流密度的高效性。铝电极超过的那部分电流用于铝电极表面的凹陷的腐蚀，特别是氯离子存在的时候。电流效率与电流密度和阳离子类型有关。值得注意的是，当低频声波应用于铁电极上时，电流效率可以提高。所处理水的质量取决于所产生的离子的量，电流和时间的乘积。所需要的荷电量有一个临界值，超过了这个临界值，出水质量不会随着电流的增加而增加。

电絮凝过程中极板溶出、絮凝和气浮作用的动力来源于电流，通常电流密度大，电絮凝效率就高。

4.3.5　溶液电导率的影响

当溶液电导率较低时，需要加入电解质来提高其导电性，否则电流效率低而能耗高，还会引起所需外加电压过高而导致极板迅速发生极化和钝化，这些都会影响电絮凝的处理效果和处理成本。通常采用加入 NaCl 来提高溶液的电导率，也有采用将处理水与一定比例海水混合后进行电解处理的办法。加入 NaCl 不仅可以提高水和废水的电导率，降低能耗，同时 Cl^- 的加入可消除 CO_3^{2-}、SO_4^{2-} 对电絮凝过程的不利影响。CO_3^{2-} 和 SO_4^{2-} 的存在会导致处理水中的 Ca^{2+} 和 Mg^{2+} 在阴极表面沉积，形成一层不导电的化合物，使得电流效率急剧下降。因此一般在电絮凝处理过程中 Cl^- 的含量应控制在总阴离子含量的 20% 左右。

4.3.6　电场施加方式的影响

目前研究有效抑制极板钝化的方法是采用脉冲电流替代直流电流，降低电解极化的方法为极板换相。脉冲电流产生的电解间歇期可使电解出的金属离子与水体中的 OH^- 充分反应，生成絮凝剂并随水流迁出电极区，从而减少金属离子氧化成膜的概率。极板换相可周期性更换极化方向，破坏固定极化区域并有效抑制钝化。朱小梅等用电絮凝法处理电镀废水，考察了将直流电流改为脉冲电流对电镀废水中总铬去除的影响，结果表明脉冲电流的除铬率比直流电流的高 6.27%，能耗比直流电流的低 65.2%，并减少钝化。电絮凝法去除废水中的 As^{3+} 和 F^-，研究表明每 15 min 极板换相能有效抑制铝和铁电极表面的钝化层厚度。

4.3.7　水中阴、阳离子的影响

影响电絮凝过程的阴离子主要有 Cl^-、SO_4^{2-} 和 CO_3^{2-} 等，NO_3^- 对电絮凝过程基本没有什么影响。水中存在 Cl^- 时，铝阳极处于活化状态，电流效率大于 100%，并且其大小与 Cl^- 含量有关。此外，在电絮凝过程中存在 Cl^- 时，电解过程中会生成活性氯，可杀灭水中的病毒和细菌等，消毒效果明显。SO_4^{2-} 和 HCO_3^- 使铝的阳极溶解过程减慢，SO_4^{2-} 抑制 Cl^- 的活化作用，并且当 $C(SO_4^{2-})/C(Cl^-)>5$ 时，铝的电流效率开始逐步降低。当在总的阴离子含量中加入约 20% Cl^- 时，铝阳极的溶解进行得很有效，并且铝的电流效率达到对于氯介质所特有的值。

在存在 HCO_3^-、HCO_3^--SO_4^{2-} 和 SO_4^{2-} 的介质中，铝的电流效率降低过程与电极上电压的上升过程同时发生。例如，在含有 152.5 mg/L HCO_3^- 的水中铝的电流效率电解 30 min 时仅为 24%，而电极上的电压却从 15 V 上升到电解结束时的 62 V。

4.3.8　水温的影响

苏联学者研究了在 2～90℃水温对铝阳极溶解过程的影响。当温度从 2℃变化到 30℃时，铝的电流效率增长特别迅速；当温度为 60℃和更高时，铝的电流效率开始出现下降。铝的电流效率的增加是由于水温升高时铝与水在氧化膜破坏的地方化学作用速度增加，这种作用也发生于电解初期和电流密度增大时（由于氧化膜破坏过程的强化）。

当进一步提高水温时，铝的电流效率降低与大气孔铝阳极中由于水化和膨胀作用而引起的胶体氢氧化铝的容积紧密性有关，此时胶态离子间的空间发生收缩并且大气孔产生部分封闭现象。

在相同电流密度下进行电凝聚时，提高水温可以使处理单位体积水的能耗大大降低。例如，苏联学者的研究结果表明（表 4-4），在电流密度为 20 A/m² 的条件下，2℃时的电耗为 4 W·h/m³，而在 80℃时电耗仅为 1.3 W·h/m³，降低了大约 2/3。

表 4-4　电凝聚过程中电耗与水温的关系

水温 /℃	2	10	20	30	40	50	60	70	80
电压 /V	4.5	4.3	4.0	2.9	2.65	2.5	2.1	1.8	1.5
电耗 /（W·h/m³）	4.0	3.8	3.6	2.6	2.4	2.3	1.9	1.6	1.3

当电解槽长期工作时，通过铝的电流效率变化与水温及电流密度关系的研究表明，在较低的电流密度下（如 10～40 A/m²）发生铝阳极的活化溶解，当电解槽工

作 200 h，铝的电流效率几乎保持不变，阳极表面均匀溶解并形成许多点蚀。继续提高电流密度（如 50 A/m² 或更高），当温度升高时铝的电流效率经过一定时间迅速降低。

在铝的电流效率降低的同时电极上的外加电压却急剧上升，这样就会引起溶液发热和电能的过量消耗。由于电压增加产生了铝离子和氧的相互扩散形成了 Al_2O_3，也有学者认为铝在电极附近转入溶液中时形成了 $Al(OH)_3$ 带电凝胶层。

4.3.9　物化协同方式的影响

近年来，有研究人员采用部分物化法协同电絮凝法的方式处理废水，用来提高对重金属离子、有机污染物的去除率。缪娟等研究了超声协同钛-铁双阳极电化学法降解废水中酚的过程，该过程集阳极催化氧化、超声空化和电絮凝于一体，在电流密度为 250 A/m²，超声功率为 0.6 kW，反应时间为 1 h 条件下，酚在铁阳极系统降解 55.6%，而在钛铁双阳极系统则降解 76.2%。

4.3.10　水流动状态的影响

通常，在电絮凝反应器中采用各极板间水流并联，这样结构上较为简单，但并联后水流速度仅为 3～10 mm/s，这样低的流速不利于电解时金属离子的迅速扩散和絮体良好形成与充分吸附。此外，若不能以较高流速的水流及时将电解的铝离子迁移出电极表面的滞流层，还会造成极板钝化、过电位升高、电耗增加等不良后果。反之，当水流速度过高时会使已经形成的絮体破碎，也会影响处理效果。因此建议电絮凝反应器内流体流动时 $Re>4\,400$，为此可采用流水道部分并联然后串联的方式来保证水流速度。

4.4　电絮凝法技术特点

4.4.1　技术特点

电絮凝过程中不需要添加化学试剂，所以被称为环境友好型水处理技术。电絮凝法具有以下特点：

①在处理过程中多种作用或许同时并存，所以能同时去除多种污染物。在使用电絮凝技术处理废水时，兼具电氧化、电还原、气浮、絮凝等多种作用，这种多功能性使电絮凝技术具有广泛的选择性，在许多方面可以发挥作用。有时可发生氯化

还原反应，使毒物降解、转化率高。

②阳极电解产生的新生态金属离子的活性高、絮凝效率高，故水质净化效果好。

③处理过程中不添加药剂，因此不会造成二次污染。而且电絮凝方法可通过控制电压，使电极反应朝着目标反应进行，防止副反应发生，反应产生的污泥含水量低且污泥量少。

④电絮凝装置简单，容易实现自动化操作，其主要控制参数是电流和电位易于实现自动控制，故对操作人员和维护人员的水平要求较低。

⑤电絮凝法适用的 pH 范围较宽（pH 3～10），对水质没有特别苛刻的要求，所以适用范围广。

目前，选择适当的阳极材料，降低能耗，拓展其在废水处理中的应用，成为电絮凝技术处理废水的研究主题。但电絮凝技术仍存在一些缺陷：电絮凝过程中，阴极易产生钝化现象，形成致密的氧化膜，阻碍反应的继续进行，降低了处理效果；电絮凝适于农村、小型居民点使用，但这些地方往往电力资源较为紧缺，难以满足高耗能电絮凝技术的使用；根据反应器的设计形式，对溶液的最低电导率有要求，限制了电絮凝对低溶解性固体水的处理；电絮凝在处理含有高浓度胡敏酸和富里酸的污水时，易生成三卤甲烷；某些情形下，凝胶状氢氧化物可能溶解，无法实现凝聚去除；由于阳极极板氧化溶解，需要定期更换。

4.4.2　与化学絮凝的区别

电絮凝和化学絮凝的本质均是利用金属离子铝或铁及其水解聚合产物的混凝作用去除水中胶体和悬浮物。由于药剂投加方式的不同以及体系物理化学条件的差异，两体系还是存在一定差异的。

在化学絮凝过程中，伴随金属离子的投加，由于其自身的水解作用，通常引发溶液 pH 的降低，因此需要对进水的 pH 以及碱度进行调节。电絮凝体系产生的絮体微观尺度较大且密实。电絮凝过程中铝离子的释放和氢氧根离子的生成同时进行，存在离子的浓度梯度分布现象，属于连续的非平衡过程，离子持续地生成从而进行絮体形成反应。化学絮凝过程中铝离子的投加属于离散过程，无法保证絮体生成反应的持续进行，可能导致断续的再稳定现象。因此，在相同 pH 操作范围内，电絮凝系统中成絮反应效率较高，在一定程度上降低了铝离子的用量。

化学絮凝过程中产生的废渣通常需要进行二次分离，电絮凝体系的产出污泥则可通过沉淀或气浮的方式得到有效的原位去除，去除效率取决于电流密度的大小。电流密度较低时会发生沉降去除，较高则会发生电解气浮去除效应。化学絮凝过程中，金属离子通常以化合物的形式投加，从而造成出水阴离子含量的升高。对于低温、低浊度类型的进水来说，化学絮凝法处理成本突增且处理效果不佳，而采用絮凝技术在较低的电流密度操作区间时亦可取得令人满意的净化效果。与传统化学絮凝处理工艺相比，电絮凝技术主要具有以下几方面的优点：

①电絮凝技术在电场作用下原位产生絮凝剂，因而无须外加絮凝剂，不会增加水中的 SO_4^{2-}、Cl^- 等离子含量，从而有利于后续处理。

②电絮凝技术借助其气浮作用，可以实现低密度污染物的快速去除。

③电絮凝的阴极和阳极同时发生作用，处理效率高，不会造成资源的浪费，且阴极可吸附有价金属，便于回收从而资源化利用。

④电絮凝技术对废水水质的适应范围较宽，可通过实时调节工艺参数来适应较大幅度变化的水量和水质，实现自动化控制。

⑤电絮凝技术的耗铁、铝量一般为化学絮凝技术的 1/3，从而产泥量少（污泥量可减少 33% 以上）。

⑥电絮凝技术产生的氢氧化物比化学絮凝技术的活性高，活性高的新生态铁或铝离子使体系吸附絮凝能力增强。

⑦电絮凝技术占地面积小，设备简单，装置结构紧凑，维护管理方便，操作简单，易于实现自动化。

⑧氢气回收有望减少电絮凝能耗。能耗是限制电絮凝广泛应用的因素之一，通过氢气的回收降低运行成本也是一种颇具前景的方式。近年来研究表明，电絮凝产生的氢气具有较高的回收价值，可通过其抵消部分费用并进一步降低运行成本。

4.5　电絮凝法在废水处理中的应用

目前常用的可溶性电极是铝和铁，虽然铝离子要比铁离子的凝聚效果好，但从实用和经济角度看，在废水处理中还是使用铁比铝更方便和适合。

Fe^{2+} 进入水中与 OH^- 结合形成 $Fe(OH)_2$。在空气中氧的参与下氢氧化亚铁氧化成氢氧化铁 $[Fe(OH)_3]$。

$$4Fe(OH)_2 + 2H_2O + O_2 \longrightarrow 4Fe(OH)_3 \qquad (4\text{-}24)$$

$Fe(OH)_2$ 和 $Fe(OH)_3$ 絮状物吸附在污染物表面，并用沉淀和过滤方法从水中除去。在水中溶解 1 g 的铁相当于加进 2.904 g 的 $FeCl_3$ 和 7.16 g 的 $Fe_2(SO_4)_3$。处理同样的废水到同一指标时，电絮凝所需要的金属量只需化学凝聚的 1/3 左右。

铁电极的电流效率为 90%～98%，电絮凝中的凝聚剂 99% 以上分布在浮渣中，有很微量的铁离子残余在清液中，而且其残留量既不以 Fe^{2+} 的溶度积残留，也不以 Fe^{3+} 的溶度积残留，而是介于二者之间。在电解中进行充氧搅拌不仅可以改善和加快净化过程，而且可以减少水中残留的铁离子。

4.5.1　电絮凝法处理染料废水

染料中常常出现具有高致癌性和毒性的苯环类、偶氮基团类物质，所以少许未经处理的染料废水若直接排放将造成严重的环境污染。电絮凝处理染料废水时，阴极附近发生还原反应，氧化型色素被还原成无色物质，同时强氧化性物质直接攻击发色体中的不饱和共轭键，降解染料中的偶氮基团类物质，加之产生的絮体具有极大的比表面积能有效吸附废水中的染料，产生良好的脱色效果。

赵玉华等研究了铁-石墨电极直流电絮凝法和交流电絮凝法处理偶氮染料活性艳红 X-3B 模拟废水的差异，结果表明直流电絮凝法可有效处理偶氮染料废水，当电流密度达到 0.083 mA/cm^2，水力停留时间为 12 h 时，染料去除率为 97.63%；而交流电絮凝法对染料的处理效果差，去除率只有 10% 左右。原因是交流电源的正负极在不断改变，导致电极没有稳定的阴阳极，使阳极金属难以氧化溶解产生金属离子，阴极难以还原生成 OH^-，絮凝效果差。

Kabdash 等分析了铝板、不锈钢板分别作为阴阳极处理染料废水的效果，结果表明不锈钢电极材料在色度去除方面优于铝电极材料，同时发现溶液中 Na_2CO_3 的存在会减小色度的去除率，而 NaCl 的存在能够增大色度去除率，并且提高 NaCl 的浓度可以抵消 Na_2CO_3 的抑制作用。

4.5.2　电絮凝法处理油脂废水

Asselin 等采用电絮凝技术处理船舶舱底污水，结果显示电絮凝破乳除油效果良好，油脂（O & G）去除率达 95%，BOD 去除率为 93.0%，溶解性化学需氧量去除率为 61%，总化学需氧量去除率为 78%，浊度去除率为 98%，TSS 去除率为 99%，总处理成本为 0.46 美元/m^3。

王丽敏等研究了电絮凝法处理含有 32$^#$ 机油的废水，通过石墨-石墨、铁-石墨、铝-石墨、铅-石墨和铝-铁五种电极材料分别试验，发现最佳电极组合为铝-石墨电极，后以 SS 去除率、COD 去除率和油脂去除率为指标，通过三因素三水平正交试验，得到较优条件：NaCl 投加量为 3 g、电解时间为 25 min、电解电压为 10 V，此时 COD 去除率为 98.19%。

4.5.3 电絮凝法处理重金属废水

电絮凝技术去除水中重金属的研究，集中在铜、锌、铅、铬、镍等的去除。

丁春生等用电絮凝法处理模拟铜、铬废水时，发现随着进水 pH 升高，Cr^{6+} 去除率不断增大，在 pH = 6 时达到最大值，随后去除率减小；而 Cu^{2+} 的去除率一直增加，在 pH>5 以后趋于稳定。投加 NaCl 能提高溶液的导电率、降低能耗，但对 Cr^{6+}、Cu^{2+} 的去除率几乎没有影响。金属离子浓度的增大，强化了共沉淀效应，使 Cr^{6+}、Cu^{2+} 混合液的去除率大于单一溶液。

徐旭东等使用不锈钢-铝电极电絮凝法处理铜离子浓度为 150 mg /L 的模拟含铜废水，通过单因素试验确定了最佳反应条件：极板间距为 3 cm、电流密度为 15 mA/cm²、进水 pH 为 7、电絮凝时间为 120 min、反应后静止 6 h，此时 COD 去除率为 97%，铜离子去除率超过 99.6%。

4.6 电絮凝法处理废水的试验研究

4.6.1 含铬废水的来源及性质

铬元素被美国国家环境保护局（USEPA）列为最具毒性的污染物之一，含铬废水中的铬主要来源于电镀、制革、化工、颜料、冶金、耐火材料等行业，它以三价和六价化合物的形式存在。由于六价铬的高溶解性，它比三价铬更具有生物毒性。研究表明，六价铬化合物能够干扰重要的酶体系，经口、呼吸道或皮肤接触吸收后能引起"三致"作用。因此，含铬废水必须严格控制六价铬的浓度，达标后才能允许排放。

本试验原水采用某电镀厂的含铬废水，废水呈白色、浑浊、SS 较高，通过电絮凝法进行试验，具体水质情况如表 4-5 所示。

表 4-5　原水水质情况

水质指标	COD_{Cr}/（mg/L）	BOD_5/（mg/L）	Cr^{n+}/（mg/L）	pH
原水水质	5 680	2 272	24.56	4

4.6.2 工艺原理

（1）电絮凝法

电絮凝技术由微电解发展而来，针对微电解存在的种种问题，通过改进配套设备发展出完善的电絮凝工艺系统。该系统工艺核心设备多维电絮凝以普通的钢板为电极，采用交替低压直流电，利用电化学原理，把电能转化为复杂化学反应，与废水中有机或无机物进行氧化还原反应，进而吸附、絮凝、沉淀，将污染物从水体中分离。多维电絮凝工艺系统可有效地去除电镀综合废水中的六价铬、锌、镍、镉、铜、氰化物、磷酸盐、油、COD、色度及 SS 等，出水水质可达到《地表水环境质量标准》（GB 3838—2002）Ⅲ类水质标准。

三维电极法是在传统的电催化氧化法的基础上改进而来，通过在阳极和阴极之间填充可带电的粒子电极形成第三极，三维电极法具有比表面积大、传质效果好、电流效率高的特点，可以有效处理低浓度的电镀废水。

三维电极按其极性可分为单极性三维电极与复极性三维电极。一般情况下，电镀综合废水的 pH 呈强酸性，pH 为 4 左右，三维电絮凝工艺处理后废水 pH 会有所升高，可在一定程度上节省碱的用量，三维电絮凝工艺还可以减少污水处理系统内 PAC、PAM 等药剂的投加。

综上所述，处理电镀废水用多维电絮凝工艺可以节约大量的酸、碱等药剂，运行费用为传统化学法的 1/6。

（2）絮凝沉淀

原水经三维电极处理后，需投加少量液碱调节水质为中性 pH 为 6～9，然后投加少量 PAC、PAM 进行絮凝沉淀去除水中悬浮物，便于后续生化处理。

4.6.3　试验药品及测试方法

（1）试验药品

微电解填料：铁碳比重为 1.3 T/m^3，比表面积为 1.23 m^2/g

重铬酸钾标准溶液：$C(1/6K_2Cr_2O_7)=0.250$ mol/L

试亚铁灵指示剂

浓硫酸：$\rho(H_2SO_4)=1.84$ g/mL

液碱：10%

硝酸

Cr 标准溶液

硫酸银-硫酸溶液：$\rho(Ag_2SO_4)=10$ g/L

硫酸亚铁铵标准溶液：$C[(NH_4)_2Fe(SO_4)_2\cdot 6H_2O]\approx 0.1$ mol/L

过氧化氢：30%

硫酸汞：粉末状

蒸馏水

（2）试验仪器

智能混凝搅拌机、分光光度计、COD 恒温加热器、恒温干燥箱、电子天平、pH 计、曝气机等。

（3）分析方法

pH 测定：雷磁数显台式酸碱计 pHS-3C

COD 测定：重铬酸钾法（GB 11914—1989）

Cr 测定：分光光度法

4.6.4 试验装置

本试验采用三维电絮凝装置处理含铬废水，反应装置如图 4-7 所示。三维电絮凝装置主要包括曝气装置、电解槽、电极板、直流稳压电源、粒子电极，阴极为铝板，阳极为铁板。

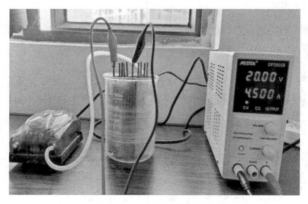

图 4-7 三维电絮凝装置

4.6.5 试验内容

（1）试验步骤

原水 ⟶ 电絮凝（反应时间 45 min）⟶ 加液碱 ⟶ 加 PAC、PAM 絮凝沉淀 ⟶ 取上清液测 COD。

（2）试验过程

原水 pH 为 4 左右，经电絮凝催化氧化 45 min 后取 100 mL 水加液碱调节废水 pH 到 7～9，搅拌，然后加入 PAC、PAM 进行絮凝沉淀，取上清液测定 COD、Cr。

4.6.6 试验结果

含铬废水经三维电絮凝处理后出水水中情况具体如表 4-6 所示。废水经处理后

COD 去除率达到 30.9%，Cr 去除率达到 90.2%。

表 4-6　三维电絮凝处理后出水水质

出水水质	COD/（mg/L）	Cr^{n+}/（mg/L）
原水	5 680	24.56
电絮凝（45 min）	3 920	2.41
去除率	31.1%	90.2%

含铬废水经三维电絮凝处理前后出水水质变化情况如图 4-8 所示。

图 4-8　废水处理前后水质

电絮凝技术可快速、高效地处理含铬电镀废水，在操作电流密度为 6 mA/cm³，进水初始 pH 为 4，反应 45 min 的情况下，可去除电镀废水中 90% 以上的铬。

三维电絮凝法具有比表面积大、传质效果好、电流效率高等特点，在操作电压为 6 V、磁力搅拌的条件下，可有效处理低浓度的含铬电镀废水，可将初始铬离子浓度为 24.56 mg/L 的电镀废水降至 2.41 mg/L 以下。

第 **5** 章

CHAPTER 5

微电解法

微电解（Micro-electrolysis）法，又称内电解法、铁还原法、铁屑过滤法、零价铁法等，是近 30 年来发展起来的废水处理方法。微电解过程主要是基于电化学中的原电池反应，涉及氧化还原、电富集、物理吸附和絮凝沉降等多种作用机制。微电解反应过程生成的产物具有强氧化还原性，使常态难以进行的反应得以实现。

5.1　微电解法概况

微电解技术作为工业废水预处理的常用工艺之一，20 世纪 70 年代苏联的科学工作者把铁屑用于印染废水的处理中，由于该法具有适用范围广、处理效果好、使用寿命长、成本低廉及操作维护方便等优点，并使用废铁屑为原料，也不需消耗电力资源，具有"以废治废"的意义。该工艺由于其独特的优点，自诞生开始，即在国际上引起广泛重视，已有很多的专利并取得了一些实用性的成果。微电解法随着 Gillham R W 提出零价铁（Zerovalent Iron，ZVI）在地下水处理中的应用而逐渐发展起来，并随着以可渗透式铁墙（Permeable Reactive Barriers，PRBs）在包括美国、北欧等国家和地区的大规模应用而被广泛地研究，主要用于原位修复地下水位污染。20 世纪 80 年代此法引入我国，特别是近几年来发展较快，在印染废水、电镀废水、石油化工废水及含砷含氰废水的治理方面相继有研究报道，有的已投入实际运行。

铁碳微电解法只是微电解法中的一种，如铝碳原电池法、铝铜原电池法与锌铜原电池法也属于微电解法的范畴，而在所有的微电解法中铁碳微电解法是国内外研究最多、较成熟的电化学废水处理工艺。正是由于铁碳微电解法之于微电解法的重要性与权重，微电解或内电解几乎成为零价铁内电解技术的代名词，通常人们称微/内电解法，多指铁碳内电解或铁碳微电解法；而改良的内电解法多称其他名称，如催化内电解等。铁碳微电解法主要是基于电化学中的原电池作用，主要产生 3 种作用：①电极反应；②电极区的反应（电解产物对污染物的氧化还原作用）使废水中显色有机物的发色基团和助色基团破裂或转化，达到废水脱色的目的，同时使废水的组分向易于生化的方向转变；③铁离子的混凝作用。微电解反应生成的新生态 Fe^{2+} 及其水合物具有较强的吸附-絮凝活性，特别是在后续加碱调节 pH 的工艺中生成 $Fe(OH)_2$ 和 $Fe(OH)_3$ 絮状物，发生混凝吸附作用，能使废水中微小的物质分散开来及脱稳胶体形成絮体沉淀，从而降低色度，净化废水。

5.2　微电解法作用机理

铁碳微电解是依据腐蚀电化学反应，铁比炭的电极电位低，将两者直接接触在一起置于具有传导性的电解质溶液中，铁作为阳极，碳材料如焦炭、活性炭、石墨、煤块等作为阴极，形成宏观原电池，同时铁屑本身含有一些小颗粒的碳化铁等杂质，碳化铁的腐蚀趋势比铁低，当把铁浸入溶液中自身也会形成无数微小的微观原电池。

5.2.1　铁的作用

铁的相对原子质量为 55.847，为灰色或银白色硬而有延展性的金属。单质铁密度 7.80 g/cm³，熔点 1 535℃，沸点 2 750℃。工业或普通的铁一定含有少量碳、磷等杂质，在潮湿空气中易生锈。

铁是活泼金属，电极电位 E（Fe^{2+}/Fe）=−0.44 V，它具有还原能力，可将在金属活动顺序表中排于其后的金属置换出来而沉积在铁的表面，还可将氧化性较强的离子或化合物及某些有机物还原。Fe^{2+} 也具有还原性，$E^{\ominus}$（Fe^{3+}/Fe^{2+}）=0.771 V，因而当水中有强氧化剂存在时，Fe^{2+} 可进一步被氧化成 Fe^{3+}。

钢铁与电解质溶液相接触，由电化学作用而引起的腐蚀，称为电化学腐蚀。其形成的原电池有电化学腐蚀的特征。电化学腐蚀在常温下亦能发生，不仅在金属表面，甚至深入金属内部。钢铁中常含有石墨和碳化铁，它们的电极电位代数值较大，不易失电子，但能导电。当钢铁暴露在潮湿空气中，表面吸附并覆盖了一层水膜，由于水电离出的氢离子，加上溶解于水的 CO_2 或 SO_2 所产生的氢离子，增加了电解质溶液中的 H^+ 浓度。

$$CO_2 + H_2O \Longleftrightarrow H_2CO_3 \Longleftrightarrow H^+ + HCO_3^- \qquad （5\text{-}1）$$

$$SO_2 + H_2O \Longleftrightarrow H_2SO_3 \Longleftrightarrow H^+ + HSO_3^- \qquad （5\text{-}2）$$

因此，铁和石墨或杂质与周围的电解质溶液形成了微型原电池。在这里，铁为阳极，石墨（或杂质）为阴极，其具体的锈蚀情况如图 5-1 所示。

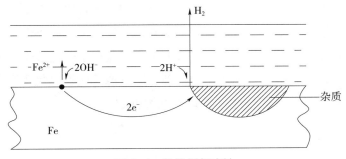

图 5-1　铁的析氢腐蚀

Fe^{2+} 进入水膜并与水膜中 OH^- 结合成 $Fe(OH)_2$，附着在钢铁表面，$Fe(OH)_2$ 被空气氧化为 $Fe(OH)_3$。$Fe(OH)_3$ 及其脱水物 Fe_2O_3 是红褐色铁锈的主要成分，铁锈的成分比较复杂，一般可简单地以 $Fe_2O_3 \cdot mH_2O$ 表示。

阳极的多余电子移向石墨阴极使 H^+ 还原成 H_2。氢气在石墨上析出，促进了铁的不断锈蚀，这种腐蚀过程中有氢气释放的称为析氢腐蚀。铁的析氢腐蚀一般只在酸性溶液中发生。在一般情况下，由于水膜接近于中性，H^+ 浓度较小，则在阴极石墨上吸电子的不是 H^+ 而是溶解于水中的氧。因此，电极反应如下：

阳极（铁）：$2Fe-4e^- \longrightarrow 2Fe^{2+}$

阴极（石墨）：$O_2 + 2H_2O + 4e^- \longrightarrow 4OH^-$

两极上的反应产物中 2 个 Fe^{2+} 离子和 4 个 OH^- 离子相互结合生成 2 个 $Fe(OH)_2$，然后 $Fe(OH)_2$ 同样被空气中氧气氧化成 $Fe(OH)_3$，进而形成疏松的铁锈。因此金属在含有氧气的电解质溶液中也能引起腐蚀，这种腐蚀称为析氧腐蚀，其过程具体如图 5-2 所示。

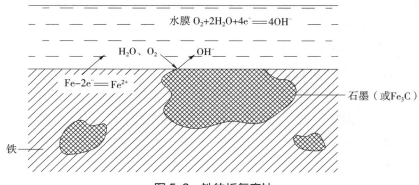

图 5-2 铁的析氧腐蚀

5.2.2 微电解法的技术路线

铁碳微电解反应是宏观原电池和微观原电池共同作用的结果。同时电化学腐蚀还引发了絮凝、卷扫、共沉、吸附、架桥、电沉积等多种协同作用。在不同反应条件下，铁碳微电解的主要作用机理也有所不同。例如，不充氧条件下主要是依靠电化学还原机理转化毒害有机物；曝气条件下主要是铁离子的混凝作用去除水中的污染物。具体来说，微电解法的主要作用机理有原电池反应、氧化还原作用、电化学附集、铁的混凝作用、铁离子的沉淀作用、物理吸附等。

5.2.2.1 原电池反应

微电解法处理工业废水是基于电化学中的原电池反应，我们知道将金属阳极直接和阴极材料接触在一起并浸没在电解质溶液中则发生原电池反应而形成腐蚀电池，就发生所谓的腐蚀反应，金属阳极被腐蚀而消耗。腐蚀电池又可分为微观腐蚀电池和宏观腐蚀电池，前者是指在金属表面由于存在许多极微小的电极而形成的电池，后者是指由肉眼可见到的电极所构成的"大电池"。众所周知，铸铁是铁和碳的合金，即由纯铁和 Fe_3C 及一些杂质组成，如碳、硅、锰等成分，并且铸铁是一种多孔性物质，具有较高的表面活性。Fe_3C 和其他杂质颗粒以极小的颗粒形式分散在铸铁内，由于它们的电极电势比铁的低，当浸入电解质溶液中时就形成了成千上万个细小的微电池，在它的表面就有电流在无数个细小的电池内流动，铁作为阳极被腐蚀消耗，碳化铁及杂质则成为阴极，发生电极反应。当体系中有惰性碳（如石墨、焦炭、活性炭、煤等）等宏观阴极材料存在时，又可以组成宏观电池。基本电极反应如下：

阳极（氧化）：$Fe(s) \longrightarrow Fe^{2+}(aq)+2e^-$　$E^0(Fe^{2+}/Fe)= -0.44\ V$ 　　（5-3）

$Fe^{2+}(aq) \longrightarrow Fe^{3+}(aq)+e^-$　$E^0(Fe^{3+}/Fe^{2+})= +0.77\ V$ 　（5-4）

阴极（还原）：$2H^+(aq) + 2e^- \longrightarrow 2[H] \longrightarrow H_2(g)$　$E^0(H^+/H_2) = 0.00V$ 　（5-5）

当曝气的时候：

酸性条件下：$O_2(g)+4H^+(aq)+4e^- \longrightarrow 2H_2O$　$E^0(O_2/H_2O)= +1.23V$ 　（5-6）

$O_2(g)+2H^+(aq)+2e^- \longrightarrow H_2O_2(aq)$　$E^0(O_2/H_2O_2)= +0.68V$ 　（5-7）

中性、弱碱性条件下：

$O_2(g)+ 2H_2O + 4e^- \longrightarrow 4OH^-(aq)$　$E^0(O_2/OH^-)= +0.40V$ 　（5-8）

在酸性充氧条件下阴极反应电势分别为 +1.23V 和 +0.68V，远大于缺氧条件下 0.00V 和中性、弱碱性条件下的 +0.40V，因此，在酸性充氧条件下微电解体系中阴阳两极电势远大于缺氧和中碱性条件，其腐蚀反应速度进行得更快。阴极反应消耗大量的 H^+ 离子会提高溶液的 pH，故铁碳微电解法在酸性条件下使用。当然，阴极过程也可以是有机物的还原，电极反应生成的产物具有较高的化学活性，在中性或偏酸性环境中，铸铁电极本身及其所产生的新生态 $[H]$、Fe^{2+} 等均能与废水中许多组分发生氧化还原反应，能破坏有色废水中发色物质的发色结构，达到脱色的目的；对于二硝基氯苯废水，废水中所含物质的硝基可全部转化为氨基，从而使废水的色度降低，可生化性大幅度提高。另外，因为微电解反应过程中不断产生的金属离子可以有效地克服阳极的极化作用，金属能持续快速地发生电化学腐蚀。

5.2.2.2　氧化还原作用

铁是活泼金属，在偏酸性水溶液中能够发生如下反应：$Fe+2H^+ \longrightarrow Fe^{2+}+H_2\uparrow$，当水中存在氧化剂时，$Fe^{2+}$ 可进一步被氧化为 Fe^{3+}。从铁的电极电位可知，在金属活动顺序表中排在铁后面的金属有可能被铁置换出来而沉积在铁的表面上，如镍、锡、铅、铜、银等；如用铝-碳填料，还可置换出锰、锌。当铁屑不断被腐蚀变成铁粉时，这些微小的沉积金属粉粒也一起随废水流出，而在后续的碱中和絮凝沉淀时一同被分离去除。同样，其他氧化性较强的离子或化合物也会被铁或亚铁离子还原成毒性较小的还原态。新生态的二价铁离子可使某些有机物的发色基团如硝基（—NO_2）、亚硝基（—NO）还原成氨基（—NH_2），氨基类有机物的可生化性明显高于硝基类有机物；也可使某些不饱和发色基团［如羧基（—COOH）、偶氮基（—N＝N—）］的双键打开，使发色基团破坏而除去色度，使部分难降解环状和长链有机物分解成易生物降解的小分子有机物而提高可生化性。电化学反应中产生的新生态氢［H］具有较大的活性，能破坏发色物质的发色结构，使废水中某些有机物的发色基团和助色基团破裂，大分子分解为小分子，达到脱色的目的，同时使废水的组成向易于生化的方向转变。

在 3 种常见环境污染物存在的情况下，铁的相对稳定性可表示为氧化还原电位（Eh）和 pH 的函数，具体如图 5-3 所示。Eh-pH 图（或普贝图）显示了水、铁和常见污染物包括四氯乙烯 (PCE)、硝基苯 ($ArNO_2$) 和铬酸盐（(Cr^{6+})）之间的平衡。赤铁矿 (α-Fe_2O_3) 和磁铁矿 (Fe_3O_4) 被认为是铁系物种形成的控制阶段。硝基苯 ($ArNO_2$) 还原为苯胺 ($ArNH_2$)、Cr^{6+} 还原为 Cr^{3+} 和 PCE 还原为 TCE 的稳定性线叠加显示出这些污染物存在的情况下 Fe^0 的不稳定性。

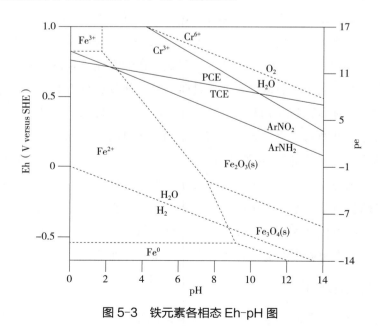

图 5-3　铁元素各相态 Eh-pH 图

微电解法处理废水的过程中不同污染物与零价铁反应会有不同的反应历程和还

原速率，但是这些污染物在结构上都有一个突出的共有特征，即都具有电负性很强的基团或处于元素的高价态，易得到电子而发生还原反应。零价铁表面的还原机理主要有 3 种：

（1）污染物与零价铁表面接触，直接获得由 Fe^0 提供的电子被还原；

（2）虽然水中游离的 Fe^{2+} 还原能力很弱，但吸附在氧化物层上的 $Fe_{(s)}^{2+}$ 能够作为还原剂与污染物反应，其还原能力有时比 Fe^0 更强，此外与水中有机物结合后的 Fe_{org}^{2+} 也具有较强的还原能力；

（3）通过新生态氢 [H]（由 H^+ 和 H_2O 在零价铁表面接受电子瞬间产生的氢原子）而发生还原反应。

图 5-4 归纳了零价铁的 3 种主要还原途径。

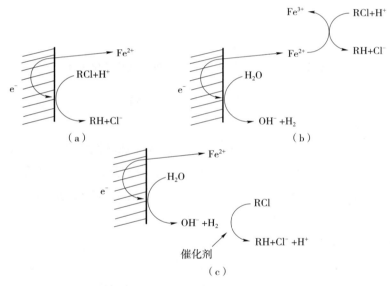

图 5-4　零价铁的主要还原途径

虽然 Fe^{2+} 对于硝基芳香族化合物和氯代有机物不是有效的还原剂，但是吸附在铁屑表面的含 Fe^{2+} 的氧化物和氢氧化物却具有较强的还原能力。铁屑由于其组分的特殊性，浸泡在水中后表面可以生成磁铁矿（magnetite，Fe_3O_4）、针铁矿（goethite，α-FeOOH）、纤铁矿（lepidocrocite，γ-FeOOH）和赤铁矿（maghemite，γ-Fe_2O_3）等铁的氧化物和氢氧化物，铁在水溶液中的氧化腐蚀及含铁氧化物和氢氧化物的生成和转化途径具体如图 5-5 所示。铁屑浸泡在水中氧化腐蚀生成无定形 $Fe(OH)_2$，能继续被氧化成磁铁矿。在近中性条件下，形成磁铁矿的反应过程中很容易产生绿锈（green rust）。绿锈是含有 Fe^{2+} 和 Fe^{3+} 混合价态的复杂物质，具有很强吸附性能的同时又可以作为强还原剂。绿锈只能在缺氧的条件下保持稳定，较容易被氧化成针铁矿和纤铁矿，最后被氧化成赤铁矿。

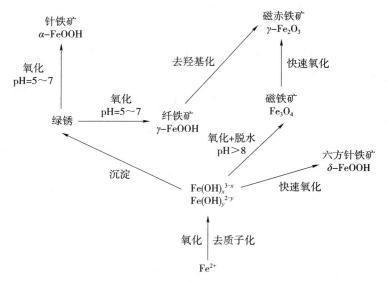

图 5-5　含铁氧化物和氢氧化物的生成和转化途径

微电解法对不同种类废水的氧化还原作用表达如下：

（1）含铬废水

Cr（Ⅵ）在酸性条件下，$E^{\ominus}(Cr_2O_7^{2-}/Cr^{3+})$=1.36V，在碱性条件下，$E^{\ominus}(CrO_4^{2-}/Cr^{3+})$=
−0.20V。因此，在酸性条件下，Cr（Ⅵ）的氧化能力较强，而在碱性条件下 Cr（Ⅵ）
的氧化能力较弱。在酸性和碱性条件下，铁与 Cr（Ⅵ）的反应如下：

$$Cr_2O_7^{2-}+3Fe+14H^+ \longrightarrow 3Fe^{2+}+2Cr^{3+}+7H_2O$$

$$6Fe^{2+}+Cr_2O_7^{2-}+14H^+ \longrightarrow 6Fe^{3+}+2Cr^{3+}+7H_2O$$

$$CrO_4^{2-}+3Fe^{2+}+8H^+ \longrightarrow Cr^{3+}+3Fe^{3+}+4H_2O$$

铬由毒性较强的氧化态 CrO_4^{2-}、$Cr_2O_7^{2-}$ 转化成毒性较弱的 Cr^{3+}。

（2）含钒废水

$$VO_2^++Fe^{2+}+2H^+ \longrightarrow VO^{2+}+Fe^{3+}+H_2O$$

（3）含铜及汞离子废水

$$Cu^{2+}+2e^- \longrightarrow Cu \downarrow$$

$$Hg^{2+}+2e^- \longrightarrow Hg \downarrow$$

（4）含偶氮型化合物废水

$$4Fe^{2+}+R-N=N-R'+4H_2O \longrightarrow R-NH_2+R'-NH_2+4Fe^{3+}+4OH^-$$

（5）含硫染料中间体废水

$$SO_3^{2-}+8H^++6e^- \longrightarrow H_2S \uparrow +3H_2O$$

$$S_2O_3^{2-}+2H^+ \longrightarrow S\downarrow+SO_2\uparrow+H_2O$$

$$Na_2S+2H^+ \longrightarrow 2Na^++H_2S\uparrow$$

（6）含硝酸盐废水

$$2H^++Fe+NO_3^- \longrightarrow Fe^{2+}+NO_2^-+H_2O$$

$$10H^++4Fe+NO_3^- \longrightarrow 4Fe^{2+}+NH_4^++3H_2O$$

（7）含多氯有机物废水

$$H^++Fe+RCl+H^+ \longrightarrow RH+Fe^{2+}+Cl^-$$

$$H_2+RCl \longrightarrow RH+H^++Cl^-$$

根据反应方程式（5-7）可知，酸性充氧条件下微电解电极反应可产生 H_2O_2，可与微电解过程中产生的亚铁离子构成 Fenton 试剂，在亚铁的催化作用下发生 Fenton 反应产生大量的强氧化性羟基自由基，可以高效氧化废水中难降解有机污染物，提高其可生化性。然而，在实际运行中，由于反应条件的限制导致微电解体系中 H_2O_2 的产量极低，故其带来的 Fenton 氧化作用很微弱，属次要过程。

5.2.2.3　电化学附集

铸铁屑中含有碳元素和铁元素。当铸铁屑与电解质溶液接触时，碳的电位高为阴极，铁的电位低为阳极，在铁碳微电解反应体系中，阴阳两极间可形成微电场，且两极的电位差越大，微电场作用就越强烈。在微电场作用下，废水中分散的带电粒子、胶体颗粒、极性分子及细小污染物等会发生电泳，通过静电力、表面能的作用向相反电荷的电极方向移动并附集在电极上，形成大颗粒后沉淀，实现对色度和 COD 的去除。

在电场的作用下，胶体粒子的电泳速度可由式（5-9）求出：

$$V = K\frac{\xi DE}{4\pi\eta} \tag{5-9}$$

式中，V 为胶体粒子的电泳速度（cm/s）；ξ 为电位（V）；D 为分散介质的介电常数；E 为电场强度（V/cm）；η 为分散介质的黏度（Pa·s）；K 为系数。

5.2.2.4　铁的混凝作用

在酸性条件下，用铁屑处理废水时会产生 Fe^{2+} 和 Fe^{3+}。Fe^{2+} 和 Fe^{3+} 离子是很好的絮凝剂，把溶液的 pH 调至碱性且有 O_2 存在时，会形成 $Fe(OH)_2$ 和 $Fe(OH)_3$ 絮凝沉淀。两种沉淀开始的 pH 与沉淀完全时的 pH 如表 5-1 所示。铁在水中的存在形态随 pH 的关系如图 5-6 所示，从图中可知当 pH>4 时，Fe^{3+} 主要以 $Fe(OH)_3$ 存在。

表 5-1　pH 与铁盐沉淀情况关系

沉淀物	开始沉淀时 pH		沉淀完全时的 pH
	1 mol/L	0.01 mol/L	
$Fe(OH)_2$	6.5	7.5	9.7
$Fe(OH)_3$	1.5	2.3	4.1

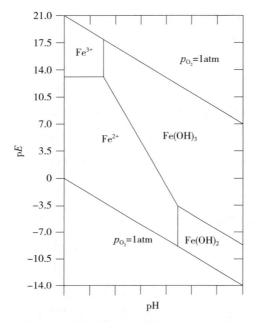

图 5-6　铁物质在水中的简化 pE-pH 图

生成 $Fe(OH)_2$ 和 $Fe(OH)_3$ 沉淀物的相应反应式如下：

$$Fe^{2+}+2OH^- \longrightarrow Fe(OH)_2 \downarrow \qquad (5-10)$$

$$4Fe^{2+}+8OH^-+O_2+2H_2O \longrightarrow 4Fe(OH)_3 \downarrow \qquad (5-11)$$

微电解处理废水的过程中产生的 Fe^{2+} 和 Fe^{3+} 离子水解生成的氢氧化铁是很好的胶体絮凝剂，多个 $Fe(OH)_3$ 彼此聚集能形成胶核 $[Fe(OH)_3]_m$，根据 Fajans 规则，这种 $[Fe(OH)_3]_m$ 胶核应选择性吸附与 $[Fe(OH)_3]_m$ 能形成不溶物的 FeO^+ 离子而不是 H^+，胶团结构可表示为 $\{[Fe(OH)_3]_m \cdot nFeO^+ \cdot (n-x)\,C^-\}^{x+} \cdot xC^-$，其中 C 是溶液中的阴离子。当水溶液中存在的阴离子是 Cl^- 时，氢氧化铁溶胶的胶团如图 5-7 所示。废水溶液中的氢氧化铁胶体带正电荷，它能与带相反电荷的一些物质及溶液中的电解质发生沉聚作用。生成的胶体絮凝剂 $Fe(OH)_3$ 的吸附能力高于一般药剂水解得到 $Fe(OH)_3$ 的吸附能力。这样，废水中原有的悬浮物、胶体、油类等及通过微电池反应产生的不溶物和构成色度的不溶性染料及相当一部分水溶性有机物均可被其络合、吸附凝聚而从废水中分离去除。同时，新生态氢氧化铁具有很高的活性，还能吸附某些溶解性有机物，亦可与重金属离子发生共沉淀。在酸性条件下，二价铁离子与重金属离子可能发生氧化反应生成铁氧体。在生成铁氧体的过程中，重金属与铁氧体形成共结晶或被铁氧体吸附而除去。

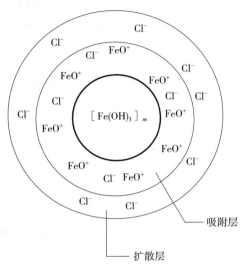

图 5-7　氢氧化铁溶胶的胶团结构

铁阳极腐蚀产生的 Fe^{2+} 和 Fe^{3+} 离子释放到水里将通过水合和水解作用生成各种各样单显性和聚合的物质，是具有较长线形结构的羟基络合物，如 $Fe(OH)^{2+}$、$FeOH^{2+}$、$Fe_2(OH)_2^{4+}$、$Fe(OH)_4^-$、$Fe(OH)_6^-$、$Fe(H_2O)_2^+$、$Fe(H_2O)_5OH^{2+}$ 和 $Fe(H_2O)_4(OH)_2^+$ 等。这些含铁的羟基络合物能有效地降低或消除水体中的 ζ 电位，并通过电中和、吸附架桥及絮体的卷扫作用使胶体凝聚，最后通过沉淀分离将污染物去除。此外，$Fe(OH)_2^+$ 络离子在一定条件下（如光解、超声波作用等）会产生 ·OH 自由基，具有强烈的氧化作用，可将发色、助色基团还原为无色基团，将大分子有机物分解为小分子。

5.2.2.5　铁离子的沉淀作用

微电解处理废水的过程中，铁腐蚀产生的 Fe^{2+} 和 Fe^{3+} 离子将和一些无机物发生反应生成沉淀物而去除这些无机物，以减少其对后续生化阶段的毒害性。如 S^{2-}、CN^- 等将生成 FeS、$Fe_3[Fe(CN)_6]_2$、$Fe_4[Fe(CN)_6]_3$ 等沉淀而从溶液中去除。废水中的 PO_4^{3-} 离子会和阴极析出的铁离子形成无色的 $H_3[Fe(PO_4)_2]$、$H[Fe(HPO_4)_2]$ 配合物和淡黄色的 $FePO_4$ 沉淀物，且当溶液接近中性的时候是反应进行的最佳条件。

对于含有重金属的废水，可利用向其中投加二价及三价铁盐的方法。该方法是重金属离子通过与铁离子形成稳定的铁氧共沉淀物而被去除，微电解反应过程中生成的铁离子也可能利用这种作用对反应溶液中的重金属进行去除。传统的铁氧体工艺，按产物生成过程不同可分为中和法和氧化法。中和法就是将铁离子和盐溶液混合，在一定条件下用碱中和直接形成尖晶石型铁氧体；氧化法则是在亚铁离子和其他可溶性重金属离子的溶液中加入定量碱，然后用空气或其他方法氧化形成尖晶石型铁氧体。

废水中的 Cr^{3+} 离子在碱性条件下生成 $Cr(OH)_3$ 沉淀去除或与 Fe^{3+} 离子反应生成铁络水合物和铁络氧化水合物沉淀而被去除：

$$xCr^{3+}+(1-x)Fe^{3+}+3H_2O \longrightarrow (Cr_xFe_{1-x})(OH)_3 \downarrow +3H^+$$

$$xCr^{3+}+(1-x)Fe^{3+}+3H_2O \longrightarrow Cr_xFe_{1-x}OOH \downarrow +3H^+$$

5.2.2.6 物理吸附

在弱酸性溶液中，铁屑丰富的比表面积显示出较高的表面活性，能吸附多种金属离子，能促进金属的去除，同时铁屑中的微碳粒对金属的吸附作用也是不可忽视的。而且铸铁是一种多孔性的物质，其表面具有较强的活性，能吸附废水中的有机污染物，净化废水，特别是加入烟道灰等物质时，其很大的比表面积和微晶表面上含有大量不饱和键和含氧活性基团，在相当宽的 pH 范围内对染料分子都有吸附作用。活性炭是由微小结晶和非结晶部分混合组成的碳素物质，平均孔径为 10～30Å，比表面积为 500～2 500 m^2/g，且活性炭表面含有大量酸性基团或碱性基团，酸性基团有羧基、酚羟基、醌型羰基、正内酯基及环氧式过氧基等；碱性基团含有类似萘结构的苯并芘（Pyzopyrylium）的衍生物或类吡喃酮结构基团，这些酸性或碱性基团的存在，特别是羰基、酚羟基的存在使活性炭不仅具有吸附能力，还具有催化作用，这也是很多情况下我们选用活性炭作阴极材料的原因。

5.2.2.7 气浮及电子传递作用

在酸性或偏酸性水溶液的条件下，反应过程中产生的大量微小气泡随氢气产生而生成，这样除了能使废水中悬浮物粘在气泡上而上浮出水面外，也起到振荡、搅拌的作用，加速了电极反应的进行，减弱浓差极化。

目前铁盐和活性炭是生化处理系统中能够直接投加以提高生物菌胶团活性，防止细菌流失的药剂，其他絮凝剂将会对生物氧化系统造成毒害作用。铁是生物氧化酶中细胞色素的重要组成部分，通过 Fe^{2+}、Fe^{3+} 之间的氧化还原反应进行电子传递。微电解出水中新生态的铁离子能参与这种电子传递，对生化反应有促进作用，从而提高了生化反应速度，保证生化系统稳定运行。

　　铁碳微电解在处理废水过程中所涉及的主要作用机理可总结如下：①铁碳微电解系统对废水中许多有毒物质、难降解物质的直接还原，使之毒性减弱或完全降解，这样可以大幅提高难降解工业废水的可生化性，便于后续生化处理；②铁离子的絮凝沉淀作用。因铁腐蚀而生成的 Fe^{2+} 和 Fe^{3+} 在中性和碱性条件下水解生成的水合物具有很强的混凝沉淀作用，既能对污染物进行吸附混凝而使其直接沉淀，还能改善后续生物处理中活性污泥的 SVI，提高其沉降效果。

5.3　微电解法对各污染物的作用机理

　　微电解法是利用金属腐蚀原理，将具有电极电位差的金属与金属（或非金属）在传导性较好的废水中接触，形成原电池效应或发生电解反应来处理废水的工艺。该法于 20 世纪 80 年代引入我国，目前已成功地应用于染料、印染、重金属、农药、制药、油分等废水的预处理。

5.3.1　微电解法对硝基苯类化合物的作用机理

　　硝基苯类化合物中的—NO_2 为钝化基团，硝基苯环具有强的吸电子诱导效应和共轭效应，使苯环更加稳定。硝基苯类化合物经微电解法处理后，—NO_2 转化为—NH_2，而—NH_2 为推电子基团，具有推电子效应、可逆的诱导效应和超共轭效应使苯环的电子云密度增加，降低了苯环的稳定性，大大提高废水的可生化性，达到预处理的效果。

　　根据多年来建立的金属材料在水溶液中的腐蚀理论可知，任何形式的腐蚀必定发生阳极反应和阴极反应。在 Fe^0-H_2O 体系中，铁屑的溶解为废水中氧化物的还原提供所需要的电子，具体反应如下：

$$Fe^0 \longrightarrow Fe^{2+}+2e^- \tag{5-12}$$

水和溶解氧可能竞争有机反应所提供的电子：

$$2H_2O+2e^- \longrightarrow H_2+2OH^- \tag{5-13}$$

$$O_2+2H_2O+4e^- \longrightarrow 4OH^- \tag{5-14}$$

　　在酸性、中性或碱性（pH<9）的废水中，转化硝基苯类化合物的主要还原剂是 Fe^0、Fe^{2+} 和 H_2。因此，硝基苯类化合物在 Fe^0-H_2O 体系中的转化途径可能有 3 种，具体如图 3-8 所示。其一就是被吸附的污染物在 Fe^0 表面得电子的还原反应［图 5-8（a）］，这与 Fe^0 的腐蚀溶解直接耦合；Fe^0 的腐蚀所产生的溶解性 Fe^{2+} 提供

了第二种转化途径［图5-8（b）］，但Fe^{2+}作为还原剂的还原反应速率比较慢，此转化途径的贡献相对较小；第三种途径涉及H_2诱发的还原反应［图5-8（c）］，但在缺乏有效催化剂时H_2的还原性并不能得到很好的体现，然而，如果水溶液中存在一些金属（例如Fe^0等），由H_2诱发的快速还原反应还是可以实现的，因为Fe^0的表面缺陷以及水溶液中的其他固相表面等都可以提供催化功能。

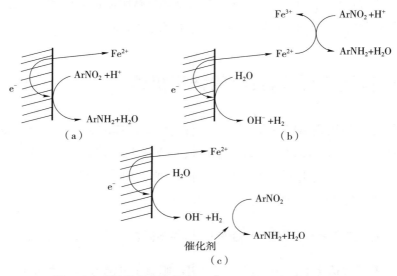

图5-8　硝基苯类化合物在Fe^0-H_2O体系中的转化途径

在Fe/Cu催化铁内电解体系中，不同条件下硝基苯都能在铜电极上得电子被直接还原，而不仅是通过新生态H_2和其他电极产物被还原，这就是催化铁内电解法与传统铁碳法反应机理的本质区别。从理论上讲，苯环上的碳原子容易得到电子发生还原反应，但碳元素的最外层已经达到8个电子的稳定结构，而硝基的氮原子上存在未成对的电子，且正电性也比较强。因此，实际上氮原子更易得到电子，由此引发一系列的还原反应。硝基苯在铜电极上的直接还原历程可推测如下。

a. 消除作用

在硝基的氮原子上首先得到一个电子，由于吸电子效应而转移到氧原子上，继而氮原子又得到一个电子，致使硝基的氮原子和氧原子都有未公用电子对容易得到质子，在一个氮原子上同时连有羟基和氢键的结构较不稳定，在碱性条件下容易发生消去反应生成亚硝基。消除作用的具体作用机理如下所示。

注：式中较大的黑点代表所得到的电子，以下均相同；反应中物质（2）（3）（4）（5）为过渡态。

b. 加成作用

亚硝基中的双键极其活泼，容易发生加成反应生成羟基苯胺。羟基苯胺极其不稳定，容易被氧化为稳定性稍强的亚硝基苯。加成作用的具体作用机理如下所示。

（7） + 2e⁻ + 2H⁺ ⟶ （8）

c. 取代作用

由于氨基的给电子效应和共轭效应，使氨基上的电子云密度大大降低，在电子的攻击下发生取代反应生成稳定性较强的最终产物——苯胺。取代作用的具体作用机理如下所示。

（9） + 2e⁻ + 2H⁺ ⟶ （10）

由上述反应可知，硝基苯类物质的直接还原是消去、加成和取代反应综合作用的结果。铜电极上的反应为（铜表面）$ArNO_2 + 6e^- + 6H^+ \longrightarrow ArNH_2 + 2H_2O$。

5.3.2 微电解法对染料有机物的作用机理

染料工业是国民经济中的重要行业，其产品主要应用在纺织品、皮革、食品、涂料、油墨及橡胶等领域。染料是指能使纤维获得色泽的物质，是染料废水中的主要污染物，带有各类显色基团（如—N＝N—、—N＝O 等）和部分极性基团（如—SO₃Na、—OH、—NH₂ 等），成分复杂，大多数是以芳烃和杂环为母体，属较难降解的有机污染物，也是我国各大水域的重要污染源。

铁是活泼金属，具有还原能力，在偏酸性水溶液中能直接将染料还原成氨基有机物。因氨基有机物色淡，且易被氧化分解，故可使废水中的色度得以降低。铁具有电化学性质，其电极反应的产物中新生态［H］和 Fe^{2+} 能与废水中很多组分发生氧化还原作用，能破坏水中的有机物，可以使有机物的发色基团（如—NO₂、—NO）还原成无色的—NH₂。同时，它可使某些不饱和发色基团（如—COOH，—N＝N—）的双键打开而使发色基团破坏。另外，原子态的氢还可以使某些环状和长链的有机物分解为小分子，使部分难降解有机物的环裂解，生成相对易降解的开环有机物。

染料的发色基团，如乙烯基（—C＝C—）、偶氮基（—N＝N—）、羰基（＝C＝O）、亚硝基（—N＝O）等，是很强的配位体，能与过渡元素中的金属离子（如 Fe^{2+}）发生络合反应。当染料中的配位原子的孤对电子进入中心离子的空轨道后，染料分子中共轭体系的电子云分布发生偏移，改变了激态和激发态的能量，络合物的颜色也随之改变，而 Fe^{2+} 在中性和酸性条件下，以较多的离子态存在，成为中心离子，可与染料分子迅速发生强的络合作用，形成体积较大的络合物分子，很容易吸附在金属离子水解形成的矾花上而形成体积更大的凝聚体，提高了沉降性能和沉降速度。

5.3.2.1　微电解法降解酸性偶氮染料

酸性染料是含有磺酸基、羧酸基等极性基团的阴离子染料，通常以水溶性钠盐存在，在酸性染浴中能与蛋白质纤维分子氨基以离子键相结合而染着，故称酸性染料。

酸性橙Ⅱ分子中的偶氮键易被活性电子和氢原子还原而打开，从而破坏染料的共轭结构，实现染料的脱色却不能达到染料的矿化。微电解法降解酸性橙Ⅱ分子的过程中，氨基苯磺酸钠和1-氨基-2-萘酚是其还原降解的主要产物。微电解还原酸性橙Ⅱ的过程一般分为两步反应，反应式如图5-9所示。第一步反应是一个可逆过程，第二步反应使连接在芳香环之间的偶氮键断开。在第一步反应中酸性橙Ⅱ被还原得不彻底，生成过渡态的氢化偶氮化合物（Ar—NH—NH—Ar′）。随着金属铁进行催化还原反应，酸性橙Ⅱ被进一步断开偶氮键而彻底还原。不稳定的氢化偶氮进一步还原为对氨基苯磺酸钠和1-氨基-2-萘酚。酸性橙Ⅱ偶氮染料在铁屑微电解反应产生的新生态氢的作用下，分解为对氨基苯磺酸钠和1-氨基-2-萘酚。

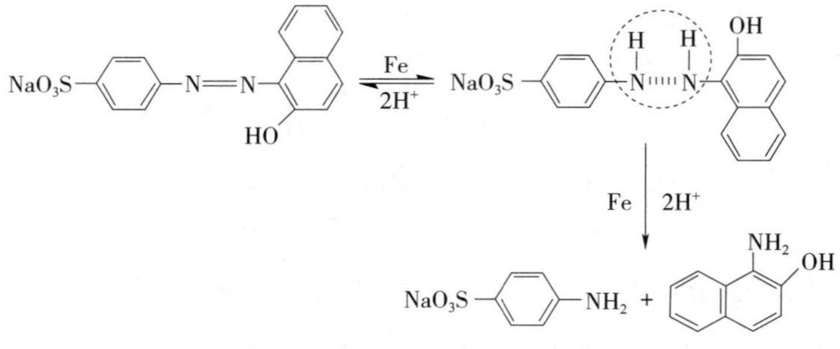

图 5-9　酸性橙Ⅱ的微电解降解过程

酸性红 B 的发色基团为偶氮基，得到电子后偶氮双键断开，发色基团遭到破坏，水溶液颜色得到降低。微电解法降解酸性红 B 的具体反应机理如图5-10所示。酸性红 B 中的偶氮键也是很强的配位体，能与反应过程中产生的 Fe^{2+} 发生络合反应，改变共轭体系的电子云分布，改变激态和激发态的能量，络合物的颜色也随之改变。同时也降低了铁表面 Fe^{2+} 的浓度，有效降低了阳极铁的极化作用，促进金属的电化学腐蚀，而断键后形成的有机物可通过水解酸化工艺降解成小分子有机物，易于被后续好氧生物处理法利用。另外，微电解反应产生的铁系氢氧化物为良好的絮凝剂，可对废水中的悬浮物及部分溶解性有机物通过絮凝沉淀而与水分离。

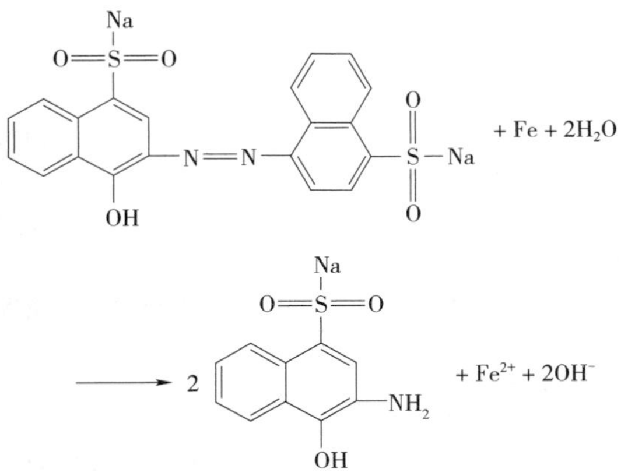

图 5-10　酸性红 B 的结构式和微电解降解过程

5.3.2.2　微电解法降解活性染料

活性染料分子结构有单偶氮型和原配型等，染料母体上含有较多的—SO_3H、—COOH、—OH 等亲水性基团，在水溶液中溶解度较好。活性偶氮染料是分子中含有偶氮双键（发色基团）、水溶性基团磺酸钠及具有活泼性氯原子的活性基团，易还原、溶于水、活性较高、稳定性差、耐碱性水解而不耐酸性水解。

根据文献报道，染料中偶氮键（—N＝N—）的还原产物为—NH_2，铁屑微电解对偶氮染料的还原降解作用，推测可能涉及两方面的作用机理：一方面是铁的还原作用，Fe^0 将活性艳红 X-3B 分子吸附到 Fe^0 的表面上，Fe^0 向有机物分子转移 2 个电子，染料的—N＝N—键断裂被还原，最低未占据轨道能低的分子更容易接受电子。另一方面是铁（铸铁）的微电解作用，从微电解反应中得到的新生态氢 [H] 具有较大的活性，能与印染废水中的许多组分发生氧化还原作用，破坏发色物质的发色结构，使偶氮键断裂。在这两种机理中，虽然 Fe^0 被消耗，但是也起到了催化的作用。随着—N＝N—键的断裂，破坏了整个偶氮键分子的共轭发色基团，使偶氮型染料的发色基被还原降解生成芳香胺，大分子分解为小分子，以此达到降解脱色的目的。与母体偶氮染料分子相比，可生化性得到很大的提高，为下一步的生化处理提供了便利条件。活性艳红 X-3B 生成中间产物苯胺可能的反应机理如图 5-11 所示。

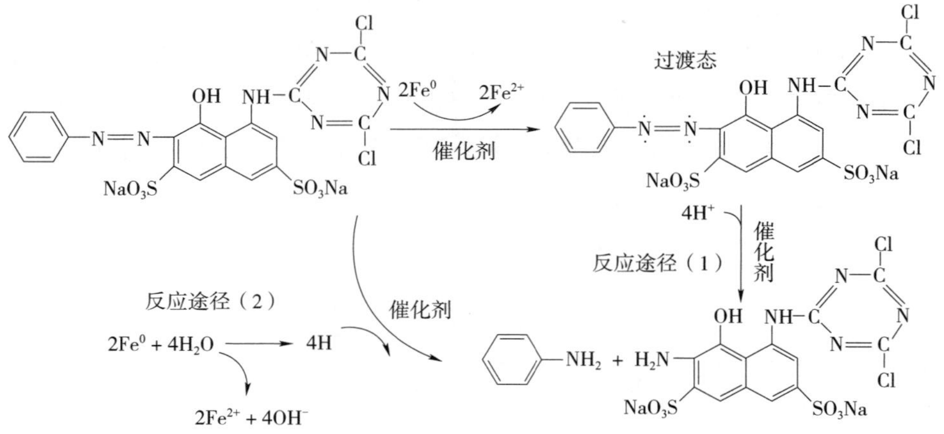

图 5-11 活性艳红 X-3B 的 Fe^0 催化还原反应机理

5.3.2.3 微电解法降解直接染料

直接染料一般是指分子内含有水溶性基团（磺酸基或羧基）和可以产生氢键的羟基或氨基、可溶于水、染料对纤维有亲和力、染色是不需媒染剂就可直接染着于纤维的一类染料。

刚果红是一种典型的联苯胺类直接偶氮染料，也是第一个人工合成的典型双偶氮染料，它在生产和使用过程中流失率高，易进入水体，对环境的危害作用很大。刚果红在厌氧条件下还会生成毒性更大的芳香胺类物质，是印染废水中具有代表性的污染物之一。铝碳微电解体系处理刚果红废水的过程中，刚果红分子中的—N═N—双键在新生态［H］的攻击下断裂，生成 3,4-二氨基萘-1-磺酸盐和 4-氨基-3-［（4′-氨基-［1,1′-联苯］-4-基）偶氮基］萘-1-磺酸盐；后者在［H］的进一步作用下，发生—N═N—双键的断裂，转化为 3,4-二氨基萘 -1-磺酸盐和联苯胺，萘环开环和 C—S 键断键，分别生成 4-氨基-3-［（4′-氨基-［1,1′-联苯］-4-基）偶氮基］-1-磺酸盐和 2-［（4′-氨基-［1,1′-联苯］-4-基）偶氮基］-1-萘胺。但是微电解法不能将刚果红完全矿化。根据相关文献，刚果红通过微电解处理的过程中具体的降解途径如图 5-12 所示。

5.3.3 微电解法对氯代有机物的作用机理

氯代有机物作为一种重要的化工原料、有机溶剂和中间体，在化工、医药、农药、制革等行业中得到广泛的使用，结果导致含氯有机物的大量排放，使很多地表水和地下水都受到氯代有机物的污染，很多工业废水中的氯代有机物严重超标。另外，氯代有机物多数有"三致"效应，具有生物难降解性，且对微生物和人体健康有很大毒性。

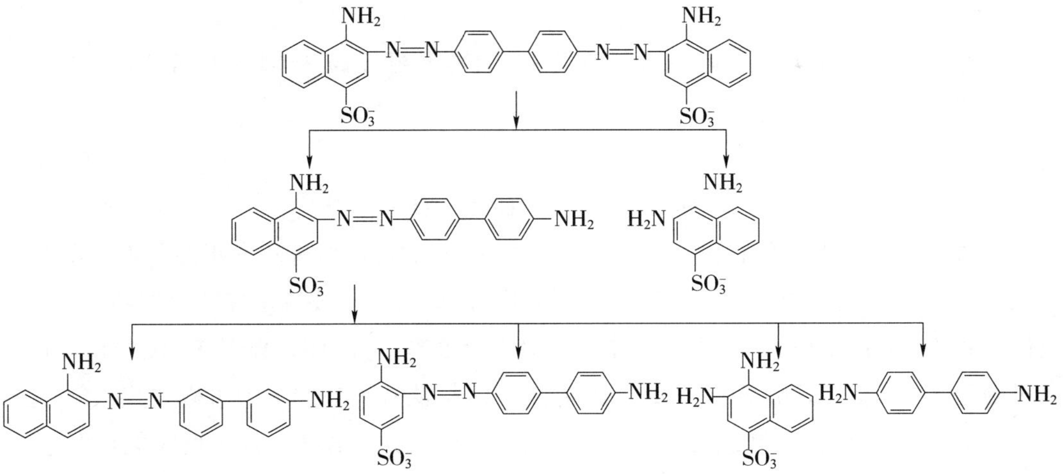

图 5-12　刚果红的还原脱色途径

金属铁还原脱氯所使用的原料主要有单金属（Fe^0）、双金属（Pd/Fe、Ni/Fe、Cu/Fe 等）、FeS_2、Fe_2O_3、FeS、绿锈等。通过该方法使氯代有机物发生快速还原脱氯或无机矿化，国外已经使用渗透床反应器来处理地下水中三氯乙烯和四氯乙烯等含氯有机物污染。由于铁不会对环境产生危害，所以大部分的研究还是集中在零价铁体系的研究方面，并且所研究的氯代污染物主要包括氯代烷烃、氯代烯烃、氯代芳香化合物以及有机氯农药等。

一般认为，在零价铁处理有机氯化物的体系中存在 3 种还原剂，分别是金属铁（Fe^0）、亚铁离子（Fe^{2+}）和氢（H_2）。目前，金属铁对有机氯化物的还原脱氯有 3 种可能的反应路径（氢解、还原消除、加氢还原）以及吸附作用等。

（1）金属表面直接电子转移

Fe^0 直接与氯代有机物反应，将铁表面的电子转移到氯代有机物（RCl_x）上使之脱氯，反应式为

$$Fe^0-2e^- \longrightarrow Fe^{2+} \tag{5-15}$$

$$RCl_x+2e^-+H^+ \longrightarrow RHCl_x+Cl^- \tag{5-16}$$

$$Fe^0+RCl_x+H^+ \longrightarrow Fe^{2+}+RHCl_{x-1}+Cl^- \tag{5-17}$$

在中性条件下反应式（5-15）的标准电极电位在 0.5～1.5 V，而反应式（5-16）的标准电极电位为 -0.44 V，所以反应式（5-17）是完全有可能发生的。

（2）Fe^{2+} 还原

铁腐蚀的直接产物 Fe^{2+} 具有还原性，可使一部分氯代有机物还原脱氯，但该反应进行得很慢。

$$2Fe^{2+}+RCl_x+H^+ \longrightarrow 2Fe^{3+}+RHCl_{x-1}+Cl^- \tag{5-18}$$

（3）H_2 还原

在厌氧状态下，H_2O 可作为电子受体，H_2O 与铁反应产生的 H_2 可使氯代有机物还原脱氯，反应式为

$$2H^{+}+2e^{-} \longrightarrow H_2 \quad (5\text{-}19)$$

$$H_2+RCl_x \longrightarrow RHCl_{x-1}+H^{+}+Cl^{-} \quad (5\text{-}20)$$

微电解法处理氯代有机物的过程中，对于 H_2 的还原机理存在很多凝点，即 H_2 在没有有效催化剂的条件下是很难还原氯代有机物。Fe_0 被氧化释放出的两个电子优先被 H^+ 得到生成 H_2，因为当时溶液中既有 RCl_x 又有 H^+，既然 H^+ 优先得到电子被还原，说明 H^+ 的氧化性要比 RCl_x 强，但是从式（5-20）中可以看出 RCl_x 是氧化剂，H^+ 是氧化产物，按照氧化还原反应原理，如果式（5-20）反应能够发生，那么应该是氧化剂的氧化性要比氧化产物的氧化性更强，即 RCl_x 的氧化性要比 H^+ 强，所以这是相矛盾的。因此，对于氯代有机物的还原来说，H_2 还原机理的可能性是比较小。

5.3.3.1 微电解法降解氯代烷烃

氯代烷烃有四氯化碳（CT）、氯仿（CF）、三氯乙烷（TCA）、四氯乙烷（TeCA）和六氯乙烷（HCA）等，利用金属还原技术对氯代烷烃脱氯的研究主要集中在以上污染物的治理方面。

氯代烷烃的还原脱氯机理主要还是基于原电池反应的原理，依靠零价铁的还原作用，使有机物得到电子而被还原。在该反应体系中，铁作为还原剂发生氧化反应失去电子，而含氯有机物则获得电子，将氯原子以 Cl^- 的形式脱除，从而被还原。水体中的氯代烷烃在 Fe^0 体系中主要发生如下还原脱氯反应：

$$Fe^{0}+CCl_x+H_2O \longrightarrow Fe^{2+}+CHCl_{x-1}+Cl^{-}+OH^{-}$$

在 Fe^0 反应体系中 CCl_4 的主要还原产物为氯仿（CF）和二氯甲烷（DCM），并有少量的六氯乙烷（HCA）、四氯乙烯（PCE）。在 Ag/Fe 体系中则主要是 DCM 和 CF，并有少量的 HCA、PCE，同时还生成了三氯乙烯（TCE）以及顺式二氯乙烯（*cis*-DCE）和反式二氯乙烯（*trans*-DCE）。而在 Pd/Fe 体系中则是产物复杂，除少量的 CF 外，生成了大量的 CH_4 并还有少量的 DCM、一氯甲烷（CM）、乙烯以及微量的 HCA、PCE、TCE 和 DCE。Lowery 等研究表明四氯化碳在钯催化体系中主要产物为甲烷、乙烷和少量的乙烯、丙烷、丙烯。所以不同的还原体系，可能导致 CCl_4 生成不同的还原产物。CCl_4 还原脱氯是复杂的反应过程，会有多种脱氯途径，并能生成多种脱氯产物。根据结合文献中对氯代烃降解途径的研究可以归纳出 CCl_4 在各种还原体系中的可能脱氯反应途径和反应产物如

图 5-13 所示。

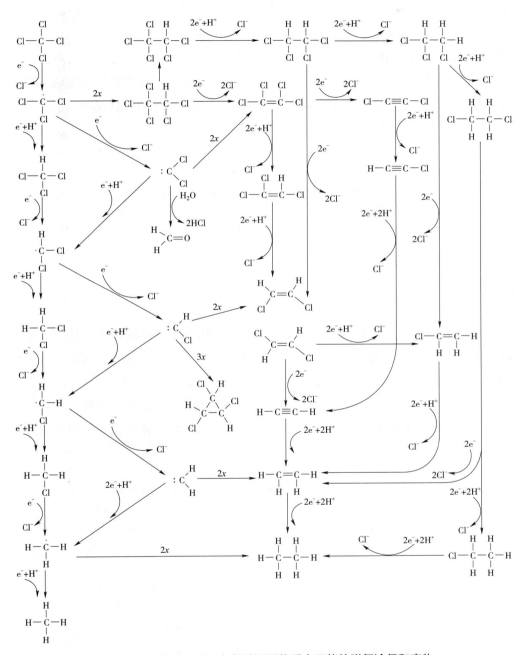

图 5-13　水体中 CCl_4 在各种还原体系中可能的脱氯途径和产物

在较低 CCl_4 初始浓度的条件下，CCl_4 的还原脱氯反应历程主要为 CT ⟶ CF ⟶ DCM ⟶ CM ⟶ CH_4，但是高初始浓度 CCl_4 的降解产物非常复杂，除主要的逐级氢解反应途径外，可能还存在多种脱氯反应方式，并生成多种反应产物。

在微电解反应体系中，对于氯仿（CF）的还原脱氯中间产物主要为二氯甲烷（DCM）和一氯甲烷（CM），而且随着脱氯反应的进行，每脱掉 1 个氯取代基后，其继续脱氯的反应速率越来越慢，即 DCM 比 CF 难脱氯，CM 比 DCM 更难脱氯。DCM 在 Ag/Fe 体系中可以缓慢地脱氯为 CM，进一步脱氯为 CH_4，而在单独使用 Fe^0 的还原体系中，由 DCM 脱氯为 CM 就已经非常缓慢。氯仿的脱氯途径主要是在金属的还原作用下发生逐级氢解，即氯代烃依次脱掉一个氯取代基生成低氯代产物，脱氯过程可以根据图 5-14 所示进行简单的描述。

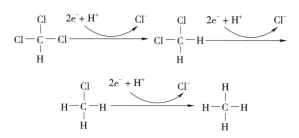

图 5-14　氯仿的还原脱氯过程

1,1,1-TCA 在 Fe^0 体系和 Ag/Fe 体系中都有较快的还原脱氯速率，其脱氯途径则是逐级氢解和脱氯化氢反应的综合，即发生氢解反应，生成 1,1-二氯乙烷（1,1-DCA）中间产物，以及发生脱氯化氢反应，形成 1,1-二氯乙烯。同时 1,1,1-TCA 还会发生如下反应，即脱掉一个氯取代基形成自由基后发生二聚合反应，从而生成 2-丁炔，继而被还原为 2-丁烯，1,1,1-TCA 在 Fe^0 和 Ag/Fe 体系中的还原脱氯过程如图 5-15 所示。

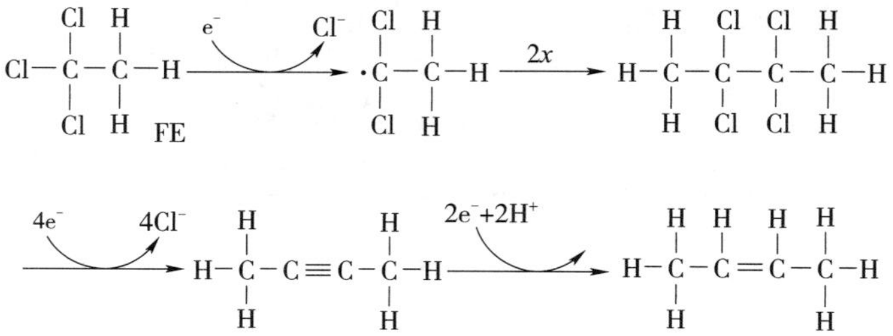

图 5-15　1,1,1-TCA 的还原脱氯过程

1,1,2,2-TeCA 在 Fe^0 体系中都可以发生还原脱氯反应，而且其主要脱氯途径为还原 β 消除，所以主要中间产物是顺式二氯乙烯（cis-DCE 或 Z-DCE）和反式二氯乙烯（trans-DCE 或 E-DCE）两种二氯乙烯（DCE）异构体，其具体的还原脱氯过程如图 5-16 所示。

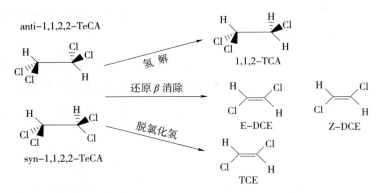

图 5-16　1,1,2,2-TeCA 的还原脱氯途径和产物

对于 HCA 的脱氯反应则是首先发生还原 β 消除，生成四氯乙烯（PCE），然后 PCE 经过逐级氢解形成三氯乙烯（TCE）和二氯乙烯（DCE）等中间产物，其具体还原脱氯途径如图 5-17 所示。

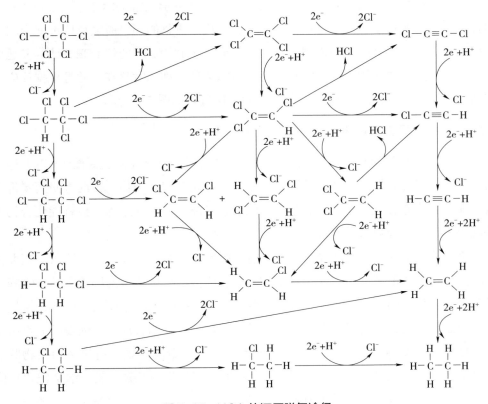

图 5-17　HCA 的还原脱氯途径

5.3.3.2 微电解法降解氯代烯烃

目前，国外对氯代烯烃的还原降解研究较多，主要是利用零价铁粉以及 Pd/Fe 等双金属体系进行还原脱氯处理。

氯代烯烃的主要脱氯途径也为氢解还原，TCE 脱除一个氯取代基后生成 *cis*-DCE 和 *trans*-DCE 两种二氯乙烯。而 PCE 是首先还原脱氯为 TCE，然后继续发生逐级氢解，其还原脱氯的反应途径如图 5-18 所示。其还原产物主要为乙烯和乙烷。

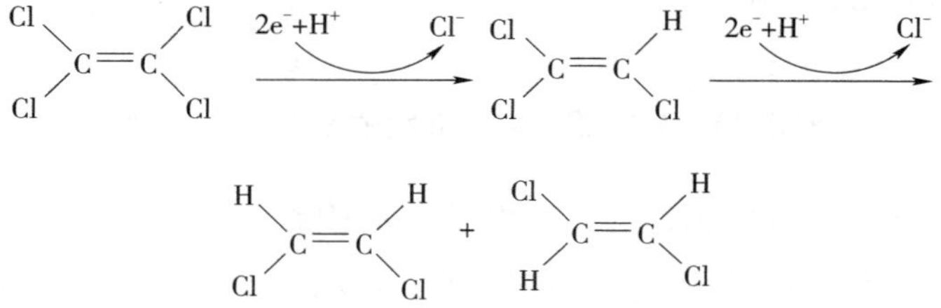

图 5-18　氯代烯烃的还原脱氯途径

氯代有机物与零价金属的反应一般认为是氢解和还原消除（包括 α 和 β 两种）两种反应机理的竞争。实际在很多情况下，氯代有机物的还原脱氯反应可能会同时包括以上 3 种或者其中 2 种机理。Arnold 等研究了利用 Zn^0 处理 PCE，认为 β 还原消除起到了重要的作用，但是氢解和还原消除两种机理同时存在，并且根据反应产物列出了 PCE 可能的降解途径，其具体的作用机理如图 5-19 所示。

5.3.3.3 微电解法降解氯代芳香族化合物

氯代芳香族化合物，如氯代苯（CBs）、多氯联苯（PCBs）、氯酚（CPs）等一大类有毒有害的有机污染物，被许多国家列为优先控制污染物。目前可使用零价金属处理的氯代芳香族化合物主要包括氯代苯、氯酚、多氯联苯等。芳香族化合物不像氯代脂肪族化合物那样容易还原脱氯。

氯代苯在单独的铁刨花体系中除少量的吸附外，几乎不发生还原脱氯。氯取代基的位置、碳链甲基、不饱和键等结构对其反应性能产生严重的影响。纳米铁降解氯苯类化合物（CBs）的机制受到体系影响较大，在催化剂存在的条件下，氢气还原作用显著加速反应进行；在近中性且没有催化剂存在的条件下，铁表面的直接电子转移作用是 CBs 的主要降解机制。纳米铁及其双金属体系对有机氯污染物脱氯反应的分子机制总体上可分为两大类，即加氢脱氯和 β-消除脱氯。纳米钯化铁降解氯代苯类化合物的可能降解途径如图 5-20 所示，其中实线箭头代表已经证实的降解途径，虚线代表推测的降解途径。脱氯点位的高度选择性一方面与氯原子的键合能有关，另一方面原子之间的空间位阻效应可能也起到一定的作用。

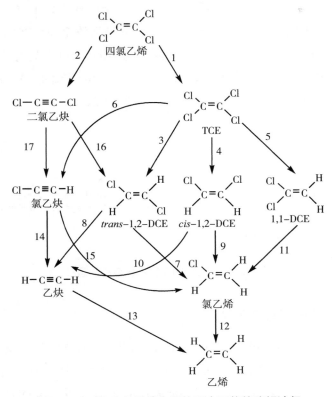

图 5-19　PCE 在零价金属体系中可能的降解途径

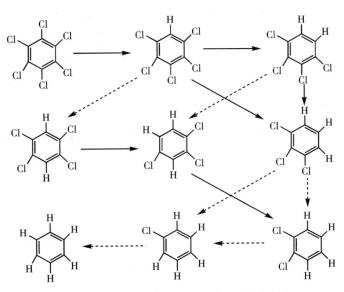

图 5-20　钯化铁降解氯代苯环类化合物的途径

4-氯酚（4-CP）与纳米 Fe^0 的反应过程，从微观上讲可以大致分为 3 部分：Fe^0 原子与 4-CP 分子接触（铁原子的迁移）；Fe^0 原子与 4-CP 分子发生化学反应，产生新的物质；新物质的迁移。在 Fe^0 体系中，Fe 是活泼金属，25℃下电极 Fe^{2+}/Fe 在水溶液中的标准电极电势为 -0.44 V，具有强还原性。4-CP 具有氧化性，电极反应的标准电极电势处于 0.5～1.5 V。4-CP 脱氯后首先生成苯酚，苯酚还可进一步开环生成开环产物。4-CP 的还原脱氯过程如图 5-21 所示。

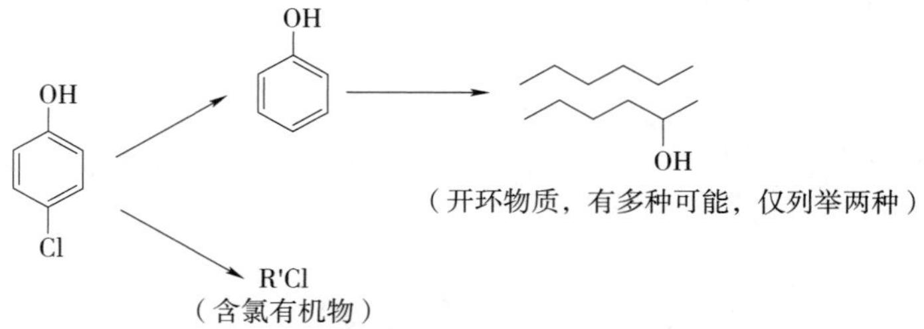

图 5-21　4-CP 的还原脱氯路径示意图

5.3.3.4　微电解法降解有机氯农药

有机氯农药（Organochlorine Pesticides，OCPs），也被称为典型的持久性有机污染物，由于其突出的持久性、生物累积性和生物毒性等特征而受到全世界的广泛关注。零价金属在一定条件下也可以还原降解有机氯农药，如 DDT、DDD、除草剂等。

Sayles 等在试验中研究了非离子性表面活性剂 Triton X-114 对三种氯代有机物（DDT、DDD、DDE）还原转化速率的影响。试验结果表明零价铁可以有效地去除 DDT，20 d 后转化率达 90%。DDT 的转化速率与铁的投加量关系不大，证明反应速率主要受 DDT 在溶液中的传质速率所控制。加入表面活性剂 Triton X-114 后能明显提高 DDT 的转化速率，原因可能是表面活性剂增加了 DDT 的溶解度，并且会有利于 DDT 在铁表面的吸附。3 种有机氯农药的可能降解过程如图 5-22 所示。

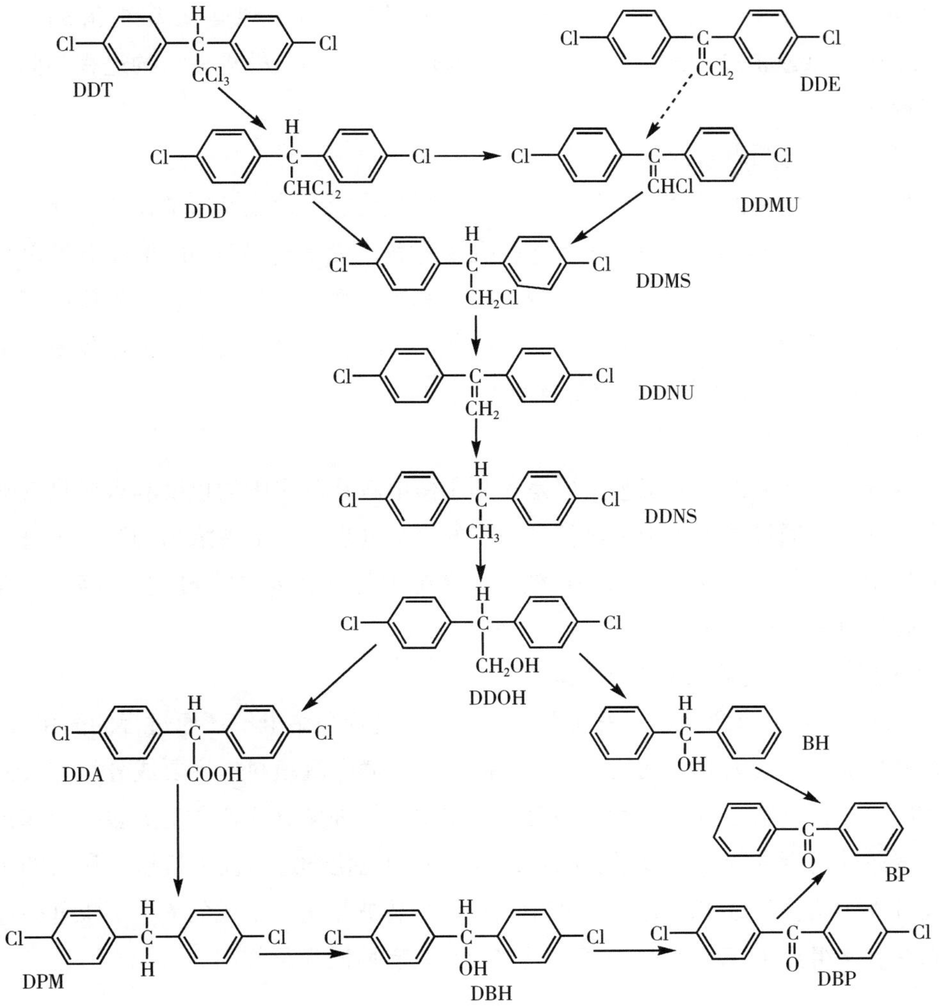

图 5-22　DDT、DDD 和 DDE 可能的还原脱氯降解途径

5.4　微电解法与臭氧耦合

5.4.1　微电解与臭氧的耦合方式

近年来，有学者通过曝气或是投加 O_3 和 H_2O_2 等氧化剂将微电解工艺由单一的还原性能变为氧化还原性的工艺。已有研究结果表明，强氧化剂（O_3）与微电解的结合极大地提高了废水的处理效率，并优于各自单独的处理效果之和。

微电解与臭氧通常有 3 种耦合方式，分别为臭氧与微电解的耦合工艺（臭氧-微电解）、微电解与臭氧的耦合工艺（微电解-臭氧）和臭氧-微电解耦合工艺（Ozonated Internal Electrolysis，OIE）。不同耦合方式强化处理效果的过程不同，具体过程如下。

（1）臭氧与微电解的耦合工艺

臭氧与微电解的耦合工艺是利用臭氧的强氧化能力使废水中的发色物质（包括染料和其他的显色有机物）、难降解有机物降解；废水在碱性 pH 条件下可以充分发挥臭氧的氧化能力，提高臭氧的脱色效率和有机物的去除效果；臭氧反应能在一定程度上降低废水的 pH，有利于提高后续微电解工艺对有机物的去除效率；臭氧还具有缓冲 pH 和提高处理效率等优势。

（2）微电解与臭氧的耦合工艺

微电解与臭氧的耦合工艺主要是先利用微电解将废水中的色度和有机物去除至一定程度，再通过臭氧对废水进行进一步的氧化处理。微电解溶出的铁离子进入臭氧处理单元后能够强化臭氧的处理效果；微电解处理后废水的 pH 会升高，亦有利于提高臭氧的处理效率。

（3）臭氧-微电解的耦合工艺

臭氧-微电解的耦合工艺表面上是臭氧氧化过程与微电解还原过程的简单叠加，二者将彼此消耗而大幅降低处理效果，但实际上微电解填料的主要成分是零价铁和活性炭，与臭氧结合时均能发挥协同强化作用，促进臭氧分解产生更多的羟基自由基，进而提高废水的处理效果。此外，微电解的电化学过程及零价铁与臭氧的协同反应过程中均会生成 Fe^{2+} 进入废水中，Fe^{2+} 及其被氧化后生成的 Fe^{3+}、微电解过程生成的氧化组分（[O] 和 H_2O_2 等）均与 O_3 具有协同强化作用。

5.4.2 微电解与臭氧氧化法耦合工艺的作用机理

微电解与臭氧耦合体系（OIE）中同时存在零价铁、活性炭和臭氧，有机物的降解和去除不仅包括臭氧和微电解各自独立的作用过程，即活性炭的吸附、零价铁的还原和臭氧的氧化。此外，还包括铁和碳之间构成的微电解作用、零价铁氧化溶解出的铁离子与臭氧的协同作用、碳与臭氧的协同作用以及铁、碳和强氧化剂（O_2、O_3 和自由基）同时存在时的协同作用。

微电解与臭氧耦合作用机理可以归纳为如下几个作用过程：电化学过程、臭氧氧化过程、铁与臭氧的协同作用过程、活性炭与臭氧的协同作用过程以及臭氧与微电解的协同作用过程。其作用机理分别为：①微电解与臭氧的协同作用；②微电解的电化学作用；③活性炭与臭氧的协同作用；④零价铁与臭氧的协同作用；⑤臭氧的氧化作用；⑥铁离子与臭氧的协同作用；⑦铁离子的混凝作用。

当铁、碳同时存在于电解质溶液中时，即构成了微电解体系。微电解体系的作用过程由原电池回路中电子转移的电化反应所引发，之后是电极电化学作用的产物与溶液中的有机物发生反应，以有机物的还原降解为主，同时伴随少量的氧化过程，以及反应后期铁离子水解所产生的混凝吸附作用。微电解反应过程中产生的 Fe^{2+} 和 Fe^{3+} 均对臭氧的反应过程有较大的影响。Fe^{2+} 和 Fe^{3+} 均能促进臭氧分解产生更多的自由基，进而提高体系的氧化能力和有机物的去除效果。

Fe^{2+} 和 Fe^{3+} 催化臭氧的过程中，铁离子在促进臭氧分解的同时产生了更多的羟基自由基，提高了臭氧间接反应所占的比例，其作用机理为

$$O_3+OH^- \longrightarrow \cdot O_2 + \cdot HO_2 \tag{5-21}$$
$$O_3+ \cdot HO_2 \longrightarrow 2O_2 + \cdot OH \tag{5-22}$$
$$Fe^{2+} + O_3 \longrightarrow Fe^{3+} + \cdot O_3^- \tag{5-23}$$
$$\cdot O_3^- + H^+ \longrightarrow O_2 + \cdot OH \tag{5-24}$$
$$Fe^{2+} + O_3 \longrightarrow FeO^{2+} + O_2 \tag{5-25}$$
$$FeO^{2+} + H_2O \longrightarrow Fe^{3+} + \cdot OH + OH^- \tag{5-26}$$
$$Fe^{3+} + O_3 + H_2O \longrightarrow FeO^{2+} + H^+ + \cdot OH + O_2 \tag{5-27}$$
$$2HO_2 \longrightarrow H_2O_2 + O_2 \tag{5-28}$$
$$Fe^{2+} + H_2O_2 \longrightarrow Fe^{3+} + \cdot OH + OH^- \tag{5-29}$$
$$Fe^{3+} + H_2O_2 \longrightarrow Fe^{2+} + H^+ + \cdot HO_2 \tag{5-30}$$

5.4.2.1　微电解与臭氧的协同作用

微电解法在处理废水时的作用机理与电解过程的作用机理类似，当臭氧引入微电解体系后则构成了电化学-高级氧化体系。微电解与臭氧耦合以后改变了微电解原有的电化学反应过程，使得以还原作用为主的微电解工艺亦具有强氧化能力。微电解与臭氧的协同作用机理具体如图 5-23 和图 5-24 所示。

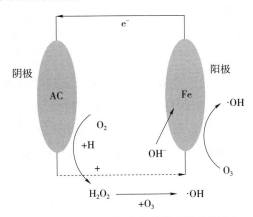

图 5-23　微电解与臭氧的协同作用机理

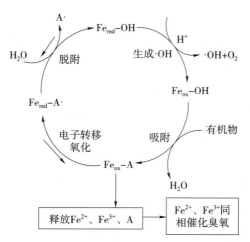

图 5-24　铁阳极与臭氧的协同作用机理

当废水处理过程在有氧的环境中进行时，强氧化剂的生成过程有以下 3 种情况：

（1）阳极表面的直接氧化，包括自由基的生成及自由基之间相互结合生成稳定的氧化物；

（2）水被氧化为 $\cdot OH$，$\cdot OH$ 与废水中的物质发生自由基的链式反应，最后通过自由基之间相互结合生成氧化产物；

（3）O_2 在阴极表面被还原为 H_2O_2。

微电解处理废水的过程中阴极和阳极之间在发生电子转移的同时，阴极通过电化学反应在酸性环境下将 O_2 转化为 H_2O_2 和 O_2^-，H_2O_2 和 O_2^- 与 O_3 作用而生成 $\cdot OH$。微电解与臭氧耦合的工艺中臭氧与微电解微小单元的协同作用既能发挥电解-臭氧化体系（Peroxone）的强氧化过程，既有小范围电子转移的电化学特征，又具有促进臭氧分解生成更多 $\cdot OH$ 的高级氧化的特性。微电解与臭氧耦合体系中的 O_3 分解之后生成 O_2，构成氧化的反应环境，从而促使电解过程生成更多的 H_2O_2，O_3 与 H_2O_2 结合以后分解产生强氧化性的 $\cdot OH$，从而提高有机物的氧化去除能力。

此外，在微电解与臭氧的耦合体系中，铁碳微电解填料可被看作零价铁负载在活性炭上的非均相催化剂，从而构成了臭氧非均相催化体系。对于臭氧非均相催化体系，其被广泛接受的机理则是由 Legube 等提出的作用过程，具体过程为

（1）存在于催化剂表面的臭氧分子和吸附的有机物在催化剂的诱导下发生化学反应；

（2）以催化剂的还原态物质（Me_{red}）被臭氧氧化为前提，也是整个催化作用过

程的决定步骤，并对臭氧催化体系有重要的意义；

（3）臭氧分子与还原态的金属（Me_{red}）发生反应，金属变为氧化态（Me_{ox}）的同时催化臭氧生成·OH，其自由基的生成过程与亚铁催化臭氧产生自由基的过程相同；

（4）有机酸（AH）等被吸附至催化剂的表面，伴随电子转移的过程，有机物被氧化并以自由基的形式存在于催化剂的表面（Me_{red}–A·）；

（5）有机自由基 A·从催化剂表面脱附后与 O_3 或·OH 在液相中继续发生反应而被氧化为最终产物。

对于微电解与臭氧耦合的体系而言，填料表面（包括活性炭表面吸附的亚铁离子）的低价铁（Fe^0 和 Fe^{2+}）与 OH$^-$ 结合形成 $Fe_{red}OH$，同时吸附 O_3 分子分解产生·OH 并将低价铁氧化为 $Fe_{ox}OH$；$Fe_{ox}OH$ 吸附有机物之后发生电子转移到 $Fe_{red}A·$，A·脱附之后与 O_3 和·OH 继续反应；而反应过程中生成的 $Fe_{ox}A$ 一部分直接从微电解镇料的表面脱附离子化而释放 Fe^{2+} 和 Fe^{3+}；Fe^{2+} 和 Fe^{3+} 在溶液中与臭氧分子将继续发生协同催化反应生成·OH。

5.4.2.2　电化学作用过程

电化学过程主要是微电解的电极反应所引发的氧化还原反应，主要作用原理为

（1）基于原电池的电子转移过程；

（2）［H］、Fe^0 和 Fe^{2+} 的还原作用；

（3）微电解过程中生成的自由基（·OH 和·O）和氧化剂（O_2、O_3 和 H_2O_2）的氧化作用；

（4）铁离子的混凝作用；

（5）活性炭的吸附作用。

微电解法在处理废水的过程中，阳极的零价铁被氧化为二价铁离子，铁离子的溶出速率决定了微电解处理废水的效果。而铁离子的溶出需要消耗氢离子，即溶液的 pH 越低越有利于提高微电解的处理效率。当电化学过程进行到一定程度时，有机物即可被电化学过程生成的自由基（·OH 和·O）和氧化剂（O_2、O_3 和 H_2O_2）氧化去除。随着反应的继续进行，越来越多的有机物被电化学反应过程中生成的自由基（·OH 和·O）和氧化剂（O_2 和 H_2O_2）氧化，同时生成更多的 Fe^{2+} 和 Fe^{3+}。

溶液中 Fe^{2+} 和 Fe^{3+} 的浓度随着处理时间的延长而逐渐增加，当反应进行到一定程度时，加之微电解体系会提高溶液的 pH，Fe^{2+} 和 Fe^{3+} 在反应后期易生成沉淀，并同时发挥铁氢氧化物絮体的吸附、共沉淀和网捕卷扫作用，将有机物从废水中分离。含·OH 的有机物（苯甲酸）能与 $Fe(OH)_3$ 或 $Fe(OH)_2$ 紧密连接在一起，从而

增加有机物的去除效率。

5.4.2.3　零价铁与臭氧的协同作用

在微电解与臭氧耦合的体系中，同时存在零价铁（铁碳微电解填料中的单质铁），微电解过程中零价铁氧化后生成的 Fe^{2+} 和 Fe^{3+}，Fe^{2+} 和 Fe^{3+} 水解生成的铁氢氧化物等。零价铁及其氧化后的铁离子在微电解与臭氧耦合的体系中均能对臭氧产生协同强化作用，从而提高废水的处理效果。但是随着铁离子的溶出微电解填料被消耗，铁离子溶出的速率和总量直接影响微电解填料的使用寿命和处理成本，需要定期投加或更换填料。此外，铁离子形成的氢氧化物在微电解填料表面的沉积则是填料钝化和板结的根本原因。因此，需对微电解与臭氧耦合体系中铁离子的溶出速率和总量进行分析评估。铁离子协同强化臭氧氧化作用，提高了对废水中有机物的去除效率。

5.4.2.4　活性炭与臭氧的协同作用

微电解与臭氧耦合的体系中，臭氧与活性炭的协同作用产生自由基的途径有两种，其具体作用过程为

（1）有机物和臭氧分子同时被吸附在活性炭的表面而发生反应，包括有机物与臭氧分子的直接反应和臭氧分解产生自由基的间接反应；

（2）臭氧分子被活性炭吸附至其表面，并引发自由基的链式反应，生成 $\cdot OH$ 和 $\cdot O_2^-$，自由基在液相中与有机物发生反应。

当溶液的 pH 为 2~6 时，主要发生活性炭的非均相催化，其表面的化学反应具体如下：

$$O_3 + AC \longrightarrow O_3\text{-}AC \tag{5-31}$$

$$O_3\text{-}AC \longrightarrow O\text{-}AC + O_2 \tag{5-32}$$

$$O_3 + O\text{-}AC \longrightarrow AC + 2O_2 \tag{5-33}$$

当溶液的 pH>6 时，活性炭表面发生非均相催化反应的过程具体如下：

$$OH^- + AC \longrightarrow OH\text{-}AC \tag{5-34}$$

$$O_3 + OH\text{-}AC \longrightarrow \cdot O_3\text{-}AC + \cdot OH \tag{5-35}$$

$$\cdot O_3\text{-}AC \longrightarrow \cdot O\text{-}AC + O_2 \tag{5-36}$$

$$O_3 + \cdot O\text{-}AC \longrightarrow \cdot O_2^- + AC + O_2 \tag{5-37}$$

活性炭与臭氧通过协同作用产生的自由基进入溶液，完成下面的反应过程：

$$O_3 + \cdot O_2^- \longrightarrow \cdot O_3^- + O_2 \tag{5-38}$$

$$\cdot O_3^- + H^+ \longrightarrow \cdot HO_3 \tag{5-39}$$

$$\cdot HO_3 \longrightarrow \cdot OH + O_2 \qquad\qquad (5\text{-}40)$$

活性炭与臭氧的协同作用大小和反应途径与溶液的 pH 有关。在微电解与臭氧的耦合体系中 H^+ 首先被消耗，导致反应前期溶液的 pH 快速升高，活性炭与臭氧按照 pH>6 时的反应路径［式（5-31）～式（5-34）］促使臭氧分解产生自由基。溶液的 pH 升高后，臭氧的非均相分解速率（活性炭表面）和同相分解速率（液相中）均明显提高。相比单独臭氧氧化反应，活性炭可将［·OH］/［O_3］的比例提高 3～5 倍。在持续的臭氧作用下，活性炭的催化能力会逐渐降低，表明活性炭并非真正发挥了催化剂的作用，而是作为臭氧分解产生羟基自由基的初始引发者。综上所述，微电解与臭氧的耦合体系中活性炭作为自由基的诱导剂，促进臭氧分解产生自由基；在活性炭吸附和自由基氧化的双重作用下提高了有机物的去除效果；臭氧分子的自由基链式反应在活性炭表面进行，生成·OH 和·O_2^-，而自由基在溶液中与有机物发生反应。

5.5　微电解法的影响因素

近年来，微电解法在许多行业的废水处理中都有大量的应用，工艺已日趋成熟。影响微电解处理效果的因素主要有废水的 pH、停留时间（HRT）、铁碳比、铁屑活化时间、铁屑粒径、曝气量、固液比、温度、微电解材料的选择及组合方式等。这些因素的变化都会影响工艺的效果，有些可能还会影响反应的机理。在实际工程中，往往是多种相关因素综合作用的结果。

5.5.1　pH

通常 pH 是一个比较关键的因素，它直接影响了铁屑对废水的处理效果，而且在 pH 范围不同时，其反应的机理及产物的形式大不相同。当 pH 低时，存在大量的 H^+，会加快铁的腐蚀和内电解反应的进行，有利于废水中有机物的去除；但是 pH 并不是越低越好，在强酸性条件下，铁离子酸溶出占主导地位，电化学溶出较少。由于铁离子酸溶出时的产氢速率较大，形成了氢气对铁屑的包裹作用，而有机物的降解一般都是在铁屑表面发生的，因此阻碍了液相中有机污染物与铁屑固相表面的充分接触；同时强酸性条件会破坏内电解反应后生成的絮体，产生有色的 Fe^{2+}，反而使处理效果变差。许多实例证明，当 pH 在中性或碱性条件下，处理效果不理想或根本不发生反应。需指出的是，微电解法处理废水的过程中 pH 改变时，染料、农药等废水中的有机物会发生转化，出现新的沉淀、溶解现象，导致 COD 和色度的变化，这一作用可能会被误认为是微电解所致。

微电解法处理废水时，溶液的 pH 一般控制在偏酸性条件下，当然这也需要根据实际废水的性质而改变，建议设计 pH 范围为 3～6.5。在部分特难降解废水处理中，适宜降低 pH，会提高 COD 的去除率，pH 降至 3 以下时其铁屑和酸的消耗量较大，经济性差。

5.5.2 停留时间

停留时间（HRT）也是铁碳微电解工艺设计的一个主要影响因素，停留时间的长短决定了氧化还原等作用时间的长短。停留时间越长，氧化还原等作用进行得越彻底，但由于停留时间过长，会使铁的消耗量增加，从而使溶出的 Fe^{2+} 大量增加，并氧化成为 Fe^{3+}，造成色度增加及后续处理的种种问题。所以停留时间并非越长越好，而且对各种不同的废水，因其成分不同，其停留时间差异也较大，短则 10～15 min，长则达 7～8 h，因此，最佳停留时间应通过试验确定。建议设计参数：染料废水停留时间为 30 min，硝基苯废水停留时间为 40～60 min，制药生产废水停留时间为 4 h，含油废水停留时间为 30～40 min。

停留时间还取决于进水的初始 pH，进水的初始 pH 低时，则停留时间可以相对取得短一点；相反，进水的初始 pH 高时，停留时间也应相对的长一点。停留时间还反映了铁屑用量，停留时间长也就是说单位废水的铁屑用量大。两个参数可以相互校核，共同控制。

5.5.3 铁碳比

从微电解的基本原理可以看出，添加碳的主要原因是为了提供更多的原电池，铁碳质量比太小时，不仅铁屑形成的微观原电池太少，同时铁碳宏观原电池也很少，并且炭粒太多会阻碍电极反应的活性产物与废水中有机物的反应。铁屑中一定比例的含碳颗粒不仅加速铁屑的腐蚀过程，有利于污染物的去除，还能维持填料层一定的孔隙率，保持良好的水利条件，防止铁屑结块。但当碳屑过量时，反而抑制了原电池的电极反应，更多表现为吸附，而炭太少时铁碳床的支撑和孔隙率也降低，易造成铁碳床的堵塞和板结，所以铁碳比也应有一个适当值，且加入碳的种类可以为活性炭或焦炭，碳种类对有机物等去除率影响不大，因此按经济因素考虑应选焦炭为最佳，具体设计参数为 Fe/C（体积比）＝（1～2）∶1，随着铁碳的损耗应适当补充其量。

5.5.4 铁屑活化时间

由于铁屑表面存在氧化膜钝化层，因此在使用之前应对铁屑表面进行活化。研究表明，用稀盐酸或稀硫酸（3%）进行活化时，当进行 20 min 后，反应的平衡常数 K 值基本已经稳定，故活化时间以 20～30 min 为宜。

5.5.5 铁屑粒径

铁屑粒度越小，一方面单位重量铁屑中所含的铁屑颗粒越多，使电极反应中絮凝过程增加，利于提高去除率；另一方面铁屑粒度越小，颗粒的比表面积越大，微电池数也增加，颗粒间的接触更加紧密，延长了过柱时间，也提高了去除率。但粒度越小，会减小铁碳床的过流速率和过流量，铁屑越细越容易结块，受重力影响，铁屑被压实紧密，随着反应的进行，很快结实，出现铁碳床板结和堵塞等现象，为后续处理带来不便，故一般的粒度以 60～80 目为佳。

5.5.6 曝气量

溶解氧浓度会影响铁的腐蚀速率，从而影响不同污染物的处理效果。废水中的溶解氧在阴极表面能够形成 OH^-，促进了铁的腐蚀，且腐蚀速率受溶解氧由液体向腐蚀表面的扩散速率控制。而后，腐蚀受溶解氧通过氧化层的速率控制。一方面，溶解氧会和污染物竞争电子从而降低其对污染物的还原反应速率，同时会使零价铁表面吸附的二价铁氧化成三价铁从而减少活性位点的数量；另一方面，溶解氧增大了铁的腐蚀程度使更多的铁离子释放到水中并能氧化 Fe^{2+} 变成 Fe^{3+}，增强了其混凝沉淀作用；此外，在溶解氧和零价铁构成的铁氧体系中会形成活性氧化基团（ROS）（如 O_2^{2-}、HO_2^-、H_2O_2 等），能够氧化废水中许多不能被铁还原的物质（如三价砷）和一些难处理有机化合物（包括 1-氯酚、五氯苯酚、禾草特和 EDTA）。同时，曝气可增加对铁屑的搅动，减少结块的可能性，利于去除铁屑表面的钝化膜，进而提高了出水的絮凝效果。但是曝气量过大会减少废水与铁屑的接触时间，从而降低有机物的去除。

对于中性偏碱废水，在缺氧状态下，单质铁对有机物的还原作用使大分子物质直接得电子还原分解为小分子中间体，在提高废水可生化性的同时使 COD 也得到了一定的去除。在微氧状态下，少量的溶解氧首先和单质铁发生氧化还原反应使其还原有机物的能力有所下降，且会与有机物争夺铁电极表面的电子使有机物的还原速率降低，但降低幅度并不大，而溶解出来的铁离子浓度会得到适度提高，其中大部分铁离子会生成 $Fe(OH)_2$ 和 $Fe(OH)_3$ 使有机物通过絮凝作用去除。在好氧状态下，大量的溶解氧限制了体系的还原能力，却提高了其絮凝作用。因此，有必要针对不同废水的特征，对处理过程中的溶解氧进行调控。一般微电解法气水比控制在（40:1）～（20:1）。

5.5.7　固液比

固液比是铁碳的总质量与所处理废液质量之间的比值（废液的密度按 1 g/cm³ 计算），也是微电解反应的一个重要参数。如果反应体系中铸铁屑的量较多，而反应体系中的废水较少时，整个反应体系的能力不能得到充分的利用，而其暴露在空气中的铁屑也较为容易腐蚀结块；反之，如果反应体系中的液体较多，则会造成同样时间内处理效率的降低，对后续的处理工艺造成负担。因此，合适的固液比例不仅能在保证处理效果的前提下使铁碳得到最大限度的利用，同时也会降低废水处理的成本。

5.5.8　温度

温度的升高可使还原反应加快，但是加快最大的是反应初期；较低的反应温度可使反应的速度减慢，不利于污染物的去除。由于维持一定的温度需要保温等措施，而大部分的实际工程都没有具体的保温措施，对不同温度下的反应效率可进行研究，但一般情况下影响不大。故一般的工业应用不予以考虑，均在常温下进行反应。

5.6　微电解填料的类型

微电解填料主要有两种：一种为单纯的铁刨花；另一种为铸铁屑与惰性碳颗粒（如石墨、活性炭、焦炭等）的混合填充体。根据填料形态的发展情况，微电解填料可分为两大类：一类是传统微电解填料；另一类是新型微电解填料。

5.6.1　传统微电解填料

传统微电解工艺所采用的微电解填料一般为铁屑和颗粒炭的简单混合，铁碳多使用机床产生的铁刨花，通过机械方法切割成一定尺寸的细铁屑，在使用前通常要加酸活化，然后铁屑与颗粒炭机械搅拌混合在一起，就成为铁碳填料，也就是传统的微电解填料或者称为第一代铁碳微电解填料，此时的铁与碳电极之间仅仅为物理表面接触，铁屑与炭颗粒间容易形成隔离层，使微电解不能持续进行而逐渐失去作用，导致处理后期效果不稳定，甚至失效。

微电解反应器中因使用机械搅拌后的铁碳填料，在使用过程中，铁逐渐被消耗，粒度逐渐变小，并向下挤压或压实，而消耗后的微小铁屑颗粒与大颗粒之间很容易接触、粘连，加之反应过程中产生的铁泥未及时带走而造成铁颗粒间的黏接、板结，最后变成死的铁床层，废水经微电解层后出现单边出水，形成沟流现象。传统填料的板结主要是因为在反应过程中会生成铁的氧化物、铁的氢氧化物等，这些物质是很好的絮凝剂，能吸附废水中有机物而形成较大颗粒，在重力的作用下聚集在铁屑的表面，使填料发生板结现象。该现象阻碍了铁与活性炭的接触，使其无法进行原电池反应，从而导致对废水的处理效果下降，填料的利用率降低，且填料的再生困难。因此，传统微电解填料的应用受到很大限制。

5.6.2　新型微电解填料

新型微电解填料即微电解规整填料。微电解填料规整化是将具有规则外形的铁碳材料，按照一定有规律性的组合方式进行组合，从而得到微电解规整填料单元，依照此单元进行延伸扩大，达到试验及运用要求即为微电解规整填料。

5.6.2.1　"丝棒"微电解填料

"丝棒"微电解填料的概念是将一定长度的细铁丝以螺旋状均匀缠绕在碳棒上，线圈的内径要略大于碳棒的直径，使线圈不与碳棒表面接触，利用铁丝两端将碳棒封紧。在缠绕过程中铁丝不能太密，要保持适当的间隙率。"丝棒"微电解填料的结构如图 5-25 所示。由于碳棒是惰性电极，微电解反应过程中只是消耗阳极的铁丝，阴极碳棒不消耗，所以这种填料在使用完后碳棒的活性不会改变，还可回收再利用，而且与传统填料相比，"丝棒"填料结构比较疏松，孔隙率比较大，能有效解决填料钝化和板结现象的发生。但该填料具有铁丝缠绕烦琐、填料生产工作量大、安装结构复杂、对进水预处理要求高、操作不宜控制等缺陷，很难大规模推广和应用。

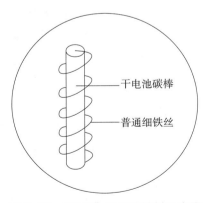

图 5-25　"丝棒"微电解填料示意图

5.6.2.2　块状颗粒填料

块状填料就是将铁屑（或铝屑）、活性炭（或其他金属）、黏土（如膨润土、高岭土等）按照一定比例混合，再加入适量的催化剂和造孔剂在压力机的作用下将其压制成块状，而后在隔绝空气的条件下放入马弗炉中进行高温煅烧形成具有一定机械强度的规则（或不规则）结构体，从而制成所需的微电解填料。这种填料能将原材料烧结为一体，一方面与纳米级颗粒填料相比不至于粒径太小，而使在处理废水的过程中填料被废水冲走；另一方面降低了原电池反应的电阻，提高了电子传递效率，有效地解决了传统填料存在的板结、钝化等现象，而且由于造孔剂的添加使这种填料的表面非常粗糙，内部孔道数量增多，极大地增加了填料的比表面积，进而提高了反应效率。

5.6.2.3 球形颗粒填料

球形填料是将微电解填料制成球状（也可称为微电解陶粒、阴阳陶粒等），并将填料的粒径控制在 2～10 mm，这种填料的外形比较规整，投加到反应器中其孔隙率不至于过大而浪费空间，并且与块状填料相比，单位质量填料中球形填料的比表面积更大，因此在处理效率上有所提高。

目前微电解材料的制备方法有高温煅烧法、表面改性法、溶胶凝胶法、化学气相凝聚法等，其中表面改性技术、高温煅烧法、化学气相凝聚法相对较为成熟，尤其是高温煅烧法与其他方法相比更简便和经济而应用较为广泛。表面改性法一般是对阳极材料表面做相应的处理。例如双金属还原体系中的铁铜填料，就是将一定量的还原性铁粉加入一定浓度的氯化铜溶液中，使金属铜很好地附着在铁粉表面，并呈点状分布。所谓高温煅烧法，是指将所需的微电解原材料按照一定的比例混合，制成所需的外形（如球形、块状等），先放在干燥箱中进行干燥而后放入马弗炉中进行隔氧高温煅烧，温度一般控制在 300～1 100℃，具体温度需要根据所处理的废水进行决定，从而得出最佳的煅烧温度及煅烧时间。化学气相凝聚法（CVC 法）可制备碳包铁纳米复合微电解材料，其方法是将石英管置于电阻炉中，将电阻炉升至一定温度。当到达温度后取一定量的羰基铁置于试管中，试管固定在冰水混合物中。打开氮气和乙炔气体，将氮气和乙炔的混合气体通入羰基铁溶液中，这样混合气体就会携带挥发的羰基铁进入石英管通过电阻炉。反应一段时间后，停止反应，保留氮气保护，冷却后即可制得所需的碳包铁的纳米复合材料。

5.6.3 新型微电解填料种类

新型微电解填料是使用具有高电位差的活性炭与金属合金采用多元微粉融合、成型压制、高温微孔活化等先进技术生产而成，具有铁碳一体化、熔合催化剂、微孔架构式合金结构、比表面积大、密度小、活性强、电流密度大、作用水效率高等特点。当应用于废水处理，可高效去除 COD、降低色度、提高可生化性，处理效果稳定，可避免运行过程中的填料钝化、板结等现象。新型微电解填料与传统微电解填料对比如表 5-2 所示。

表 5-2　新型微电解填料与传统微电解填料对比

项目	新型微电解填料	传统微电解填料
物理结构	多孔架构式微孔结构，粒度为 10～30 mm，比表面积为 1.2 m^2/g，密度为 1.0 g/cm^3	无规则，实心颗粒或粉末状，密度为 3.5～4.0 g/cm^3
阴阳极结合	合金结构，阴阳极形成合金一体化，原电池持续高效，填料表面随着电荷的转移更新快	铁屑、木炭物理混合，阴阳极很容易被反应生成物或水体夹杂物隔离分开，导致电池效率下降
引入催化剂	本填料针对不同废水引入了不同的及适量的催化剂	不含催化剂
处理效果	一般反应只需 30～60 min，COD 去除率到达 30%～80%，稳定运行	反应需 1 h 以上甚至数小时，去除效果不稳定，容易钝化失效
应用成本	密度约为 1.0 t/m^3，处理成本为 0.4 万～0.6 万元 /m^3	废水处理成本 1.0 万～1.2 万元 /m^3，加上筛分出的废渣成本至少在 1.2 万元 /m^3 以上

目前，常见的几种新型微电解填料归纳如下。

（1）LAT-T 系列新型微电解填料

LAT-T 系列新型微电解填料是山东潍坊某公司针对当前有机废水难降解、难生化的特点而研发的一种多元催化氧化填料。LAT-T 系列新型微电解填料的规格分为 LAT-TC 和 LAT-TQ 两种。微电解填料由多元金属合金融合催化剂并采用高温微孔活化技术生产而成，属新型投加式无板结填料。该微电解填料由多元金属熔合多种催化剂通过高温熔炼形成一体化合金，保证"原电池"效应持续高效，不会像物理混合那样出现阴阳极分离，影响原电池反应；架构式微孔结构形式，提供了极大的比表面积和均匀的水气流通道，为废水处理提供了更大的电流密度和更好的催化反应效果；活性强、密度小、不钝化、不板结，反应速率快，长期运行稳定有效；针对不同废水调整不同比例的催化成分，提高了反应效率，扩大了对废水处理的应用范围。LAT-T 系列新型微电解填料的外观如图 5-26 所示。

图 5-26 LAT-T 系列新型微电解填料的外观

LAT-T 系列微电解填料的技术参数为密度为 1.0 t/m^3；比表面积为 1.2 m^2/g；孔隙率为 65%；物理强度≥1 000 kg/cm^2。其具体的产品规格如表 5-3 所示。LAT-T 系列微电解填料作用于废水处理可高效去除 COD、降低色度、提高可生化性，处理效果稳定持久，同时可避免运行过程中的填料钝化、板结等现象。

表 5-3 LAT-T 系列微电解填料产品规格

规格	外观	粒径	有效成分	含量
LAT-TC	椭圆	1 cm×3 cm	铁碳＋多金属合金	＞99%
LAT-TQ	椭圆/齿状	1 cm×3 cm	铁碳＋贵金属合金	＞99%

（2）CY 系列铁碳微电解填料

CY 系列铁碳微电解填料由山东潍坊某环保科技有限公司与国内某大学共同研发，该填料通过 1 050℃严格控温技术将铁及金属催化剂与炭包容在一起形成架构式铁碳结构。CY 系列铁碳微电解填料具有防板结、高效性、破坏、断链、多效性、免更换、高强度、比表面积大等特点。CY 系列铁碳微电解填料特别针对有机物浓度大、高毒性、高色度、难生化废水的处理，可大幅降低废水的色度和 COD，提高 B/C 值，即提高废水的可生化性，可广泛应用于印染、化工、电镀、制浆、造纸、制药、洗毛、农药、酱菜、酒精等各类工业废水的处理及处理水回用工程。CY 系列铁碳微电解填料的产品规格如表 5-4 所示。

表 5-4 CY 系列铁碳微电解填料的产品规格

项目	外观	粒径	有效成分	含铁量	强度
微电解填料	扁圆	1 cm×3 cm	铁＋碳＋催化剂	≥75%	1 000 kg/cm^2

（3）TPFC 系列微电解填料

TPFC 系列新型铁碳微电解填料是由萍乡某环保科技有限公司研发的第三代铁碳微电解填料，应用于微电解反应器，可高效去除废水中重金属离子、色度、高浓度有机物（COD），对环状及长链大分子有机物进行开环断链，对有毒、有害有机污染物破坏其有毒官能团，提高工业废水的可生化性。图 5-27 为 TPFC 系列新型铁碳微电解填料的外观。

图 5-27　TPFC 系列微电解填料外观

　　TPFC 系列新型铁碳微电解填料具有以下的特点：活性高；孔隙率高，堆密度低；规整球形结构清洗更方便，高效更稳定；无钝化；无堵塞、板结等。TPFC 系列新型铁碳微电解填料的具体参数如表 5-5 所示。

表 5-5　TPFC 系列新型铁碳微电解填料的具体参数

项目	性能参数	优势
外形	规整球形，$\Phi 10\sim14$ mm	便于反洗维持高活性，有利于防钝化
堆密度	$0.8\sim1.2$ g/cm^3	孔隙率高、反应活性高、填充量较少
孔隙率	$\geqslant65\%$	防堵塞
比表面积	$\geqslant1.2$ m^2/g	比表面积大，反应速度快，活性高
耐磨性	高	损耗低
物理强度	$\geqslant1\,100$	颗粒完整，无破坏浪费
有效成分（铁碳）含量	$\geqslant99\%$	反应后残留杂质少，无二次污染

5.7　微电解法存在的问题及解决措施

　　微电解法的特点是作用机制多、协同性强、综合效果好、脱色效果尤其明显，还可提高废水的可生化性，与二级生化处理工艺匹配性好、操作简便、以废治废、运行费用低。其 COD 去除率可达 20%～60%，脱色率为 50%～96%。在许多工程中已成为生化处理前的主导一级预处理工艺单元。但作为一种废水处理方法，目前无论从理论上还是从实践上讲，都有待在今后的研究中进一步完善和改进。

5.7.1 存在的问题

铁床作为一种废水处理装置，在实际运行中，常会出现填料钝化、板结及出水"返色"等现象，这是在实际工程中必须妥善解决的问题。

（1）填料易板结、絮凝床堵塞

内电解絮凝床中最常用的填料为钢铁屑和铸铁。钢铁屑含碳量低，内电解反应慢，处理效果差；铸铁屑中含碳量高，处理效果好，但铁屑强度低、易压碎，随处理时间的增加，铁屑的粒径逐渐减小，而铸铁屑强度低，易被压碎成粉末状，再加上污泥在铁碳表面堆积而结块，降低了内电解的处理效率。

此外，随内电解絮凝床运行时间的增长，填料中聚集的悬浮物增多，加上金属化物的浓集，易将填料孔隙堵塞，需定期反冲洗。但铁屑密度大，需较强的冲洗强度，工程应用中需配套较大的设备，投资增大。

（2）填料钝化及沟流现象

铁在水溶液中的腐蚀是一个自发过程，铁的腐蚀会向水中释放 Fe^{2+}，同时会消耗酸或产生碱从而使水溶液的 pH 升高。在中性或碱性条件下，铁的腐蚀会使铁表面形成氧化层，首先溶液中的 Fe^{2+}、H_2、O_2 等在铁表面吸附沉淀形成疏松多孔结构的水合物，随着腐蚀的继续，内氧化层因进一步的脱水和氧化而变得致密，最终形成从内到外密度减小、孔隙度增加的多层微孔结构，主要成分包括磁铁矿、磁赤铁矿、针铁矿、纤铁矿和绿锈等。这些沉积在铁表面的沉淀物使铁发生钝化，阻断了水中有毒有害物质与铁屑表面的接触，从而降低了废水的处理效果。

微电解处理装置经一段时间的运行后，会出现沟流等现象。在液固系统中，由于不均匀的流动，流体打开了一条阻力很小的通道，形成所谓的沟，以极短的停留时间通过床层的现象，形成的沟流会降低传质效率。尤其当微电解塔较高，底部的铁屑压实作用过大时，这种现象更加明显。

（3）铁泥处理较难

铁屑处理废水通常是在酸性条件下进行，但在酸性条件下，溶出的铁量大，加碱中和时产生絮凝沉淀物（俗称铁泥）较多，加重了脱水工段的负担，而废渣的最终归属也成了问题。而且塔前与塔后的 pH 调节也较烦琐，目前在中性条件下的废水处理还有待进一步研究。

（4）生物膜的生长

废水中各种有机物（如蛋白质、聚多糖等）可能通过疏水相互作用、表面化合反应等作用吸附在微电解填料上，为细菌等微生物的生长提供营养物质。同时，水体中含有各种各样的细菌等微生物，受范德华力、静电和疏水相互作用、氢键、偶极矩、色散力等理化作用力控制，部分个体与填料接触，发生黏附（这种是可逆的）。而微生物在不断的新陈代谢过程中产生一些黏性很强的产物，随着黏性物质的增多，它们将微生物和管道内壁紧密联系在一起，从而使黏附具有不可逆性，这些经受住水力冲刷的微生物逐渐向周围繁殖扩张，最后形成结构复杂的生物膜。由于大量生物膜包裹在微电解填料的表面，大大影响了原电池反应的速度和处理效果。

（5）出水"返色"现象

一些印染或染料废水经铁床脱色后，在较短时间内出现颜色逐渐加深的现象。关于这种"返色"现象的原因，普遍认同的观点是：铁床填料和废水反应，破坏了染料分子的发色或助色基团，但染料分子只是转变成了无色的小分子有机物，并仍旧存在于废水中。这些小分子有机物具有一定的逆反应趋势。但通过试验发现，对于一些类型的染料废水，当中和沉降的 pH 为 8～8.5 时，这种"返色"现象除表现在废水颜色逐渐加深外，废水还会逐渐变浑浊，较长时间静置后，会出现少量较深颜色的沉淀物，经分析，此沉淀物为 $Fe(OH)_3$ 沉淀。这种现象很容易解释为 Fe^{2+} 被氧化成了 Fe^{3+}，而它们的水解产物 $Fe(OH)_2$ 和 $Fe(OH)_3$ 的溶度积常数相差 1 021 倍以上，容易生成 $Fe(OH)_3$ 沉淀。基于以上的分析，Fe^{2+} 未完全去除会在一定程度上加剧这种"返色"现象。

（6）填料补充与更换困难

铁碳微电解填料中碳作为惰性电极不被消耗不用更换，随着运行时间的延长，铁屑作为腐蚀电极被不断消耗。当一定量的铁屑被消耗完后，微电解的处理效果就会受到影响，因此需要定时补充铁屑。但补充的铁屑需要和炭填料混合均匀这需要巨大的工程量，同时也需要足够的空间，可操作性较差。

5.7.2　解决措施

为了解决微电解处理废水的过程中出现的问题，人们越来越关注对铁屑微电解反应器及微电解填料改进等方面的研究。

（1）填料原配比的改进或类型的转变。近年来在工业废水处理领域中出现了许多微电解填料改进技术，主要有：①一元微电解填料的改性；②二元微电解填料的烧结与规整化，以及以铁基双金属还原体系的构建；③三元微电解填料的开发。在铁屑中加入一些活化剂或疏松剂改良填料；寻找有效的载体，把铁固定在载体上，防止铁屑板结，增加反应表面积，提高反应速率，减少铁屑流动损失；采用铁屑高频结孔技术有效防止了铁屑板结现象的出现。铁屑高频结孔技术是在一定的温度下把铁屑烧结成类似活性炭的具有较大比表面积的多孔结构物质，其中通过具有许多通道的铁屑可使废水以较低的阻力流过，而且多孔结构能把铁迅速溶解于酸性废水中，随着使用时间的增加，其孔隙会不断扩大，保证了装置长期的稳定效果和可靠性。通过在铁床填料中加入适当的辅料可以有效避免填料出现板结现象，同时也有利于气、液、固相充分接触，提高废水处理效果。辅料可选用 X50 聚乙烯多面空心球。

（2）反应器的改进。设计新式反应器，优化和改进反应器结构，充分发挥微电解技术处理工业废水的优势。微电解技术虽然在工业废水中得到广泛应用，但是由于微电解反应器设计的缺陷，限制了微电解技术的处理效果。为了预防填料的板结，许多研究者做出了不懈努力，一批新式的反应器相继研发出来，如曝气固定床微电解反应器、滚筒式固定床微电解反应器、立式膨胀床微电解反应器、转鼓式微电解流化床及卧式分级搅拌微电解流化床等，能够克服填料板结的问题。

（3）定期清洗。当填料快要失去活性时，用压缩空气、水反冲洗使其再生（必要时可用稀酸冲洗或浸泡后再用清水冲洗）使铁屑大量溶解加速处理废水的速度；为消除生成的氢氧化铁凝胶覆盖在粒铁表面而引起钝化，影响进水效果，可采用粒铁滚动自摩方法来保持粒铁表面新鲜，提高电化学腐蚀活性，实现废水的连续处理。生物膜生长迅速，需要进行频繁冲洗。为了抑制生物膜的生长，对于小规模的污水处理工程，可采用定期用稀酸清洗微电解填料或投加消毒剂的方式进行控制。但对于大规模的处理工程，这种方法在经济指标和管理运行上均存在明显的缺陷，因此开发新型微电解填料，如采用铁粉作为流化床填料，并通过清洗、反应、沉淀等方式清除附着在铁粉表面的钝化膜或生物膜，对填料进行再生，并通过回流铁粉浆料的形式回用于微电解反应器，能够实现工业规模化运行，有效降低填料的再生成本。

（4）解决铁床出水"返色"问题，除应考虑在后续处理工艺中彻底脱除发色母体外，还应在中和沉降时调节 pH 至 9 以上，使 Fe^{2+} 完全沉淀或加入适当的氧化剂（如 O_2、H_2O_2 和 O_3 等）使 Fe^{2+} 迅速被氧化成 Fe^{3+} 后以 $Fe(OH)_3$ 胶体形式析出。废水经微电解处理后，生成的废渣可送往炼铁厂炼铁或与水泥沙土掺制建筑材料，可考虑把产生的铁泥用来制作磁性材料。

5.8 微电解法的其他类型

可渗透式铁墙是最早开始大规模应用的一种零价铁内电解技术。值得欣慰的是，大多数现场零价铁地下水修复工程至今仍然工作完好，如 D H Phillips 于 2010 年在 *Environmental Science & Technology* 上报道的北欧地区某可渗透式铁墙，至今运行状况良好，并预计仍然能运行 30 年。总体来说，可渗透式铁墙技术发展至今，已非常成熟，并已在地下水修复领域获得很大的成功，后续的发展主要集中在如何进一步提高反应效率及铁墙填料的改进方面。而微电解扩展到工业废水处理领域后，迎来了微电解技术的再次发展，但在工业废水处理领域，微电解的应用遇到一系列问题，在该领域的实际应用并不如在地下水修复领域成功。常规铁碳微电解法受 pH 影响较大，反应器在酸性条件下运行时，反应效率较高，而酸性条件通常对反应器构筑物的要求较高，调节 pH 的费用也相对较高，同时，极酸条件下填料的消耗量也过大，影响工艺总体的运行成本。为了改进上述实际运行中碰到的反应效率与工艺运行的问题，需对铁碳法进行多方面的改进，填料的改进主要是开发双金属内电解材料、微米 / 纳米颗粒内电解材料等。

5.8.1　双金属内电解法

催化铁还原技术以零价铁的还原反应为基础，其实质仍是污染物所致的铁的电化学腐蚀反应，同时由于加入的另一种标准电极电位比铁高的金属作为阴极金属与铁形成电偶电对，对铁腐蚀引起的污染物还原起到催化作用，催化铁还原包括零价铁表面的还原和阴极金属表面的催化还原，这两个过程在催化铁还原中同时存在，其中零价铁的半反应为整个体系的反应基础，而污染物可在零价铁表面得到电子实现还原，也可在双金属阴极表面得到电子而还原，两者之间的还原比例随着反应污染物和反应条件的不同而有所差别。在零价铁的基础上，发展出了很多种双金属催化内电解法，包括 Fe/Cu 法、Fe/Pd 法、Fe/Ni 法等，这些金属通常在反应中不被消耗，具有很好的经济性。

（1）Fe/Cu 法

Fe/Cu 法是国内研究最多的双金属内电解法。该法采用铁、铜作为电极，以具有一定导电性的废水充当电解质，形成无数的原电池，产生电极反应和由此所引起的一系列作用（改变废水中污染物的性质），从而达到处理废水的目的。与铁碳微电解法相比，铜的加入扩大了两极的电位差，电化学反应的效率得到进一步提高；适用 pH 范围广，对酸性废水和碱性废水都有很好的处理效果，同时工艺操作简便，运行费用低廉。如果在废水与铁、铜滤料接触的同时给予微量曝气，不仅可增加废水中的溶解氧，还可增加电子受体的数量，强化微电池的作用，加速铁的溶出，促进铁、铜表面物质的去除；另外还有助于废水中易被氧化染料（如硫化染料等）的去除。

（2）Fe/Pd 法

钯金属（Palladium，Pd），第五周期Ⅷ族铂系元素，原子量 106.42，原子序数 46，银白色过渡金属。钯金属能很好地吸附氢，常温下，1 体积的海绵钯可吸收 900 体积的氢气，1 体积胶体钯甚至可吸收 1 200 体积的氢气。钯金属对氢气的吸附是可逆的，吸附后的钯金属一旦加热到 40～50℃，吸收的氢便大量被释放。钯化学性质不活泼，常温下在空气和潮湿环境中稳定，在化学中主要做催化剂。

在内电解反应中，单独的钯还原性能非常差，活性很低，但作为催化剂与零价铁一起使用，组成 Fe/Pd 双金属却具有很好的效果。近年来，对 Fe/Pd 双金属内电解的研究非常多，并且该体系的研究针对地下水的处理。但由于钯在地球上的储量稀少，在地壳中的含量仅为 1×10^{-6}%，采掘冶炼较为困难，属稀贵金属，价格昂贵，其应用范围并不大。

（3）Fe/Ni 法

有研究表明 Fe/Ni 体系对三氯乙烯（TCE）的去除比普通的铁颗粒效率高 50 倍，Fe/Ni 体系的构造也非常简单，只需将铁颗粒与镍颗粒物理混合均匀即可。

（4）其他双金属法

双金属内电解法除了以上的几种方法外，还有 Fe/Si 法、Fe/Ag 法、Al/Cu 法、Mg/Pd 法等。

5.8.2　纳米零价铁法（nZVI）

纳米零价铁（Nanoscale Zero-Valent Iron，nZVI）技术是 ZVI 技术的改进和发展，纳米大小的 ZVI 比普通 ZVI 的反应活性要强很多倍，因而可以更有效地降解有机物。1994 年加拿大学者 Gillham 和 O' Hannesin 等最早研究发现散装的零价铁粉可以还原地下水中一系列卤代芳香族有机物并首次提出"零价铁"（ZVI）。1995 年美国的 Glavee 等又成功合成出第一批纳米尺度（1～100 nm）的零价铁材料，即纳米零价铁（nZVI）。1997 年，Zhang 等首次采用液相还原法合成平均粒径约 60 nm 的零价铁，并成功应用于降解有机氯化物，开创了 nZVI 在环境污染物治理领域的应用先例。在过去的近 20 年里，由于 nZVI 颗粒具有强还原能力，高表面反应活性和大比表面积的特点，在环境修复领域一直受到广泛的关注。纳米零价铁被用来去除很多不同类型的污染物，包括氯代有机污染物、硝基芳香族化合物、硝酸盐和多种重金属离子。

nZVI 是指直径小于 100 nm 的零价铁颗粒，它比表面积大，反应活性高，比表面积分析（BET）结果为 35 m²/g，具有球形结构，平均尺寸 60 nm，80% 粒径为 50～100 nm。nZVI 具有强还原性，在合成过程或者水溶液中会不可避免地与氧气或者水反应，在其外层形成氧化层，使其具有核壳双重结构，核心是结实的零价铁 Fe^0，呈金属铁体心立方晶体的扩散环结构，周围包覆较薄的氧化壳 FeO 或 FeOOH。氧化壳厚度多为 2～4 nm，该结构被认为是纳米零价铁与生俱来的，即纳米零价铁合成时就形成钝化层。因磁性和静电引力作用，纳米零价铁易形成链状结构，常呈典型簇状，具有连续的氧化壳，但金属核心被更薄的一层氧化膜相互隔离。特殊的核壳结构使得 nZVI 能够以多种方式去除污染物：核心 Fe^0 失去的电子通过外层薄薄的、不规整的氧化层传递给污染物，使其保持强还原性；同时，壳层的氧化物能吸附包括重金属在内的多种污染物，使 nZVI 具有良好的吸附性。当 pH 较低时，表面的 FeO 带正电，可吸附负电物质；当环境 pH 较高时，颗粒表面带负电，可与金属离子形成复合物，被吸附的物质得到零价铁的电子后被还原。nZVI 的核壳结构及其去除废水中污染物的机理模型如图 5-28 所示。

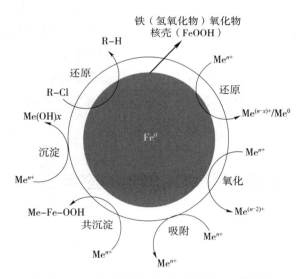

图 5-28　nZVI 壳核结构及其污染物去除机理

零价铁（Fe^0）降解有机污染物的机理在于它的还原性，可以将吸附在其表面的某些氧化性较强有机物还原。一般认为污染物首先通过吸附从溶液中转移到 Fe^0 表面，随后与 Fe^0 以 3 种作用机制（Fe^0 表面的直接反应、Fe^0 的腐蚀产物 Fe^{2+} 的还原作用和 Fe^0 腐蚀过程产生氢的还原作用）而被去除。在动力学方面，Fe^0 降解有机物的反应一般遵循一级或准一级动力学，降解反应的速率与有机物的分子结构有关。实际上，许多有毒有机污染物（如偶氮染料、硝基芳香族化合物等），其电负性强难以被 Fe^0 完全降解，但这并不影响 Fe^0 成为难降解废水处理中一项非常有应用前景的新技术。这是因为：① Fe^0 可以大幅提高难降解工业废水的可生化性，便于后续生化处理。② Fe^0 的腐蚀产物 Fe^{2+} 和 Fe^{3+} 在水解过程中产生大量的羟基络合物，具有较强的絮凝作用，这样既有利于强化体系的絮凝处理效果而对污染物进行直接沉淀，还能改善后续生物处理中活性污泥的 SVI 指数，提高其沉降效果。③ Fe^0 能够催化过二硫酸盐（PS），使其产生强氧化性的 $SO_4^-\cdot$，降解水体中硝基苯、苯胺等难降解有机污染物；也能强化其他工艺的效果，如在 SBR 工艺中添加 Fe^0，能使 COD_{Cr}、NH_3-N 的去除率分别提高 10.2%、47.1%；在厌氧的 UASB 反应器中内置 Fe^0 床能提高染料废水的脱色效果。

纳米双金属是采用一种贵金属对纳米零价铁进行修饰改性，并基于电化学理论和过渡金属理论而发挥作用。目前研究的双金属包括 Fe/Pd、Fe/Pt、Fe/Ag 和 Fe/Ni 等。在电化学反应中，零价铁作为阳极保护贵金属并自身被氧化。在双金属表面吸附的污染物，有的直接和贵金属发生电子转移，有的则和零价铁发生氧化还原反应被去除。大部分双金属体系相对于单独的 Fe^0 体系能较大程度地增加反应速率。一方面，由于过渡金属有空轨道，能与有机物形成络合物，降低反应的活化能，从而提高反应速率；另一方面，由于 Pd 等金属本身都是良好的加氢催化剂，能收集铁腐蚀产生的氢气，强化 Fe^0 的还原性。此外，贵金属均匀附着在 Fe^0 表面可以形成众多的微型原电池。

5.9　微电解法处理难降解废水中的应用

铁碳微电解法以其运行成本低、处理效果好、使用寿命长、适用范围广等特点受到越来越多的重视。目前微电解法已成功地应用于焦化、印染、农药、制药等废水的处理。

贾金平等发明了一种缺氧/好氧两段式内电解处理有机废水的方法，具体双槽连续流处理装置结构如图 5-29 所示。该方法是将铁屑和活性炭（或铁屑和铜屑）按一定质量比充分混合后置入反应装置中，调节废水 pH 并按设定固液比添加到反应装置中，先缺氧内电解反应一定时间，出水经加碱混凝沉淀后上清液排放。处理方式可采用单槽静态流方式或双槽连续流方式。该发明是在缺氧条件下利用阴极产生的具有很强还原能力的 [H] 还原水中的难降解有机物，好氧条件下利用阴极氧气产生的强氧化性中间产物（如 $[O_2^-]$、$[H_2O_2]$、$[\cdot OH]$ 等）氧化难降解物质，充分利用氧化还原反应降解有机物，比单独利用缺氧还原作用或好氧氧化作用处理难降解有机物的能力强，脱色效果更显著。

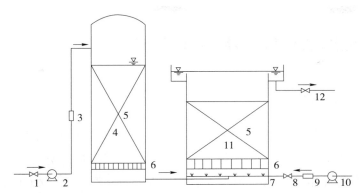

1—出水口阀门；2—提升泵；3—液体流量计；4—缺氧反应槽；5—填料；6—承托层；7—穿孔管；
8—曝气口阀门；9—气体流量计；10—曝气泵；11—好氧反应槽；12—好氧槽出水口

图 5-29　双槽连续流处理装置结构示意图

赖鹏等采用曝气铁碳微电解工艺对焦化废水进行深度处理，结果表明，在活性炭、铁屑和 NaCl 投加量分别为 10 mg/L、30 mg/L 和 200 mg/L 的条件下反应 240 min，出水 COD 去除率在 30%～40%；酸性条件可进一步提高 COD 去除率；微电解可以去除原生化出水中的难降解有机物，出水物质的分子量主要集中于 2 000 u 以下，以脂类和烃类化合物为主；出水的生化性有了大幅提高，BOD_5/COD_{Cr} 由最初的 0.08 提高到 0.53。

杨林等采用铁碳微电解工艺对靛蓝牛仔布印染废水进行预处理，结果表明，在 Fe/C 为 2∶1、pH 为 3 的条件下反应 90 min，铁碳微电解出水的 COD 去除率为 49.2%，色度去除率达到 80%，该印染废水经微电解处理后 BOD_5/COD_{Cr} 值从原来的 0.248 上升至 0.436，可生化性明显提高。微电解预处理靛蓝牛仔布印染废水过程中 COD 的去除反应符合二级反应动力学规律。

于璐璐等采用曝气微电解法预处理难降解含氰农药废水，并研究了几个主要工艺条件对其预处理高盐含氰农药废水 COD 和 CN^- 的影响。结果表明，微电解预处理的最佳条件是 pH 为 4、铁碳质量比为 1∶1、曝气量为 150 L/h、反应时间为 3 h 时，COD 去除率为 61.6%，出水 CN^- 浓度为 3.52 mg/L。废水经铁碳微电解法预处理后降低了后续处理的负荷，降低了废水的毒性，改善了其水质。

冯雅丽等采用铁碳微电解法预处理高浓度高盐制药废水，通过单因素试验初步研究进水 pH、铁用量、反应时间和铁碳比对处理效果的影响，通过正交试验表明进水 pH 对处理效果影响最大，并得到最佳反应条件：进水 pH 为 4.5，铁投加量 40 g/L，铁碳质量比 1∶1，反应时间 4 h，COD 去除率可达 40% 以上，并可以提高废水的可生化性，后续通过厌氧生物处理出水可达二级污水综合排放标准。

5.10 微电解法处理废水的试验研究

5.10.1 化工废水情况

吉林省某化工公司主要产生邻苯二甲酸酐、邻苯二甲酸二丁酯。生产废水由邻苯二甲酸二丁酯的生产过程产生，邻苯二甲酸二丁酯是传统的主增塑剂，在生产过程中将会排放生产废水，废水为有机废水，且成分复杂，COD_{Cr}高而BOD_5/COD_{Cr}较低，含有大量无机盐难降解物质多，以上特点给废水处理造成极大的难度。

试验原水水质情况如表5-6所示。

表5-6　原水水质情况

水质指标	COD_{Cr}/（mg/L）	BOD_5/（mg/L）	pH
原水水质	45 000	16 500	6~9

通过"微电解——多相催化氧化——絮凝沉淀"工艺进行试验。原废水为无色半透明液体，pH在5左右。

5.10.2 作用机理

（1）微电解

微电解氧化技术是目前处理难降解有机废水的一种理想工艺。采用江西某公司生产的规整型高效电化学催化氧化填料与废水相互作用形成无数的原电池。原电池可产生约1.2 V电位差，通过放电形成对废水中有机物的电解处理，以达到降解有机污染物的目的。在处理过程中产生的新生态［H］、Fe^{2+}等能与废水中的许多组分发生氧化还原反应，破坏废水中的有色物质的发色基团或助色基团，达到降解脱色的作用；生成的Fe^{2+}进一步氧化成Fe^{3+}，它们的水合物具有较强的吸附-絮凝活性，在加碱调节pH后生成$Fe(OH)_3$和$Fe(OH)_2$胶体絮凝剂，能大量吸附水中分散的微小颗粒、金属粒子及有机大分子。其工作原理基于电化学、氧化还原、物理吸附以及絮凝沉淀的共同作用对废水进行处理。

（2）多相催化氧化

废水经电化学氧化处理后废水中的部分有机污染物已被氧化还原反应去除，剩余的部分有机物的结构也已经发生了变化，有利于进一步氧化处理。废水可以通过加入一定量的双氧水，在废水中的亚铁离子及多相催化剂的催化下形成更强的氧化性，可氧化去除废水中绝大多数可被其氧化的有机物，为后续的处理达到排放标准创造了有利条件。

该催化氧化过程能氧化多种有机分子。在亚铁离子的催化作用下，随着氧化剂的分解，会产生大量的·OH，利用新生态的·OH对有机物进行氧化去除。

（3）絮凝沉淀

废水经电化学氧化处理后，出水中含有大量反应产生的悬浮物，需投加液碱中和沉淀去除，提高出水水质。

5.10.3　试验药品及测试方法

（1）药品

重铬酸钾标准溶液：$C(1/6K_2Cr_2O_7)=0.250 \text{ mol/L}$

试亚铁灵指示剂

浓硫酸：$\rho(H_2SO_4)=1.84 \text{ g/mL}$

液碱：10%

硫酸银-硫酸溶液：$\rho(Ag_2SO_4)=10 \text{ g/L}$

硫酸亚铁铵标准溶液：$C\left[(NH_4)_2Fe(SO_4)_2 \cdot 6H_2O\right] \approx 0.1 \text{ mol/L}$

过氧化氢：30%

硫酸汞：粉末状

蒸馏水

（2）试验仪器

智能混凝搅拌机、COD恒温加热器、恒温干燥箱、电子天平、pHS-3C型pH计、曝气机等。

（3）分析方法

pH测定：采用pHS-3C型pH计测定试样的pH

COD测定：重铬酸钾法（GB 11914—1989）

测试药剂均为现场配制、现场使用。

5.10.4　试验设备

微电解法处理化工废水的试验装置如图5-30所示。试验装置由曝气装置、抽水机、铁碳填料、多相催化剂等组成。

图 5-30 化工废水处理试验装置

5.10.5 试验过程

（1）试验步骤

原水——→微电解（反应时间 120 min）——→多相催化氧化（反应时间 120 min）——→加液碱——→絮凝沉淀——→上清液测 COD。

（2）试验过程

原水 pH 为 5.10 左右，用浓硫酸调节 pH 为 3.0 左右后微电解氧化反应 120 min，取 100 mL 水加液碱调节废水 pH 至 8.5～9.0，搅拌，静置沉淀，取上清液进行 COD 测定。

取微电解处理后的出水（未经絮凝沉淀）投加 10% 过氧化氢，曝气反应 2 h；反应结束后，出水投加液碱调节 pH 至 8.5～9.0，搅拌，静置沉淀 2 h，取上清液进行 COD 测定。

5.10.6 试验结果

废水经微电解和催化氧化反应处理后具体的出水水质情况如表 5-7 所示。废水经微电解处理后，COD 去除率 30% 左右；而废水经微电解氧化处理后的出水再经催化氧化处理，COD 进一步降低，出水 COD 去除率在 40% 左右。

表 5-7 废水处理后出水水质

出水指标	原水	微电解氧化 1 h	微电解氧化 2 h	多相催化氧化（过氧化氢 10%）
COD_{Cr}/（mg/L）	45 000	33 500	31 193	21 960
去除率 /%	—	25.5	6.9	29.5

废水经微电解氧化处理后，废水的上清液呈黄色；微电解氧化处理后的废水再

经催化氧化处理，上清液变为淡黄色。废水经电化学氧化和催化氧化处理后废水的具体颜色变化如图5-31所示。

图5-31　废水处理前后水质变化

注：图中A为原水水色，B为微电解氧化后的水色，C为多相催化氧化后的水色。

含有邻苯二甲酸二丁酯的化工废水通过"微电解＋多相催化氧化＋絮凝沉淀"的处理工艺后，可以有效降解COD，去除率在40%左右，出水上清液呈淡黄色，透明。废水BOD_5/COD_{Cr}一般可提升至0.30以上，提高了废水的可生化性，有利于后续生化系统的处理。

第 **6** 章

CHAPTER 6

电–Fenton 法

目前，随着制药、化工、染料等工业行业的发展，人工合成的有机物数量与种类都与日俱增，排放的难降解有机废水量也不断增加，成分越来越复杂。废水中所含的有机物主要是难降解的有机物（如芳烃类等），且 BOD_5/COD_{Cr} 值较低，有时在 0.1 以下，难以被生物降解；另外，污染物毒性大，许多有机物（如苯胺、硝基苯、多环芳烃等）都被列入环境污染物黑名单。因此，高浓度难降解有机废水是水处理中的难点和热点，需要用到预处理工艺以提高废水的可生化性。

Fenton 氧化法是一种高级氧化技术。1894 年法国科学家 H Fenton 在一项科学研究中发现，酸性水溶液中，亚铁离子和过氧化氢共存条件下可以有效地将酒石酸氧化，即

$$HOOCC(OH)COOH+Fe^{2+}+H_2O_2 \longrightarrow CO_2+H_2O \qquad (6-1)$$

这项研究为人们分析还原性有机物和选择性氧化物提供了一种新的方法。后人为纪念这位伟大的科学家，将 Fe^{2+}/H_2O_2 命名为 Fenton 试剂，使用这种试剂的反应称为 Fenton 反应。Fenton 氧化法特别适用于处理高浓度、难降解、毒性大的有机废水。1964 年，加拿大学者 H R Eisenhouser 首次使用 Fenton 试剂处理苯酚及烷基苯废水，开创了 Fenton 试剂在环境污染物处理中应用的先例。Fenton 氧化技术在难降解有机废水处理方面的突出表现引起国内外学者的广泛关注。

芬顿（Fenton）技术作为常见工艺已得到广泛的研究和应用，特别是在水和土壤的处理领域。芬顿试剂作为一种绿色试剂对环境影响较小，但反应产生的羟基自由基具有很强的氧化性，对难降解物质特别是难生化降解有机物有着很好的氧化去除能力。Fenton 反应因其具有反应物易得、操作简单、费用较低以及环境友好性等优点，被广泛地应用于印染废水、焦化废水、炸药废水、制药废水以及农药废水等的处理。

6.1　Fenton 法概述

自 Fenton 试剂应用以来，其反应机理一直是人们关注的焦点。许多学者在原有的研究基础上对 Fenton 反应降解有机物的过程提出了多种可能的反应机理，其中得到学术界普遍认可的主要有两种：一是 Harber 和 Weiss 提出的羟基自由基氧化理论；二是 Walling 和 Kato 提出的铁絮凝作用理论，即 Fenton 氧化除具有较强的氧化能力外，同时具有一定的絮凝作用。一直以来，关于这两种机理的分析讨论很多，许多相关研究也都证明两种机理各有合理之处，但两者都未能全面明确地揭示 Fenton 氧化机理，有待进一步分析研究。

6.1.1　自由基机理

Fenton 试剂是由 H_2O_2 和 Fe^{2+} 组成的氧化体系，实质上是在酸性条件下（pH=2～5），H_2O_2 在 Fe^{2+} 催化作用下能产生具有高反应活性的羟自由基（·OH），其氧化电位仅次于氟，高达 2.80V，而大于臭氧和二氧化氯的氧化电位。羟基自由基与其他强氧化剂的标准电极电位如表 6-1 所示。另外，羟基自由基具有很高的电负性或亲电性，其电子亲和能力达 569.3 kJ，具有很强的加成反应特性，因而 Fenton 试剂可无选择性地氧化水中的大多数有机物，特别适用于生物难降解或一般化学氧化法难以奏效的有机废水的氧化处理。

表 6-1　常见氧化剂的电极电位

氧化剂	氧化电位 /V	氧化剂	氧化电位 /V
F_2	3.06	$HClO_4$	1.63
· OH	2.80	ClO_2	1.50
O_3	2.07	Cl_2	1.36
H_2O_2	1.77	$Cr_2O_7^{2-}$	1.33
$KMnO_4$	1.69	O_2	1.23

理论上，Fenton 试剂中的 Fe^{2+} 在酸性条件下催化 H_2O_2 发生快速分解反应，利用生成的强氧化性·OH 来降解废水中的有机污染物。·OH 氧化具有广谱性，能不受废水水质限制与绝大多数污染物高效快速地发生反应。·OH 降解有机物主要通过羟基加成、羟基的夺氢反应和羟基的电子转移 3 个途径改变有机物的碳链结构，使其裂解为易生物降解的小分子物质。其中，羟基加成是将·OH 加合至不饱和碳碳键上；夺氢反应是指·OH 打断碳氢键后存取一个氢形成 H_2O；电子转移反应是指·OH 抢夺无机离子的一个电子形成 OH^-。羟基自由基降解有机物的作用机理如图 6-1 所示。

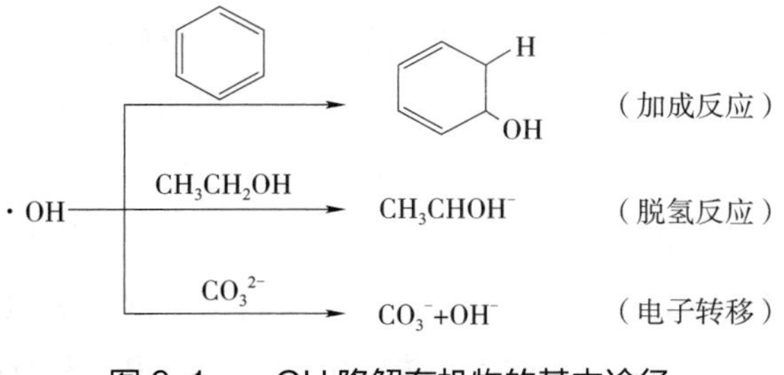

图 6-1　·OH 降解有机物的基本途径

自由基氧化理论可以描述为，在含有 Fe^{2+} 的酸性溶液中投加 H_2O_2，H_2O_2 在

Fe^{2+} 催化作用下产生具有高活性的·OH，并引发自由基链式反应，自由基作为氧化剂攻击有机物分子，使有机物氧化降解形成 CO_2、H_2O 等无机物质。而链式反应中，以·OH 的产生作为链的开始，·OH 产生的反应是比较重要的，该反应能否发生直接决定着反应链能否延伸，而其他自由基和反应中间体构成了链的节点，各种自由基之间或自由基与其他物质相互作用，直至自由基被消耗完，反应链终止。有关羟基自由基（·OH）的引发、消耗及反应链终止机理具体如下：

链的开始：

$$Fe^{2+} + H_2O_2 \longrightarrow Fe^{3+} + \cdot OH + OH^- \tag{6-2}$$

链的传递：

$$Fe^{3+} + H_2O_2 \longrightarrow Fe^{2+} + HO_2\cdot + H^+ \tag{6-3}$$

$$Fe^{2+} + \cdot OH \longrightarrow Fe^{3+} + OH^- \tag{6-4}$$

$$HO_2\cdot + Fe^{3+} \longrightarrow O_2 + Fe^{2+} + H^+ \tag{6-5}$$

$$HO\cdot + RH \longrightarrow R\cdot + H_2O \tag{6-6}$$

$$Fe^{3+} + R\cdot \longrightarrow R^+ + Fe^{2+} \tag{6-7}$$

链的终止：

$$\cdot OH + \cdot OH \longrightarrow H_2O_2 \tag{6-8}$$

$$HO_2\cdot + HO_2\cdot \longrightarrow H_2O_2 + O_2 \tag{6-9}$$

$$\cdot OH + O_2 \longrightarrow OH^- + O_2 \tag{6-10}$$

$$Fe^{3+} + O_2\cdot \longrightarrow Fe^{2+} + O_2 \tag{6-11}$$

$$HO_2\cdot + Fe^{3+} \longrightarrow Fe^{2+} + H^+ + O_2 \tag{6-12}$$

$$HO_2\cdot + Fe^{2+} + H^+ \longrightarrow Fe^{3+} + H_2O_2 \tag{6-13}$$

$$HO_2\cdot + O_2\cdot + H^+ \longrightarrow H_2O_2 + O_2 \tag{6-14}$$

$$O_2\cdot + Fe^{2+} + H^+ \longrightarrow Fe^{3+} + H_2O_2 \tag{6-15}$$

$$\cdot OH + R\cdot \longrightarrow ROH \tag{6-16}$$

整个体系的反应十分复杂，其关键是通过 Fe^{2+} 在反应中起激发和传递作用，使链反应能持续进行直至 H_2O_2 耗尽。Fe^{2+} 与·OH 之间的反应速度很快，生成氧化能力很强的羟基自由基（·OH），同时生成 Fe^{3+}。

·OH 自由基与有机物反应的实质是：对于多元醇以及淀粉、蔗糖、葡萄糖等碳水化合物，与其分子中的 C—C 结构发生脱氢处理生成游离 R·，进一步反应促使有机物被降解为小分子有机物或完全被矿化。而对于不饱和有机物，·OH 自由基可与 C=C 双键发生反应，促使 C=C 键断裂或使 C=C 结构饱和，最终被降解为毒性较小的产物，促使废水的可生化性提高。对于酚类有机物，低剂量的·OH 自由基可促使酚类物质发生耦合作用生成聚合物，而大剂量的·OH 自由基可使酚的聚合物进一步转化成 CO_2。对于芳香族化合物，·OH 自由基可以破坏芳香环，形成脂肪族化合物，从而消除芳香族化合物的生物毒性。对于染料，·OH 自由基可以直接攻击发色基团，打开染料发色基团的不饱和键，使染料氧化分解。色素的产生是因为其不饱和共轭体系的存在而对可见光有选择性的吸收，·OH 自由基能优先攻击其发色基团而达到脱色的效果。·OH 氧化不同种类有机物的机理如表 6-2 所示。

表 6-2　·OH 氧化不同种类有机物的机理

难降解有机物种类	·OH 氧化机理与效果
多元醇及糖类碳水化合物	断裂 C—C 键，使分子发生脱氢反应，最后被完全氧化为 CO_2
水溶性高分子聚合物和水溶性乙烯化合物	·OH 加成到 C=C 键上，使双键断裂，然后将其氧化为 CO_2
酚类有机物	低剂量的 Fenton 试剂可使其发生偶合反应生成酚的聚合物，可通过混凝等常规水处理技术进一步去除；大剂量的 Fenton 试剂可使酚的聚合物彻底降解为 CO_2
芳香族化合物	·OH 破坏环状结构，使其转化为脂肪族化合物，从而消除芳香族化合物的生物毒性
染料	·OH 直接攻击发色基团，打开染料发色官能团的不饱和键，使染料氧化分解，使废水进行同步脱色和降解

6.1.2　絮凝作用机理

Fenton 试剂在处理一些实际废水的过程中发生的现象有时难以用羟基自由基机理解释。Fenton 试剂反应过程中会生成新生态 Fe^{3+}，并形成铁盐络合物，具有一定的絮凝功能。Fenton 试剂的絮凝作用在废水处理中也是一个重要方面，尤其是对废水中 COD 的去除非常有效。Fenton 试剂在处理有机废水的过程中会发生反应生成铁水络合物，其主要反应式如下：

$$[Fe(H_2O)_6]^{3+} + H_2O \longrightarrow [Fe(H_2O)_5OH]^{2+} + H_3O^+ \quad (6\text{-}17)$$

$$[Fe(H_2O)_5OH]^{2+} + H_2O \longrightarrow [Fe(H_2O)_4(OH)_2] + H_3O^+ \quad (6\text{-}18)$$

当溶液的 pH 为 3～7 时，上述络合物变化如下：

$$2[Fe(H_2O)_5OH]^{2+} \longrightarrow [Fe(H_2O)_8(OH)_2]^{4+} + 2H_2O \quad (6\text{-}19)$$

$$[Fe(H_2O)_8(OH)_2]^{4+} + H_2O \longrightarrow [Fe_2(H_2O)_7(OH)_3]^{3+} + H_3O^+ \quad (6\text{-}20)$$

$$\left[\mathrm{Fe_2(H_2O)_7(OH)_3}\right]^{3+}+\left[\mathrm{Fe(H_2O)_5OH}\right]^{2+}\longrightarrow\left[\mathrm{Fe_3(H_2O)_7(OH)_4}\right]^{5+}+2\mathrm{H_2O} \quad (6\text{-}21)$$

以上反应方程式表达了 Fenton 试剂所具有的絮凝功能。反应过程中生成的铁水络合物所具有的这种絮凝作用是 Fenton 试剂降解有机物的重要组成部分，可以看出利用 Fenton 试剂处理废水所取得的处理效果并不是单纯的因为羟基自由基的作用，这种絮凝功能同样起到了重要的作用。在絮凝作用与自由基氧化机理的共同作用下，Fenton 试剂才能取得高效的有机物降解效果。

Fenton 试剂法对 pH 要求比较苛刻。用此法对染料废水进行脱色处理研究后发现，脱色反应的最佳 pH＜3.5，此时 COD 脱除率为 90% 左右，色度脱除率＞97%。温度对脱色速度有较大的影响。研究发现用纯 $\mathrm{H_2O_2}$ 加 $\mathrm{Fe^{2+}}$ 或 $\mathrm{Fe^{3+}}$ 催化分解氯酚 COD 的最佳 pH 分别为 1.5～5.0 和 2.3～3.5。研究表明在 pH 为 2.8 时，$\mathrm{Fe^{2+}}$ 较 $\mathrm{Fe^{3+}}$ 反应速率快，只是 $\mathrm{Fe^{3+}}$ 脱除 COD 的效率高于 $\mathrm{Fe^{2+}}$；在 $\mathrm{H_2O_2}$ 浓度为 80 mg/L 且 pH 为 3.5 时，$\mathrm{Fe^{2+}}$ 的 COD 脱除率可达 80% 左右。

用 $\mathrm{Fe^{2+}\text{-}H_2O_2}$ 处理染料废水，在 pH 为 4～5 时，$\mathrm{Fe^{2+}}$ 催化 $\mathrm{H_2O_2}$ 生成·OH 基团，从而使染料脱色；当 pH 为 1～2 时用铁屑处理，铁氧化生成的 $\mathrm{Fe^{2+}}$ 其水解产物有较强的吸附絮凝作用，硝基酚、蒽醌类废水色度脱除 99% 以上。

6.1.3 类 Fenton 试剂法

类 Fenton 试剂的优点就是过氧化氢分解速度快，因而氧化速率也较高。但是该系统也存在许多问题，由于该系统 $\mathrm{Fe^{2+}}$ 浓度大，处理后的水可能带有颜色，$\mathrm{Fe^{2+}}$ 与过氧化氢反应降低了过氧化氢的利用率，同时该系统要求在极低 pH 范围内进行，使用成本会很高且有机物的矿化程度不高等，影响了该系统的应用。近年来人们把紫外光（UV）、氧气、电、超声波等引入 Fenton 试剂，出现了大量改进后的 Fenton 试剂，如 $\mathrm{H_2O_2/Fe^{3+}}$、$\mathrm{H_2O_2/O_3}$、电-Fenton 试剂、光-Fenton 试剂等，增强了 Fenton 试剂的氧化能力，节约了过氧化氢的用量。由于过氧化氢分解机理与 Fenton 试剂极其相似，均产生氢氧自由基，因此，从广义上将各种改进的 Fenton 试剂称为类 Fenton 试剂。

6.1.3.1 光-Fenton 试剂

经典 Fenton 试剂在黑暗中就能破坏有机物，具有投资少的优点。但存在两个缺点：一是不能充分矿化有机物，初始物质部分转化为某些中间产物，这些中间产物或与 $\mathrm{Fe^{3+}}$ 形成络合物，或与·OH 的生成路线发生竞争，可能对环境危害更大；二是 $\mathrm{H_2O_2}$ 利用率不高。

（1）UV/Fenton 试剂

UV/Fenton 试剂法是经典 Fenton 试剂与 UV/H_2O_2 两种系统的复合。其基本原理类似于经典 Fenton 试剂，所不同的是反应体系在紫外光照射下三价铁离子与水中氢氧根离子的复合离子可以直接产生·OH 并产生二价铁离子，二价铁离子可与 H_2O_2 进一步反应生成·OH，从而加快水中有机污染物降解速度；H_2O_2 在紫外光照射作用下也可直接分解生成·OH；部分有机污染物在紫外光作用下也能够被直接降解。UV/Fenton 试剂反应机理如下：

$$Fe^{2+} + H_2O_2 \longrightarrow Fe^{3+} + \cdot OH + OH^- \tag{6-22}$$

$$Fe^{2+} + \cdot OH \longrightarrow Fe^{3+} + OH^- \tag{6-23}$$

$$Fe^{2+} + H_2O + hv \longrightarrow [Fe(OH)]^{2+} + H^+ \tag{6-24}$$

$$[Fe(OH)]^{2+} + hv \longrightarrow Fe^{2+} + \cdot OH \tag{6-25}$$

$$[Fe(OOC—R)]^{2+} + hv \longrightarrow Fe^{2+} + R \cdot + CO_2 \tag{6-26}$$

$$H_2O_2 + hv \longrightarrow 2 \cdot OH \tag{6-27}$$

$$RH + hv \longrightarrow 降解产物 \tag{6-28}$$

$$\cdot OH + RH \longrightarrow H_2O + R \cdot \tag{6-29}$$

Fe^{2+} 在 UV 光照条件下，可以部分转化为 Fe^{3+}，所转化的 Fe^{3+} 在 pH=5.5 的介质中可以水解生成羟基化的 $Fe(OH)^{2+}$，$Fe(OH)^{2+}$ 在紫外光（$\lambda <$ 300 nm）作用下又可以转化为 Fe^{2+}，同时产生·OH。与普通 Fenton 法相比，光–Fenton 法具有以下优点：

① Fe^{2+} 和 Fe^{3+} 能保持良好的循环反应，提高了试剂的利用效率；

② UV 光和 Fe^{2+} 对 H_2O_2 催化分解存在协同效应，这主要是由于铁的某些羟基络合物可发生敏化反应生成·OH 所致；

③有机物矿化程度更彻底；

④有机物在紫外光作用下可部分降解。

但该法存在的问题是不能用于处理高浓度的有机废水，且对太阳能的利用率不高，处理设备费用高。

（2）UV/H_2O_2/草酸铁络合物法

UV/H_2O_2/草酸铁络合物法是 UV/Fenton 试剂法的发展。UV/Fenton 试剂法利用太阳能能力不强，为了改善这种状况，人们把草酸盐和柠檬酸盐等引入 UV/Fenton 体系，由于生成了高光活性的 Fe（Ⅲ）草酸盐和柠檬酸盐络合物，能够拓宽反应体系吸收波长（200~400 nm），使得利用太阳能成为可能。该方法的优越性主要表现在 3 个方面：具有利用太阳能的应用潜力、可处理高浓度有机废水，以及可节约 H_2O_2 用量。

草酸铁的生成和光解反应过程如下：

$$Fe^{3+} + H_2O_2 + 3C_2O_4^{2-} \longrightarrow \left[Fe(C_2O_4)_3 \right]^{3+} + \cdot OH + OH^- \qquad (6-30)$$

$$\left[Fe(C_2O_4)_3 \right]^{3+} + hv \longrightarrow Fe^{2+} + 2C_2O_4^{2-} + C_2O_4 \cdot \qquad (6-31)$$

$$C_2O_4^- \cdot + \left[Fe(C_2O_4)_3 \right]^{3+} \longrightarrow Fe^{2+} + 3C_2O_4^{2-} + 2CO_2 \qquad (6-32)$$

$$C_2O_4^- \cdot \longrightarrow CO_2^- + 2CO_2 \qquad (6-33)$$

在空气饱和溶液中，酸性条件下 $C_2O_4^- \cdot$ 和 $CO_2^- \cdot$ 会进一步与水中溶解的 O_2 反应，最终形成 H_2O_2。

$$C_2O_4^- \cdot / CO_2^- + O_2 \longrightarrow O_2^- \cdot + 2CO_2 / CO_2 \qquad (6-34)$$

$$2O_2^- + 2H^+ \longrightarrow H_2O_2 + O_2 \qquad (6-35)$$

在光照条件下草酸铁络合物光解成 Fe^{2+} 和 H_2O_2，为 Fenton 试剂提供了持续来源。同时，$C_2O_4^{2-}$ 的加入降低了 H_2O_2 用量，加速了 Fe^{3+} 向 Fe^{2+} 转化，并且保证了体系对光线和 H_2O_2 较高利用率，这样就为高浓度有机物降解奠定了基础。

（3）UV/TiO$_2$/Fenton 法

如今在国内外有文献报道，向 UV/Fenton 法中引入光敏性半导体材料 TiO$_2$，构成 UV-TiO$_2$/Fenton 法，其是 UV/Fenton 法与 UV/TiO$_2$ 法的复合，且它对有机物的光解速率大于 UV/TiO$_2$ 法和 UV/Fenton 法的简单加和。由于 TiO$_2$ 对 UV/Fenton 氧化反应具有催化作用，被引入 UV/Fenton 法后使得该体系表现出很强的光氧化能力。

其中，TiO$_2$ 在 UV 照射下降解有机物具有以下的优势：①废水中很多溶解的或分散的有机物能被降解；②废水的处理效率高。

目前，光-Fenton 技术的研究大多处于实验室阶段，投入工业应用的较少，这主要是因为光反应器用于工业运行成本很高。因此如何充分利用太阳光，开发聚光式反应器、探寻良好的光敏剂、构造光活性体系以实现在少量投加或不投加 H_2O_2 的饱和溶解氧溶液中产生光生羟基自由基和活性氧，这些将是今后的研究方向；同时，开发高效、廉价的非均相催化剂以及对非均相光助反应的机理和动力学等的基础研究尚需进一步深入。

6.1.3.2 超声波-Fenton 试剂

超声和 Fenton 试剂联合对污染物的降解具有明显的协同效应。超声波对有机物的降解是通过超声辐射产生的空化效应（瞬间局部高温 5 000 K，高压 50 MPa，高冷却速率 109 K/s，超高速射流），使 H_2O 和溶解在水中的 O_2 发生裂解反应生成大量 HO·、O·和 HOO·等高活性的自由基团对污染物进行降解；同时，部分有机污染物在空化效应下能够直接被降解。超声和 Fenton 试剂的协同效应在于：反应过程中生成的 Fe^{3+} 在水溶液中部分与 H_2O_2 按 $Fe^{3+} + H_2O_2 \longrightarrow Fe^{2+} + H^+ +$ HOO· 进行反应，一部分则以复杂中间体 $Fe\text{-}O_2H^{2+}$ 形式存在，而在超声作用下，$Fe\text{-}O_2H^{2+}$ 能迅速地分解为 Fe^{2+} 和 HOO·，Fe^{2+} 可继续参与循环反应生成 HO·。反应机理如式（6-36）～式（6-42）所示。

$$H_2O + 超声 \longrightarrow OH· + H· \tag{6-36}$$

$$O_2 + 超声 \longrightarrow 2O· \tag{6-37}$$

$$O· + H_2O \longrightarrow 2OH· \tag{6-38}$$

$$H· + O_2 \longrightarrow HOO· \tag{6-39}$$

$$RH + 超声 \longrightarrow 降解产物 \tag{6-40}$$

$$Fe^{3+} + H_2O_2 \longrightarrow Fe\text{-}O_2H^{2+} + H^+ \tag{6-41}$$

$$Fe\text{-}O_2H^{2+} + 超声 \longrightarrow Fe^{2+} + HOO· \tag{6-42}$$

6.1.3.3 电–Fenton 试剂

电–Fenton 法的实质是把电化学产生的和自动产生的 Fe^{2+} 与 H_2O_2 作为 Fenton 试剂的持续来源。电–Fenton 法的主要优点是自动产生 H_2O_2 的机制较完善；氧化降解有机物的因素较多，除电化产物羟基自由基的间接氧化外，还有阳极直接氧化作用、电混凝作用和电絮凝作用。

目前电–Fenton 氧化技术还处于试验研究开发阶段，因其电流效率低、Fe^{2+} 不易再生、产生 H_2O_2 的阴极材料等不利因素而限制了该法的广泛应用。为了尽早实现该技术在实际工程上的应用，应从以下几个方面进行研究：

①合理设计电解池结构，加强对三维电极的研究，以利提高电流效率、降低能耗；

②加强对阴极材料的研制；

③研制高效、价廉的阳极材料；

④光源的协同催化作用研究及应用。把太阳光引入电–Fenton 体系中，以便提高对污染物的降解效果，节约能源，降低处理成本。

6.1.3.4 类 Fenton 试剂的应用

在处理难生物降解或一般化学氧化难以奏效的有机废水时，类 Fenton 试剂具有其他方法无可比拟的优点，其在实践中的应用具有非常广阔的前景。但由于过氧化氢价格昂贵，如果单独使用类 Fenton 试剂处理废水，则成本较高，所以在实践应用中，可与其他处理方法联合使用，将其用于废水的最终深度处理或预处理，有望解决处理成本较高的问题。

（1）用于废水的预处理

加入少量的类 Fenton 试剂对工业废水进行预处理，通过·OH 与有机物的反应，使废水中的难降解有机物发生部分氧化、偶合或氧化，形成分子量不太大的中间产物，从而改变它们的可生化性、溶解性和混凝沉淀性，然后通过后续的生化法或混凝沉淀法加以去除，以达到净化的目的。

（2）用于废水的深度处理

一些工业废水，经物化、生化处理后，水中仍残留少量的生物难降解有机物，当水质不能满足排放要求时，可以采用类 Fenton 试剂对其进行深度处理。例如，采用中和—生化法处理染料废水时，由于一些生物难降解有机物还未除去，出水的 COD 和色度不能达到国家排放标准。此时，加入少量的类 Fenton 试剂，可以达到同时去除 COD 和脱色的目的。

6.1.4　微电解与 Fenton 法耦合

微电解反应的过程中产生了大量 Fe^{2+} 和 Fe^{3+}，可与额外投加的 H_2O_2 在酸性条件下构成 Fenton 试剂。在 Fe^{2+} 离子的催化作用下，Fenton 反应产生大量的强氧化性羟基自由基，可有效氧化分解废水中难降解的污染物。Fenton 氧化法强化处理铁屑微电解的出水，既充分利用微电解的原电池效应和电极新生态物质的氧化还原作用，又充分利用了 Fenton 氧化过程中羟基自由基的强氧化作用，可以实现对有机污染物的有效降解，大幅提高废水的可生化性。该组合工艺克服了铁屑微电解法对 COD_{Cr} 去除率不高、Fenton 氧化法药剂费用高的缺点。

微电解-Fenton 法相对于微电解法，更能够有效地处理成分复杂的废水，特别是对 COD_{Cr}、脱色、可生化性有着更为明显的优势。Fenton 氧化单独应用时，会消耗大量的 Fe^{2+}、H_2O_2 导致药剂成本过高，而向微电解处理后的废水中投加适量 H_2O_2 溶液可以与微电解反应产生的 Fe^{2+} 组成 Fenton 试剂，从而节省成本。Fe^{2+} 既可以催化分解产生氧化能力极强的·OH，又能生成具有良好絮凝吸附作用的 Fe^{3+}。此外，H_2O_2 又是微电解反应的催化剂，可以加速微电解反应，提高效率。

微电解-Fenton 氧化法与传统 Fenton 法的不同之处：微电解-Fenton 氧化法所使用的催化剂是 Fe^0，有 H_2O_2 存在时其被氧化，生成的 Fe^{2+} 再与 H_2O_2 反应；两种方法中 Fe^{2+} 的生成过程不同，微电解-Fenton 氧化法从 Fe^0 到 Fe^{2+} 的溶解速度有限，使得 Fe^{2+} 浓度降低，无效反应得到控制，而传统 Fenton 法通过反应开始时向废水中投加 Fe^{2+}，因其浓度较高，使 Fe^{2+} 氧化成 Fe^{3+} 的反应不可忽视。与传统 Fenton 法相比，微电解-Fenton 氧化法产生的污泥量少且 H_2O_2 的利用率高。

6.1.4.1　作用机理

　　零价铁同样能够在具有 H_2O_2 的溶液中发生 Fenton 反应。由于零价铁本身具有还原性，所以零价铁既是 Fenton 试剂氧化反应的催化剂，也是还原反应的还原剂。微电解–Fenton 氧化法的初始阶段以 Fenton 试剂的氧化反应为主。其主要作用机理如下：

$$Fe^0 + 2H^+ \longrightarrow Fe^{2+} + H_2 \uparrow \qquad (6\text{-}43)$$

$$Fe^0 + H_2O_2 \longrightarrow Fe^{2+} + 2OH^- \qquad (6\text{-}44)$$

$$Fe^{2+} + H_2O_2 \longrightarrow Fe^{3+} + 2 \cdot OH \qquad (6\text{-}45)$$

$$Fe^0 \text{（表面）} + 2Fe^{3+} \longrightarrow 3Fe^{2+} \qquad (6\text{-}46)$$

$$Fe^0 \text{（表面）} + H_2O_2 \longrightarrow Fe^{2+} + \cdot OH + OH^- \qquad (6\text{-}47)$$

　　由反应式可知，在微电解–Fenton 氧化法体系中，具有极强氧化性的 · OH 主要通过两个途径产生：第一种是由 Fe^{2+} 催化 H_2O_2 作用产生，第二种是零价铁在其表面活性位点与 H_2O_2 作用产生。溶液中 Fe^{2+} 与 H_2O_2 反应生成的 Fe^{3+} 会在零价铁表面发生快速的氧化还原反应，再次生成 Fe^{2+}。Fenton 反应的机理如图 6-2 所示。微电解–Fenton 氧化法的耦合工艺集氧化还原、吸附絮凝、催化氧化、电沉积及共沉淀等作用于一体，能够实现大分子有机污染物的断链，进一步去除难降解有机物。

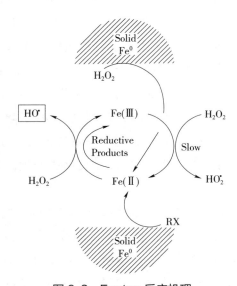

图 6-2　Fenton 反应机理

　　在微电解–Fenton 氧化体系中，首先利用了零价铁对有机物的还原作用，同时零价铁经过腐蚀作用逐渐释放出大量的 Fe^{2+} 与 H_2O_2 形成 Fenton 试剂，对有机物进行氧化降解，反应结束后通过调节溶液的 pH，可形成 $Fe(OH)_3$ 进行混凝处理，进一步去除水中的有机污染物。在整个微电解过程中，Fe^{2+} 被均匀释放，这使得 Fenton 试剂反应相当于连续投药，产生的新生态氢［H］能与废水中的许多成分发生氧化还原反应，破坏废水中的发色物质，达到脱色的目的，同时使部分难降解环状有机物的环裂解。微电解-Fenton 氧化法具有非常突出的优点：零价铁还原作用，Fenton 氧化作用及后续混凝作用，对有机物降解彻底；采用废铁屑作为微电解材料，相当于直接投加铁盐，成本较低；反应后活性炭可回收重复利用。

6.1.4.2　微电解-Fenton 氧化法处理有机物的作用机理

工业生产过程中产生的废水具有有机物浓度高、色度深、成分复杂、可生化性差等特点，属于难生物降解的废水。微电解-Fenton 氧化法的耦合工艺具有氧化还原、吸附絮凝、催化氧化及共沉淀等作用，能够实现大分子有机污染物的断裂，从而去除难降解有机污染物并提高废水的可生化性。

染料废水具有高浓度、高色度、高 pH、多变化、难降解等特点，当前染料又朝着抗光解、抗热及抗生物氧化的方向发展，使其处理难度加大。微电解-Fenton 氧化法处理难降解染料有机废水的过程中，降解活性艳蓝 X-BR 染料的具体作用过程为在蒽醌染料中 N—H 键首先受到由微电解反应形成的活性氢的攻击而开裂，使活性染料 X-BR 分解为 1,4-二氨基-2-苯磺酸钠蒽醌和 1-三嗪氨基-2-磺酸钠苯胺；1-三嗪氨基-2-磺酸钠苯胺受到活性氢的进一步攻击，结构发生了变化，在三嗪基团与—NH 之间发生断键加氢反应，生成了氨基磺酸，氨基磺酸受·OH 进攻，氧化分解为 SO_4^{2-} 和苯胺，苯胺和·OH 结合生成苯酚，苯酚先被·OH 自由基氧化生成二苯酚，二苯酚再通过自由基的作用下氧化开环后依次生成己二酸，最终矿化为 CO_2 和 H_2O；1,4-二氨基-2-苯磺酸钠蒽醌受·OH 进攻发生氧化反应，生成 1,3-二苯胺，随后苯环受到·OH 进攻，通过一系列氧化反应降解生成 CO_2 和 H_2O 等。活性艳蓝 X-BR 染料经过微电解-Fenton 氧化法处理的具体降解作用途径如图 6-3 所示。

而微电解-Fenton 氧化法降解偶氮染料直接蓝 2B 的主要作用机理为由于偶氮染料直接蓝 2B 中萘环一侧的电子云密度要高于另外一侧的苯环，因此羟基自由基·OH 首先攻击偶氮双键一侧的 N—C 键使其断裂，导致染料氧化分解使其脱色。N—C 键的断裂使直接蓝 2B 分解为苯二氮烯，被·OH 或 O_2 夺去一个电子形成二氮烯自由基，然后裂解为苯自由基和 N_2，发色基团—N＝N—大部分以 N_2 的形式排放，然后羟基自由基攻击苯环上的 H，一方面生成不稳定的羟基取代中间体，再进一步裂解为不同的羧酸，最后矿化为 CO_2 和 H_2O；另一方面萘环被氧化生成萘醌，随后在羟基自由基·OH 的作用下开环降解；当羟基自由基攻击萘环上的 H 后，对—SO_3Na 完成羟基取代反应，脱落的—SO_3—基团被进一步氧化为无机离子 SO_4^{2-} 溶于水中。

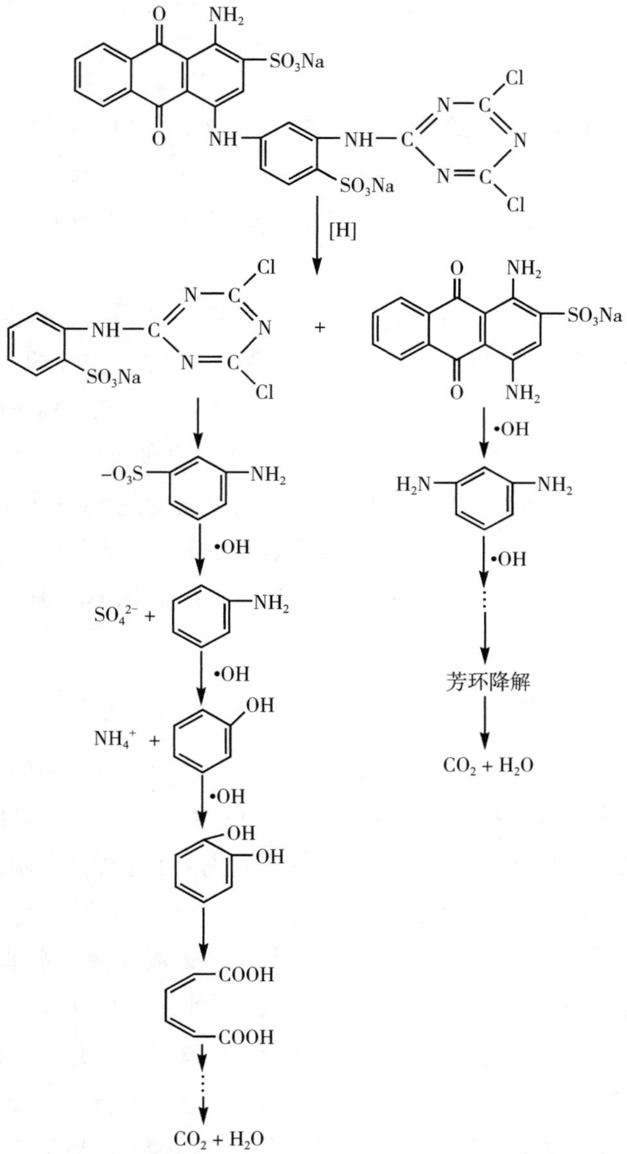

图 6-3　微电解–Fenton 氧化法降解活性艳蓝 X-BR 染料的机理

6.1.5　Fenton 影响因素

由 Fenton 法的反应机理可知，·OH 自由基是氧化作用的主要物质，影响·OH 自由基产量的主要因素有 pH、Fenton 试剂的配比（$[Fe^{2+}]/[H_2O_2]$）、反应时间、H_2O_2 的投加方式、温度、亚铁离子投加量、催化剂种类等。

6.1.5.1　pH

pH 是影响 Fenton 试剂处理效果的重要因素之一，H_2O_2 分解为·OH 的速度与溶液中 OH^- 的浓度有关，即溶液初始 pH 对 H_2O_2 的分解有很大的影响。Fe^{2+} 在水中的存在形式与 pH 有关，故 Fenton 试剂在酸性条件下发生作用，而在碱性和中性条件下，Fe^{2+} 不能催化 H_2O_2 生成·OH 自由基。

溶液的 pH 过低，则破坏了 Fe^{2+} 与 Fe^{3+} 之间的转换平衡，降低了催化剂的量，影响 Fenton 反应的顺利进行。溶液的 pH 过高，会抑制·OH 的产生；pH 的高低会影响溶液中铁离子的存在形式。若溶液的 pH 升高，则 Fe^{2+} 离子的含量将迅速下降，在 pH>4.0 时，Fe^{3+} 易形成水合络合物，而且会使 Fe^{2+} 和 Fe^{3+} 以氢氧化物的形式沉淀而降低或失去催化作用；过高的 pH 还可能会使·OH 转化为 O^-，从而失去·OH 的强氧化能力。此外，H_2O_2 在碱性溶液中也不稳定，它会分解成氧气和水并失去氧化能力。研究发现，在 Fenton 反应中，溶液的初始 pH 为 3~5 时体系的催化氧化效果最好。

6.1.5.2　Fenton 试剂的配比（$[Fe^{2+}]/[H_2O_2]$）

在 Fenton 反应中，Fe^{2+} 起到催化 H_2O_2 产生羟基自由基的作用，是催化 H_2O_2 产生自由基的必要条件。在无 Fe^{2+} 条件下，H_2O_2 难以分解产生自由基，当 Fe^{2+} 浓度很低时，反应速度很慢，自由基的产生量小，使整个过程受到限制；当 Fe^{2+} 浓度过高时，会被氧化成 Fe^{3+}，造成色度增加。

H_2O_2 和 Fe^{2+} 是影响运行成本的最重要因素，必须分清废水期望处理的程度。如果 Fenton 氧化只是作为整个废水处理工艺的预处理，则可减少此两种药剂的投加量，从而大大降低运行成本；如果是作为废水处理工艺的最终处理阶段或是深度处理，则必须适当增加药剂投加量，使得废水可以达排放标准的要求。总之，药剂的投加量必须以试验结果为基础，结合运行中的实际情况，以最少的药剂投加量达到最好的处理效果。

6.1.5.3　反应时间

Fenton 氧化法处理难降解废水的一个重要特点就是反应速度快，其氧化污染物的实质是反应中产生的·OH 与污染物发生反应。因此，在 Fenton 氧化反应中，决定反应时间长短的关键在于催化产生·OH 的速率和·OH 与污染物接触发生反应的速率。一般而言，在 Fenton 氧化反应过程中，反应开始阶段 COD 的去除率随反应时间的延长而增大，反应一段时间后，COD 去除率接近最大值且基本维持稳定。Fenton 试剂处理难降解废水的反应时间与催化剂种类、催化剂浓度、废水的 pH 及其所含有机物的种类有关。

Fenton 试剂作用时间的长短对于其在实际中的应用非常重要，作用时间太短，反应不充分，浪费了大量的试剂，反应时间太长则会增加运行成本，不利于实际应用。而对于不同的废水，作用时间差别也较大，必须通过试验来确定最佳的反应时间。

6.1.5.4　H_2O_2 的投加方式

在体系中，通过保持 H_2O_2 总投加量不变，将 H_2O_2 均匀地分批投加可提高废水的处理效果。其原因是：由于 H_2O_2 分批投加时，$[H_2O_2]/[Fe^{2+}]$ 的比值相对较低，从而使 H_2O_2 的·OH 产生率增加，提高了 H_2O_2 的利用率，进而提高了总的氧化效果。

6.1.5.5　温度

在反应中，随着反应温度的升高，反应物分子平均动能增大，能够加快正负反应的进行，提高反应的速率。但对于 Fenton 试剂这样的复杂反应体系，温度升高，不仅加速正反应的进行，也加速了副反应。因此，温度对 Fenton 试剂处理废水的影响比较复杂。适当的温度可以激活·OH 自由基，温度过高会使 H_2O_2 分解成 H_2O 和 O_2，从而影响 Fenton 反应的氧化效果，不利于反应的进行。

6.1.5.6　亚铁离子投加量

在 Fenton 反应中，Fe^{2+} 作为 H_2O_2 分解的催化剂，它的投加量直接影响了·OH 的产生数量。投加较少的 Fe^{2+} 时，因 Fe^{2+} 浓度过低不能够实现 Fenton 反应的高效催化。若初始 Fe^{2+} 的投加量过高，体系处于高催化剂浓度下，反应开始时从 H_2O_2 中非常迅速地产生大量的高活性·OH，而·OH 引发的链式反应以及与污染物反应的速度不是很快，从而使未消耗的游离·OH 积聚，这些·OH 将彼此反应生成水，致使一部分最初产生的·OH 被消耗掉，所以 Fe^{2+} 投加量过高也不利于·OH 的产生。此外，Fe^{2+} 投加量过高还会使水体的色度增加，导致体系的最终 COD_{cr} 值升高。

6.1.5.7　催化剂种类

能催化 H_2O_2 分解生成羟基自由基（·OH）的催化剂很多，如 Fe^{2+}（Fe^{3+}、铁粉、铁屑）、Fe^{2+}/TiO_2、Cu^{2+}、Co^{2+}、Ni^{2+}、Mn^{2+}、Ag^+、活性炭等均有一定的催化能力，不同催化剂存在条件下 H_2O_2 对难降解有机物的氧化效果不同，不同催化剂同时使用时能产生良好的协同催化作用。许多学者研究发现，在一定浓度下，金属离子对 Fenton 反应具有很好的促进作用，其中 Cu^{2+} 的作用最佳，其原因是过渡金属离子有助于 H_2O_2 分解为·OH，从而提高了反应效率；低浓度的 Mn^{2+} 离子和 Ni^{2+} 离子的促进作用不明显，与未投加时的氧化效果相差不大。但是，随着浓度的增加，催化效果明显改变；Co^{2+} 离子在低浓度时，不仅没起到任何促进作用，反而对反应具有抑制作用，随着浓度的增加，抑制作用逐渐减小，继续增加浓度，COD_{Cr} 的去除率有所上升，若继续增加 Co^{2+} 离子的浓度，将使溶液的 COD_{Cr} 去除率再度下降。目前，废水处理中使用最多的催化剂为 Fe^{2+}。

此外，影响 Fenton 试剂处理程度的因素还有如有机物浓度、压力等。因此，在工程实践中需要综合考虑多种因素以确定最佳的处理工艺，才能取得良好的经济运行效果。

6.2　电−Fenton 法机理与特点

6.2.1　电−Fenton 法作用机理

电−Fenton（EF）法是近几年发展起来的一种经济、环保型的有机废水处理方法，解决了光−Fenton 法中光量子效率低和自动生成 H_2O_2 的机制不完善等缺点。

H_2O_2 作为 Fenton 试剂，其性质活泼，见光受热易分解，且具有很强的腐蚀性，运输和储存是个很大的问题，且 H_2O_2 处理成本较高，故很难在实际中推广使用。电−Fenton 法是在芬顿氧化的基础上发展而来的，很好地克服了 Fenton 技术的局限性。电−Fenton 法通过阴极原位产生 H_2O_2，发生氧气的两电子还原反应，H_2O_2 前驱物通过反应产生，在 H_2O_2 阴极产生的过程中也会发生四电子转移的副反应，如反应电极的改性之所以能够提高电流效率，一部分原因就是促进了还原反应。总体来说，电−Fenton 法的原理即是在酸性溶液体系中，电极通以直流电的条件下，氧分子在阴极表面经还原反应产生 H_2O_2，生成的 H_2O_2 与外加铁离子引发 Fenton 反应，生成·OH 和 Fe^{3+}，·OH 的氧化电位仅次于氟，可无选择地氧化有机污染物并使其矿化降解。由于 Fe^{3+} 的还原电位高于氧分子的初始还原电位，因此其可在与氧分子的互相作用下还原再生为 Fe^{2+}。

电-Fenton 法的实质是将电化学法生成的 Fe^{2+} 与 H_2O_2 作为产生·OH 的持续来源。其具体过程是：在酸性溶液中，电极上通以直流电，氧分子在阴极表面通过两电子还原反应产生 H_2O_2，生成的 H_2O_2 迅速与溶液中存在的 Fe^{2+} 反应生成·OH 和 Fe^{3+}，·OH 可以无选择地氧化有机物使其降解。由于 Fe^{3+} 的还原电位较 O_2 的初始还原电位高，因此 Fe^{3+} 可在还原 O_2 的过程中还原再生为 Fe^{2+}。具体的反应机理如图 6-4 所示。

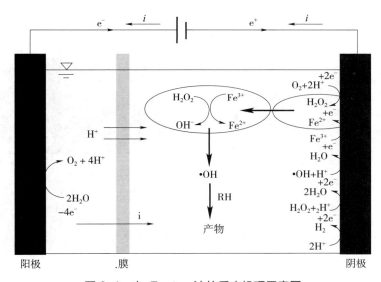

图 6-4　电-Fenton 法的反应机理示意图

电-Fenton 法与光-Fenton 法相比有以下优点：自动产生 H_2O_2 的机制较完善；导致有机物降解的因素较多，除·OH 的氧化作用外，还有阳极氧化、电吸附等；Fe^{2+} 与 H_2O_2 可在电解现场产生，省去添加的麻烦，而且产生的污泥量少。电-Fenton 法对有机物的降解机理也是·OH 氧化作用，不同之处在于：电-Fenton 法中的 Fe^{2+} 与 H_2O_2 是通过电解产生，新生成的 Fe^{2+} 与 H_2O_2 立即作用产生·OH 来降解有机物，同时伴随电氧化或还原以及电吸附作用。

目前，根据电化学生成 Fenton 试剂方法的不同，将电-Fenton 法分为 4 种，分别是 EF-FeRe 法、EF-FeOx 法、阴电极（EF-H_2O_2-FeRe）法和阳电极（EF-H_2O_2-FeOx）法，具体如图 6-5 所示。

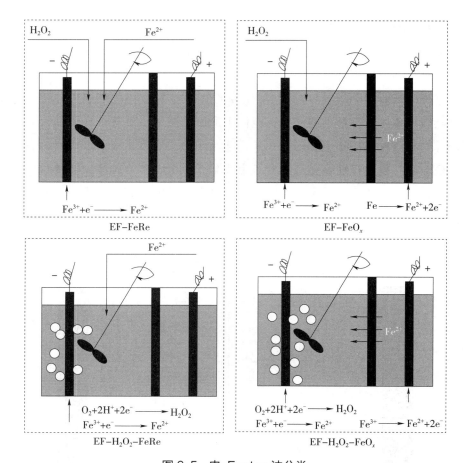

图 6-5　电-Fenton 法分类

（1）EF-FeRe 法

EF-FeRe 法的系统不包括 Fenton 反应器，存在一个将 $Fe(OH)_3$ 还原为 Fe^{2+} 的电解装置，Fenton 反应直接在电解装置中进行，通过外部向该系统中加入 Fe^{2+} 和 H_2O_2。Fe^{2+} 一旦加入后即可在阴极得以连续再生，无须再投加，该法 pH 操作范围必须小于 2.5。该法在一定程度上克服了传统 Fenton 法中铁离子无法再生、处理系统中会积累大量含铁污泥的缺陷。

（2）EF-FeO$_x$ 法

EF-FeO$_x$ 法的反应在一个用盐桥分隔的双极室反应器中进行，阳极室中 Fe^{2+} 通过牺牲阳极氧化溶解产生，H_2O_2 经外部投加提供，溶液可以保持一个较低的 pH，从而可以避免氢氧化铁沉淀的生成，阴极室中是不含有机污染物的水溶液。

（3）阴电极法

阴电极 Fenton 法，即 EF-H_2O_2-FeRe 法，此法是把氧气喷到电解池的阴极上还原为 H_2O_2，H_2O_2 与加入的 Fe^{2+} 发生反应，体系中的氧气可以通过曝气或 H_2O 在阳

极的氧化过程中产生，主要的电极反应为

阳极：$2H_2O \longrightarrow O_2 + 4H^+ + 4e^-$

阴极：$O_2 + 2H^+ + 2e^- \longrightarrow H_2O_2$

$$Fe(OH)^{2+} + e^- \longrightarrow Fe^{2+} + OH^-$$

阴阳极总反应式：$O_2 + 2H_2O \longrightarrow 4 \cdot OH$

阴电极法具有有机物降解彻底、不易产生中间毒害物、不用投加 H_2O_2，能够有效地再生 Fe^{2+} 离子等特点，但其反应要求较高的酸度，同时由于目前所用阴极材料多是石墨、玻璃炭棒和活性炭纤维等，在酸性条件下产生的电流小，H_2O_2 产量不高，不适合处理高浓度废水。

（4）阳电极法

阳电极法，即牺牲阳极法，又称为 EF-H_2O_2-FeO$_x$ 法，该法的基本原理是 Fe 阳极在电解池内被氧化生成 Fe^{2+}，Fe^{2+} 与外加的 H_2O_2 发生 Fenton 反应。该法对有机物的去除效果明显高于 EF-H_2O_2-FeRe 法，因为在阳极溶解出的 Fe^{2+} 和 Fe^{3+} 可水解生成 $Fe(OH)_2$、$Fe(OH)_3$，它们对有机物有强絮凝作用可以实时的控制 H_2O_2 和 Fe^{2+} 的配比，从而达到较高的反应速率。牺牲阳极法的缺点是需要外加 H_2O_2，使该法能耗大、成本高。

EF-FeRe 法、EF-FeO$_x$ 法、阳电极法处理污水效果好，成本比普通 Fenton 法还高。阴电极法虽可自动产生 H_2O_2，但反应速度慢，H_2O_2 产量低，不适合高浓度废水的处理。总体来说，目前对电-Fenton 法的研究正处于试验开发阶段，与其他电解水处理技术一样，电-Fenton 法的电流效率低且不能充分矿化有机物，初始物质部分转化为中间产物，这就限制了它的广泛应用。

电-Fenton 法降解甲基橙的机理：由于甲基橙具有两种不同的结构，中性和碱性条件下为偶氮式结构，酸性条件下为醌式结构，因此氧化降解甲基橙可能存在偶氮式降解和醌式降解两个不同的降解历程，在同一 pH 条件下，这两种历程可能同时并存。电-Fenton 降解甲基橙的途径如图 6-6 所示。

由图 6-6 可以看出，由于偶氮基团带有未成对电子，反应体系中的羟基自由基（$\cdot OH$）会首先与其结合，从而破坏偶氮基团，导致甲基橙分子从中间断开，分解为多种芳香类物质；接着羟基自由基进一步结合苯环大 π 键，生成苯酚、对苯二酚、邻苯二酚；然后对苯二酚继续反应生成苯醌，苯醌相对不稳定，开环降解为乙二酸、丁二酸。由于降解反应处在动态平衡中，因此中间产物苯二酚表现出相对稳定的状态，而醌式结构由于其降解较迅速，故表现出先增加后减少的趋势，酚类结构的芳香类中间产物由于甲基橙分子断开才能够生成，所以先吸收增加，而后由于生成酚类结构故而逐渐降低。

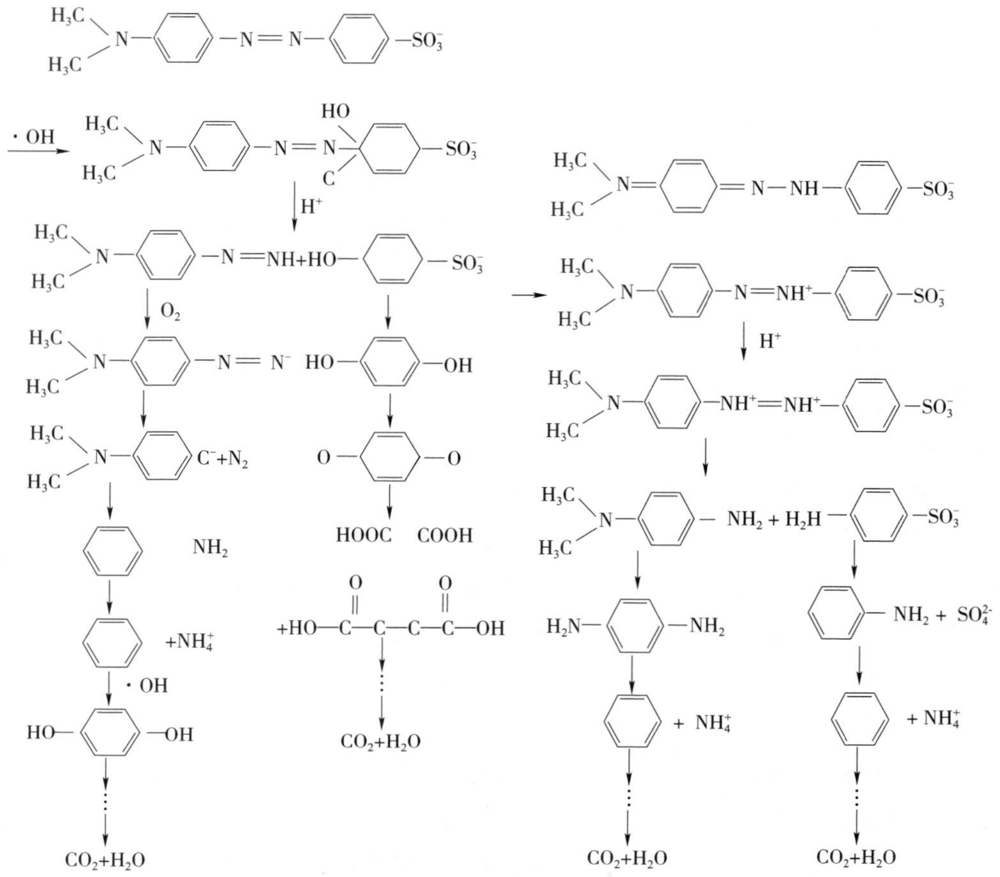

图 6-6　电-Fenton法降解甲基橙溶液的途径

6.2.2　电-Fenton法动力学特征

研究结果表明电-Fenton对有机物的氧化速度与浓度可用分段准一级动力学加以描述即把反应分为两个反应阶段，每一段均以准一级动力学方程拟合，则

$$\frac{\mathrm{d}C}{\mathrm{d}t}=-k_iC \ \ 或 \ \ \ln\left(\frac{C}{C_0}\right)=-k_it$$

式中，k_i 为不同反应阶段的速度常数（s^{-1}）；C 为有机物浓度（mg/L）。

M Panizza 等在试验过程中采用不同 Fe^{2+} 浓度时得出的 k_i 值见表 6-3。由表 6-3 可清楚看出，初期反应速率常数比后期几乎高出了 1 个数量级，由此他们推断难降解有机物的电-Fenton氧化存在两个反应过程：大分子分解成小分子的快速反应期和继续氧化小分子中间产物的慢速反应期，这与众多学者的研究结果一致。

表 6-3　电–Fenton 氧化的准一级动力学速度常数

Fe²⁺ 浓度 /（mmol/L）	0～5 h 速度常熟 /（$10^{-3}s^{-1}$）	$t_{1/2}$/min	5～15 h 速度常熟 /（$10^{-3}s^{-1}$）
0	0.823	830	0.266
1	2.06	340	0.316
2	3.635	192	0.326
3	4.577	130	0.320
4	4.995	144	0.332

6.2.3　电–Fenton 法的特点与进展

电–Fenton 方法相对于传统 Fenton 方法有如下优点：① H_2O_2 可以电解方法现场生成，省去了添加 H_2O_2 的麻烦，同时避免了 H_2O_2 储存与输送中潜在的危险性；②喷射到阴极表面的氧气或空气可提高反应溶液的混合作用；③ Fe^{2+} 可由阴极再生，铁盐加入量少，故污泥产量少；④多种作用协同去除有机物，除电化学产物·OH 的氧化作用外，还有阳极氧化作用、电絮凝作用和电气浮作用。电–Fenton 反应也存在两个缺点：一是电流效率低，H_2O_2 产率不高；二是不能充分矿化有机物，初始物质部分转化为中间产物。这些中间产物或与 Fe^{2+} 形成络合物，或与·OH 的生成发生竞争反应，并可能对环境造成更大的危害。

针对电–Fenton 反应的缺点，人们着重从两个方面入手提高电–Fenton 反应的效率：一是采用氧气接触面积大且对 H_2O_2 生成有催化作用的新型阴极材料；二是将紫外光引入电–Fenton 反应。其中将紫外光化学氧化和电化学氧化方法结合起来，达到协同去除有机物的技术最近成为电催化技术研究的热点。该技术在电–Fenton 工艺的基础上，再辅以紫外光辐射，从而形成"光电–Fenton"工艺（Photo Electro-Fenton）。将紫外光引入电–Fenton 反应有很多好处：如紫外光和 Fe^{2+} 对 H_2O_2 催化分解生成·OH 存在协同效应，即 H_2O_2 的分解速率远大于 Fe^{2+} 或紫外光单独催化 H_2O_2 分解速率的简单加和。这主要是由于铁的某些羟基络合物可发生光敏化反应生成·OH 所致，即在光照条件下铁的羟基络合体〔pH 为 3～5，Fe^{3+} 主要以 $Fe(OH)^{2+}$ 形式存在〕有较好的吸光性能，并可以吸光分解，产生更多·OH，与此同时能加强 Fe^{3+} 的还原，再生 Fe^{2+}。其优点是能有助于维持 Fe^{2+} 浓度而保证 Fenton 反应的不断进行，从而降低 Fe^{2+} 的用量，保持 H_2O_2 较高的利用率。

此反应与紫外光波长有关，随波长增加，·OH 的量子产率降低，例如在 313 nm 处·OH 的量子产率为 0.14，在 360 nm 处·OH 的量子产率为 0.017。此系统可使有机物矿化程度更充分，是因为 Fe^{3+} 与有机物降解过程中产生的中间产物形成络合物是光活性物质，可在紫外光照射下继续降解。

6.2.4 电-Fenton 法的影响因素

电-Fenton 法主要受以下因素影响。

6.2.4.1 电解电压

外加电压是电-Fenton 反应的驱动力，电压的大小直接影响电流强度的大小，电压大则电-Fenton 试剂法的运行费用就高，进而影响运行成本的高低；另外，适当的电压是必要的，当电压过大时，将有大量的电能消耗与副反应，从而使得降解有机物的速率减小，不利于电-Fenton 试剂法的进行。因此外加电压不宜过高，一般取 5～25 V 为宜。

6.2.4.2 溶液阻抗

在有机废水溶液中，由于有机物的导电能力较差，故在电解槽工作时最好添加一定量电解质作为支持电解质。虽然可以找到许多可溶性的无机盐作为电解质，但氯化物和硝酸盐在电解时，将在阳极上生成有刺激性气味的氯气或各种有毒有害的氮化物气体，因而不宜采用。

在各种无机溶液中，虽然 KOH 溶液的电导率较大，但是，在电解槽内将进行的是 O_2 还原生成 H_2O_2 的反应，反应必须在酸性或中性溶液中进行，因此一般选用 Na_2SO_4 溶液作为支持电解质。虽然 Na_2SO_4 溶液的电阻率要比 KOH 溶液大许多，但是随着浓度的提高，Na_2SO_4 溶液的导电能力迅速增强，同时，因为它不参加电解反应，故可以始终保持溶液导电性稳定。

6.2.4.3 pH

影响电-Fenton 试剂法处理有机废水的诸多因素中最为重要的是 pH，国内外诸多的研究及试验表明，当 pH 的范围在 2～4 是电-Fenton 试剂法处理有机废水的最佳范围。当溶液的 pH 不在此范围而升高时，体系中的亚铁离子及铁离子极易形成氢氧化亚铁及氢氧化铁沉淀，使得反应体系中的催化剂亚铁离子减少而影响 Fenton 反应；当 pH<2 时，H_2O_2 无法和亚铁离子反应生成体系中起决定性作用的羟基自由基。其原因是当 pH 过小，H_2O_2 将捕获一个质子而转化为 $H_3O_2^+$，$H_3O_2^+$ 为亲电子性，会降低 Fe^{2+} 和 H_2O_2 的反应速率。此外有研究表明，在废水为中性的条件下，电-Fenton 法仍能有较好的处理效果，但此种条件下污染物的去除以絮凝作用为主，而不是依靠羟基自由基的降解。

6.2.4.4　电流密度

从理论上说，单位面积内通过电流量的增大是有限制的，因为电解槽内电极的面积是一定的，因此通过的电流增大时，电极的极化增大，随之发生的是阴极、阳极上的副反应，当阳极电流密度增大时，除了铁的溶解外，将伴随着氧气的析出。

6.2.4.5　反应时间

反应时间是影响电–Fenton 试剂法处理有机物废水效果的一个重要因素，合理地确定反应时间的长短，在影响着有机物的降解效果的同时，也决定着系统的运行成本及能量消耗的大小。当时间过短，降解有毒有害有机污染物的程度不够，处理效果不好；时间过长，污染物的去除效率基本处于缓慢增长状态，且增加能耗。合理确定反应时间十分必要。

6.2.4.6　曝气速率

电–Fenton 反应可以大致分为传质和反应两个重要阶段，空气流量主要影响电–Fenton 反应的传质过程。在无空气供给的情况下，电–Fenton 反应只能利用溶液中的溶解氧及电解产生的氧，而且 Fe^{2+} 的扩散传质较慢，属于扩散控制过程，因而，不能有效地构成 Fenton 反应，导致去除效果不理想。在有空气供给的条件下，空气一方面能起到混合的作用，强化了反应器内的传质过程；另一方面能补充在反应过程中不断消耗的氧，当空气流量大到一定值后进入反应控制过程，曝气对有机物去除的影响减小。

6.3　光电–Fenton 法原理

光电–Fenton（Photo Electro-Fenton，PEF）法是在电–Fenton 的基础上，再辅之以光协同作用。该法所采用的光源有可见光、紫外光和太阳光来进行协同作用，采用紫外光可以协同激发催化剂 Fe^{3+}/Fe^{2+} 活化 H_2O_2 产生高铁氧络合物降解有机污染物；可见光照射可以使有色有机污染物发生敏化作用，参与降解体系中电子转移作用发生氧化降解；太阳光照射下的光电–Fenton（Solar Photo Electro-Fenton，SPEF）法具有协同效应好、节约能源，在常温常压条件下对有机污染物有良好降解作用的优点。紫外光协同–普通 Fenton 法/电–Fenton 法（UV-CF/EF 法）如图 6-7 所示。

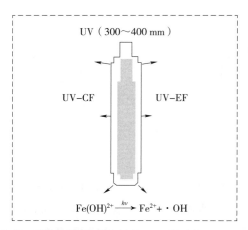

图 6-7　紫外光协同-普通 Fenton 法 / 电-Fenton 法

　　光电-Fenton 法的基本原理是在电-Fenton 的体系中引入不同光源（包括紫外光、可见光和太阳光）协同催化有机物的降解，紫外光主要可促 Fe^{3+}/Fe^{2+} 的转化，另一方面紫外光也促使有机污染物的光解；可见光主要针对有色有机污染物（如有机染料等），通过有色有机污染物的敏化作用，促使有机污染物的降解；太阳光具备紫外光和可见光的双重协同催化作用。在光电协同作用下的 Fenton 法既可以促进 Fenton 反应中 Fe^{3+} 向 Fe^{2+} 的转化，也具有自动产生 H_2O_2 的机制，使 H_2O_2 产生氧化物羟基自由基的效率提高，充分利用氧化试剂和太阳光降解有毒有机污染物，除此以外，光电-Fenton 法也可以利用在 pH>3 的条件下产生的铁氢氧化物沉淀吸附有机污染物达到絮凝作用，对有机污染物进行削减。光电-Fenton 法的主要反应机理如图 6-8 所示。

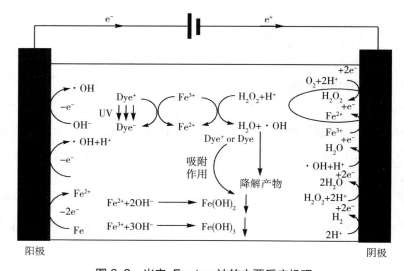

图 6-8　光电-Fenton 法的主要反应机理

紫外光 /H_2O_2 的反应：1 分子的 H_2O_2 首先在紫外光的照射下产生 2 分子的 ·OH，然后 ·OH 与有机物作用并使其分解。其反应如下：

$$H_2O_2 \xrightarrow{hv} 2 \cdot OH \tag{6-48}$$

$$H_2O_2 \longrightarrow HO_2^- + H^+ \tag{6-49}$$

$$\cdot OH + H_2O_2 \longrightarrow HO_2 \cdot + H_2O \tag{6-50}$$

$$\cdot OH + HO_2^- \longrightarrow HO_2 \cdot + OH^- \tag{6-51}$$

$$2HO_2 \cdot \longrightarrow H_2O_2 + O_2 \tag{6-52}$$

$$2 \cdot OH \longrightarrow H_2O_2 \tag{6-53}$$

$$\cdot OH + HO_2 \cdot \longrightarrow O_2 + H_2O \tag{6-54}$$

$$\cdot OH + RH \longrightarrow \cdot R + H_2O \longrightarrow 进一步反应 \tag{6-55}$$

紫外光的引入可以进一步光解铁离子和有机物的络合产物，从而促进有机物降解，并且有助于维持 Fe^{2+} 浓度而保证 Fenton 反应的不断进行，主要反应如下：

$$Fe(OH)^{2+} \xrightarrow{hv} Fe^{2+} + \cdot OH \tag{6-56}$$

当溶液中引入 O_2 时，还有 $H_2O_2 + Fe^{2+} + O_2$、$H_2O_2 + UV + O_2$ 及 $H_2O_2 + Fe^{2+} + UV + O_2$ 等反应。氧气参与反应的主要过程是：氧气吸收紫外光后可生成 O_3 等次生氧化剂氧化有机物；并且氧气通过诱导自氧化加入反应链中。

$$\cdot R + O_2 \longrightarrow RO_2 \cdot \xrightarrow{Fe^{2+} + H^+} R = O + \cdot OH + Fe^{3+} \tag{6-57}$$

上述反应和过程，特别是各反应时间的联合作用是高效降解水中有机物的主要原理。因此，如何提高各物质、各反应间的协同效应是光电-Fenton 技术的研究重点。

综上所述，将紫外光辐射引入电-Fenton 反应所构成的光电-Fenton 系统，Fe^{2+} 的用量较低，可保持 H_2O_2 较高的利用率；紫外光和 Fe^{2+} 对 H_2O_2 的催化分解具有协同效应，是 H_2O_2 的分解速率的简单加和。其中铁的某些羟基配合物可发生光敏反应生成 ·OH 等自由基发挥重要作用。

6.4　电–Fenton 法电极材料

Fenton 体系中，阴极主要发生氧还原反应和 Fe^{3+} 还原反应，性能良好的阴极材料包括石墨、活性炭纤维、网状玻璃碳、碳纳米管、碳-PTFE 气体扩散电极等，其中石墨毡的比表面积大、稳定性好、价格低廉，是最具工程应用前景的电极材料，但存在电还原生成过氧化氢效率较低的问题。Fe^{2+} 的供应是电 Fenton 体系的重要影响因素，如直接投加 Fe 试剂，反应快速，但成本较高，且受 pH 等因素制约。金属材料因其具有强的导电性、机械稳定性，曾被作为电-Fenton阴极材料使用，其中包括了金属Pt电极、Ti电极等，但由于产过氧化氢性能较低，没有引起广泛重视。即便如此，一些研究还是发现金属电极对去除水中痕量的有机物具有一定优势，首先可以降低污染物降解能耗，对于去除水中痕量污染物来说，大量H_2O_2产生的同时引起副反应的发生并不能起到很好的降解效果，同时还造成了能量的大量消耗。还有研究表明金属阴极表面由于还原特性的存在，会产生大量的中间自由基，以加快污染物的去除。

众所周知，炭材料由于具有高催化活性、无毒性、高的析氢电位等优良特性，在电-Fenton法研究中被广泛应用，目前已有很多关于高产H_2O_2性能的阴极材料报道，例如石墨、空气扩散电极（GDE）、炭毡、活性炭纤维、网状玻璃碳、碳海绵、碳纳米管等，其中空气扩散电极和三维炭电极材料因其特殊的比表面积在实际研究中被广泛采用。炭毡和活性炭纤维都属于三维电极材料，它们都具有比较大的比表面积，并且价格便宜，易于改性处理，很好地弥补了金属电极和二维炭电极低比表面积的缺陷。三维电极还可以用于流动床、固定床或当作多孔基体材料，其被用作多孔材料去制作阴极在水处理中应用最广泛。因为三维电极固有的水力学特性，使溶解氧的物质转移速率增加。

炭毡具有高的催化性能，支持Fenton试剂快速再生，羟基自由基能够在阴表面通过Fenton反应快速生成，不需要等待H_2O_2的逐步积累；活性炭纤维具有高的吸附性能和良好的导电性，它的机械完整性使它更容易作为一个固定阴极而被改性使用。活性炭纤维是20世纪70年代后期发展起来的一种高效活性吸附材料和环保工程材料。活性炭纤维因为其优良的物理、化学性能而被广泛关注，包括高吸附性、催化性和导电性。活性炭纤维用于水的净化处理具有诸多优点，包括具有吸附脱附速度快、大的吸附容量、稳定性高、处理量大且使用时间长等优点。在环保工程应用中，活性炭纤维可操作性强、安全性高，应用于净水工艺装置简单，占地面积小，不会造成蓄热和过热现象，节能又经济。此外，活性炭纤维适用于各种有机废水的处理，包括有机染料废水、含氯废水、造纸废水、制药厂废水、苯酚废水等其利用快的吸附速率和大的吸附容量对废水中污染物进行富集。活性炭纤维的吸附能力随温度的升高而提高。

6.5 电-Fenton法处理难降解的工业废水

与传统Fenton氧化法不同，电-Fenton氧化法利用电化学法产生Fe^{2+}和H_2O_2作为Fenton试剂，具有化学药剂添加量少、电解过程可控性强（控制参数主要为电流和电压）、易于实现自动化、污泥产生量少、二次污染少等优点，使其更受研究者的青睐，在工业污水处理上同样具有较广的应用。

6.5.1 电－Fenton 法处理染料废水

染料废水中含有大量的残余染料和助剂，主要污染物包括悬浮物、化学需氧量、生化需氧量、热、色度、酸性、碱性以及其他可溶物质，除了色度，上述污染指标几乎均能用常规的化学方法和物理方法进行处理。因此，处理印染废水的主要问题是残余染料所产生的色度。

目前有数种染料废水的脱色方法，但都不能被单独有效地使用。例如，絮凝处理法能有效地对不溶性染料进行脱色，但对溶解染料作用却不大，在絮凝过程中还会产生大量的污泥，这本身也是一种污染物，并且会增加处理费用；O_3 氧化处理法虽能较为有效地对很多染料进行脱色，但不能有效地去除 COD，而且脱色效果还会因废水中存在的杂质而降低，这将增加 O_3 的消耗量和处理费用。电－Fenton 法作为一种高级氧化处理技术，对印染废水进行处理具有高效低耗、无二次污染的优势，已成为水处理领域研究热点。

方建章等对电生成 Fenton 试剂处理酸性铬兰 K 染料废水进行了研究。采用石墨作阴极、阳极，电解过程中向阴极表面通纯氧，并在废水中加入一定量的 Fe^{2+}，氧在阴极上还原生成 H_2O_2，H_2O_2 又与 Fe^{2+} 产生强氧化性的羟基自由基，进而对酸性铬兰 K 染料废水进行脱色降解。在槽电压为 6V、pH 为 2.5、电解液中 $FeSO_4 \cdot 7H_2O$ 的质量浓度为 0.5 g/L、Na_2SO_4 的质量浓度为 20 g/L 的条件下电解废水 60 min，染料废水脱色率和 COD 去除率分别达 74.1% 和 57.9%，电解废水 120 min 后，染料废水脱色率和 COD 去除率分别达 92.9%、71.3%。动力学研究表明，染料的降解符合一级动力学过程，速率常数 k 为 0.022 24 min^{-1}。

Qiang 等在恒压恒流模式下探索 Fe^{3+} 还原的最佳条件，证明 Fe^{2+} 还原再生的最佳阴极电势为 -0.1 V；增大阴极面积、升高溶液温度能显著提高 Fe^{2+} 还原率；在最佳电压下，平均电流密度与初始 Fe^{3+} 成正比增大；若将铁泥还原为 Fe^{2+}，则适宜 pH 要低于 $Fe(OH)_3$ 形成的决定 pH（通常≤1）；每还原 1 kg Fe^{2+} 需耗费电能 2.0～3.0 kW·h。

6.5.2 电－Fenton 法处理除草剂废水

除草剂生产过程中产生的废水主要包括合成反应工艺废水、产品精制洗涤水、设备和车间地面冲洗水等。除草剂生产企业一般生产的产品较多，因此，在生产过程中所产生废水的水质也经常处于变化之中。废水中所含的污染物包括有机氮、有机磷、硫化物、苯环、酚盐等多种无机物和有机物，废水的基本特征是污染物成分复杂、有机物浓度高、毒性大、可生化性差，属难处理的工业废水之一。

Enric B 等还对除草剂 3,6-二氯-2-甲氧基苯甲酸进行了研究，发现其矿化率仅达 60%～70%，原因是在生成的中间产物甲酸、顺丁烯二酸、草酸中，甲酸可矿化为 CO_2，顺丁烯二酸仅可完全矿化为草酸，而草酸铁络合物淤积在电解槽中阻碍了矿化率的进一步提高。

Boye 等将氧气充在碳-聚四氟乙烯（PTFE）阴极上对除草剂 2,4,5-T 的氧化进行了研究，除草酸与 Fe^{3+} 形成稳定的络合物淤积在电解池中外，其余所有羧酸类中间产物都可用该方法氧化；引入紫外光后 2,4,5-T 可完全矿化为 CO_2，且反应时间缩短，消耗的 H_2O_2 大为减少。

6.5.3 电-Fenton 法处理垃圾渗滤液废水

垃圾渗滤液对水体的污染途径主要有两种：一种是填埋场外排或渗滤液外流污染地表水，另一种是渗滤液下渗污染地下水。垃圾渗滤液中含有高浓度的有机物、氮元素以及还原性重金属，一旦流入地表水，将造成水体富营养化，加之有机物和还原性重金属物质，会大量消耗水中的氧气，最后导致水体中需氧生物因缺氧而死亡，致使水体恶化。很多地方特别是广大农村地区，人们以地下水为饮用水水源，若地下水受到垃圾渗滤液的污染，将有很长一段时间不能作为饮用水水源。

石岩等研究了以活性炭和涂膜炭为填充电极的三维电极/电-Fenton 法处理垃圾渗滤液的影响因素和处理效果。通过单因素试验确定的最佳电解条件为电流密度 57.1 mA/cm²，曝气量 0.2 m³/h，Fe^{2+} 投加量 1.0 mmol/L，初始 pH 为 4.0，在此条件下电解 180 min 后，COD、氨氮和色度去除率分别达 80.8%、55.2% 和 98.6%，可生化性由 0.125 提高至 0.486。由分析结果可知，三维电极/电-Fenton 法对垃圾渗滤液中芳烃、烷烃、羧酸和酯类等有机物具有很好的降解效果，能有效处理垃圾渗滤液。

Lin 等采用电-Fenton 法与 SBR 的组合工艺处理一个年代较为久远的垃圾场产生的渗滤液。运行结果发现，结合混凝法的电-Fenton 法能有效地去除渗滤液中大量的有机和无机混合物。后续的 SBR 处理能进一步提高出水水质，使其达到排放标准或非饮用用途的回用，证实了这是高效和经济的垃圾渗滤液处理技术。

6.5.4 电-Fenton 法处理芳香族化合物废水

芳香族化合物是一类难降解化合物，且具有生物毒性，对人体和动植物危害很大。这类化合物一般广泛应用于染料、香料、农药及炸药等行业，这类废水若直接排放会对环境造成持续性污染。近年来，人们研究使用电–Fenton法处理这类污染物取得良好效果。

解清杰等研究了采用牺牲阳极法处理六氯苯模拟废水。研究结果显示，以不锈钢片作为电极对模拟废水进行牺牲阳极法电–Fenton反应，在外加电压5 V，初始pH为2.5，电解质Na_2SO_4投加量0.05 mol/L，H_2O_2投加量500 mg/L，搅拌情况下，经过3 h的处理，六氯苯去除率可达96.96%。

Brillas E等研究了在电解反应器中，在pH=3及Fe^{2+}和H_2O_2存在的条件下研究苯胺降解情况，并与TiO_2光催化氧化法进行了对比分析，试验证明电–Fenton法的反应速度较快，如果采用两者相结合的方法，则可显著提高矿化程度。

6.6　电–Fenton法废水处理的试验研究

6.6.1　电–Fenton法处理染料废水

6.6.1.1　染料废水的来源及性质

染料废水主要来自染料的生产和使用过程，即染料生产废水和印染废水。染料生产废水主要包括染料中间体的生产废水和染料的生产废水，其中含有的主要污染物是基本原料及其反应生成的副产物。印染废水主要指印染工序过程中产生的废水，如漂白废水、丝光废水、染色废水、印花废水、整理废水等，其中的污染物主要由染料、浆料、助剂等组成。

染料废水的主要特点：① COD_{Cr}浓度高。染料的基本合成原料是苯类、酚类、萘类、蒽醌类等，在生产和使用的过程中流失的原料使得水中COD_{Cr}浓度增高，有的染料废水COD_{Cr}高达几万毫克每升，且可生化性差。②盐分高。在染料的合成过程中，往往需要调酸调碱进重氮-耦合；在使用过程中也需要加盐来固色、匀染，这样势必使得染料废水中含盐量过高。此外，就算废水中有机物便于分解，但随着时间的推移，也会导致菌种难以生存而死亡。③色度大。染料生产厂家生产的染料品种繁多，有的废水色度可高达几万倍，色泽较深。另外，由于织物种类、染料品种及工艺的不同，导致废水水质复杂且波动变化很大，很难找到一个合适的方法来统一处理，造成治理技术上的难题。④由于染料的基本合成原料通常是苯类、酚类、萘类等，往往产生的废水中含有有毒有害成分，并且还含有铜、锌、砷等具有毒性的重金属，难处理程度大且对环境有危害。

本试验水源为河南某染料厂的废水，采用电–Fenton法进行试验。原废水为红褐色，pH 在 6 左右。

原水水质情况如表 6-4 所示。

表 6-4　原水水质情况

水质指标	COD_{Cr}/（mg/L）	BOD_5/（mg/L）	pH
原水水质	8 600	1 860	6

6.6.1.2　工艺原理

（1）电-Fenton 法

电-Fenton 技术是在 Fenton 试剂的基础上发展起来的电化学处理技术之一。电-Fenton 法可以分为两种形式：一种是可溶性亚铁盐与在微酸性溶液阴极上生成的 H_2O_2 发生 Fenton 反应，电化学法与 Fenton 法很好地结合起来，这种方法所用的电极多为石墨、炭毡等；另一种方法是牺牲阳极法，金属电极作为阳极溶解出的 Fe^{2+} 与外部加入的 H_2O_2 进行 Fenton 反应，其反应机理如下：

$$Fe^{2+} + H_2O_2 \longrightarrow Fe^{3+} + HO \cdot + OH^-$$

$$Fe^{3+} + H_2O_2 \longrightarrow Fe^{2+} + HO_2 \cdot + H^+$$

$$2H_2O_2 \longrightarrow HO \cdot + HO_2 \cdot + H_2O$$

该反应利用阴极产生 H_2O_2 和阳极氧化产生的 Fe^{2+} 构成一个 Fenton 体系，产生·OH，达到高级氧化的目的。

（2）絮凝沉淀

经电-Fenton 法处理后，废水中含有大量反应产生的悬浮物，需投加液碱进行中和，然后投加 PAC、PAM 进行混凝沉淀，提高出水水质。

6.6.1.3　试验用品及分析方法

（1）试验药品

微电解填料：铁碳比重为 1.3 t/m^3，比表面积为 1.23 m^2/g

重铬酸钾标准溶液：$C(1/6\ K_2Cr_2O_7)=0.250$ mol/L

试亚铁灵指示剂

浓硫酸：$\rho(H_2SO_4)=1.84$ g/mL

液碱：10%

硫酸银-硫酸溶液：$\rho(Ag_2SO_4)=10$ g/L

硫酸亚铁铵标准溶液：$C\left[(NH_4)_2Fe(SO_4)_2 \cdot 6H_2O\right] \approx 0.1$ mol/L

H_2O_2：30%

硫酸汞：粉末状

蒸馏水

（2）试验仪器

智能混凝搅拌机、COD 恒温加热器、恒温干燥箱、电子天平、pH 计、曝气机等。

（3）分析方法

pH 测定：采用 pH 计测定试样的 pH

COD 测定：重铬酸钾法（GB 11914—1989）

测试药剂均为现场配制、现场使用。

6.6.1.4　试验设备

本试验采用自制的电-Fenton 反应设备（图 6-9），该装置主要包括直流电源、电解槽、电极板、曝气装置，本试验装置阴极板采用 Pt/ 炭毡，阳极采用钛基涂层电极。

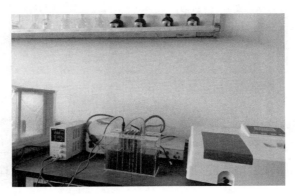

图 6-9　电-Fenton 反应装置

6.6.1.5　试验内容

（1）试验步骤

原水 ⟶ 电-Fenton（反应时间 40 min）⟶ 中间逐量添加 $FeSO_4$ ⟶ 投加 PAC、PAM 絮凝沉淀 ⟶ 取上清液测 COD。

（2）试验过程

原水 pH 为 6 左右，采用浓硫酸调节至 pH 为 3.0 左右后进入电-Fenton 反应装置，电解曝气 40 min，同时在电解过程中加入催化剂 $FeSO_4$ 溶液，废水经处理后从下方出水，然后在出水中加入 PAC、PAM 进行絮凝沉淀，取上清液测量 COD。

6.6.1.6　试验结果

废水经电-Fenton 法处理后出水水质如表 6-5 所示。废水经电-Fenton 法处理后，COD 去除率达到 75.3%，可生化性大大提高。

表 6-5　经电-Fenton 法处理后的出水水质

水质指标	原水	电-Fenton 出水
COD_{Cr}/（mg/L）	8 600	2 125
去除率 /%	—	75.3

染料废水经电-Fenton 处理后，上清液呈淡红色，具体颜色变化情况如图 6-10 所示。

图 6-10　废水经电-Fenton 法处理后的水色变化

染料废水经电-Fenton 法处理后，可以有效降解 COD，去除率达到 75.3% 左右，出水上清液呈淡红色、透明，BOD_5/COD_{Cr} 值提升至 0.30 以上，提高了废水的可生化性，有利于后续生化系统对废水进行处理，减轻了末端处理的压力。

6.6.2　电-Fenton 法处理垃圾渗滤液

6.6.2.1　垃圾渗滤液的来源及性质

垃圾在堆放和填埋过程中由于压实、发酵等生物化学降解作用，同时在降水和地下水的渗流作用下产生了一种高浓度的有机或无机成分的液体，我们称之为垃圾渗滤液，也叫渗沥液。

垃圾渗滤液水质复杂，含有多种有毒有害的无机物和有机物，渗滤液中还含有难以生物降解的萘、菲等非氯化芳香族化合物、氯化芳香族化物，磷酸醋，酚类化合物和苯胺类化合物等。垃圾渗滤液中 COD_{Cr}、BOD_5 浓度最高值可达数千至几万，所以渗滤液不经过严格的处理处置是不可以直接排入城市污水处管道的。一般而言，COD_{Cr}、BOD_5、BOD_5/COD_{Cr} 随填埋场的"年龄"增长而降低，碱度含量则升高。由于垃圾渗滤液具有有机污染物浓度高、水质水量波动大、营养元素比例失调和难降解等特点，垃圾渗滤液的有效处理已成为国内外学者研究的热点和难点问题之一。

本试验所用垃圾渗滤液取自昆明西郊生活垃圾卫生填埋场，水质呈弱碱性，有臭味。原水水质情况具体如表6-6所示。本试验选用活性炭和涂膜炭作为填充粒子电极，钛基涂层电极（RuO_2-IrO_2-TiO_2/Ti）和石墨电极作为阴阳极板，构建三维电极／电-Fenton 体系处理垃圾渗滤液。

表6-6　原水水质情况

水质指标	COD_{Cr}/（mg/L）	BOD_5/（mg/L）	氨氮/（mg/L）	pH
原水水质	1 850	530	2 200	6～9

6.6.2.2　试验装置

三维电极／电-Fenton 试验装置主要由电解槽、电极板、活性炭粒子、稳压直流电源和曝气机等组成。电解槽尺寸为 23 cm×10 cm×23 cm，每次试验加入的渗滤液体积为 3.0 L；阳极采用钛基涂层电极（RuO_2-IrO_2-TiO_2/Ti），阴极采用石墨电极，主极板规格为 20.0 cm×10.0 cm，间距为 20.0 cm；两极板间装填涂膜活性炭颗粒（柱状，直径 4 mm，长 4～5 mm）；电解电源采用直流稳压恒流电源，0～40.0 V，0～10.0 A；曝气机产生的气体经转子流量计调节，再由电解槽底部的多孔板均匀分布后进入反应器，其反应装置如图6-11所示。

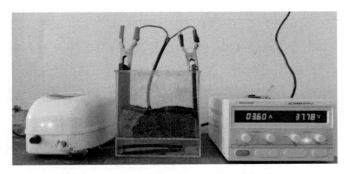

图6-11　三维电极／电-Fenton 试验装置

6.6.2.3　试验过程

先将活性炭和电极浸泡在垃圾渗滤液中至吸附饱和，然后开始试验。试验过程：取 3.0 L 渗滤液，用 1∶3 硫酸和 10%NaOH 溶液调到 pH 为 7，加入催化剂 $FeSO_4 \cdot 7H_2O$，混合均匀倒入电解槽中，向槽内底层通入空气。曝气有两个作用：①起到搅拌作用，提高传质速度；②提高电极所需氧气生成强氧化剂 H_2O_2。曝气后打开电源开始电解。本试验为间歇静态试验，电解 160～180 min 后，调节溶液 pH 到 7.0，静置沉淀，取上清液进行分析测试。

6.6.2.4　分析方法

COD$_{Cr}$ 采用重铬酸钾法（GB 11914—1989）测定，氨氮采用纳氏试剂比色法测定，BOD$_5$ 采用 HACHBOD-Trak 测定，色度采用铂钴标准比色法测定，pH 采用 HI98129 计测定。

垃圾渗滤液用二氯甲烷液-液萃取将垃圾渗滤液分为中性的、碱性的和酸性的 3 种萃取物，然后合并浓缩至 0.5 mL，于 4℃下保存待测。

6.6.2.5　处理效果

垃圾渗滤液废水经三维电极 / 电-Fenton 反应装置在电流密度为 60 mA/cm^2、曝气量 0.25 m^3/h、pH 为 4.0 条件下电解 180 min 后，COD、BOD、氨氮和色度的去除率分别达到 80.9%、72.6%、57.2% 和 98.5%，具体处理效果如表 6-7 所示。三维电极 / 电-Fenton 法对垃圾渗滤液中主要污染物，特别是有机物的去除效果十分明显，电解出水的可生化性得到显著提高，是一种有效的垃圾渗滤液处理工艺。

表 6-7　三维电极 / 电-Fenton 法对垃圾渗滤液的处理效果

项目	COD/（mg/L）	BOD/（mg/L）	氨氮 /（mg/L）	色度 / 度	BOD/COD
电解前	1 850	530	2 200	1 182	0.286
电解后	352	145	940	16.9	0.411
去除率 /%	80.9	72.6	57.2	98.5	—

针对电解后氨氮浓度较高和 C/N 偏低的现象，实际应用中可与氨吹脱或磷酸铵镁沉淀等脱氮工艺组合预处理渗滤液，调节 C/N 到适宜值后再进行生物处理。垃圾渗滤液废水经三维电极 / 电-Fenton 反应装置处理前后的水质变化如图 6-12 所示。

图 6-12　废水处理前后水质变化

　　三维电极 / 电-Fenton 法对垃圾渗滤液中芳烃、烷烃、羧酸和酯类等有机物具有很好的去除效果，电解过程中产生的·OH 等强氧化剂使有机污染物被氧化为小分子中间产物或彻底矿化为 CO_2 和 H_2O，电解后渗滤液的组成结构也发生了变化，经测定，BOD_5/COD_{Cr} 值从 0.286 提高至 0.411，出水可生化性良好，为后续生物处理创造了条件。

　　垃圾渗滤液废水经三维电极 / 电-Fenton 法在电流密度 57.1 mA/cm^2，曝气量 0.22 m^3/h，pH 为 4.0 条件下电解 180 min 后，COD、BOD、氨氮和色度去除率分别达到 80.9%、72.6%、57.2% 和 98.5%，可生化性由 0.286 提高至 0.411。由处理结果可知，三维电极 / 电-Fenton 法是一种有效的垃圾渗滤液处理工艺，具有良好的稳定性。

第 7 章

电催化法

工业排放的污染物尤其是有机污染物对人类和其他生物体是有毒的，有机污染物包括芳香烃、苯胺、苯酚类化合物、卤代烃以及杀虫剂。传统的有机物降解方法（如物理法、生物法）对低浓度的有机物降解有效，但对浓度较高的有机物降解效果不明显。

电催化氧化法作为一种高级氧化技术，是处理难降解有机污染物的有效方法之一，具有氧化能力强、反应速度快且无二次污染等优点，被称为"环境友好技术"，在高浓度难降解废水的处理方面具有较好的效果。在含醛、醇、醚、酚及染料等污染物处理中也逐渐得到应用。电催化氧化过程是通过阳极反应直接降解有机物，或通过阳极反应产生·OH、O_3一类的氧化剂降解有机物，这种降解途径使有机物分解更加彻底，不易产生毒害中间产物。该反应中电子是主要反应试剂，不必添加额外化学试剂，设备体积小，占地面积小，便于自动控制，不产生二次污染，越来越受到研究者们的重视，具有广阔的应用前景。

7.1 催化氧化法概述

催化氧化法是利用催化剂的催化作用，加快氧化反应速度，提高氧化反应效率的高级氧化技术。催化氧化的机理在于将催化剂和氧化剂结合，在反应中产生活性极强的自由基（如·OH）。再通过自由基与有机化合物之间的加合、取代、电子转移及断键等，使水体中的大分子难降解有机物氧化降解成易于生物降解的小分子物质，甚至直接降解成为CO_2和H_2O，接近完全矿化。

催化氧化法可加速有机物与氧化剂之间的化学反应，降解过程中又可产生氧化性更强的基团，在某些难降解有机废水处理中具有很高的处理效率，同时可进一步优化废水处理技术的组合应用。随着研究的不断深入，催化氧化法将是一种非常有竞争力的难降解有机废水处理新技术。催化氧化法通过各种途径使一般化学氧化法的氧化效果加强。它通过催化剂对氧化剂的分解起作用，促进氧化剂发生链式反应而产生具有高度化学活性的游离基或离子，使有机物氧化分解。其氧化效率高，分解速度快，成为一种新型高效的水处理技术。目前，催化氧化法的研究核心是寻找性能优良、具有广谱催化作用的催化剂，提高催化剂的催化效果，减少催化剂的损耗及中毒现象，使其能在工业废水处理中更好地发挥作用。催化氧化法引起了国内外环保工作者的广泛重视。现在对此项技术的研究多停留在实验室阶段，实际应用少，但由于其所具有的无可比拟的优点，应用前景十分广阔。随着催化氧化法应用性研究的日益深入，必将会给废水处理领域带来新的生机。

催化氧化方法有均相催化氧化、电催化法、光催化氧化、非均相催化氧化、超临界催化氧化法等。这些方法对某些毒性较大，浓度较高的难降解有机废水具有很高的降解效率，一些生化法极难处理的有机物在催化作用下能被彻底分解。

7.1.1 光催化氧化法

光催化氧化技术是目前催化氧化法中研究较多的技术。该技术具有处理效率高、氧化剂利用率高，处理过程中不带入其他杂质等优点。原理是利用氧化剂 H_2O_2、O_3 在化学氧化和紫外光辐射的共同作用下，使系统的氧化能力和反应的速率大大加快，从而加快废水的处理速度，达到预期的处理要求。但是，在紫外光的作用下进行反应时，由于有机废水中污染物自身的特性，反应选择性差，而且很多的竞争反应中会产生有毒性物质。同时，废水有机物的光解也常受其他竞争反应的干扰。就目前的研究状况来看，重点应放在光催化氧化反应装置中加入半导体型催化剂，提高反应的选择性；还可结合 H_2O_2 和 O_3 的化学性能，强化光解反应。

光降解通常是指有机物在光的作用下，逐步氧化成无机物最终生成二氧化碳、水及其他的离子（如 NO_3^-、PO_4^{3-}、卤素离子等）。有机物光降解可分为直接光降解和间接光降解。前者是有机物分子吸收光能呈激发态与周围环境中的物质进行反应；后者在周围环境存在某些物质吸收光能呈激发态时，能诱导一系列有机污染物的反应。间接光降解对环境中生物难降解的有机物更为重要，其中光降解反应包括无催化剂和有催化剂的光化学降解，后者即为光催化氧化。

7.1.1.1 光催化氧化机理

光催化材料大多是金属氧化物或硫化物等半导体材料，它们的光催化活性与其能带的不连续性有关。半导体的低能价带（VB）和高能导带（CB）之间存在一个禁带，当受到等于或大于带隙能量的光照射时，价带电子被激发到导带上，在导带上产生高活性电子，在价带上产生带正电荷的空穴，从而形成电子-空穴对（electron/hole pairs，e^-/h^+）。电子-空穴对会在半导体内或表面重新复合，使光能以热能的形式散发掉。如果体系中存在合适的俘获剂，或光催化材料表面存在缺陷态，复合就会受到抑制，而发生氧化还原反应。其中，光生空穴（h^+）是氧化剂，可将溶液中吸附于半导体颗粒表面的 OH^- 和 H_2O 分子氧化生成羟基自由基（·OH），并夺取半导体颗粒表面的有机物或溶剂中的电子，使原本不吸收入射光的物质被活化氧化降解；而导带上的电子具有还原性，可以使吸附在半导体颗粒表面的溶解 O_2 捕获电子产生超氧离子（·O_2^-），·O_2^- 进一步与 H^+ 等发生一系列反应生成 HO_2·、H_2O_2、·OH 等。缔结在颗粒表面的·OH（氧化电位为 2.80 eV）具有强氧化性能，对作用物几乎无选择性，可以氧化相邻的有机物，同时光生 h^+ 和 e^+ 也会直接与有机污染物反应，并使之扩散到液相中。有机物通过一系列的氧化反应，最终被氧化降解为 CO_2、H_2O 及其他无机离子，如 NO_3^-、PO_4^{3-} 等无害物质。光催化氧化降解有机污染物机理如图 7-1 所示。

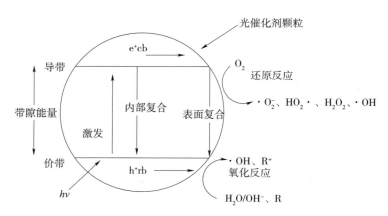

图 7-1 光催化氧化降解有机污染物机理

　　半导体的光催化氧化降解有机物反应实质上是一种自由基反应，主要具有如下特点：

　　（1）降解速度快，一般只需要几十分钟到几个小时；

　　（2）降解无选择性，几乎能降解所有有机物，尤其适合于氯代有机物、多环芳烃等；

　　（3）反应条件温和、投资少、能耗低，在紫外光照射或阳光下即可发生；

　　（4）无二次污染，有机物可以彻底被氧化降解为 CO_2 和水；

　　（5）应用范围广泛，几乎适合处理所有类型的废水；

　　（6）半导体是带隙能较高的材料，只有受到紫外光照射才能形成 e^-/h^+，且禁带较窄，电子和空穴容易复合，导致光催化活性降低，可通过掺杂等方法对催化剂进行改性。

　　光催化降解可分为均相、非均相两种类型。均相光催化氧化主要是以 Fe^{2+} 或 Fe^{3+} 及 H_2O_2 为介质，通过 Photo-Fenton 反应使污染物得到降解，此类反应能直接利用可见光。多相光催化氧化是指在污染体系中投加一定量的光敏半导体材料，同时结合一定能量的光辐射，使光敏半导体在光的照射下激发产生电子-空穴对，吸附在半导体上的溶解氧、水分子等与电子-空穴作用，产生·OH 等氧化性极强的自由基，再通过与污染物之间的羧基加合、取代、电子转移等，使污染物全部或接近全部矿化，最终生成 CO_2、H_2O 及其他离子如 NO_3^-、PO_4^{3-}、SO_4^{2-} 等。

（1）均相光催化氧化

均相光化学催化氧化主要是指 UV/Fenton 试剂法。Fenton 试剂是 Fe^{2+} 和 H_2O_2 的组合，该试剂作为强氧化剂的应用已具有 100 多年的历史，在精细化工、医药化工、医药卫生、环境污染治理等方面得到广泛的应用。1894 年，H J Fenton 发现 Fe^{2+} 可通过 H_2O_2 强烈地促进苹果酸的氧化，但对 Fenton 试剂的早期研究和应用仅限于有机合成领域。

Fenton 法是一种高级化学氧化法，常用于废水的高级处理，以去除 COD、色度和泡沫等，其主要原理是利用亚铁离子作为 H_2O_2 的催化剂，反应过程中产生氢氧自由基（Hydroxyl Radical，·OH），可氧化大部分的有机物，是一种很有效的废水处理方法。Fenton 试剂氧化一般在 pH=3.5 下进行，在该 pH 时其自由基生成速率最大。

Fenton 试剂及各种改进系统在废水处理中的应用可分为两个方面：一是单独作为一种处理方法氧化有机废水；二是与其他方法联用，如与混凝沉降法、活性炭法、生物法、光催化等联用。利用 Fenton 试剂的强氧化性，国外同行将 Fenton 试剂辅以紫外或可见光辐射，开发了光助 Fenton（Photochemically Enhanced Fenton）技术，极大地提高了传统 Fenton 氧化反应的处理效率。也可通过投加低剂量氧化剂来控制氧化程度，使废水中的有机物发生部分氧化、耦合或聚合，形成分子量不太大的中间产物，从而改变它们的可生物降解性、溶解性及混凝沉淀性，然后通过生化法或混凝沉淀法去除。该法与深度氧化相比，可大大节约氧化剂的用量，从而降低总的废水处理成本。

传统的 UV/Fenton 反应机理认为，H_2O_2 在 UV（$\lambda<300$ nm）光照条件下，产生·OH：

$$H_2O_2 + h\nu \longrightarrow 2\cdot OH \tag{7-1}$$

Fe^{2+} 在 UV 光照条件下，可以部分转化为 Fe^{3+}，所转化的 Fe^{3+} 在 pH=5.5 的介质中可以水解生成羟基化的 $Fe(OH)^{2+}$，$Fe(OH)^{2+}$ 在紫外光（$\lambda>300$ nm）作用下又可以转化为 Fe^{2+}，同时产生·OH：

$$Fe(OH)^{2+} + h\nu \longrightarrow Fe^{2+} + \cdot OH \tag{7-2}$$

正是由于式（7-2）的存在使得 H_2O_2 的分解速率远大于 Fe^{2+} 或紫外催化 H_2O_2 分解速率的简单加和。

在 H_2O_2 存在的条件下，产生的 Fe^{2+} 被重新氧化成 Fe^{3+}，并同时产生·OH（即传统的 Fenton 反应）：

$$Fe^{2+} + H_2O_2 \longrightarrow Fe^{3+} + OH^- + \cdot OH \tag{7-3}$$

$$Fe^{3+} + H_2O_2 \longrightarrow Fe^{2+} + H^+ + HO_2\cdot \tag{7-4}$$

同时有机物在氧化过程中，会产生中间产物草酸，草酸和铁离子混合后，可形成稳定的草酸铁络合物 $Fe(C_2O_4)^+$、$Fe(C_2O_4)_2^-$、$Fe(C_2O_4)_3^{3+}$，它们的累积稳定常数的对数值（$\lg b$）分别是 9.4、16.2、20.8。

而草酸铁络合物是光化学活性很高的物质，在光化学研究中常被用作化学光量计来测定 250～450 nm 波长范围的光强。在紫外光和可见光的照射下，草酸铁络合物极易发生光降解反应：

$$2\left[Fe(C_2O_4)_n\right]^{(3-2n)} + h\nu \longrightarrow 2Fe^{2+} + (2n-1)C_2O_4^{2-} + 2CO_2 \qquad (7\text{-}5)$$

光还原生成的 Fe^{2+} 与 H_2O_2 再进行 Fenton 反应。

（2）非均相光催化氧化

非均相光催化氧化主要是指用半导体材料，如 TiO_2、ZnO 等通过光催化作用氧化降解有机物，这是近年来研究的一个热点。将半导体材料用于催化光降解水中有机物的研究始于近十几年。半导体材料之所以能作为催化剂，是由其自身的光电特性所决定。根据定义，半导体粒子含有能带结构，通常情况下是由一个充满电子的低能价带和一个空的高能导带构成，它们之间由禁带分开。

当用光照射半导体光催化剂时，如果光子的能量高于半导体的禁带宽度，则半导体的价带电子从价带跃迁到导带，产生光致电子和空穴。如半导体 TiO_2 的禁带宽度为 312eV，当光子波长小于 385 nm 时，电子就发生跃迁，产生光致电子和空六（$h\nu \xrightarrow{TiO_2} e^- + h^+$）。

对半导体光催化反应的机理，不同的研究者对同一现象提出了不同的解释。氘同位素试验和电子顺磁共振（ESR）研究均已证明，水溶液中光催化氧化反应主要是通过羟基自由基（·OH）反应进行的，·OH 是一种氧化性很强的活性物质。水溶液中的 OH^-、水分子及有机物均可以充当光致空穴的俘获剂，具体的反应机理如下（以 TiO_2 为例）：

$$h\nu \xrightarrow{TiO_2} e^- + h^+ \qquad (7\text{-}6)$$

$$h^+ + e^- \longrightarrow 热量 \qquad (7\text{-}7)$$

$$H_2O \longrightarrow OH^- + H^+ \qquad (7\text{-}8)$$

$$h^+ + OH^- \longrightarrow \cdot OH \qquad (7\text{-}9)$$

$$h^+ + H_2O + O_2 \longrightarrow \cdot OH + H^+ + O_2^- \qquad (7\text{-}10)$$

$$h^+ + H_2O \longrightarrow \cdot OH + H^+ \qquad (7\text{-}11)$$

$$e^- + O_2 \longrightarrow O_2^- \qquad (7\text{-}12)$$

$$O_2^- + H^+ \longrightarrow HO_2 \cdot \qquad (7\text{-}13)$$

$$2HO_2 \cdot \longrightarrow O_2^- + H_2O_2 \qquad (7\text{-}14)$$

$$H_2O_2 + O_2^- \longrightarrow \cdot OH + OH^- + O_2 \qquad (7\text{-}15)$$

$$H_2O_2 + hv \longrightarrow 2 \cdot OH \qquad (7\text{-}16)$$
$$M^{n+}（金属离子）+ ne^- \longrightarrow M \qquad (7\text{-}17)$$

7.1.1.2　光催化氧化法影响因素

（1）催化剂性质及用量

可用于光催化氧化的催化剂大多是金属氧化物或硫化物等半导体材料，如 TiO₂、ZnO、CeO₂、CdS、ZnS 等，其中研究和应用较多的是 TiO₂，它具有较高且相对稳定的光催化活性，适用 pH 范围广、无毒、价廉、可回收并适合工厂规模的应用，甚至在太阳光照射下即可发生光催化反应，因此具有较好的应用前景。不同的光催化材料具有不同的光催化性能，而同一种光催化材料，由于晶型结构不同也会具有不同的光催化活性，以 TiO₂ 为例，TiO₂ 有 3 种晶型，即锐钛矿型、金红石型和板钛矿型，仅锐钛矿型和金红石型具有光催化活性，其中锐钛矿型 TiO₂ 催化活性比金红石型 TiO₂ 好，但是两种晶型混合后的光催化材料活性会更好，原因是锐钛矿型 TiO₂ 导带上的光生电子会跃迁到较不活跃的金红石型 TiO₂ 上，抑制锐钛矿型 TiO₂ 的光生 e⁻/h⁺ 的复合。

光催化材料的粒径对催化活性影响也比较大，一般半导体的粒径越小，比表面积越大，越会产生量子尺寸效应和小尺寸效应使阈能提高，导致带隙变宽，提高 e⁻/h⁺ 的氧化-还原能力，但复合机会也随之增多，出现光催化活性随量子化增加而下降的现象。因此，可能存在最佳的光催化活性粒径范围。

在光催化反应中，催化剂的投加量较少时，紫外光吸收率低，有效光子不能完全转化为化学能，产生的·OH 也较少。适当增加催化剂的用量会产生更多的 e⁻/h⁺，增强光催化降解作用。但是催化剂用量过多时，由于·OH 产生的速度过快，e⁻/h⁺ 发生自身复合反应，氧化能力反而会降低。同时，催化剂过量会造成光的散射，影响透光率，进而影响催化效果。对于一定的光催化降解体系，催化剂的用量存在一个最佳值。

（2）pH

pH 影响半导体的能级结构、表面特性和吸附平衡，对光催化降解反应有很大的影响。高 pH 有利于 OH⁻ 生成·OH，低 pH 有利于或 H₂O 分子生成·OH，所以在整个 pH 范围内都有生成·OH 的反应，光催化氧化反应都是热力学可行的。溶液的 pH 对光催化氧化反应的影响还与有机污染物的种类有关，多数有机物在高酸度或者高碱度时会有较大的降解率，而接近中性时降解率较小，这与有机物的光催化反应机理及废水成分的具体特性有关。以 TiO₂ 降解苯酚为例，TiO₂ 颗粒表面电荷随介质 pH 不同而改变。溶液 pH 较低时，TiO₂ 表面带正电荷，有利于阴离子物质的吸附，苯酚在 TiO_2 表面的吸附增加；溶液 pH 较高时，TiO_2 颗粒表面呈负电性，虽然苯酚不易在 TiO_2 表面吸附，但吸附在 TiO_2 表面的 OH^- 增多，相应地由 H^+ 氧化 OH^- 生成的·OH 增多，氧化速率增大。由于 pH 太大或太小都不利于·OH 的稳定存在，所以不同光催化氧化反应都会有一个最佳的 pH 范围。

（3）光源强度及光照时间

汞灯、紫外灯、黑光灯、模拟太阳光、太阳等都可作为光催化氧化反应的光源。光源的波长、光照强度和光照时间对半导体的光催化活性均有影响。常用的光催化剂的光响应范围大多在紫外或近紫外波段。随着光强增加，产生的光子数目增多，光催化剂受光激发产生的高能 e^-/h^+ 增多，溶液中强氧化性的·OH 也随之增多，所以适当增加光照强度能促进废水中有机物降解；但光强太大时，由于存在中间氧化物在催化剂表面的竞争性复合，有机物降解效果改善并不明显。

（4）外加氧化剂及用量

使用外加氧化剂的目的主要是捕获光生电子，减少电子-空穴的复合以提高光催化效率。常用的外加氧化剂有 H_2O_2 和 O_2，但相对于分子氧来说，H_2O_2 是一种更加优良的电子受体，是·OH 的主要来源。通常外加氧化剂的用量有一最适量范围，过大或过小都不能取得最好的效果。随着 H_2O_2 量的增加，产生·OH 的数量也随之增加，但当产生的·OH 达到一定数量之后，过多的·OH 又会发生复合，使·OH 数量减少，氧化能力变差，而且大量的 H_2O_2 分子吸附在光催化剂的表面，也会阻碍待降解有机物的吸附。另外，过量的 H_2O_2 也可能成为·OH 消除剂，虽然此时也会有过氧化羟基自由基（HO_2·）产生，但相对·OH 而言其氧化性较弱，不足以氧化难降解的有机物。

反应体系中通 O_2 时，O_2 在体系中可被导带电子还原而形成·O_2^-、HO_2·、H_2O_2 及·OH，它们都是相当活跃的氧化剂，因此提高体系中的氧含量将有利于反应过程向氧化方向进行。

强氧化剂如 O_3、$K_2S_2O_8$、H_2O_2、$NaIO_4$、$KBrO_4$ 等加入光催化体系中均可大大提高催化氧化速率，原因是氧化剂作为良好的电子受体能俘获 TiO_2 表面的光生电子 e^-，抑制了电子与空穴的复合，而且强氧化剂本身也可以直接氧化有机物。

（5）掺杂及其用量

掺杂是将掺杂剂通过反应转入光催化半导体材料的晶格结构之中。常用的掺杂剂有稀土元素、过渡金属元素、半导体化合物等。有报道指出，Pt、Pd、Au 等重金属可以促进光催化降解作用，Fe^{3+}、Mo^{5+}、Ru^{3+}、Os^{3+}、Re^{5+} 和 Rh^{3+} 等的掺杂量在 0.1%～0.5% 时也可以显著提高光催化反应活性，但用 Co^{3+}、Al^{3+} 掺杂时反而会抑制光催化反应活性。掺杂（共掺杂）可以提高半导体光催化活性的可能原因如下：①适量离子的掺杂（共掺杂）抑制了半导体晶粒的成长，使半导体的粒径减小，比表面积增大，光生电子和空穴从颗粒体内扩散到表面的时间减短、复合概率减小、到达表面的电子和空穴数量多，因此光催化活性高；②掺杂后，晶格内部形成缺陷位，成为电子（e⁻）或空穴（h⁺）的陷阱，抑制了 e^-/h^+ 的复合，并使半导体的光谱响应范围向可见光区红移，增强了对可见光的吸收，提高了光催化活性；③如 Ni^{2+}、Co^{2+} 共掺杂时，会在半导体表面产生协同效应，提高光生电子（e⁻）和空穴（h⁺）的俘获能力，有效抑制 e^-/h^+ 的复合。

半导体晶格中的离子掺杂改性时，掺杂量要适当，过大或过小都不能使光催化活性得到最好的发挥。

（6）废水流速及有机物含量

在光催化氧化反应器中废水的流速会影响有机物的降解速率，流速越大，光催化氧化反应速率越大。一般光催化氧化反应遵循 Langmuir-Hinshelwood 模型，反应速率与催化剂表面积和废水中有机物含量呈线性关系，废水中有机物质初始浓度越高，反应速率越大，但最终有机物的降解率却越小。

（7）温度、盐类等

光催化对温度的变化并不敏感，光催化降解酚、六氯苯、草酸时均发现反应速率常数和温度之间的关系符合阿累尼乌斯方程，光催化反应的表观活化能很低。

反应液中各种溶解性盐类对光催化降解反应的影响比较复杂，它不仅与盐的种类有关，还与反应的具体条件有关，可能既存在竞争性吸附，又存在竞争性反应。有研究报道，高氯酸、硝酸盐对光催化氧化的速率几乎无影响，而硫酸盐、氯化物、磷酸盐则因它们很快被催化剂吸附而使得氧化速率下降 20%～70%。

7.1.1.3 光催化降解反应器

光催化反应器是光催化处理废水的反应场所，高效催化反应器的设计与制造，是进行一定规模太阳能光催化降解污染物的重要环节。

按照光源的不同，光催化反应器可分为紫外灯光催化反应器和太阳能光催化反应器两种。根据流通池中光催化所处的物理状态不同，光催化反应器可分为悬浮型光催化反应器和固定型光催化氧化反应器。根据光催化剂固定方式的不同，可以分为非填充式固定型光催化反应器和填充式固定床型光催化反应器。

光催化氧化法去除水中有机污染物的方法简便，氧化能力极强，通常能将水中有机污染物氧化成 CO_2 和 H_2O 等简单无机物，避免了一般化处理可能带来的二次污染，且运行条件温和，处理过程本身有很强的杀菌作用，是一种极富吸引力的污水深度处理新方法，在含可降解有机物的工业废水处理方面有很好的应用前景。几种不同的光反应器如表 7-1 所示。

表 7-1　各种光催化反应器

反应器类型	光源	催化剂	载体	固定方式	处理对象
环状圆桶形流化床	400 W 压汞灯	TiO_2	石英砂	浸渍-烧结	4-氯酚和磺酸甲苯混合废水
槽式平板形流化床	4 W 荧光灯	TiO_2	硅胶	溶液-凝胶	三氯乙烯湿空气
非聚光平板形固定床	太阳光	TiO_2	铁板	浸渍-干燥	硝酸甘油水溶液
		Pt/TiO_2			罗丹明 B 污染废水
高聚光管式反应器	太阳光	TiO_2	颗粒	—	含酚废水
低聚光管式反应器	太阳光	TiO_2	颗粒	—	四种试剂工业废水
板式薄膜固定床	16 只 40 W 紫外灯	TiO_2	玻璃杯	浸渍-干燥	垃圾填埋场渗滤液
板式薄膜固定床	太阳光	TiO_2	玻璃杯	浸渍-干燥	二氯乙酸水溶液
管式固定床反应器	紫外灯	TiO_2	玻璃纤维网	浸渍-干燥	大肠杆菌

　　大量的研究表明，半导体光催化法具有氧化能力很强的突出特点，对 O_3 难以氧化的某些有机物（如三氯甲烷、四氯甲烷、六氯苯、六六六等）能有效地被光催化。

　　目前的光催化研究主要应用于降解有机废水方面。根据催化剂的存在形式不同，反应体系分为悬浮相体系和固定相体系两大类。悬浮相体系就是把光催化材料的颗粒直接加入待处理的溶液中，通过搅拌使颗粒均匀地悬浮并充分与溶液混合。由于颗粒的比表面积大，光照充分，与溶液中的被降解物接触充分，降解效率高。但由于材料的颗粒细小，难以回收，对后期处理有一定困难，所以在实际中推广应用受限。将催化材料制成薄膜或附载于其他材料表面进行光催化反应，主要是针对悬浮相体系的分离和回收困难而设计的。一般光催化材料的载体有玻璃球、玻璃板、沙粒、陶瓷、硅藻土或反应器的内表面等。附载后的材料光催化活性降低，但反应仍能连续进行，操作稳定，无后期回收处理的困难，有实际应用意义。因此目前主要是研究固定相体系结构。

　　光催化反应器按催化剂的存在形式可分为悬浮式和负载式光催化反应器。在悬浮式反应器中催化剂粉末直接或间接（负载在颗粒状载体上）以悬浮态存在于水溶液中，能随待处理液发生翻滚、迁移；而负载式反应器中催化剂多负载在具有较大连续表面积的载体上，待处理液流过催化剂表面发生反应。

　　（1）悬浮式光催化反应器

　　研究者们对悬浮式光催化反应器的研究较早，受到 TiO_2 分离回收困难的限制，一直没有得到广泛的应用，但是由于 TiO_2 颗粒分散悬浮在处理液中，催化剂颗粒与液相中的污染物接触效果好，在水中基本不存在传质的限制，反应速率较高，结构简单，操作方便。因此对这种反应器的研究一直在进行，陆续出现了鼓泡式、降膜式等悬浮式光催化反应器。迷宫流鼓泡光催化反应器结构如图 7-2 所示。

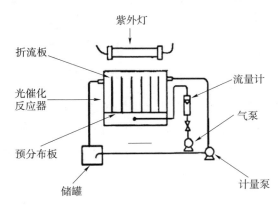

图 7-2　迷宫流鼓泡光催化反应器

（2）负载型光催化反应器

负载型光催化反应器催化剂多负载在反应器内外壁、紫外灯管外壁、玻璃管内外壁、玻璃片、不锈钢片、光导纤维管壁等表面而形成催化剂薄膜，待处理液流过催化剂表面发生反应，有效解决了悬浮式光催化反应器中催化剂不易回收的缺点，因此更容易实现大规模的工业应用。一种新型的负载型光催化反应器如图 7-3 所示。

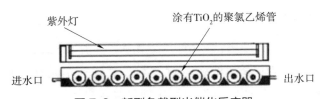

图 7-3　新型负载型光催化反应器

光催化反应器按光源的照射方式可分为非聚集式光催化反应器和聚集式光催化反应器。非聚集式光催化反应器可以采用人工光源，也可以采用太阳光源，光源大多垂直反应面进行照射，其优点是结构简单、操作方便，缺点是用人工光源的反应器能量消耗大，运行成本高，而用太阳光的反应器则反应速率较慢；聚集式光催化反应器以太阳光作为光源，一般采用具有聚光效果的抛物槽或抛物面收集器来聚集太阳光，并使太阳光辐射在能透过紫外光的中心管上。一种实用型太阳能固定膜光催化装置如图 7-4 所示。

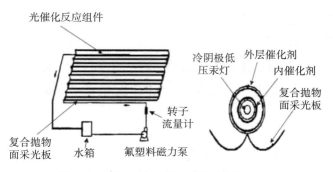

图 7-4　实用型太阳能固定膜光催化装置

由于各方面因素的限制，目前大多采用的还是人工光源，例如前面提到的反应器，都是采用人工光源，但是无论是从经济性角度还是环保角度来讲，太阳光直接作为光源都是最理想的选择。如果要采用太阳光来作为反应光源，那么聚集式的反应器就更具有优势一些，只是在反应器的设计上可能更加复杂。

7.1.2　湿式催化氧化法

湿式催化氧化（Wet Air Oxidation，WAO）技术是从 20 世纪 50 年代发展起来的一种处理有毒、有害、高浓度有机废水的有效方法。它是在高温（125～320℃）、高压（0.5～20 MPa）条件下，以空气中的氧气为氧化剂（现在也有使用其他氧化剂，如 O_3、H_2O_2 等），在液相中将有机物氧化为 CO_2 和水等无机物或小分子有机物的化学过程。由于 WAO 工艺最初是由美国的 F J Zimmermann 在 1994 年研究提出的，并取得了多项专利，故又称为齐默尔曼法。

7.1.2.1　湿式催化氧化的特点

湿式催化氧化技术是一种处理高浓度、难降解废水的好方法。迄今已有 200 多套工业装置在 160 多个国家和地区运行。湿式氧化技术是在 150～350℃、0.5～20 MPa 的条件下，以空气或纯氧作为氧化剂，将有机污染物氧化成无机物或小分子有机物的化学工艺。此法工艺成熟、效果好，最终产物为 CO_2 和 H_2O。对水中硫化物的去除率为 99.9% 以上，酚的去除率为 99.8% 以上，氰的去除率为 65% 以上，化学需氧量（COD）的去除率为 60%～96%。但这一技术由于反应温度和压力较高，故对反应器材要求高，工程投资大，污水停留处理的时间也较长，尤其对某些难氧化的有机化合物反应条件极为苛刻。20 世纪 70 年代以来国外发展了催化湿式氧化处理技术。由于催化剂降低了反应活化能，改变了反应历程，使反应能在更为温和的条件下进行，污水停留处理的时间更短，氧化效率大大提高，并降低了对设备的腐蚀，减少了投资和生产成本。

用于湿式氧化处理的催化剂可分为均相氧化催化剂和非均相氧化催化剂两种，后者又有有载体和无载体之分。载体通常分为球形圆柱形载体和蜂窝状载体两种。蜂窝状载体可用于处理悬浮物较多的废水。

均相湿式氧化催化剂主要为可溶性的过渡金属盐类，以溶解离子的形式混合在废水中使用。最常用的和效果较为理想的是铜盐和 Fenton 试剂（即 Fe^{2+} 和 H_2O_2）。常用的金属盐有 $FeSO_4$、$CuSO_4$、$Cu(NO_3)_2$、$CuCl_2$、$MnSO_4$、$Ni(NO_3)_2$ 等。通常低价盐的活性优于高价盐，如 Fe^{2+} 的催化活性比 Fe^{3+} 高，Cu^+ 的催化活性比 Cu^{2+} 效果好。

均相湿式催化氧化法的缺点是：催化剂易于流失，存在二次污染问题，需再次处理回收水中的催化剂，由此增加了工艺的复杂程度，提高了运行成本。

非均相湿式氧化催化剂是湿式催化氧化法研究的重点。该体系所采用的活性组分通常有 Cu、Mn、Fe、Co、Ni、Ru、Rh、Pa、Pd、Ir、Pt、Au、Ce、W、Th、Ag、Os、V、Sn、Sb、Bi、Cr、Se 等。可以是其中的一种金属或金属氧化物，也可以由多种金属、氧化物或复合氧化物组成。

常作为非均相湿式氧化催化剂的载体有硅胶（$SiO_2 \cdot nH_2O$）、TiO_2、ZrO_2、TiO_2-ZrO_2、TiO_2-SiO_2、TiO_2-ZnO 等氧化物或复合氧化物，以及 CeO_2、γ-Al_2O_3 和活性炭等。活性炭除作为载体外，还兼具吸收和富集污物的作用，可促进 Fe^{2+} 等的氧化和降解。国外普遍采用活性炭和臭氧联用进行污水脱色、去铁、去锰、去藻类臭味等。但水中若含 Br^-，O_3 会使其氧化生成毒性较大的溴酸盐。CeO_2 是良好的载体，在湿式催化氧化条件下非常稳定，与 Cu、Mn 等活性组分有良好的协同作用，并能减少它们的溶出。氧化剂有空气、氧气、O_3、H_2O_2、$NaClO$、ClO_2 等。

非均相湿式催化氧化法的优点是：催化剂容易和水分离，能有效控制催化剂组分的流失及二次污染问题，工艺简单，可降低成本。

7.1.2.2　湿式催化氧化机理

（1）均相催化氧化机理

1）均相铜催化剂催化氧化苯酚废水机理

铜离子的加入主要通过形成中间络合产物脱氢后而引发氧化反应自由基链：

链引发：

$$HO—R—H + Cu—Cat \longrightarrow O = R—H + \cdot H—Cu—Cat \qquad （7-18）$$

链传播：

$$O=R—H + O_2 \longrightarrow O=RH—OO \cdot O=RH—OO \cdot + HO—R—H \longrightarrow$$

$$HO—R—OOH + O=R—H \qquad （7-19）$$

H_2O_2 分解：

$$HO—R—OOH + 2Cu—Cat \longrightarrow Cu—Cat\cdots R(OH)—O\cdot + \cdot OH\cdots Cu—Cat \qquad （7-20）$$

链引发：

$$Cu—Cat\cdots R(OH)—O\cdot + R(OH)—H \longrightarrow R(OH)—OH + O=R—H + Cu—Cat\cdot$$
$$OH\cdots Cu—Cat + R(OH)—H \longrightarrow O=R—H + HOH + Cu—Cat \qquad （7-21）$$

式中，OH—R—H、O=R—H、O=RH—OO·分别代表酚、酚氧基和过氧基，—OO·处于邻位或对位。

2）Fenton 试剂催化氧化有机物的机理

Fenton 试剂有很高的氧化电位（2.8V），用水降解有机物时，氢氧根自由基通过引发链反应最终可以将有机物氧化为最简单的 H_2O 和 CO_2 分子，其反机理如下：

链引发：

$$Fe^{2+} + H_2O_2 \longrightarrow Fe^{3+} + OH^- + HO\cdot \qquad （7-22）$$

终止：

$$Fe^{2+} + HO\cdot \longrightarrow Fe^{3+} + HO^- \qquad （7-23）$$

繁殖：

$$HO\cdot + RH \longrightarrow H_2O + R\cdot \qquad （7-24）$$
$$R\cdot + Fe^{3+} \longrightarrow R^+ + Fe^{2+} \qquad （7-25）$$
$$R+H_2O \longrightarrow ROH + H^+ \qquad （7-26）$$

自由基·OH 及 R·发生的反应：

$$HO\cdot + H_2O_2 \longrightarrow H_2O + HO_2\cdot \qquad （7-27）$$
$$R + R\cdot \longrightarrow R—R \qquad （7-28）$$

有机物不同，H_2O_2 和 Fe^{2+} 盐的投入量也不一样。Fe^{2+} 本身有絮凝作用，可去除污水中 COD。

（2）非均相催化氧化机理

1）CuO/Al_2O_3 催化氧化有机物机理

氧吸附：

$$O_2 + Cu^+—Cat \Longleftrightarrow O_2^-(Cu^{2+})—Cat \qquad （7-29）$$

链传播：

$$O_2^-(Cu^{2+})—Cat+O=R\cdot—H \longrightarrow O=RH—OO\cdot + Cu^+—Cat \qquad （7-30）$$

对于 $CuO/\gamma-Al_2O_3$ 非均相催化剂来说，活性中心吸附有机化合物后，容易与之形成活化配合物，从而降低了反应活化能，加快了反应速率。

2）有机物湿式氧化控制步骤

国外大量研究工作证明，湿式氧化过程使有机物经历了烃——→醇（醛）——→酸——→ CO_2+H_2O 的过程。其中酸，尤其是乙酸进一步氧化成 CO_2 和 H_2O 是很难的，它对整个湿式氧化过程是一个控制步骤。加入催化剂后，由于催化作用使酸进一步氧化的反应活化能降低，使更多的酸在催化剂存在下进一步氧化分解，从而使有机物的去除率明显提高。研究认为催化湿式氧化过程在使有机物断键的同时生成了较多的低分子量的有机氧化物，同时也明显发生了缩合和聚合反应（主要是大分子），致使过程生成了一些高碳氢比的有机不溶性缩合物和聚合物。它们随反应温度的提高或反应时间的延长又进一步氧化裂解，使分子变小。有机物湿式催化氧化后水中的主要低分子量有机物如表 7-2 所示，从表中数据可以知道，乙酸的数量比其他氧化物数量都多，从而说明了乙酸的氧化过程控制了整个湿式氧化过程。

表 7-2　湿式催化氧化后水中的主要成分低分子量有机物

反应水源	甲醇 /（mg/L）	甲酸甲酯 /（mg/L）	乙醇 /（mg/L）	乙酸乙酯 /（mg/L）	乙酸 /（mg/L）	丙酸 /（mg/L）	异丁酸 /（mg/L）	正丁酸 /（mg/L）
水杨酸	23	168	162	27	2 194	—	—	—
对苯二甲酸	14	59	167	—	1 733	—	—	—
乙醇	—	1 536	5 250	22	41	—	—	—
工业废水	有	有	有	有	2 407	193	44	39

7.1.2.3　非均相催化湿式氧化催化剂的制备方法

日本触媒化成用 TiO_2-SiO_2、TiO_2-ZrO_2 或 TiO_2-ZnO 复合氧化物的粉末加胶黏剂等捏合成蜂窝状载体，其孔径为 2～20 mm，壁厚 0.5～3 mm，孔隙率为 50%～80%，然后将其浸渍上单元或多元活性组分经焙烧而成湿式催化氧化催化剂。该催化剂在 250℃和 5MPa 的条件下，COD 去除率为 99.9%。

非均相湿式氧化催化剂也可以用共沉淀方法制备。用共沉淀法制备的 Cu-Fe 型催化剂干基，在 400℃焙烧 1.5 h，在 250℃用于处理含乙醇的污水，经 50 min 处理后，COD 从进口的 43 000 mg/L 降至 4 204 mg/L。但该催化剂存在酸性环境下活性组分和强度均差等问题。而当进水 pH 调至 9 时，虽然降低了催化剂活性组分的流失问题，但是由于 Na^+ 是阻化剂，易导致催化剂活性衰退，使 COD 的去除率下降。

7.1.2.4　湿式催化氧化影响因素

（1）温度

温度是湿式氧化过程中的主要影响因素。温度越高，反应速率越快，反应进行得越彻底。同时温度升高还有助于增加溶氧量及氧气的传质速度，减少液体的黏度，产生低表面张力，有利于氧化反应的进行。但过高的温度又是不经济的。因此，操作温度通常控制在 150～280℃。

（2）压力

总压不是氧化反应的直接影响因素，它与温度耦合。压力在反应中的作用主要是保证呈液相反应，所以总压应不低于该温度下的饱和蒸汽压。同时，氧分压也应保持在一定范围内，以保证液相中的高溶解氧浓度。若氧分压不足，供氧过程就会成为反应的控制步骤。

（3）反应时间

有机底物的浓度是时间的函数。为了加快反应速率，缩短反应时间，可以采用提高反应温度或投加催化剂等措施。

（4）废水性质

由于有机物氧化与其电荷特性和空间结构有关，故废水性质也是湿式氧化反应的影响因素之一。研究表明：氰化物、脂肪族、卤代脂肪族化合物、芳烃（如甲苯）芳香族、含非卤代基团的卤代芳香族化合物（如氯苯和多氯联苯）等则难氧化。

7.1.2.5 湿式催化氧化催化剂的使用

（1）铜系催化剂的使用

湿式催化氧化法处理废水使用最广泛的催化剂是铜系催化剂。铜组分的氧化活性较好，它可单独使用，也可与其他金属配合使用，既可用于均相又可用于非均相。$Cu(NO_3)_2$、$CuSO_4$、$CuCl_2$ 等可溶性铜盐常作为均相催化剂处理含酚废水、造纸黑液，含乙烯、乙二醇和腈类的废水或表面活性剂工业废水等。Cu^{2+} 含量一般在（1.5×10^{-4}）～（2.0×10^{-4}）范围内效果较好。铜盐中 $CuCl_2$ 和 $CuSO_4$ 在氧化乙酸过程中易生成氧化亚铜沉淀，从而影响催化活性。铜盐作均相催化剂时，由于铜不断以 $CuCO_3$ 和 $Cu(OH)_2$ 形式沉淀出来，需连续补充少量铜盐。

铜系均相催化剂体系的使用尚存在二次污染问题，处理后水中仍残留少许铜离子，可通过活性炭吸附或用离子交换树脂来脱除。

通常在铜系催化剂体系中加入 H_2O_2 或 O_3 等氧化剂来增强其催化氧化作用；加入氨生成铜氨配合物以提高铜盐的稳定性和催化活性；加入铁或其他金属离子以提高其催化氧化活性。

非均相铜系催化剂常以 γ-Al_2O_3 和活性炭为载体。如用活性炭负载的铜催化剂处理含氰镀铜废液时，CN^- 含量可脱至 0.003 mg/L。非均相铜系催化剂还可用来处理含酚废水、含偏二甲肼废水或乙酸废水等。非均相铜系催化剂同样存在铜离子的流失问题。通常在酸性环境或偏酸性环境中，它比在非酸性环境中的催化活性要高。

采用活性炭负载 $Cu(NO_3)_2$ 的吸附催化体系用于处理石油污水中的 COD，此法集过滤、吸附富集和催化氧化处理于一体，用 $1\ m^3$ 吸附催化体系填料可处理 $45\ m^3$ 污水。吸附催化体系的试验室制备过程是：将棒状活性炭用 10%NaOH 碱洗，再用 1：1 盐酸酸洗，再用去离子水浸泡，除水后在 120℃烘箱中干燥 2 h。用 7.5% 的 $Cu(NO_3)_2$ 溶液浸渍 24 h，抽滤烘干，在 260℃条件下固化 6 h，其污水处理条件是：污水 pH 控制在 7.5±0.5；水处理装置温度控制在 20～30℃；污水与棒状活性炭—$Cu(NO_3)_2$ 体系填料接触的时间 ≥2 h，可通过调节流速控制接触时间。用此法 COD 去除率在 79.0%～99.8%。可用稀碱、稀酸、水等对失活的活性炭催化剂加以浸泡再生。

（2）非贵金属系列催化剂对有机废水的处理

1）高温高压湿式催化氧化法

对煤气厂的废水、含酚废水、含氰化物废水和含低级脂肪酸废水等的处理可采用湿式催化氧化法，使其中的有机物完全分解。反应器内填有足够量的催化剂，废水中的有机废物在反应器内被氧化分解成 CO_2 和 H_2O。具体工艺是先将废水在贮存池中混合后，送入热交换器中加热，再由空气压缩机送入空气，在热交换器中与废水充分混合并被加热送入反应器反应。热交换器利用从反应器中流出的高温混合气液与被处理的废水、空气进行热量交换，使废水、空气升温到反应所需要的温度。在反应器开始运转时，可以利用加热炉将废水、空气加热到反应温度，然后停止加热。当反应器正常运转时，则可完全利用热交换器来保持物料所需的反应温度，连续进行反应。

该法是在高温高压和催化剂的作用下利用空气中的氧来氧化分解废水中有机污染物的工艺。此法不仅能把生活污水、污泥和工业废水中难以分解的有机物和无机物转变成易分解的物质和低分子物质，而且可以与生物处理法联合使用。

2）常温常压催化氧化法

在常温常压下用氧化锰作催化剂，采用曝气处理有机 COD 时，可以将含乙酸、苯酚、丙二醇、丙三醇、丹宁酸、烷基苯磺酸的牛皮纸浆废液和铵碱纸浆废液经过滤后，使污水中 COD 值下降 40%～80%。在 100℃时，有机物 COD 脱除率在 80% 以上。用氧化锰作为催化剂处理含酚废水时，其性能优于 CuO、Ni_2O_3 和 Co_2O_3 催化剂。

（3）贵金属系列催化剂对有机废水的处理

贵金属催化剂或添加贵金属作为助剂的催化剂通常对有机废水的治理活性要

高于非贵金属系列。贵金属催化剂对难以转化的有机物有较高的活性。对煤气化废水的活性顺序为 Pd＞Ru≈Os＞Ir≥Rh≈Rt。Ru/γ-Al$_2$O$_3$ 对不同物质的处理效果为 SCN$^-$＞NH$_3$＞COD。研究表明：乙二醛酸氧化的催化活性顺序为 Ru＜Rh＜Pd＜Ir＜Pd。

1）FB-1 型催化剂及应用

含钯的 FB-1 型催化剂，可使废水中难以生物降解的有机组分尤其是有机氮化物，在湿式催化氧化中得以充分氧化转化，明显提高了废水的可生化性。在 250℃和 1.5 h 的停留时间下，可长周期运转 96.84 h，COD 的去除率在 80%～90%。此催化剂活性和强度相当稳定，催化剂初活性在 91% 左右（在酸性条件下，活性也不衰退）。此催化剂不存在活性组分金属流失问题。反应温度对 COD 去除率的影响在高温区更为明显。但温度的增加往往对设备的要求更苛刻。因此，一般并不采用提高温度以提高 COD 去除率的办法。

引起 FB-1 型催化剂失活的原因是：钠离子的引入，局部过热和缺氧、超温造成高碳氢比缩合物生成并沉淀，催化剂表面活性中心被覆盖。

FB-1 型催化剂可用硝酸、草酸或磷酸进行再生，其中以硝酸的再生效果最好；再生后的催化剂活性稳定，二次失活后再生的活性仍然良好。在酸性条件下使用时具有自身再生的作用并可长期使用。不同再生剂的再生效果如表 7-3 所示。

表 7-3　不同再生剂的再生效果

编号	再生剂	反应条件		运行时间 /h	COD 去除率 /%	备注
		温度 /℃	时间 /h			
1	磷酸	250	1.5	648	85～86	失活再生后的催化剂
2	草酸	250	1.5	456	84～87	失活再生后的催化剂
3	硝酸	250	1.5	108	86～90	失活再生后的催化剂
4	硝酸	250	1.5	96	88～92	失活再生后的催化剂 二次失活再生后的催化剂

2）Pd/C 催化剂

美国宾夕法尼亚大学正在研究开发可以降解废水中一系列有机化合物的 Pd/C 催化剂，此催化剂在 80～90℃下可将有机化合物的浓度从 1 mg/mL 降至 1 mg/L。通过简单的过滤可以回收使用催化剂。该催化氧化工艺使来源于水的 H$_2$ 和 O$_2$ 在钯催化剂上形成 H$_2$O$_2$，H$_2$O$_2$ 作为氧化剂使有机化合物氧化而得以降解。可使苯酚及含 NO$_x$ 和卤素的有机化合物、有机磷化合物以及有机硫化合物，经过 24 h 深度氧化转化为 CO、CO$_2$ 和 H$_2$O，其转化率可在 95% 以上。目前该工艺尚处于试验阶段。目前有些学者也在研究用 Pd/Al$_2$O$_3$ 或 Pd/C 催化剂于 0.1～5 MPa、200℃的条件下使甲酸分解成氢和碳酸盐的催化剂。

3）Pd/沸石分子筛催化剂

法国专利 2784981 介绍了一种能消除水中有机氯污染物用的沸石分子筛载钯催化剂。通过选择合适的 Si/Al 比来改变沸石分子筛载体的疏水性，可以使较广范围内的有机污染物质得以降解。此项污水处理方法可用于处理因氯化而造成溶剂对水的污染，特别是对三氯乙烯、氯代芳香烃、氯苯或植物保护剂如六氯代苯等有机氯化合物的处理。

4）Ru/CeO$_2$ 催化剂

Ru/CeO$_2$ 催化剂的催化活性较好，其性能优于均相铜离子催化剂。此种由半导体氧化物负载贵金属的非均相催化剂能很好地脱除废水中的醇类、酰胺、醛和酸等。国内研制的 Ru-Ce/TiO$_2$ 催化剂在 280℃、8MPa 且液体空速为 1 h^{-1} 的条件下，处理焦化污水，COD 可从 6 305 mg/L 降至 50 mg/L，寿命可在 1 000 h 以上。研究发现，3% 的 RuO$_2$/Al$_2$O$_3$催化剂对氨的氧化分解活性最高，在 230℃且 pH=12 时，其氧化分解速度为 Co、Cr、Mn、Fe、Ni 等非贵金属催化剂的 4 倍。

5）Pt 催化剂

美国国家航空航天局（NASA）用钌、铂等金属为催化剂处理宇宙飞船中宇航员的生活污水，在 288℃、15.5 MPa 的条件下可使氨和尿素完全分解成氨和水，达到卫生标准，并可作为饮用水和洗涤用水。

锐钛型 TiO$_2$ 经氯铂酸浸渍后，再用水合肼还原可制成 Pt/TiO$_2$ 催化剂。研究表明，Pt、Pd 等金属的存在可加速半导体二氧化钛在表面或界面上电荷的转移，增强它和反应物间的电荷交换能力。在氧气气氛下的光催化活性明显高于氮气气氛下的光催化活性。在氢气气氛下，500℃热处理 6 h 后明显提高了此催化剂的光催化活性。经氢气还原的含质量分数为 3×10^{-3} 的 Pt/TiO$_2$ 催化剂处理污水中苯酚的光降解活性最好。

7.1.3 超临界催化氧化法

超临界流体（SCF）是指热力学状态处于临界点以上的流体。SCF 既不是气体也不是液体，它是一种高压稠密流体，有其自身的特性。常见的超临界流体介质有 CO$_2$、C$_2$H$_6$、NH$_3$、H$_2$O 及 CClF$_3$ 等，而其中以 CO$_2$ 和 H$_2$O 最为常用。

超临界流体技术的应用主要包括超临界流体萃取、超临界流体中的重结晶、超临界流体色谱和超临界流体中的化学反应。其中，超临界流体中的化学反应的应用主要有均异相催化、聚合反应、氧化反应、煤转化技术、材料合成等方面。

超临界水氧化（Supercritical Water Oxidation，SCWO）这一技术正是起源于

20 世纪 80 年代中期，最先由美国麻省理工学院学者 Modell 提出。它是利用超临界水具有的特殊性质，使有机物和氧化剂在超临界水介质中彻底氧化水中的各种有机物。1995 年第一次超临界水氧化法研讨会由美国能源部会同国防部和财政部召开，讨论用 SCWO 技术处理污染物。超临界水的种种特性也逐渐受到了世界各国学者的关注和探索。

7.1.3.1 超临界水性质及特点

超临界水（Supercritical Water，SCW）是指当温度在 374.3℃（647.3K）以上，压力大于 22.05 MPa，密度大于 0.32 kg/cm^3 时存在的一种特殊状态的水。其密度、黏度和介电常数等物理性质发生了极大变化，超临界水成为了气体、非极性物质和有机物能够完全互溶的特别溶剂。因其具有高扩散系数、低黏度和高溶解强度等优点，使得有些化学反应由多相转变为了均相，克服了界面阻力，加快了反应速率。普通水、超临界水和过热蒸汽的几个物理指标的对比如表 7-4 所示。

表 7-4　不同状态下水的物理特性

流体	普通水	超临界水	过热蒸汽
温度 /℃	25	450	450
压力 /MPa	0.1	27	13.6
介电常数	78.5	1.8	1.0
氧的溶解度 /（mg/L）	8	∞	∞
密度 /（g/cm^3）	0.998	0.128	0.004 19
黏度 /cp^①	0.890	0.029 8	2.65×10^{-5}
有效扩散系数 /（cm^2/s）	7.74×10^{-6}	7.67×10^{-4}	1.79×10^{-3}

注：① cp（厘泊）=mPa·S。

超临界态是物质的一种特殊流体状态，打破了相的界限，成为一种均相状态。当物质处于气液平衡状态时，如果系统压力和温度不断升高，气液两相密度会发生变化，逐渐趋同，在近临界时气液两相界面开始模糊，当温度和压力都超过某一特定点时，气液两相的界面消失，成为一个均相体系，我们称该特定点为该物质的临界点。其所对应的温度、压力、密度，则被称为临界温度（T_c）、临界压力（P_c）与临界密度（ρ_c）。

（1）氢键

物质的许多宏观性质与其微观结构有密切的关系，水的许多独特性质正是水分子之间的氢键作用的结果。因为水分子具有极性，所以，一个水分子中的氢原子能与附近另一水分子中的氧原子发生正负电荷相吸引的现象，从而在邻近水分子之间形成一种相互联结的作用力，这种作用力被称为氢键。也有研究发现当水的温度达到临界温度时，水中的氢键数量相比亚临界区有显著的降低。

系统条件在临界点以上，压力恒定时，随着温度升高，大量的氢键发生断裂，超临界水的氢键数量不断减少，并且氢键作用也在减弱；当温度恒定时，增大压力，氢键的数量有所增加，但是增加量很小。

（2）密度

超临界水具有可压缩性，它的密度受温度和压力影响很大，超临界态下水的密度受到温度和压力的微小变化均会影响其大幅度变化。当临近水的临界点时，随温度和压力的变化，水的密度在 1 g/cm³ 与 0.001 19 g/cm³ 之间变化，这表示了水受温度和压力的控制，可以转变为液态或气态。因此，超临界水的状态可以通过改变温度和压力发生气相和液相的转变。超临界水的性质中介电常数、离子积、黏度等均随密度增大而增大，但扩散系数随密度增加而减小。我们可以通过改变温度与压力，可有效地对水的密度进行调控，进而调控其相关特性。

（3）介电常数

介电常数（ε）表征介质在外场作用的极化能力，也就是说介电常数越大的物质极性越强。水在标准状态下（25℃，0.1 MPa）的介电常数为 78.5，当到达临界状态时，其介电常数急剧减小，在 400℃、40 MPa 时，水的介电常数为 10.3，与弱极性溶剂二氯乙烷相当；而在 600℃、25 MPa 时，水的介电常数则为 1.38，与非极性溶剂己烷接近。水的介电常数随着温度的增加而减少，随着密度的增加而增加，在临界点处，水的介电常数约等于 6。

（4）溶解度

水在常态条件下，可以溶解大部分无机物，而相比之下有机物和气体在水中的溶解度则非常低。例如，在 0℃、标准大气压下，氧气在水中的溶解度仅为 14.64 mg/L，但在超临界条件下，原本溶解度非常低的气体在超临界水中的溶解度有了极大的提高，甚至能与超临界水以任何比例互溶，而无机物则变得不溶或微溶。

有机物、气体在水中的溶解度随水的介电常数减小而增大。低温高密度的区域内，水的介电常数接近 80，离子化合物易于电离，是由于水对离子电荷有较好的屏蔽作用；在超临界的高温高密度区域内，其介电常数为 10～25，与常态下氯仿、乙醚、甲苯等中极性溶剂的值相当，此区域超临界水已将表现出一定的非极性，对有机物的溶解度开始增大；在超临界高温低密度的区域内，这时的超临界水类似于环己烷、石油醚等非极性有机溶剂，介电常数已经呈现出无极性，此区域的溶解度可以认为与非极性溶剂无异，有机物基本都会很好地与超临界水溶解，而无机物的溶解度急剧下降。

（5）黏度

液体在流动时其分子间因碰撞和摩擦而传递能量，黏度主要用来表征阻力大小，反映了分子间摩擦碰撞的综合效应。在超临界区，水的黏度系数比液态水时要小得多，比较接近于气相的黏度，这使得超临界水的流动性能得到增强，致使超临界水中的溶质扩散非常迅速。当水处于密度较高而温度较低的状态时，黏度会随着温度升高而明显下降；当水处于高温低密度的超临界状态时，温度的继续升高会使黏度略有增加。

（6）离子积

水的离子积反映了水中和的乘积。离子积主要受密度和温度的影响，以密度影响为主。根据其关系，水的离子积随密度的增加升高。在临界点附近，温度的升高引起水的密度迅速减小，从而致使离子积变小。在标准状态下，水的离子积是 10^{-14}，而在 500℃、25 MPa 下时水的离子积降至 10^{-21}，性质类似高温气体，适于自由基反应的进行。

（7）扩散系数

在温度为 450℃、压力为 1.35 MPa 时，过热蒸汽的扩散系数为 1.79×10^{-3} cm²/s，当压力达到 27 MPa 时，超临界水的扩散系数为 7.67×10^{-4} cm²/s。温度 25℃，标准大气压下，常态水的扩散系数为 7.74×10^{-6} cm²/s。可以看出超临界水扩散系数介于过热蒸汽与常态水之间，超临界水的扩散系数可以达到常态水的 100 倍。因其运动速度和传质速率也得到了大幅提高，便具有了良好的传递性和流动性，从而有利于传质和热交换。扩散系数与温度和压力相关，温度升高，虽然水分子之间的氢键会减少，但是其内能增加，活动增强，可以加速水分子的扩散，所以扩散系数会随温度升高而增大，当到一定温度时，由于近程有序性增强，水分子扩散难度增强。压力增大，则水的密度增大，水分子相互碰撞增加，也会阻碍水分子扩散。

7.1.3.2 超临界水氧化技术特点

超临界水氧化技术由于超临界水的密度、离子积和介电常数等可由压力和温度调节，是一种合适的反应介质，因此超临界水氧化反应引起了广泛重视。与传统的氧化法相比较具有许多优点，也被誉为"代替焚烧法极有生命力的技术"。

（1）由于超临界的技术特点决定了其具有广泛的应用范围，具有很强的适应性，可以用来处理不同行业的有害、有毒、高浓度的难以生化处理的废水，如纺织或纸浆工厂废水、染料废水、焦化废水、军工行业废水等。

（2）超临界氧化法在选用适合的氧化剂情况下，几乎可以处理任何难以用生物法处理的难降解有机物，并且可以进行彻底的氧化，分解率甚至可以达到 99.99%，这是其他氧化法所不能比拟的。超临界状态下，溶解离子的能力急剧下降，盐类容易析出分离。

（3）有机物被超临界氧化法氧化之后，产物较为简单，为 CO_2、H_2O、N_2 等以及一些离子。氧化彻底完全，不产生二次污染，有利于出水的下一步处理。

（4）多相反应转化为了均相氧化反应，没有了相际的传质阻力，氧化速度快，根据氧化物质的种类不同和浓度不同，一般由几秒钟到几分钟不等，就可以达到很高的处理效果。温度和压力对超临界态下的反应有很大影响，温度和压力的改变可能会使反应速率常数发生数量级的变化。

（5）由于超临界水氧化技术能够快速反应，大幅减少了水力停留时间，与传统处理方法相比可以节约土地资源。其设备体积一般较小，是一个完全封闭的系统。可以设计成具有一定移动性的设备。

（6）高效节能。反应是放热反应，只要进水中有机物的质量分数大于 2%，反应就可以靠自身放出的热量来维持反应所需温度。如果有适宜的有机物含量，仅需启动时需要外接提供能量，整个反应可靠自身放热维持，如果有机物多，放出的余热能可以回收。

国内外针对许多物质都进行了超临界水氧化的试验研究，也做了在很多方面应用的尝试。环保领域中研究的物质主要集中在难以生物降解、毒害性较强的物质，包括了多溴联苯、苯胺、氯仿、苯酚、喹啉、重氮二硝基苯酚（DDNP）、山梨酸等。目前超临界水氧化技术也用于除净化废水外的污泥处理、金属回收、生物柴油的制备、固体废物中有害物质的消除以及石油化工相关工艺等，具有广阔的发展和应用前景。

7.1.3.3　超临界水氧化反应机理

自 20 世纪 80 年代 Modell 教授提出超临界水氧化技术至今，该领域的研究一直都很活跃，研究涉及反应机理、反应动力学、催化超临界水氧化、脱盐、材料腐蚀及超临界水热解等。

超临界水氧化反应机理的研究对于超临界水氧化反应本身及建立反应动力学模型非常重要。在超临界水氧化技术研究早期，人们一般不关注氧化机理。随着研究的深入，反应路径、反应机理才逐渐为人们所关注。研究显示，在反应过程中氧化反应的同时也存在水解、热解、脱水、聚合、异构化等反应，由于在不同的反应条件下，上述各个反应的反应速度、反应的路径以及在总反应中所占的比重均会有所不同，再加上反应过程会形成很多的中间产物，这些中间产物的反应机理也相当复杂，所以污染物的超临界水氧化是一个极其复杂的反应过程。许多研究者认为，尽管有机污染物分子经 SCWO 降解反应机理很难了解，但是一些稳定的小分子（如 NH_3、CH_3COOH 等）的氧化过程被认为是反应的控制步骤。

比较典型的超临界水氧化机理是在湿式空气氧化、气相氧化的基础上提出的自由基反应机理。自由基由氧气攻击最弱的 C—H 键而产生：

$$RH + O_2 \longrightarrow R \cdot + HO_2 \cdot \tag{7-31}$$

$$RH + HO_2 \cdot \longrightarrow R \cdot + H_2O_2 \tag{7-32}$$

过氧化氢进一步被分解成羟基自由基：

$$H_2O_2 + M \longrightarrow 2HO \cdot \tag{7-33}$$

M 可以是均质或非均质界面。在水热环境中，过氧化氢也能被分解成羟基自由基。羟基自由基具有很强的亲电性（氧化还原电位为 2.8 V），几乎能与所有的含氢化合物作用。

$$HO \cdot + RH \longrightarrow R \cdot + H_2O \tag{7-34}$$

自由基 R·能与氧作用生成过氧化自由基，后者能进一步获取氢原子生成过氧化物。

$$R \cdot + O_2 \longrightarrow ROO \cdot \tag{7-35}$$

$$ROO \cdot + RH \longrightarrow ROOH + R \cdot \tag{7-36}$$

生成的过氧化物相当不稳定，它可进一步断裂直至生成甲酸或醋酸，并最终转化成二氧化碳和水。当然，不同氧化过程反应机理是不同的。但一般认为自由基获取氢原子的过程，即式（7-32）或式（7-34）为速度控制步骤。

7.1.3.4　催化超临界水氧化技术

由于 SCWO 反应通常在 $T \geqslant 500℃$、$P \geqslant 23$ MPa 下进行，反应条件苛刻，对设备材质要求较高，且某些稳定化合物（如氨、乙酸等）要想彻底降解就必须有较高的反应温度和压力。为了提高反应速率、缩短反应时间，降低反应温度和压力，优化反应网络，使充分发挥优势，许多研究者将催化剂引入过程，开发了催化超临界水氧化（Catalytic Supercritical Water Oxidation，CSCWO）技术。近年来对 CSCWO 的研究已经成为研究的一个重要领域。

超临界水中的催化氧化反应可分为两类，即均相催化和非均相催化。均相催化通常以溶解在超临界水中的金属离子作催化剂。

均相催化有特定的催化活性和选择性，可以通过配体的选择、溶剂的变换、促进剂的增添等，精细地调配和设计。但由于在均相催化氧化过程中，催化剂混溶于废水中会随出水流失，造成经济损失以及对环境的二次污染，若要回收催化剂需对出水进行后处理，提高了废水处理的成本，所以人们对多相催化产生了更大的兴趣。

非均相超临界催化氧化使用的催化剂多为固相，便于分离和回收，使处理过程大大简化。目前对催化剂的研究主要有贵金属、稀土金属和铜 3 种。CSCWO 技术的关键是研制耐高温、高活性、高稳定性的催化剂。

在 SCWO 中，金属氧化物的稳定性与它们的物化性质紧密相关。金属氧化物的物理稳定性主要取决于熔点。因 Ag、Cs、Pt、Re、Se 的氧化物熔点太低，不适合用作 SCWO 中的催化剂。Fe、Mn、Ti、Zn、Ce、Co 的氧化物具有较高的熔点。Mo、V、Sb、Bi、Pb 相应的氧化物具有中等范围的熔点，可根据过程条件加以选择。当金属氧化物处于环境中时，若金属氧化物与水反应生成了金属氢氧化物，则会导致催化剂的失活。如在使用 V_2O_5/Al_2O_3 和 Cr_2O_3/Al_2O_3 等金属氧化物作为催化剂时，由于其中氧化物发生水解反应，在出水中可以检测到较高浓度的金属离子。而其他一些金属，如 Mn、Zn、Ce 等的氧化物表现出较高的稳定性。另外，像 Mn 等一些过渡态金属具有多个氧化态，在不同的条件下具有不同的氧化态，而不同的氧化态又具有不同的催化活性，那么过程条件就应控制在有利于保持金属最强氧化性的状态。

虽然催化剂的使用大大提高了难降解有机物的去除速率，但是催化剂对有机物氧化的促进作用是有选择性的。由于目前工业废水往往包含很多种不同成分，研制出对不同化合物具有广谱选择性的催化剂就显得尤为重要。

7.1.4　电催化氧化法

电催化水处理技术是利用外加电场作用，在特定的电催化反应器内，通过设计的一系列化学反应、电化学反应以及物理过程，达到预期的去除废水中污染物或回收有用物质的目的。与普通电化学的主要区别是它能够通过电催化产生·OH 来氧化降解废水中的有机物。

电催化氧化的机理主要是通过电极和催化材料的作用产生超氧自由基（·O_2^-）、H_2O_2、羟基自由基（·OH）等活性基团来氧化水体中的有机物。由于电催化氧化过程本身的复杂性，不同的研究者针对不同的有机物降解过程提出了不同的氧化机理，但人们普遍认为在电催化体系中有强氧化性的活性物种存在，这些活性物种包括 H_2O_2、O_3、HO、HO_2、O_2 以及溶剂化电子 e_s 等，若溶液中有 Cl^- 存在，还可能有 Cl_2、$HClO^-$ 及 ClO^- 等氧化剂存在。这些强氧化性物种的存在能够大大提高降解有机污染物的能力。电催化体系中可能产生的强氧化性活性物种及其标准还原电极电势如表 7-5 所示。从表中可以看出，它们都具有相当高的还原电势，因此能够氧化大多数有机污染物。

表 7-5　电催化体系中的强氧化性活性物种及其标准还原电极电势

强氧化剂种类	标准电位 /V（对甘汞电极 SHE）	强氧化剂种类	标准电位 /V（对甘汞电极 SHE）
$OH\cdot$	2.8	H_2O_2	1.78
O^{2-}	2.42	HO_2	1.70
O_3	2.07	Cl^-	1.36

电催化反应的共同特点是反应过程包含两个以上的连续步骤，且在电极表面上生成化学吸附中间物。许多由离子生成分子或使分子降解的重要电极反应均属于此类反应。有人将它们分为两类。

（1）离子或分子通过电子传递步骤在电极表面上产生化学吸附中间物，随后吸附中间物经过异相化学步骤或电化学脱附步骤生成稳定的分子。如酸性溶液中的氢析出反应：

$$H_3O^+ + M + e^- \longrightarrow M\text{-}H + H_2O \text{（质子放电）} \tag{7-37}$$

$$M\text{-}H + H_3O^+ + e^- \longrightarrow H_2 + M + H_2O \text{（电化学吸附）} \tag{7-38}$$

$$2M\text{-}H \longrightarrow H_2 + 2M \text{（表面复合）} \tag{7-39}$$

式中，M-H 表示电极表面上氢的化学吸附物种。

（2）反应物首先在电极上进行解离式（Dissociative）或缔合式（Associative）化学吸附，随后吸附中间物或吸附反应物进行电子传递或表面化学反应。如甲醛的电氧化：

$$HCOOH + 2M \longrightarrow M\text{-}H + M\text{-}COOH \tag{7-40}$$

$$M\text{-}H \longrightarrow M + H^+ + e^- \tag{7-41}$$

$$M\text{-}COOH \longrightarrow M + CO_2 + H^+ + e^- \tag{7-42}$$

或者

$$HCOOH + M \longrightarrow M\text{-}CO + H_2O \tag{7-43}$$

$$H_2O + M \longrightarrow M\text{-}OH + H^+ + e^- \tag{7-44}$$

$$M\text{-}CO + M\text{-}OH \longrightarrow CO_2 + H^+ \tag{7-45}$$

式中，M-R（R 分别是—H、—COOH、—CO 或—OH）表示电极表面上的化学吸附物种。此类反应的例子尚有甲醇等有机小分子的电催化、H_2 的电氧化以及 O_2 和 Cl_2 的电还原。

电催化反应与常规化学催化反应本质的区别在于反应时，在它们各自的反应界面上电子的传递过程是根本不同的。在常规的化学催化作用中，反应物和催化剂之间的电子传递是在限定区域内进行的。因此，在反应过程中，既不能从外电路中送入电子，也不能从反应体系导出电子或获得电流。另外，在常规化学催化反应中，电子的转移过程也无法从外部加以控制。而在电极催化反应中电子的传递过程与此不同，有纯电子的转移。电极作为一种非均相催化剂既是反应场所，又是电子的供-受场所，即电催化反应同时具有催化化学反应和使电子迁移的双重功能。在电催化反应过程中可以利用外部回路来控制超电压，从而使反应条件、反应速度比较容易控制，并可以实现一些剧烈的电解和氧化-还原反应的条件。电催化反应输出的电流则可以用来作为测定反应速度快慢的依据。在电催化反应中，反应前后的自由电能变化幅度相当大。在大多数场合下，由反应的种类和反应条件就可以对反应进行的方向预先估出。因此对于电解反应来说，通过改变电极电位，就可以控制氧化反应和还原反应的方向。

常规化学催化反应主要是以反应的焓变化为目的，而电催化反应则以自由能变化为目的。由于自由能的变化和电极电位的变化直接对应，因此可根据电极电位的变化直接测定自由能的变化，由此判断电催化反应的程度。

电催化氧化法作为一种清洁的水处理技术，与其他水处理技术相比，具有以下特点：

（1）可控性好

电催化氧化法通常在常温常压的条件下即可进行，水质水量产生的冲击很小；通过调节外加的电压和电流大小，可随时控制电化学过程的运行参数，这也有助于实现远程自动控制。

（2）环境友好

电催化氧化过程中产生的·OH等活性基团能将废水中的污染物质降解成简单的有机物或者直接生成 CO_2 和 H_2O。电子是电催化反应中的主要反应物，且电子只会在电极和有机物之间进行转移，不需要添加其他的氧化剂和还原剂，基本不会产生二次污染。

（3）多功能性

电催化氧化过程中可同时去除废水中的多种污染物，产生的气体还可以起到气浮的作用。不但可以作为单独的处理工艺，也可以和其他的处理方法相结合；例如作为废水处理的前处理方法，可将难降解的有机物或毒性污染物转化成可生物降解的物质，从而提高废水的可生化性。

（4）经济可行性

电催化氧化技术作为一种清洁生产工艺，所需要的设备简单，占地面积小，操作简单，具有一定的经济可行性。

（5）杀菌性强

电催化氧化法可产生许多强氧化性的物质，能够杀灭有害的微生物，从而实现杀菌的作用；且在停止供应电后，反应过程中产生的强氧化性物质仍有部分残余，能够在一定的时间内持续地起到杀菌的功能。

由于电催化氧化技术具有以上独特的优点，近年来在环境治理方面越来越受到人们的重视，特别是在处理高浓度难降解废水的方面开展了大量的研究。

7.1.5 催化剂的制备方法

大多数催化剂能以各种常规方法制备，少量只能用特殊方法。催化剂的制造有混合法、浸渍法、沉淀法、熔融法等常规方法，也有嫁接的新技术如溶胶-凝胶法（Sol-gel）、化学气相沉积法（Chemical Vapor Deposition，CVD）等，其中CVD中的有机金属化学气相沉积（Metallo-organic Chemical Vapor Deposition，MOCVD）技术在催化剂的制备中最具应用前景。

7.1.5.1 浸渍法

载体催化剂的载体与活性组分的组合有几种方法，以浸渍法为主。浸渍法是基于活性组分（包括助催化剂）以盐溶液形态浸渍到多孔性载体上，并渗透到内表面；经干燥后，水分蒸发逸出，活性组分的盐类遗留在载体的内外表面上这些金属或金属氧化物的盐类均匀地分布在载体的细孔里，经加热后，即得到高度分散的载体催化剂。因主组分、助催化剂及载体是在液相中混合，故分布比较均匀。

将含有活性组分（或连同助催化剂组分）的液态（或气态）物质浸载在固态载体表面。此法的优点为可使用外形与尺寸合乎要求的载体，省去催化剂成型工序；可选择合适的载体，为催化剂提供所需的宏观结构特性，包括比表面、孔半径、机械强度、导热系数等；负载组分仅仅分布在载体表面上，利用率高，用量少，成本低。广泛用于负载型催化剂的制备，尤其适用于低含量贵金属催化剂。

在一个载体上浸渍一种或几种活性组分的技术，是生产载体催化剂最简单的方法。按载体的形状可分为粒状载体的浸渍和粉状载体的浸渍。粒状载体浸渍法通常是将载体做成一定的形状（如条状、球状或环状）然后进行浸渍，可免去成品的压片、挤条及成球工序。粉状载体浸渍法采用与粒状载体相类似的方法，但需增加压片、挤条或成球的成型步骤以获得片状、条状及球状的最终成品。通常不采用将被载体所沉淀的物质去浸渍粒状载体，但当浸渍粉状载体时，这种做法反而较为有效，可使活性组分均匀沉淀在载体上。

影响浸渍效果的因素有浸渍溶液本身的性质、载体的结构、浸渍过程的操作条件等。浸渍方法有：①超孔容浸渍法，浸渍溶液体积超过载体微孔能容纳的体积，常在弱吸附的情况下使用；②等孔容浸渍法，浸渍溶液与载体有效微孔容积相等，无多余废液，可省略过滤，便于控制负载量和连续操作；③多次浸渍法，浸渍、干燥、锻烧反复进行多次，直至负载量足够为止，适用于浸载组分的溶解度不大的情况，也可用来依次浸载若干组分，以回避组分间的竞争吸附；④流化喷洒浸渍法，浸渍溶液直接喷洒到反应器中处在流化状态的载体颗粒上，制备完毕可直接转入使用，无须专用的催化剂制备设备；⑤蒸汽相浸渍法，借助浸渍化合物的挥发性，以蒸汽相的形式将它负载到载体表面，但活性组分容易流失，必须在使用过程中随时补充。

7.1.5.2　混合法

混合法是工业上制造多组分固体催化剂最简单的方法，以粉状细粒子的形态，在球磨机（干混法）或碾合机内（湿混法）边磨细，边混合，使各个组分的粒子尽可能达到均匀地分散，以保证催化剂主组分与助催化剂或载体充分混合，从而获得用肉眼所分辨不出的多组分催化剂混合物，常用的混合法有干法和湿法两种，究竟选用干混法还是湿混法，要视催化剂的性能和组分而定。

多组分催化剂在压片、挤条等成型之前，一般都要经历这一步骤。此法设备简单，操作方便，产品化学组成稳定，可用于制备高含量的多组分催化剂，尤其是混合氧化物催化剂，但此法分散度较低。混合的目的：一是促进物料间的均匀分布，提高分散度；二是产生新的物理性质（塑性），便于成型，并提高机械强度。

混合法的薄弱环节是多相体系混合和增塑的程度。固-固颗粒的混合不能达到像两种流体那样的完全混合，只有整体的均匀性而无局部的均匀性。为了改善混合的均匀性，增加催化剂的表面积，提高丸粒的机械稳定性，可在固体混合物料中加入表面活性剂。由于固体粉末在同表面活性剂溶液的相互作用下增强了物质交换过程，可以获得分布均匀的高分散催化剂。

7.1.5.3　沉淀法

随着多相催化反应的发展，多组分催化剂亦被广泛应用为使催化剂组分获得高度分散和均匀一致，以及理想的表面结构，在工业上越来越被广泛采用。用沉淀法制造催化剂，首先要配制好金属盐溶液，接着用沉淀剂沉淀，再经过滤、洗涤、干燥、焙烧、粉碎、混合、成型。

用沉淀剂将可溶性的催化剂组分转化为难溶或不溶化合物，经分离、洗涤、干燥、锻烧、成型或还原等工序，制得成品催化剂。广泛用于高含量的非贵金属、金属氧化物、金属盐催化剂或催化剂载体。

沉淀法包括以下几种：

①共沉淀法是将催化剂所需的两个或两个以上的组分同时沉淀的一种方法。其特点是一次操作可以同时得到几个组分，而且各个组分的分布比较均匀。如果组分之间形成固体溶液，那么分散度更为理想。为了避免各个组分的分步沉淀，各金属盐的浓度、沉淀剂的浓度、介质的 pH 及其他条件都须满足各个组分一起沉淀的要求。

②均匀沉淀法，首先使待沉淀溶液与沉淀剂母体充分混合，造成一个十分均匀的体系，然后调节温度，逐渐提高 pH，或在体系中逐渐生成沉淀剂等，创造形成沉淀的条件，使沉淀缓慢地进行，以制取颗粒十分均匀而比较纯净的固体。例如，在铝盐溶液中加入尿素，混合均匀后加热升温至 90～100℃，此时体系中各处的尿素同时水解，放出 OH⁻ 离子：

$$r_{max} \approx 0.113\left(\frac{QV}{T_{60}}\right)^{1/2} \tag{7-46}$$

于是氢氧化铝沉淀可在整个体系中均匀地形成。

③超均匀沉淀法，以缓冲剂将两种反应物暂时隔开，然后迅速混合，在瞬间内使整个体系在各处同时形成一个均匀的过饱和溶液，可使沉淀颗粒大小一致，组分分布均匀。镍／氧化硅催化剂的制法是：在沉淀槽中，底部装入硅酸钠溶液，中层隔以硝酸钠缓冲剂，上层放置酸化硝酸镍，然后骤然搅拌，静置一段时间，便析出超均匀的沉淀物。

④浸渍沉淀法，在浸渍法的基础上辅以均匀沉淀法，即在浸渍液中预先配入沉淀剂母体，待浸渍操作完成后加热升温，使待沉淀组分沉积在载体表面。

7.1.5.4　熔融法

熔融法是将催化剂组分金属或金属氧化物，在加热熔融状态下互相混合，形成固熔体。在熔融温度下，金属或金属氧化物呈流体状态，这样不但有利于催化剂组分混合均匀，并促使助催化剂组分在主活性相上的分布，无论在晶内或晶间都达到高度分散，并以固熔体形态出现。熔融法制造工艺系在高温下进行催化剂组分混合，因此温度是关键性的控制条件。熔融温度的高低，要视金属或金属氧化物的种类和组分而定。一些需要高温熔炼的催化剂都用这种方法，主要用于氨合成熔铁催化剂、费-托合成催化剂、兰尼骨架催化剂等的制备。

熔炼温度、环境气氛、冷却速度或退火温度对产品质量都有影响。固体溶液必须在高温下才能形成，熔炼温度显得特别重要。提高熔炼温度，还能降低熔浆的黏度，加快组分间的扩散。采用快速冷却工艺让熔浆在短时间内迅速溶冷，一方面可以防止分步结晶，维持既得的均匀性；另一方面可以产生内应力，得到晶粒细小的产品。退火温度对合金的相组成影响较大，例如，在 Ni-Al 合金中 $NiAl_3$ 和 Ni_2Al_3 的组成与退火温度有关，提高温度会增加 Ni_2Al_3 的含量。沥滤（溶出）Ni-Al 合金中的 Al 组分时，碱液的浓度、浸溶时间、浸溶温度对骨架镍的粒子大小、孔结构、比表面、催化活性均有影响。

7.1.5.5　化学气相沉积

化学气相沉积（CVD）是一种材料表面改性技术，它是在不改变基体材料的成分和不削弱基体材料强度的条件下，赋予材料表面特殊的性能，满足工程的需要。它主要通过挥发物气体分解或化合反应后在基体材料的表面沉积成膜，这种膜强化技术选用的基材广泛、适用面广。将化学气相沉积技术嫁接到催化剂制备工艺中，能获得性能优良的催化剂。和传统的浸渍法相比，化学气相沉积制备催化剂的技术有一步成型的特点，省去了浸渍法中干燥、焙烧、活化等多道工序，而且，作为催化活性组分物质可多次重复使用，避免浪费和环境污染，是一种绿色催化剂制备新工艺。

一般的化学气相沉积技术是一种热化学气相沉积技术，沉积温度为 900～2 000℃，沉积温度主要取决于薄膜材料的特性，一般都在 800℃以上。

7.1.5.6　锚定法

均相催化剂的多相化在 20 世纪 60 年代开始引人注目。这是因为均相络合物催化剂的基础研究有了新的进展，其中有些催化剂的活性、选择性很好，但由于分离、回收、再生工序烦琐，难以应用于工业生产中。因此，如何把可溶性的金属络合物变为固体催化剂，成为当务之急。络合物催化剂一旦实现了载体化，就有可能兼备均相催化剂和多相催化剂的长处，避免它们各自的不足。

锚定法是将活性组分（比作船）通过化学键合方式（比作锚）定位在载体表面（比作港）上。此法多以有机高分子、离子交换树脂或无机物为载体，负载铑、钯、铂、钴、镍等过渡金属络合物。能与过渡金属络合物化学键合的载体表面上有某些功能团（或经化学处理后接上功能团），例如—X、—CH$_2$X、—OH 等基团。将这类载体与膦、胂或胺反应使之膦化、胂化、胺化。再利用这些引上载体表面的磷、砷、氮原子的孤对电子与络合物中心金属离子进行配位络合，可以制得化学键合的固相化催化剂。如果在载体表面上连接两个或多个活性基团，制成多功能固相化催化剂，则在一个催化剂装置中可以完成多步合成。

7.1.5.7　其他方法

随着催化新反应和新型催化材料的不断开发，纳米催化材料、膜催化反应器等研究进展，促成了众多催化剂制备直接或间接相关的新技术。

（1）微乳液法

微乳液技术是一种全新的技术，它是由 Hoar 和 Schulman 于 1943 年发现，并于 1959 年将油-水-表面活性剂-助表面活性剂形成的均相体系正式定名为微乳液（Microemulsion）。根据表面活性剂性质和微乳液组成的不同，微乳液可呈现为水包油和油包水两种类型。

特点：微乳液是热力学稳定体系；尺寸为 10～100 nm；透明或半透明。

（2）溶胶-凝胶法

胶体（Colloid）是一种分散相粒径很小的分散体系，分散相粒子的重力可以忽略，粒子之间的相互作用主要是短程作用力。

溶胶（Sol）是具有液体特征的胶体体系，分散的粒子是固体或者大分子，分散的粒子大小为 1～1 000 nm。

凝胶（Gel）是具有固体特征的胶体体系，被分散的物质形成连续的网状骨架，骨架空隙中充有液体或气体，凝胶中分散相的含量很低，一般为 1%～3%。凝胶结构可分为①有序的层状结构；②完全无序的共价聚合网络；③由无序控制，通过聚合形成的聚合物网络；④粒子的无序结构。溶胶凝胶技术是溶胶的凝胶化过程，即液体介质中的基本单元粒子发展为三维网络结构凝胶。

影响凝胶时间的主要因素有 pH、水解的水量、湿度等，对于强酸或强碱的金属醇盐，凝胶化都是瞬间进行，它不同于硅溶胶失稳而进行的凝胶化，即凝胶时间 t 与 pH 呈 "S" 形分布，最大值在 pH=2，最小值在 pH=5～6。对于水含量低的体系，凝胶时间随水含量增加而增长，聚合反应通常需热活化。此外，凝胶时间还与溶剂性质、浓度、醇盐集团以及容器大小有关。

（3）超临界技术

超临界：物质处于临界温度和临界压力之上的状态。超临界态兼有固体和液体的性质。用于干燥、萃取、气凝胶制备。

催化剂在现代化学工业中占有极其重要的地位，现在几乎有半数以上的化工产品，在生产过程里都采用催化剂。例如，合成氨生产采用铁催化剂、硫酸生产采用钒催化剂、乙烯的聚合以及用丁二烯制橡胶三大合成材料的生产中，都采用不同的催化剂。所以催化剂还有很大的发展空间，将给我们的生活带来更多的惊喜。

7.1.6　催化剂成型技术

对于固体催化剂而言，在制备完成之后，需要根据实际需要选择相应的成型技术。由于催化剂主要应用在化学反应中，而化学反应的过程千差万别，有液态反应的，有固态加热反应的，也有气化喷雾反应的。所以，对于不同的化学反应形式，催化剂的成型也不尽相同。因此，我们在催化剂的成型过程中，要充分考虑到催化剂的应用范围和参与的化学反应方式，根据实际需要选择相应的成型技术，保证催化剂的成型能够满足工业生产需要。从目前催化的成型技术来看，对于一个工业多相催化剂来说，必须具备以下几个方面的性能：①活性好；②选择性高；③活性稳定寿命长；④适宜的物化性质（孔体积、孔径、孔径分布及比表面等）；⑤必要的强度（压碎强度、磨损强度）；⑥适当的形状（粒径或粒度分布）。以上催化剂使用性能的每一项都与催化剂的成型方法有关。主要分为以下几种方法：

7.1.6.1　喷雾成型

由于在某些化学反应中，需要催化剂以喷雾状的形式存在，因此我们在这种催化剂成型的过程中，就要选择喷雾成型法，其技术要点为将已经制备完毕的催化剂通过高压喷头，利用干燥塔的环境对催化剂喷雾进行分散，经过干燥塔的风干后形成的雾状凝胶即为所需要的雾状催化剂，通常其直径范围为 $30\sim200\ \mu m$。

7.1.6.2　油柱成型

催化剂的油柱成型法主要是指形成液体状态的催化剂，其成型方法的要点为：将制备好的催化剂溶液分成两份，按照先后顺序不同分别注入低压喷头，在喷头内部进行混合，形成所需要的溶胶。通过喷头喷出之后催化剂液体分散在被加热的轻油上面或者变压器的油柱之中，经过一段时间的凝结成为水凝胶。

7.1.6.3　转动成型

根据固体粉末和黏结剂的毛细管吸力或表面张力凝集成球的原理，把干燥的粉末放在回转着的、倾斜 $30°\sim60°$ 的转盘里，喷入雾状黏结剂（如水），润湿了的局部粉末先黏结为粒度很小的颗粒称为核。随着转盘的连续运动，核逐渐成长为圆球，符合粒度要求时便从转盘下边沿滚出。

7.1.6.4　挤条成型

滤饼或粉末加入适当的黏结剂，经碾压捏和之后便形成塑性良好的泥状黏浆。利用活塞或螺旋迫使浆料通过多孔板，切成几乎等长等径的条形圆柱体或环柱体，经干燥、煅烧便得产品。碾压、捏合常在轮碾机中进行，以获得满意的黏着性能和润湿性能。

7.1.6.5 压片成型

将许多粉末物料制成外形一致、大小均匀、机械强度高的片状圆柱体或环柱体。这类成型对于高压、高气速反应特别有利。压片在由钢质冲钉和冲模组成的压片机中进行，所使用的压力必须低于引起冲钉和冲模发生永久形变的极限。在通常的压片机内，只有莫氏硬度不大于 4 的几类物料能得到满意的结果。

7.1.7 活性炭改性

活性炭是一种具有三维空隙结构和大比表面积的人工碳材料制品，它主要由碳元素（质量分数为 87%～97%）组成，是一种优良的吸附剂。活性炭材料主要包括粉末状活性炭、颗粒状活性炭、活性炭纤维等。作为一种性能优良的吸附剂，活性炭材料具有独特的吸附表面结构特性是由表面化学性能所决定的。活性炭材料的化学性质稳定，机械强度高，耐酸、耐碱、耐热，不溶于水与有机溶剂，可以再生使用。活性炭具有发达的微孔结构和特殊的表面性能，调整活性炭的孔隙结构，对表面基团进行改性，如作为催化作用的金属离子的载体，可以提高其特殊性能和特定的吸附与催化性能在污废水处理过程的作用。

7.1.7.1 活性炭改性材料的结构与性质

（1）活性炭的孔隙结构

活性炭材料的结构属于非结晶性物质，它是由石墨微晶和将这些石墨微晶连接在一起的碳氢化合物组成，其固体部分之间的间隙形成了活性炭材料的孔隙。活性炭的孔隙结构是指孔隙容积、孔径分布、比表面积和孔的形状。通常把直径<2 nm 的孔隙叫作微孔，直径在 2～50 nm 的孔隙叫作中孔（过滤孔），直径>50 nm 的孔隙叫作大孔。不同孔径的孔隙在吸附过程中发挥的作用有所不同。微孔活性炭拥有很大比表面积，呈现出很强的吸附作用；中孔活性炭用在添载触媒及化学药品脱臭；大孔活性炭通过微生物及菌类在其中繁殖，就可以使无机的碳材料发挥生物质的功能。

（2）活性炭的表面性质

活性炭材料在制备过程中由于灰分和其他杂原子的存在，使其结构产生了缺陷和不饱和键，氧和其他杂原子在活化过程中可以吸附于这些缺陷上，形成了各种官能团，因而使活性炭材料产生了各种吸附特性。对活性炭材料产生重要影响的化学官能团主要是含氧官能团和含氮官能团，多种含氧官能团有酸性官能团、中性官能团和碱性官能团，这也是活性炭最主要的活性基团，可分为强酸基、弱酸基、酚羟基、羰基等。表面化学性质的不同对活性炭的酸碱性、润湿性、吸附选择性、催化特性、电负性质等都产生影响。

7.1.7.2　活性炭改性的方法

（1）物理法改性

1）微波辐射改性

微波改性是通过调节微波功率和辐射时间来控制活性炭的表面化学成分或元素的含量，从而调节活性炭的表面化学性质，提高活性炭的吸附性能，是改变活性炭吸附性能的一种有效方法。

2）超声波改性

超声波处理时间及其物理参数的不同会产生不同的影响。采用超声波处理活性炭时，超声空化作用将引起冲击波和微射流。超声波改性使活性炭的孔径发生了变化。

（2）化学法改性

1）氧化及还原改性

氧化改性主要是在适当的温度下利用强氧化剂，对活性炭的表面官能团进行氧化处理，从而提高表面含氧酸性基团的含量，增强表面极性，增强对极性物质的吸附，以达到吸附回收或废水治理的目的。

常用的改性氧化剂主要有 O_2、HNO_3、H_3PO_4、$HClO$ 和 H_2O_2 等。

与氧化改性相反，还原改性主要是在适当的温度下，通过还原剂对活性炭表面官能团进行还原改性，达到提高含氧碱性基团的比含量，增强表面非极性的目的。这时活性炭对非极性物质具有更强的吸附性能。

2）负载金属改性

负载金属改性大都是利用活性炭对金属离子的还原性和吸附性，使金属离子先在其表面上吸附，再还原成单质或低价态的离子，并通过金属离子或金属对被吸附物的较强结合力，增加活性炭对被吸附物的吸附性能。

3）酸碱改性

酸碱改性是利用酸、碱等物质处理活性炭，使活性炭表面官能团发生改变，改善其对金属离子的吸附能力，根据实际情况，调整活性炭表面的官能团，从而达到所需的吸附效果。

4）电化学改性

电化学改性是利用微电场，使活性炭表面的电性和化学性质发生改变，从而提高吸附的选择性和性能。它不需要加化学药剂，也不需要加热，不会造成对环境的污染，能耗低，仅在几百毫伏内进行，操作方便。

5）负载杂原子和化合物改性

活性炭具有很高的稳定性和良好的活性，这两个基本性质成为活性，炭做催化剂或催化剂载体的条件。试验证明，负载杂原子和化合物可引起活性炭的表面结构发生变化，具有增加反应速率，提高吸附容量等优点。

7.1.7.3 活性炭材料的改性

（1）表面物理结构特性的改性

活性炭材料的吸附表面结构改性就是指在活性炭材料的制备过程中通过物理或者化学的方法来增加活性炭材料的比表面积、调节孔径及其分布，使活性炭材料的吸附表面结构发生改变，从而改变活性炭材料的物理吸附性能。活性炭生产包括两大工序：首先对原料进行炭化处理以除去其中的可挥发组分，然后用合适的氧化性气体（如 H_2O、CO_2、O_2 和空气）对炭化物进行活化处理，进而形成发达的孔隙结构。碳沉积技术就是调整活性炭的孔隙结构，使其具有分子筛性质的一种方法。碳沉积包括气相碳沉积与液相浸渍后热解碳沉积。目前大多采用化学气相碳沉积技术，在含苯之类的烃类气体中，热处理活性炭，通过烃气体的分解析出热解炭缩小孔径。活性炭材料的性能除与原料有关外，还与炭化条件（炭化温度、炭化时间、活化温度、活化时间、活化剂种类以及活载比等）有密切的关系。为了使孔隙结构更加丰富，孔径分布更加均匀，在活化过程中可以加入一些化学活化剂。常用的活化剂有碱金属、碱土金属的氢氧化物、无机盐类以及一些酸类，目前应用较多、较成熟的化学活化剂有 KOH、$NaOH$、$ZnCl_2$、$CaCl$ 和 H_3PO_4 等。

（2）表面化学特性的改性

1）氧化改性

氧化改性主要是利用强氧化剂在适当的温度下对活性炭表面的官能团进行氧化处理，从而提高表面的含氧酸性基团（如羧基、酚羟基、酯基等）的含量，增强材料表面的极性和亲水性。常用的氧化剂主要有 HNO_3、$HClO_3$ 和 H_2O_2 等。目前研究的热点是通过 HNO_3 等强氧化剂对活性炭表面进行氧化改性。

2）还原改性

表面还原改性是指通过还原剂在适当的温度下对活性炭材料表面官能团进行还原改性，从而提高含氧碱性基团的比含量，增强表面的非极性，这种活性炭材料对非极性物质具有更强的吸附性能。常用的还原剂有 H_2、N_2、$NaOH$、KOH 等。已有研究表明，KOH 碱熔法活化是至今为止最有效的提高活性炭比表面积并降低灰分的方法。

3）负载金属和金属氧化物改性

负载金属改性大都是利用活性炭对金属离子的还原性和吸附性，使金属离子先在其表面上吸附，再还原成单质或低价态的离子，并通过金属离子或金属对被吸附物的较强结合力，增加活性炭对被吸附物的吸附性能。

4）低温等离子技术

低温等离子技术既能改变活性炭表面化学性质又能控制材料的界面物性，在活性炭材料的表面处理方面显示出独到的优势。利用微波等离子体加热处理活性炭，可以在短时间内处理增大活性炭的比表面积，微小附着物从活性炭微孔周围被除去，增加炭表面的凹凸程度，提高活性炭对各种有机化合物（如苯、甲苯、醋酸乙酯及二硫化碳）的吸附能力。

（3）电化学性质的改性

电化学性质主要指在电场的作用下活性炭表面的带电性和由此而产生的化学性质变化的性质。

7.2　电催化法

所谓电催化，是指在电场作用下，存在于电极表面或溶液相中的修饰物能促进或抑制在电极上发生的电子转移反应，而电极表面或溶液相中的修饰物本身并不发生变化的一类化学作用。电催化反应速度不仅由催化剂的活性所决定，而且还与电场及电解质的本性有关。由于电场强度很高，对参加电化学反应的分子或离子具有明显的活性作用，使反应所需的活化能大大降低，所以大部分电化学反应可以在远比通常化学反应低得多的温度下进行。在电催化反应中，由于电极催化剂的作用发生了电极反应，使化学能直接转变成电能，最终输出电流。

（1）氢析出反应与分子氢的氧化

氢析出反应是非常重要的电极反应，不仅因为水电解制备氢是获取这种洁净能源的有效途径，而且它是水溶液中其他阴极过程的伴随反应。其反应机理可表示为

$$2H_3O^+ + 2e^- \longrightarrow H_2 + 2H_2O（酸性溶液中）\qquad（7-47）$$

$$2H_2O + 2e^- \longrightarrow H_2 + 2OH^-（碱性溶液中）\qquad（7-48）$$

目前普遍认为，该反应由如下基元步骤组成：

1）质子放电步骤（Volmer 反应）

$$2H_3O^+ + M + e^- \longrightarrow M\text{-}H + H_2O\qquad（7-49）$$

$$H_2O + M + e^- \longrightarrow M\text{-}H + OH^- \qquad (7\text{-}50)$$

2）化学脱附或催化复合步骤（Tafel 反应）

$$M\text{-}H + M\text{-}H \longrightarrow 2M + H_2 \qquad (7\text{-}51)$$

3）电化学脱附步骤（Heyrovsky 反应）

$$M\text{-}H + H_3O^+ + e^- \longrightarrow M + H_2O + 2H_2 \qquad (7\text{-}52)$$

$$M\text{-}H + H_2O + e^- \longrightarrow M + OH^- + H_2 \qquad (7\text{-}53)$$

氢析出反应过程首先进行 Volmer 反应，然后进行 Tafel 反应或 Heyrovsky 反应。分子氢的阳极氧化是氢氧燃料电池中的重要反应，而且被视为贵金属表面上氧化反应的模型。其一般包括 H_2 的解离吸附和电子传递步骤，但过程受 H_2 的扩散所控制。如 H_2 在未氧化 Pt 表面上的离子化过程，其机理为

$$H_2 + 2Pt \longrightarrow 2Pt\text{-}H \qquad (7\text{-}54)$$

$$Pt\text{-}H \longrightarrow Pt + H^+ + e^- \qquad (7\text{-}55)$$

（2）氧的电还原

氧还原反应是金属–空气电池和燃料电池中的正极反应，其动力学和机理一直是电化学中的重要研究课题。在水溶液中，氧还原可按两种途径进行：

1）直接的 4 电子途径：

$$O_2 + 2H_2O + 4e^- \longrightarrow 2OH^- \qquad (7\text{-}56)$$

$$O_2 + 2H^+ + 4e^- \longrightarrow 2H_2O \qquad (7\text{-}57)$$

2）2 电子途径（或称过氧化物途径）

$$O_2 + 2H_2O + 2e^- \longrightarrow OH_2^- + OH^- \qquad (7\text{-}58)$$

$$OH_2^- + H_2O + 2e^- \longrightarrow 3OH^- \qquad (7\text{-}59)$$

$$2OH_2^- \longrightarrow 2OH^- + O_2 \qquad (7\text{-}60)$$

或者

$$O_2 + 2H^+ + 2e^- \longrightarrow 2H_2O_2 \qquad (7\text{-}61)$$

$$H_2O_2 + 2H^+ + 2e^- \longrightarrow 3H_2O \qquad (7\text{-}62)$$

$$H_2O_2 \longrightarrow 2H_2O + O_2 \qquad (7\text{-}63)$$

直接的 4 电子途径上经过许多步骤，其间可能形成吸附的过氧化物中间物，但总结果不会导致溶液中过氧化物的生成；而过氧化物途径在溶液中生成过氧化物，后者一旦分解转变为氧气和水。现有资料表明，直接的 4 电子途径主要发生在贵金属的金属氧化物以及某些过渡金属大环配合物等催化剂上。过氧化物途径主要发生在过渡金属氧化物和覆盖有氧化物的金属以及某些过渡金属大环配合物等电催化剂上。

（3）氧析出反应

与氢电极反应不同，金属电极上的氧析出反应是在较正的电位区进行，此时金属电极上常伴有氧化物的生长过程。其机理可表示为

1）在酸性溶液中

$$(H_2O)_{ad} \longrightarrow (OH)_{ad} + H^+ + e^- \tag{7-64}$$

$$(OH)_{ad} + (OH)_{ad} \longrightarrow O_{ad} + H_2O \tag{7-65}$$

$$(OH)_{ad} \longrightarrow O_{ad} + H_2O \tag{7-66}$$

$$O_{ad} + O_{ad} \longrightarrow (O_2)_{ad} \tag{7-67}$$

$$(O_2)_{ad} \longrightarrow O_2 \tag{7-68}$$

速度决定步骤通常是电子转移步骤。

2）在碱性溶液中

$$M_z + OH^- \longrightarrow (M\text{-}OH)_z + e^- \tag{7-69}$$

$$(M\text{-}OH)_z \longrightarrow (M\text{-}OH)_z^{+1} + e^- \tag{7-70}$$

$$2(M\text{-}OH)_z^{+1} + 2OH^- \longrightarrow 2M_z + O_2 + 2H_2O \tag{7-71}$$

电催化体系中，有机物在·OH 的作用下发生快速氧化反应及自由基链反应，使有机物被迅速去除。降解后的氯苯废水中检测到对苯二酚、草酸等，可推测出氯苯的降解过程可能存在以下的途径：

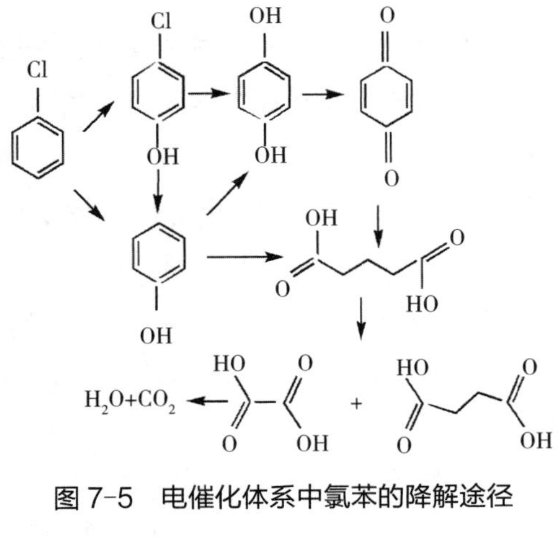

图 7-5　电催化体系中氯苯的降解途径

7.2.1　电催化还原法原理

电催化还原技术是指在特定的电化学反应器中，通过外加电流，使水体中的污染物在阴极表面发生一系列的电化学还原反应，最终达到降解水体内污染物的效果。电催化还原法的处理效果与电极材料、电流效率等因素息息相关，通常研究者

会采用贵金属作为催化电极，然而综合考虑成本和经济效益，近年来，人们逐渐选择将贵金属负载在基体表面，从而在大大节省成本的情况下，有效地利用了贵金属的催化活性，最终达到了与单纯贵金属处理相当的效果。

电化学还原即通过发生阴极还原可处理多种环境污染物，如金属离子、含氧有机物、二氧化硫等，可分为阴极直接还原和阴极间接还原。

有机物直接电化学还原可使多种含氯有机物转变成低毒性物质，提高污染物生物可降解性，如：

$$R–Cl + H^+ + 2e \longrightarrow R–H + Cl^- \tag{7-72}$$

间接阴极还原是利用电化学反应生成的一些氧化还原物质将污染物还原去除。如二氧化硫的间接电化学还原可转化为单质硫：

$$SO_2 + 4Cr^{2+} + 4H^+ \longrightarrow S + 4Cr^{3+} + 2H_2O \tag{7-73}$$

$$Cr^{3+} + e \longrightarrow Cr^{2+} \tag{7-74}$$

同时金属离子在阴极还原，可回收有价值金属物质，如电沉积回收金属就是一种直接阴极还原过程。

电催化还原技术处理水体中污染物过程主要包括两个方面：其一，NO_3^--N 在电催化阴极表面上被直接电催化还原去除；其二，当处于通电状态时，阴极表面会产生一定浓度的 H_2，产生的 H_2 被催化电极表面的贵金属 Pd、Pt、Rh 等吸附，最终通过阴极的催化还原反应将污染物去除。

基于研究成果和化学反应基础理论，对非贵金属复合涂层阴极和 Ti/Ir-Ru 稳定阳极组成的无隔膜电解体系中阴极催化还原电解氯氧化法同步无害化去除模拟废水中 NO_3^--N 进行特性分析。

①以 Cl^- 为支持电解质，虽然改变了 NO_3^--N 模拟废水内部的溶液离子组成，并通过提高电导率的方式改变了电解过程的伏安特性，但总体上并未对 NO_3^--N 的阴极催化还原反应特性产生显著的影响。Cl^- 作为支持电解质弱化了电场对 NO_3^--N 向阴极传质的抑制作用，使得极板间距、搅拌强度和体系温度等从传质过程影响 NO_3^--N 催化还原效率的显著性下降。

② NO_3^--N 无害化去除过程主要由 NO_3^--N 阴极催化还原、阳极析氯、Cl_2 水解生成 HOCl 和 HOCl 氧化 NH_4^+-N 四个反应组成。前三个反应相对独立进行，最后一个反应在前三个反应的基础上进行。NO_3^--N 无害化去除的氮素化合物转化历程为 NO_3^--N $\longrightarrow$ NO_2^--N $\longrightarrow$ NH_4^+-N $\longrightarrow$ N_2-N。同时电解体系内还存在 $Cl^- \longrightarrow Cl_2 \longrightarrow HOCl \longrightarrow +Cl^-$ 的 Cl 循环，Cl^- 可视为促成 NH_4^+-N $\longrightarrow$ N_2-N 反应的电子转移媒介。

③在电解体系中，NO_3^--N 阴极催化还原生成 NH_4^+-N 和 NH_4^+-N 电解氯氧化

生成 N_2-N 两个反应体系的速率决定了 TN 去除率。通过调整电解条件，改变两个反应体系的速率，可使 TN 去除率逼近 NO_3^--N 去除率。在温和的试验条件下，NH_4^+-N 电解氯氧化反应基本上可实现对 NO_3^--N 催化还原生成 NH_4^+-N 的快速氧化去除，可满足 NO_3^--N 无害化去除的基本要求。在实际应用过程中，可根据水质要求、现场条件和经济因素，对 NO_3^--N 无害化去除的条件因素进行调整，达到较佳状态。

④ NO_3^--N 阴极催化还原是释放 OH^- 的反应，使模拟废水 pH 增大；NH_4^+-N 电解氯氧化是释放 H^+ 的反应，使模拟废水 pH 减小。两者的总反应，即 NO_3^--N 转化为 N_2-N 释放 OH^-，使模拟废水 pH 增大。

⑤ NO_3^--N 阴极催化还原反应使模拟废水中离子量增加，电导率增大；阳极析氯反应使模拟废水中离子量减少，电导率减小；Cl_2 水解产生 HOCl，并氧化 NH_4^+-N 可使模拟废水中离子量增加，电导率增大。在 NO_3^--N 无害化去除过程中，由于总反应释放 OH^-，使模拟废水偏碱性，因此可避免 Cl_2 的逸出，使电解体系不会形成不可逆的离子量减少过程。因此，由于内部同时存在特性不同的各类反应，致使在 NO_3^--N 无害化去除过程中，模拟废水电导率呈波浪形上升趋势。

⑥在催化电解体系内，由于存在 NaCl 及其反应产物作为支持电解质，NO_3^--N 无害化去除的能耗可控制在一定水平。以试验条件 Cl^- 浓度为 300 mg/L、电流密度为 10 mA/cm²、极板间距为 6 mm、搅拌强度为 450 r/min、体系温度为 30℃、电解时间为 60 min 为例。浓度为 50 mg/L 的 NO_3^--N 模拟废水经该条件处理后，生成无害化的 N_2-N 的当量浓度为 28.5 mg/L，即取样模拟废水内原有 10 mg NO_3^--N，经试验条件下的催化电解后无害化去除了 5.7 mg。根据研究成果，非贵金属修饰阴极催化还原电解氯氧化法无害化去除 NO_3^--N 的主要反应关系见图 7-6。

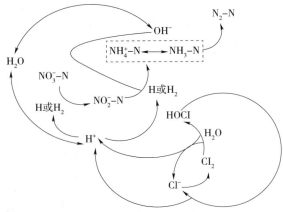

图 7-6　非贵金属修饰阴极催化还原-电解氯氧化法无害化去除 NO_3^--N 的反应机理

7.2.2 电催化氧化法原理

电催化氧化法是一种高级电化学氧化技术，其主要利用具有催化性能的金属氧化物电极，产生具有强氧化能力的羟基自由基或其他自由基氧化水中污染物，使其完全氧化分解为 CO_2 和 H_2O，以达到去除废水中的有机物的目的。近些年来，随着有机电化学理论的研究深入，电催化氧化法在处理含醛、烃、醚、醇、酚及染料等难降解有机废水中得到广泛的研究应用，使其逐渐发展为一种颇有发展前景的处理难降解有机废水的方法，与其他高级氧化技术相比，其主要特点有：

（1）电催化氧化法中主要机理是电子在电极和溶液间转移，需要添加氧化还原剂，以避免二次污染问题；

（2）可以通过调节对外加电压、电流来控制反应条件，反应体系易于操控；

（3）在常温常压下即可发生反应，反应条件温和，反应操作简单，维护费用低；

（4）电催化氧化法可以氧化污水中有机物，同时还可以去除多种污染物质，例如重金属离子，可以处理一定含盐量的废水，产生的气体还具有气浮作用。

（5）可以作为单独处理，直接将有机物矿化降解为 CO_2 和 H_2O，也可以与其他处理相结合，作为生物处理法的预处理，将难降解或有毒性的污染物转化为可生物降解或无毒物质，提高废水可生化性。

在电场的作用下，存在于电极表面或溶液相中的修饰物（电活性的、非电活性的）能促进或抑制在电极上发生的电子转移反应，而电极表面或溶液相中的修饰物本身不发生变化的化学作用。

7.2.2.1 电催化氧化法作用机理

电化学技术的基本原理是使污染物在电极上发生直接电化学反应或利用电极表面产生的强氧化性活性物种使污染物发生氧化还原转变，后者被称为间接电化学转化。电化学氧化原理如图 7-7 所示。

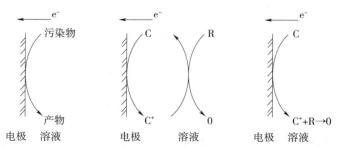

R-污染物；O-氧化产物；C-间接电化学过程产生的之间活性物质
（a）直接电化学氧化　（b）可逆间接电化学氧化　（c）不可逆间接电化学氧化

图 7-7　电化学氧化原理示意图

　　直接电化学转化通过阳极氧化可使有机污染物和部分无机污染物转化为无害物质，阴极还原则可从水中去除重金属离子，这两个过程同时伴生放出 H_2 和 O_2 的副反应，使电流效率降低，但通过电极材料的选择和电位控制可加以防止。间接电化学转化可利用电化学反应产生的氧化还原剂 C 使污染物转化为无害物质，这是 C 使污染物与电极交换电子的中介体。C 可以是催化剂，也可以是电化学产生的短寿命中间物。直接、间接电化学转化过程的分类并不是绝对的，实际上电化学过程往往包含在电极上的直接电化学转化和间接电化学转化。

　　电催化氧化（ECO）的机理主要是通过电极和催化材料的作用产生超氧自由基（$\cdot O_2$）、H_2O_2、羟基自由基（$\cdot OH$）等活性基团来氧化水体中的有机物。由于电催化氧化过程本身的复杂性，不同的研究者针对不同的有机物降解过程提出了不同的氧化机理，但人们普遍认为在电催化体系中有强氧化性的活性物种存在，这些活性物种包括 H_2O_2、O_3、HO、HO_2、O_2 以及溶剂化电子 e_s 等，若溶液中有 Cl^- 存在，还可能有 Cl_2、$HClO^-$ 及 ClO^- 等氧化剂存在。这些强氧化性物种的存在能够大大提高降解有机污染物的能力。其中直接氧化和间接氧化反应是电化学氧化有机物的两种主要作用机理。电化学催化氧化作用机理如图 7-8 所示。

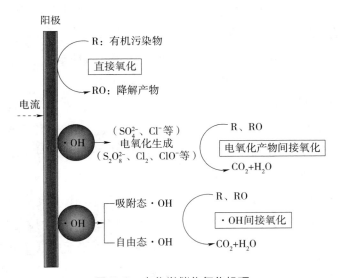

图 7-8　电化学催化氧化机理

　　研究表明，有机物在金属氧化物阳极上的氧化反应类型与阳极金属氧化物的种类和价态有关，阳极材料不同、电解液成分不同，所产生的具有电化学活性的物种也不同，因而导致反应类型不同。

　　阳极直接氧化时，表面形成的 $\cdot OH$ 吸附在电极（MO_x）表面形成 $MO_x[\cdot OH]$。$MO_x[\cdot OH]$ 与电极附近有机物发生脱氢、亲电加成反应。在金属氧化物 MO_x 阳极上生成的较高价金属氧化物 MO_{x+1} 有利于有机物选择性氧化生成含氧化合物；在 MO_x 阳极上生成的自由基 $MO_x[\cdot OH]$ 有利于有机物氧化燃烧生成 CO_2。$\cdot OH$ 中的原子转移到阳极晶格上形成高价氧化物，然后选择性矿化有机物。氧化产物 RO 可被阳极表面的 $\cdot OH$ 进一步氧化。废水中污染物的直接电化学氧化反应过程如下：

首先，溶液中的 H_2O 或 OH^- 在阳极上放电并形成吸附的羟基自由基：

$$H_2O + MO_x \longrightarrow MO_x[\cdot OH] + H^+ + e^- \tag{7-75}$$

然后，吸附的羟基自由基和阳极上现存的氧反应，并使羟基自由基中的氧转移给金属氧化物晶格而形成高价氧化物 MO_{x+1}：

$$MO_x[\cdot OH] \longrightarrow MO_{x+1} + H^+ + e^- \tag{7-76}$$

当溶液中不存在有机物时，两种状态的活性氧按以下步骤进行氧析出反应：

$$MO_x[\cdot OH] \longrightarrow 1/2 O_2 + MO_{x+1} + H^+ + e^- \tag{7-77}$$

$$MO_{x+1} \longrightarrow 1/2 O_2 + MO_{x+1} \tag{7-78}$$

当溶液中有有机物存在时，物理吸附的氧（$\cdot OH$）在"电化学燃烧"过程中起主要作用，而化学吸附的氧（MO_{x+1}）则主要参与"电化学转化"，即对有机物进行有选择的氧化（对芳香类有机物起作用而对脂肪类有机物不起作用）。当溶液中存在可氧化的有机物 R 时，反应如下：

$$R + MO_x[\cdot OH]_y \longrightarrow CO_2 + MO_x + yH^+ + e^- \tag{7-79}$$

$$R + MO_{x+1} \longrightarrow RO + MO_x \tag{7-80}$$

由以上的化学反应式可知，在电化学氧化过程中阳极上存在两种状态的活性氧，即吸附的羟基自由基和晶格中高价态氧化物的氧，因此电化学氧化反应可以按两条途径进行。当反应式（7-76）的速度比反应式（7-75）的快时，主要发生电化学转化反应，此时电流效率取决于反应式（7-80）与反应式（7-78）的速度之比，由于它们都是纯化学步骤，反应式（7-80）的电流效率与阳极电位无关，但依赖于有机物的反应活性和浓度及电极材料。当反应式（7-76）的速度比反应式（7-75）慢时，主要发生电化学燃烧反应，此时电流效率取决于反应式（7-79）与反应式（7-77）的速度之比，由于这两个反应都是电化学步骤，反应式（7-79）的电流效率不仅依赖于有机物的本质和浓度以及电极材料，而且与阳极电位有关。

电化学催化氧化降解其实质是一个动态的吸附-电解-脱附过程。首先，溶液中的有机物吸附在导电粒子表面，达到一定的分解电压以后，有机物被催化氧化降解，脱离导电粒子。催化氧化的机理主要是通过 $\cdot OH$ 对有机物进行氧化降解，体系中的 $\cdot OH$ 主要是由水在阳极表面电解产生，而导电粒子表面负载的催化剂可以促进水的电解产生更多 $\cdot OH$，加快对有机物的氧化降解。另外，通过电解产生的

O_2 和外界提供的 O_2 在阴极被还原为 H_2O_2，H_2O_2 的强氧化性也能够氧化降解有机物，提高有机物的去除率。

7.2.2.2　三维电极电催化氧化作用机理

近年来对电催化氧化技术的研究多集中在平板电极的开发。二维平板电极对难降解有机废水的处理有一定效果，如修饰了 PbO_2、RuO_2、SnO_2 等过渡金属氧化物或贵金属氧化物的钛基电极有着良好的电催化活性。但电化学反应的实质是在电极表面发生的非均相反应，反应物必须到达界面才能被催化降解。二维电极体系的面体比小，受氧化区域和电极材料的限制，在电流效率上难有大的突破，其实际推广应用仍受到了一定的限制。因此，电催化氧化技术的研究热点开始转向利用三维电极进行有机废水的处理。

三维电极是在传统的电解槽两电极之间填充粒状材料构成的。填充的粒子电极一方面可使电极的有效表面积增大，促进反应物迁移，增加反应速度，提高电流效率；另一方面强氧化活性物种，如·OH 在粒子电极表面生成，降低了电催化氧化技术对阳极的苛刻要求，为电化学法处理废水提供了新的途径。

电催化氧化降解有机物的过程复杂，国内外对三维电极处理有机废水的机理还存在争论，一般认为是电解过程中阴极产生的 H_2O_2，以及有催化活性的阳极产生的·OH 在污染物降解过程中发挥了主要的作用。其中，阴极反应为

酸性条件下：

$$O_2 + 2H^+ + 2e^- \longrightarrow 2H_2O_2$$

碱性条件下：

$$O_2 + 2H_2O + 2e^- \longrightarrow HO_2^- + OH^-$$
$$HO_2^- + H_2O \longrightarrow H_2O_2 + OH^-$$

负载了金属催化剂的阳极反应为

酸性条件下：

$$M_{red} + H_2O_2 + H^+ \longrightarrow M_{ox} + \cdot OH + H_2O$$

碱性条件下：

$$M_{red} + H_2O_2 \longrightarrow M_{ox} + \cdot OH + OH^-$$

三维电极是二维电极的优化和升级，即在传统二维电极的阴—阳极中间填充粒子作为第三电极，在阴—阳极所产生的电场作用下，电解槽内增加了无数的微电极，能够增加电解槽的面体比，加快对废水中有机物的降解。对废水中有机物的催化氧化过程包括直接氧化和间接氧化。直接氧化就是通过阳极直接将有机物进行氧化降解；间接氧化主要是指溶液中溶解的氧、外界提供的氧以及阳极电解产生的少

量氧在阴极区发生还原反应生成 H_2O_2，进而降解有机物，H_2O_2 在电极上金属催化剂的作用下进一步产生·OH。H_2O_2 和·OH 是三维电极电催化氧化反应中的主要氧化物。三维电极反应原理如图 7-9 所示。

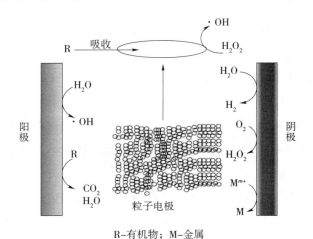

R—有机物；M—金属

图 7-9　三维电极反应作用机理

7.2.3　光-电催化氧化技术

　　光-电催化氧化技术是指一种光催化与电化学联用的一种新型深度氧化技术，主要是通过固定化技术把半导体光催化剂负载在导电基体上制成工作电极，并在工作电极上施加偏电压，同时光催化产生的氧化性很强的 HO·自由基，能迅速降解有机污染物。自 1972 年 Fujishima 等发现光照 TiO_2 半导体电极具有分解水的功能，特别是 1976 年 Carey 等陆续报道了在紫外光照射下 TiO_2 水体系可使各种难降解有机化合物降解以来，纳米 TiO_2 光催化氧化技术作为一种水处理的方法引起了广泛的重视。然而大量研究表明光催化过程的主要问题之一是半导体载流子的复合率很高，从而导致量子效率低。不少科研工作者在光-电催化阻止光生电子-空穴复合方面做了大量的工作，如减小晶粒粒度、选择合适晶型、贵金属沉积、半导体复合及电化学与光催化结合等。结果表明，将电化学引入光催化技术可显著提高反应过程的量子效率。这种研究很快就发展为光-电催化。光-电催化在工作电极上施加偏电压，使电子通过外电路流向阴极，把空穴转移到催化剂表面，且电解水副反应产生的大量活性氧充分提供光生电子的俘获剂，大大降低电子和空穴的复合，从而提高光子的效率。

　　光-电催化氧化技术作为一种新的水污染控制技术，其能否实用化的关键因素在于是否能研制出高效稳定且经济适用的光电反应器。但是光-电催化反应的研究工作目前大多局限于实验室阶段，距离工业应用还有相当一段时间。

7.2.3.1　紫外光定义

紫外光是电磁波的一部分。历史上，光的本质是大量讨论的主题。牛顿提出了光的微粒说，而惠更斯提出了波动理论。波动理论被麦克斯韦的概念支持，后者发展了光的电磁理论，表明光是由电子和磁场矢量组成的，相互垂直。

紫外光的电磁辐射范围为 10～400 nm，分成几个区域。不可见紫外光范围的建立是从小于 400 nm 开始的，作为第一阶段的证据，直到 320 nm，因为没有光学玻璃能透过更低波长的光子。

1862 年，Stokes 能够用石英对紫外光的觉察延伸到 183 nm。从这个波长往下，已知氧气和氮气会吸收光。然而，Schumann 使用氟光学和将光谱仪放置在真空中将观察范围延伸到 120 nm。20 世纪初，Lyman 使用光栅分析太阳光谱到 5.1 nm。

以下的分类或多或少是经验性的，但是结合了历史上发现的不同紫外光范围，分别具有不同的化学效应和生理效应：

UV-A：波长 315～400 nm，有时也称作近紫外光。

UV-B：波长 280～315 nm，有时称作中紫外光。

UV-C：波长 200～280 nm，这一范围在水消毒中将被更详细地考虑。

200～300 nm 的光也称作远紫外光，185～200 nm 是没有类似的以人名定义的，在真空紫外光区域，一些区域按照其发现者命名，即

（1）Schumann 区域：120～185 nm；

（2）Lman 区域：50～120 nm；

（3）Millikan 区域：10～50 nm。

7.2.3.2　紫外光来源

（1）汞发射灯

汞发射灯是汞原子被电子（放电）活化（或离解）至今是最重要的水消毒紫外光产生方法。盛行是因为汞是最容易挥发的金属元素，它在气相中的活化就可以在与灯结构相适应的温度下进行。

（2）低压汞灯技术

汞灯在不同的汞蒸气压力下工作。低压汞灯产生的紫外光一般是在总气体压力为 10^2～10^3 Pa（0.001～0.01 mbar）的条件下，载气过剩的比例为 10～100。在低压汞灯中，液态汞常常在安装的热平衡条件下富余存在。

在低压汞灯技术中，灯内汞的偏压大约为 1 Pa（10^{-5} atm），这对应于灯壁最佳温度 40℃时的液汞蒸气压。表示产生过程的最简单方法是认为非弹性碰撞时电子

动能转移给汞原子而使得汞离子化，即

$$Hg + e = 2e + Hg^+$$

理论上，离子化的汞原子比例正比于放电电流中的电子密度。然而，电子-离子复合也同时出现，从而重新合成原子汞。整个离子化过程包括一系列步骤，其中过滤气体的彭宁效应是非常重要的，特别是在灯开始或点燃阶段。

$$e + Ar = Ar^*(+e)$$
$$Ar^*(+e) + Hg = Hg^+ + e + Ar$$

在放电的一个永久区域，低压汞灯等离子体没有足够的能量在一步内驱动直接离子化，所以需要几个碰撞以形成中间激发汞原子，即

$$E + Hg = Hg^*(e)$$
$$Hg^*(e) + e = 2e + Hg^+$$

一个光子发射的反应对应于：

$$Hg^*（激发态）\longrightarrow Hg（基态）+ hv$$

或

$$Hg^*（激发态）\longrightarrow Hg（欠激发态）+ hv$$

激发电子状态的原子发射光子是可逆的，这意味着在逃离包含在灯套内的等离子体前，发出的光子可能被另一个汞原子重新吸收。这个现象称为自吸收，而且当气相中离子浓度提高和光子途径变长（更大的灯直径）时这会变得更重要。对于汞灯，自吸收对于 185 nm 和 253.7 nm 光是最重要的。总体来说，发射—吸收可逆性在低压汞灯技术中转换，近灯壁处的发射速率较等离子体内部高。

低压汞灯常常是圆柱形的，灯直径为 0.4～69 cm，长度为 10～160 cm。沿着管状放电灯的长度电场是不均匀的，划分情况如图 7-10 所示。

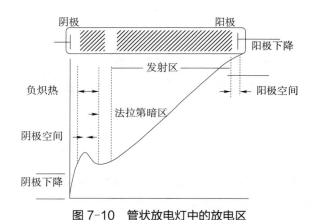

图 7-10　管状放电灯中的放电区

除了在阴极发射强度的下降，在阴极一边，有一段长约 1 cm 的法拉第暗区。

在稳定的灯压力时黑暗区保持稳定，而根据总灯长度发射区间扩展，这意味着短的灯有用发射长度的比例小于长的灯。考虑到这个现象，制造者制造了"U"形和其他弯曲的灯，以满足需要短的低压汞灯时的几何条件。

实际上，低压汞灯是由交流电源供电的，阴极和阳极不断变换，包括法拉第暗区。此外，离子化产生的电子—离子对的寿命约为 1 ms。然而，随着电压降低，电子在微秒内损失其动能。由于灯是在中频下工作，在电流半周期转换点，发射实际上消失。这与中压汞灯是相反的。

电流供给可以是冷阴极或者热阴极。冷阴极类型电极大，一般是铁或镍，需要正离子轰击阴极将电子释放到等离子区。这意味着需要较高启动电压（高至 2 kV），这不是由干线直接供给的。冷阴极类型在水处理中较少应用。

（3）中压汞灯技术

中压汞灯在总气体压力为 10～30 MPa（1～3 bar）下工作。通常，在中压汞灯中，正常的操作条件下没有液态汞存在。

7.2.3.3　单灯反应器

经常采用的反应器构型，特别是处理低流量水（如 5 m³/h 或更低）时，是将有套管的灯放到反应器的中轴，使水在灯套管和圆柱形反应器壁间流动。

这类反应器中有效剂量近似于考虑辐射在反应器壁上的剂量：

$$[It] = 暴露剂量（D）= LIT = I_0 TL(r_e/r_i) \times 10^{-A(r_e-r_i)} \qquad (7-81)$$

式中，It 为潜在的杀生物紫外光剂量；S 为最大辐射面积（m²）；T 为辐射时间（s）；A 为吸收，$A = 2\pi r_e L$；L 为圆柱形反应器长度；r_i 为灯＋灯套管的半径；r_e 为圆柱形反应器的内半径。

这一方法假定在完全混合间歇反应器中的点源，同样也不怀疑地假定灯的每段光线垂直于灯壁。不过根据它们的区位分布特征，灯发射各个方向的光线，部分强度在边（S_1 和 S_2）上损失，圆柱形反应器如图 7-11 所示。

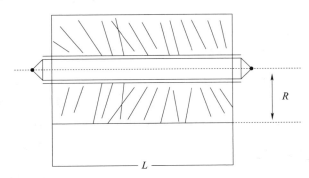

图 7-11　圆柱形反应器示意图

7.2.3.4 紫外光催化流程

催化剂在紫外光的作用下，吸收 254～400 nm 波长范围的较长波长紫外光后产生羟基，然后羟基在催化剂表面通过强氧化作用分解有机物，这种光催化剂一般是二氧化钛，可以固定在固态物质表面，也可以糊状形式参与反应。

试验性地去除难降解污染物的氧化技术是光催化流程，利用半导体吸收光线产生自由基。此流程的基本原理是半导体产生电子和空穴，即

$$TiO_2 + hv \longrightarrow TiO_2(h^+) + TiO_2(e^-) \quad (7-82)$$

这一反应可以被所有传统紫外光波段 A、B 和 C 促发，所以中压汞灯发出的所有光线均可能被应用。

促发反应的量子产率是很低的，小于或等于 0.05。反应还可以由太阳光促发。在电子消耗体上的氧化出现的距离短，即吸附在催化剂上的分子（如水或吸附机物）

$$TiO_2(h^+) + H_2O（吸附的）\longrightarrow TiO_2 + H^+ + \cdot OH（吸附的） \quad (7-83)$$

也可能与吸附的有机化合物直接反应：

$$TiO_2(h^+) + RY（吸附的）\longrightarrow TiO_2 + H^+ + RY\cdot（吸附的） \quad (7-84)$$

分子氧必须存在作为电子的接受体：

$$TiO_2(e^-) + O_2 \longrightarrow TiO_2 + O_2^-\cdot \quad (7-85)$$

H_2O_2 的补充投加能显著提高羟基自由基的形成，其途径：

$$TiO_2(e^-) + H_2O_2 \longrightarrow TiO_2 + OH^- + OH\cdot \quad (7-86)$$

决定性参数是 pH、氧气浓度和 TOC 浓度。过程被催化剂表面短距离的吸附和反应所控制，所以需要解决的最大问题是吸附的可逆性、足够催化剂表面的构筑、从处理水中去除催化剂、设备建筑材料以及必要的动力学基础知识。

二氧化钛（TiO_2）作催化剂的特点：①无毒、不溶解性、稳定性好，而且廉价；②锐钛矿结晶形式具有光活性，金红石不具有光活性；③可吸收 400 nm 以下紫外光，产生羟基。

光催化作用下的有机物降解的一般模式为

有机污染物 —→ 醛类 —→ 羧酸类 —→ 二氧化碳和水

苯在氧化作用的详细降解过程为

苯 —→ 苯酚 —→ 儿茶酚、氢醌 —→ 三羟基苯 —→ 黏糠醛、黏糠酸 —→ 乙二醛、马来醛、乙二酸、马来酸 —→ 甲酸 —→ CO_2 和水

7.2.3.5 光催化氧化原理

光化学氧化是通过氧化剂在光的辐射下产生氧化能力较强的自由基而进行的，

根据氧化剂的种类不同，可分为 UV/H$_2$O$_2$、UV/O$_3$ 及 UV/H$_2$O$_2$/O$_3$ 等系统。

（1）羟基自由基

1）羟基自由基特征

羟基自由基同时具有氧化和还原性质，其标准电位（相对于标准氢电极电位计算）为 2.47 V（文献报道的值高达 2.8 V）。羟基自由基的还原性质最早是由 Weis 提出的，由于它的分解（·OH=O$^-$ + H$^+$）氧单离子产生了还原性质。羟基自由基的还原性质还可以决定离子氧化的逆反应，例如：

$$Fe^{2+} + \cdot OH = (Fe^{3+}-OH^-) \tag{7-87}$$

随后有

$$(Fe^{3+}-OH^-) + \cdot OH = Fe^{2+} + H_2O_2 \tag{7-88}$$

对于铁盐，第一个反应［式（7-87）］是最重要的，但是对于其他多价离子（如铈盐），还原途径可能变得更为重要。在水处理中，尚没有对这类反应进行详尽的考虑，目前大多数描述氧化途径。

O—H 键的分裂能估计为（418±8）kJ/mol。水相中羟基自由基及相关氧物种的能量如下：

·OH +H$_2$O$_2$=H$_2$O+HO$_2$（自由基）　79.5 kJ/mol

·OH +HO$_2$（自由基）=H$_2$O+O$_2$　322 kJ/mol

HO$_2$（自由基）+H$_2$O$_2$=H$_2$O+·OH+O$_2$　125.5 kJ/mol

HO$_2$（自由基）+HO$_2$（自由基）= H$_2$O$_2$+O$_2$　242.7 kJ/mol

·OH+·OH = H$_2$O$_2$　196.6 kJ/mol

·OH+·OH=H$_2$O+O　62.8 kJ/mol

卤素离子可抑制羟基自由基反应，这是由于自由基离子转移反应：·OH+X$^-$=OH$^-$+X·，所以 X· 自由基可能留在介质中，成为有机化合物卤化试剂。X· 也可以直接与水反应：X· + H$_2$O=X$^-$+H$^+$+·OH。

反应的热力学数据如下：

X· =F·	ΔH=−88 kJ/mol	ΔG=−63 kJ/mol（放热）
X· =Cl·	ΔH=+41.8 kJ/mol	ΔG=+46 kJ/mol（吸热）
X· = Br·	ΔH=+96 kJ/mol	ΔG=+100 kJ/mol（吸热）
X· = I·	ΔH=+167 kJ/mol	ΔG=+163 kJ/mol（吸热）

这些热力学数据及其相连的活化能表明，从 X· 重新形成羟基自由基的概率不高（对于放热反应的 F·，在水溶液中的活化能估计为 20～40 kJ/mol）。除了与 H$_2$O$_2$ 的反应，自由基离子转移反应最显著的影响与重碳酸根和碳酸根离子相关，

重碳酸根和碳酸根离子在饮用水中经常以较高的浓度存在。

报道的清除反应如下：

$\cdot OH + CO_3^{2-} = OH^- + CO_3^- \cdot$

$\cdot OH + HCO_3^- = OH^- + HCO_3 \cdot$

与碳酸根离子反应的影响远比与重碳酸根离子的重要。碳酸根自由基本身保持为一个氧化剂，但是其在水处理中的能力至今尚未被充分地探讨。例如，当水溶液中存在重碳酸根－碳酸根离子时，羟基自由基促发氧化溴离子—次溴酸根离子可能形成的溴酸根，比水中不存在重碳酸根－碳酸根离子时增加了。作为一个初步的设计准则，用羟基自由基方法处理水时最好水中不含有碳酸根（也就是在pH低于8的情况下工作）。

在水溶液中，$HO_2 \cdot$自由基能解离为H^+和$O_2^- \cdot$。$HO_2 \cdot$的pKa大约为2。水溶液中的氧分子单价离子自由基$O_2^- \cdot$被认为是H_2O_2/UV的中间产物。氧气的第一电子亲和能（放热）为66 kJ/mol（$O_2+e=O_2^- \cdot +66$ kJ/mol）。单离子自由基被溶剂化（溶剂化能认为是293 kJ/mol），氧气分子二价离子（$O_2^- \cdot$）被水解为$HO_2 \cdot$和$OH \cdot$，放热反应为376.6 kJ/mol。

2）羟基自由基与有机物的反应

复合为过氧化氢的反应为

$$2 \cdot OH = H_2O_2$$

夺氢反应如下：

$$\cdot OH + \cdots + RH_2 = RH \cdot + \cdots + H_2O$$

紧接第一步反应是与溶解氧的可逆反应，即

$$RH \cdot + O_2 = RHO_2 \cdot$$

夺氢反应看来是主要的途径。作为一个设计准则，应该建议水要溶解氧饱和（甚至过饱和），以进行基于羟基自由基的氧化。

有机的过氧自由基$RHO_2 \cdot$可以进一步促发热控制的氧化。

分解和水解：$RHO_2 \cdot = RH^+ + (O_2^- \cdot + H_2O) = RH^+ + H_2O_2$。

均裂：$RHO_2 \cdot + \cdots + RH_2 = RHO_2H + RH \cdot$，式中$RHO_2H$为羟基、羰基和羧基化合物。这样就促发了链反应机理，也有可能产生聚合产物。聚合产物可以用经典的过程（如凝聚-絮凝-沉淀）去除。

$O_2^- \cdot$水解为H_2O_2而失活，从而维持另一个循环途径。

亲电加成：直接加成到有机物的π键，如C=C双键，产生有机自由基，这是脱氯的中间体。

电子转移反应：

$$\cdot OH + RX = OH^- + RX^+ \cdot$$

这一反应对应羟基自由基的还原，看来在多卤素取代化合物情况下是重要的。

（2）UV/H₂O₂ 反应机理

H₂O₂ 在废水处理中的应用及机理可以归纳为三种情况：直接化学氧化、增强物理分离和提供辅助氧源。而与本书密切的是化学氧化。

H₂O₂ 作为一种强的氧化剂可以将水中有机的或无机的毒性污染物氧化成无毒或较易为微生物分解的化合物。但一般来说，无机物对 H₂O₂ 的反应较有机物快，且因传质的限制，水中极微量的有机物难以被 H₂O₂ 氧化，对于高浓度难降解的有机污染物，如高氯代芳香烃，仅使用 H₂O₂ 氧化效果也不十分理想而紫外光及其他氧化剂或催化剂的引入，大大提高了 H₂O₂ 的处理效果，使其成为一种很具吸引力的废水处理新技术。

一般认为 UV/H₂O₂ 的反应机理是：1 分子的 H₂O₂ 首先在紫外光（<300 nm）的照射下产生 2 分子的·OH，如下式所示：

$$H_2O_2 + hv \longrightarrow 2 \cdot OH \tag{7-89}$$

研究发现反应的速率与 pH 有关：酸性越强，反应速率就越快。生成的·OH 对有机物的氧化作用可分为 3 种反应进行：

脱氢反应（Hydrogen Abstraction）：

$$RH + \cdot OH \longrightarrow H_2O + \cdot R \longrightarrow 进一步氧化 \tag{7-90}$$

亲电子加成（Electrophilic Addition）：

$$\cdot OH + PHX \longrightarrow \cdot HOPHX \tag{7-91}$$

电子转移（Electron Transfer Reaction）：

$$\cdot OH + RX \longrightarrow \cdot RX^+ + OH \tag{7-92}$$

（3）UV/O₃ 氧化原理

UV/O₃ 是将 O₃ 与紫外光辐射相结合的一种高级氧化过程。这一方法不是利用 O₃ 直接与有机物反应，而是利用 O₃ 在紫外光的照射下分解产生的活泼的次生氧化剂来氧化有机物。

O₃ 长期以来就被认为是一种有效的氧化剂和消毒剂。早在 21 世纪初，O₃ 就被用作饮用水的消毒处理，能氧化水中许多有机物，但 O₃ 与有机物的反应是选择性的，而且不能将有机物彻底分解为 CO₂ 和 H₂O，O₃ 氧化后的产物往往为羧酸类有机物。要提高 O₃ 的氧化速率和效率，以及彻底的矿化处理，就必须采用其他措施促进 O₃ 的分解而产生活泼的·OH 自由基。

就污染物分布广的污水来说，UV/O₃ 系统是目前应用较多的高级氧化技术，这主要是由于 O₃ 氧化处理在水处理技术中已是一个众所周知的过程，因而在大多数情况下，臭氧管等设备能在饮用水处理中得以轻易的应用从光化学的角度来看，O_3 的吸收光谱在 254 m 时，提供了比 H_2O_2 更高的吸收横截面，而水中芳香族有机物等对光滤的影响却降低了。

紫外光的照射会加速 O_3 的分解。在水中，O_3 吸收紫外光并迅速分解，紫外光吸收效率在 253.7 nm 处达到最大。如果水溶液中的有机物仅仅是被 O_3 氧化，臭氧的迅速分解会降低氧化速率，然而试验表明 O_3 分解速率越快有机物氧化越快。一般认为 UV/O_3 中的氧化反应为自由基型，即液相 O_3 在紫外光辐射下会分解产生·OH 自由基，由·OH 自由基与水中的溶解物进行反应，其中对自由基产生的机理存在两种解释，如下式所示：

$$O_3 + hv \longrightarrow O_2 + \cdot O \tag{7-93}$$

$$\cdot O + H_2O_2 \longrightarrow \cdot OH + \cdot OH \tag{7-94}$$

$$O_3 + H_2O + hv \longrightarrow O_2 + H_2O_2 \tag{7-95}$$

$$H_2O_2 + hv \longrightarrow 2 \cdot OH \tag{7-96}$$

尽管现在还不能完全确定哪种机理正确或在产生·OH 自由基过程中占主导地位，但它们都能得出了 1 mol O_3 在紫外光辐射下产生 2 mol·OH 自由基这一结论。

（3）$UV/O_3/H_2O_2$ 反应机理

采用 UV 辐照，H_2O_2 和 O_3 联合的高级氧化技术已得到了深层次的研究，并表明 $UV/O_3/H_2O_2$ 能够高速产生使其过程顺利进行的羟基自由基。$UV/H_2O_2/O_3$ 流程的商业应用也日益增长，并被当作一种与 UV/H_2O_2 流程颇具竞争力的工艺。

在 $UV/O_3/H_2O_2$ 的反应过程中，·OH 的产生机理可归结为以下几个反应式：

$$H_2O_2 + H_2O \longrightarrow H_3O^+ + HO_2^- \tag{7-97}$$

$$O_3 + H_2O_2 \longrightarrow O_2 + \cdot OH + HO_2 \cdot \tag{7-98}$$

$$O_3 + HO_2 \longrightarrow \cdot OH + O_2^- + O_2 \tag{7-99}$$

$$O_3 + O_2 \longrightarrow O_3^- + O_2 \tag{7-100}$$

$$O_3^- + H_2O \longrightarrow \cdot OH + HO^- + O_2 \tag{7-101}$$

同样，·OH 被认为是引发有机物氧化降解的最重要的中间产物，相应的速率常数通常为 $10^8 \sim 10^{10}$ $M^{-1}s^{-1}$，与 UV/O_3 过程相比，H_2O_2 的加入对·OH 的产生有协同作用，从而表现出了对有机污染物更高的反应速率。

7.2.3.6 光催化氧化材料种类

目前用于光催化的半导体主要是宽禁带的 N 型半导体。其中 TiO_2 价格相对低廉，稳定性好，催化活性高，可以重复使用而成为目前最常用的光催化剂。非 TiO_2 类的光催化材料有 ZnO、CdS、WO_3、Fe_2O_3、PbS、SnO_2、InO_3、ZnS、SiO_2 等十几种，这些半导体都具有一定的光催化活性，但其中的大多数都容易发生化学腐蚀或光化学腐蚀。现已证明，TiO_2 和 ZnO 的催化活性最好，CdS 也有很好的活性，但 CdS 和 ZnO 在光照时很不稳定，以至于光腐蚀和光催化同时进行，而水中往往有其氧化物的金属阳离子而不适用。试验表明，TiO_2 至少可以经历 12 次的重复使用而保持光分解效率基本不变，连续 580 min 光照下保持其光洁性，故其有着广阔的应用前景。

（1）TiO_2 的结构

由于原子排列的方式不同，TiO_2 有 3 种结构形式，即金红石结构、板钛矿结构和锐钛矿结构。结构不同，其性质也不相同。板钛矿在自然界中很稀有，性质很不稳定，是一种亚稳相，极少被应用。现研究的大多是锐钛矿和金红石结构。其中锐钛矿结构的催化活性最高，不如金红石稳定，表面对 O_2 的吸附能力较强，电子空穴的复合率比金红石慢，因此光催化能力比金红石强。试验表明，TiO_2 在 600 ℃ 时由锐钛矿型向金红石型转化，而按一定比例共存的锐钛矿和金红石型混晶催化活性高于两者。因此通过控制转变温度，可以得到最佳的复配晶型，取得高的光催化性能。

（2）钙钛矿型复合氧化物结构

钙钛矿复合氧化物是 ABO_3 型结构。以往人们只对钙钛矿的晶体结构、磁性、介电性等研究较多，但对于其光催化活性的研究却是从最近几年才开始的。钙钛矿的结构比较稳定，改变 A 或 B 上的离子其晶体结构不发生变化，但化学性质、光催化性能得到很大的改善。

7.2.3.7 光-电催化氧化法原理

光-电催化是在光催化的基础之上外加一定的阳极偏压使催化效果显著增强的一种技术。TiO_2 作为传统的半导体光催化剂，性质稳定，价格低廉，但是存在很多不足之处：颗粒粒径较小，很难与溶液分离；带隙较宽，仅能利用紫外光。

光-电催化是建立在改善传统光催化过程的一种新型技术，利用光-电催化的方法，不仅在实际过程中催化剂的回收再利用方面起到很重要的作用，而且，由于外加的偏压，能够很好地给电荷一个外部驱动力，从而迫使 e^-/h^+ 有效分离，有效地改善了量子效率较低的问题。外加偏压提供了一种外在的驱动力，能够很好地将电子驱赶到对电极上，从而降低电荷载流子复合的概率，提高了催化效果。虽然光催化和电场耦合能够有效分离电荷，但是目前人们对于电催化这方面的研究还不是很深入，所以光-电催化机理还需要更深层次的探究。

紫外光源和外加电场三个要素。光电阳极要求具有一定的光催化效能，紫外光源协助光催化剂产生空穴和电子，外加电场进一步协助光催化体系提高量子效率。

三者之中，尤以光电阳极为重，因为它关乎光催化作用的发挥，维系着电场的效能，是整个光电催化联合作用得以实现的要点。

研究认为产生光电流的电极反应归因于以下的反应。

在 TiO_2 光阳极上：

$$TiO_2 + hv \longrightarrow TiO_2(h^+ + e) \tag{7-102}$$

$$TiO_2(h) + OH^-_{surf}(OH^-) \longrightarrow \cdot OH \tag{7-103}$$

或者

$$TiO_2(h) + OH^- \longrightarrow 1/4O_2 + 1/2H_2O \tag{7-104}$$

位于暗区的 Pt 阴极上：

$$e + O_2 \longrightarrow O_2 \tag{7-105}$$

尽管式（7-104）中 O_2 析出反应是一个主要反应，但却没有观察到阳极有 O_2 析出。可能是由于所使用的 TiO_2 主要为锐钛矿晶型，具有较高的析氧过电位的原因。因此式（7-103）控制着阳极过程，表面的 $OH \cdot$ 扮演了空穴捕获剂的角色，成为产生羟基自由基的主要途径。

因此，羟基自由基的产生与利用是光-电催化研究的关键。在光-电催化氧化过程中，电场辅助光催化氧化过程产生更多的羟基自由基。而在光-电催化氧化过程中，基于光催化氧化过程产生的羟基自由基协助电催化氧化反应以更高的效率降解水中有机污染物。

光-电催化法降解酸性橙 Ⅱ 的过程中，溶液的初始 pH 条件影响了酸性橙 Ⅱ 的性质和 TiO_2 微粒的反应特性，从而影响了整个降解过程，但氧化作用仍然占主导地位。就脱色作用而言，可以通过两种途径实现：一是反应体系的阳极氧化作用，彻底破坏酸性橙 Ⅱ 的分子结构甚至将其矿化；二是反应体系的阴极还原作用，只能破坏偶氮键联结的大的共轭结构，而染料所固有的苯环和萘环结构保留了下来，无法实现矿化有机物的作用。酸性橙 Ⅱ 在光-电催化降解体系中的脱色和矿化机理如图 7-11 所示。

7.2.3.8 光-电催化常用电极的制备

用于光-电催化降解过程的电极多为以 TiO_2 为主导的氧化物固定膜光电极，主要包括复合氧化物电极和其他金属改性的复合电极。其中涂层钛阳极（Dimensionally Stable Anode，DSA）因其特殊的光-电催化性质受到了更多关注。

（1）光-电催化电极制备

目前制备光电极的方法很多，但主要的制备方法有阳极氧化法、化学气相沉积法、溶胶-凝胶涂层法、热胶黏合法以及直接氧化法等。

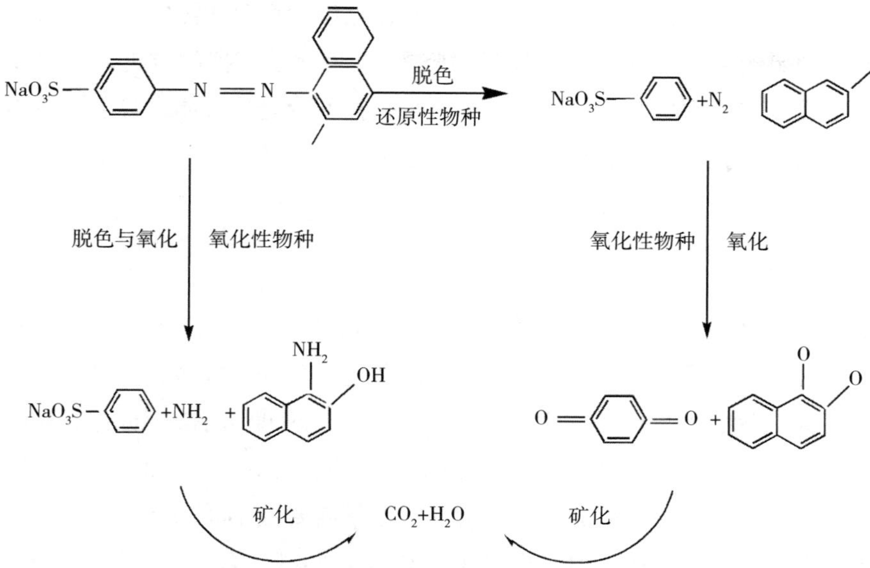

图 7-12　酸性橙 Ⅱ 在光-电催化降解体系中的脱色和矿化

（2）DSA 电极的制备方法

DSA 电极的制备方法主要有以下两种。

热分解法是将被修饰的电极表面涂覆一层一定浓度的金属盐溶液，然后在特定条件下加热，使金属盐溶液分解为金属氧化物或金属硫化物等附着于电极表面并作为催化活性物质修饰电极。该方法具有电极材料容易控制、工艺简单的优点，但表面修饰层牢固度欠佳，作用于所分解产生的金属化合物的种类和浓度均有限。

电沉积是较为传统的电极制备方法，主要有以下 3 种：①循环伏安法，扫描范围为 1 100～1 500 mV，扫描速度为 50 mV/s；②恒电流法，电流恒定在一特定值；③恒电位法，电位亦恒定在一特定值。这些方法中以恒电流法沉积速度最快，以恒电位法沉积速度最慢，而且在相同试验条件下以恒电流法和恒电位法得到的沉积层表面更为均匀平整。

7.2.4　臭氧-电催化氧化技术

臭氧-电催化氧化技术是将臭氧与电催化技术结合的一种新型高级氧化技术。N Kishimoto 等在 2005 年首次探讨了臭氧-电催化氧化机理：O_3^- 能产生氧化性很强的 HO·自由基，能迅速降解有机污染物。随后在 2007 年，N Kishimoto 等在研究臭氧-电催化氧化降解处理 1,4-二氧六环的反应中，进一步证实了上述 HO·自由基的产生机理。

臭氧-电催化氧化技术与其他高级氧化技术相比具有如下优点：①不需要 H_2O_2

或含铁试剂；②水体受色度影响较小；③只有在电解操作时才需电工。尽管该技术仍只适于导电性良好的废水，但是通过对臭氧-电催化反应器的改进，使得该技术能对低导电性废水处理也有一定效果。臭氧是一种不稳定的气体，必须在使用现场制备。现有的多种气液接触器都可以用来向水中输送臭氧，化学反应也可以在水体中同步进行。

7.2.4.1　臭氧性质

臭氧的英文名字叫 Ozone，分子式为 O_3，分子量为 48，是氧气（O_2）的同素异形体，由三个氧原子组成，常温下臭氧是淡蓝色，草腥味气体，微量时具有"清新"气味。标准状态下，臭氧密度为 2.144 g/L（空气密度为 1.293 g/L）。臭氧在水中的溶解度是氧气的 10～15 倍，在水中稳定性较差。臭氧在水中的溶解度受温度、臭氧浓度影响很大。气态臭氧的自然分解在室温下需要数小时，且温度越高，湿度越大，半衰期越短。臭氧在水中的溶解度具体如表 7-6 所示。

表 7-6　臭氧在水中的溶解度（气体分压为 10^5 Pa）

气体	密度 /（g/L）	不同温度下的溶解度 /（mg/L）			
		0℃	10℃	20℃	30℃
O_2	1.492	49.3	38.4	31.4	26.7
O_3	2.143	641	520	368	233
空气	1.292 8	28.8	23.6	18.7	16.1

在一般水处理应用中，臭氧浓度较低，所以在水中的溶解度并不大。在较低浓度下，臭氧在水中的溶解度基本满足亨利定律。低浓度臭氧在水中的溶解度具体如表 7-7 所示。

表 7-7　低浓度臭氧在水中的溶解度

气体质量百分含量 /%	不同温度下的溶解度 /（mg/L）						
	0℃	5℃	10℃	15℃	20℃	25℃	30℃
1	8.31	7.39	6.5	5.6	4.29	3.53	2.7
1.5	12.47	11.09	9.75	8.4	6.43	5.09	4.04
2	16.64	17.79	13	11.19	8.57	7.05	5.39
3	24.92	22.18	19.5	16.79	12.86	10.58	8.09

臭氧的氧化还原电位仅次于 F_2，其在废水处理中的应用主要是利用这一特性。臭氧的净水机理目前尚无确定的结论，普遍认为是臭氧离解而产生羟基自由基。羟

基自由基是水中已知的氧化剂中最活泼的氧化剂，很容易将各种类型的有机物氧化。但是臭氧的化学性质极不稳定，在空气和水中都会慢慢分解成氧气，尤其是在非纯水中，分解速度以分钟计算。因此，这就促使人们寻找其他的降解技术与其结合使用，以提高·OH 的生成量和生成速度。

臭氧的化学性质极不稳定，在空气和水中都会慢慢分解成氧气，其反应式为 $2O_3 \longrightarrow 3O_2 + 285\ kJ$。

臭氧的氧化作用可导致不饱和有机分子的破裂，使臭氧分子结合在有机分子的双键上，生成臭氧化物。臭氧化物通过自发性分裂产生一个羧基化合物和带有酸性和碱性基的两性离子，后者是不稳定的，可分解成酸和醛。臭氧与有机物以 3 种不同的方式反应：一是普通化学反应；二是生成过氧化物；三是发生臭氧分解或生成臭氧化物。如有害物质二甲苯与臭氧反应后，生成无毒的 H_2O 及 CO_2。

臭氧的氧化性极强，几乎对所有的金属都有氧化腐蚀作用，在常用的氧化剂中其氧化性是最强的。臭氧属于有害气体，长期暴露在臭氧超标的空气中，臭氧可损害肺部表皮细胞而引起肺部功能的减退。浓度为 $6.25 \times 10^{-6}\ mol/L$（$0.3\ mg/m^3$）时，对眼、鼻、喉有刺激的感觉；浓度为（$6.25 \sim 62.5$）$\times 10^{-5}\ mol/L$（$3 \sim 30\ mg/m^3$）时，人出现头痛及呼吸器官局部麻痹等症状；浓度为 $3.125 \times 10^{-4} \sim 1.25 \times 10^{-3}\ mol/L$（$15 \sim 60\ mg/m^3$）时，对人体有较大危害。其毒性还与接触时间有关，例如长期接触浓度大于 $1.718 \times 10^{-7}\ mol/L$（$4 \times 10^{-6}$）的臭氧会引起永久性心脏障碍，但接触 20×10^{-6} 以下的臭氧不超过 2 h，对人体无永久性危害。

7.2.4.2 臭氧氧化法作用机理

臭氧法是利用臭氧在不同的催化剂条件下产生羟基自由基的一种高级氧化工艺，它在改善水的嗅和味、去除色度及氧化有机和无机微污染物等方面发挥了较大作用，且处理后废水中的臭氧易分解，不产生二次污染。臭氧具有极强的氧化能力，能与许多有机物或官能团发生反应，如 C═C、C≡C、芳香化合物、杂环化合物、N═N、C═N、C—Si、-OH、-SH、-NH_2、-CHO 等。但是，目前在臭氧氧化反应机理上仍未有肯定的研究结论，通常认为臭氧与有机物的反应有两种途径：一是臭氧以氧分子形式与水体中的有机物进行直接反应；二是碱性条件下臭氧在水体中分解后产生氧化性很强的羟基自由基等中间产物，发生间接氧化反应。

直接反应指臭氧分子直接攻击有机物，发生亲电取代反应或偶极加成反应。在亲电取代反应中，亲电子试剂（如臭氧）攻击有机物（如芳香族化合物）分子的一个亲核位置，使有机物分子的一部分（如原子、官能团等）被取代。臭氧和芳香族化合物的反应主要都是这种类型的反应（如臭氧和酚类物质之间的反应）。芳香族化合物由于芳香环的稳定性，所以更多的发生亲电取代反应，而不是环加成反应。当苯环上带有—OH、—CH₃、—NH₂等吸电子基团时，其邻、对位上碳原子的电子云密度较小，易与臭氧发生亲电取代反应；当有机物分子含有不饱和键时，臭氧易与之发生环加成反应。

直接反应：污染物 + O₃ ⟶ 产物或中间产物

臭氧的间接反应是指水中臭氧分解产生的自由基与有机物发生的反应。这些自由基是在其他试剂（如 H₂O₂、UV 紫外等）存在情况下，引发和促进臭氧分解产生的。羟基自由基是目前已知的水中最强的氧化剂，其氧化还原电位高达 2.8 V，几乎与水中所有的有机物发生瞬时的氧化作用，其与有机物的反应速率常数通常为 $10^8 \sim 10^9 \, M^{-1} \cdot s^{-1}$。

1934 年，Weiss 首次提出臭氧分解的机理模型，之后人们针对臭氧在水中的分解机理做了大量的研究。到目前为止，广为接受的机理是 Staehelin、Hoigne 和 Buhler 等提出的 SHB 机理，以及高 pH 条件下，Tomiyasu、Fukutomi 和 Gordon 等提出的 TFG 机理。溶液的 pH 极大地影响了臭氧的氧化效率，一般在低 pH 条件下，主要发生臭氧的直接反应，在高 pH 条件下，臭氧的间接反应将起主要作用。臭氧分解产生的·OH 是一个复杂的自由基链式过程，在中性 pH 条件下，臭氧按 SBH 模型分解，在更高 pH 条件下按 TFG 模型分解。两个模型中，臭氧均通过与 OH⁻ 反应而产生·OH。

SHG 模型：

$$O_3 + OH^- \longrightarrow O_2^- \cdot + HO_2 \cdot \tag{7-106}$$
$$O_2^- \cdot + O_3 \longrightarrow O_3^- \cdot + O_2 \tag{7-107}$$
$$O_3^- \cdot + H^- \longrightarrow HO_3 \cdot \tag{7-108}$$
$$HO_3 \cdot \longrightarrow \cdot OH + O_2 \tag{7-109}$$

臭氧在较高 pH 的溶液中可以通过链式反应诱导生成具有更强氧化能力的羟基自由基，进而促进废水中有机物的降解，臭氧分解产生羟基自由基的链式 TFG 模型如下：

$$O_3 + HO^- \longrightarrow O_2^- + HO_2 \cdot \tag{7-110}$$
$$O_3 + H_2O \longrightarrow 2 \cdot OH + O_2 \tag{7-111}$$
$$HO_2^- \cdot + H+ \longrightarrow HO_2 \cdot \tag{7-112}$$
$$O_3 + HO_2 \cdot \longrightarrow \cdot OH + 2O_2 \tag{7-113}$$
$$HO_2 \cdot \longrightarrow O_2 + H_2O_2 \tag{7-114}$$

产生的·OH 具有比 O₃ 更强的氧化能力，能使有机物发生反应：

$$\cdot OH + RH \longrightarrow R \cdot + H_2O \tag{7-115}$$

$$R \cdot + O_2 \longrightarrow RO_2 \cdot \tag{7-116}$$

$$RO_2 \cdot + RH \longrightarrow ROOH + R \cdot \tag{7-117}$$

$$ROOH + \cdot OH \longrightarrow CO_2 + H_2O + 其他氧化产物 \tag{7-118}$$

通过反应，可将废水中大分子有机物氧化为易生物降解的小分子化合物。按臭氧与有机物反应的难易程度，其氧化顺序为链烯烃＞胺＞酚＞多环芳烃＞醇＞醛＞链烷烃。

臭氧催化氧化技术根据催化剂性质的不同，主要分为两类：一类是以水体中游离离子作为催化剂的均相催化臭氧氧化技术；另一类则是以固态金属 / 金属氧化物或负载在载体上的金属 / 金属氧化物作为催化剂的非均相催化臭氧氧化技术。

（1）均相臭氧催化氧化机理

均相臭氧催化氧化机理一般可分为两种：一种是臭氧在催化剂的作用下分解生成自由基；另一种是催化剂与有机物或 O_3 之间发生复杂的配位反应，从而促进臭氧与有机物之间的反应。

自由基反应机理是一种类 Fenton 反应机理，即臭氧在催化剂的作用下分解形成具有强氧化作用的自由基。另一种反应机理是由 Pines 等在研究 Co^{2+} 催化氧化草酸时提出。首先，臭氧在碱性条件下更容易分解形成 $\cdot OH$，他们却发现催化氧化的反应速率以及草酸的去除率随着 pH 的增加而降低；其次，反应速率不受自由基抑制剂的影响。这表明该氧化反应并不是由 $\cdot OH$ 氧化完成。

常见的均相催化剂包括 Mn^{2+}、Fe^{2+}、Zn^{2+}。

（2）非均相臭氧催化氧化机理

非均相催化氧化反应是同时在催化剂和水体中进行的。在催化剂表面，有机污染物和臭氧被吸附在一起，并形成富集，继而发生氧化反应，这个过程被称为吸附状态的氧化反应；在水体中溶解的游离态臭氧和经催化剂作用产生的 $\cdot OH$ 和水体中的有机污染物发生氧化反应，导致有机污染物被氧化分解，这个过程被称为非吸附状态下的氧化反应。

目前，对于非均相臭氧催化氧化，被大部分研究者认同的反应机理有 3 种，分别为自由基反应机理、表面配位络合机理及二者的结合。

Ma 等认为，臭氧分子可以与催化剂表面含氧基团通过氢键、静电作用力等形成五元环，然后通过电子转移的方式分解形成自由基。首先，他们认为催化剂的活性中心为表面羟基，具体如图 7-13（a）所示。在之后的研究中，他们发现反应过程中溶液的 pH 均低于催化剂的 pH_{pzc}。根据质子化理论，此时催化剂的表面羟基主要以 OH_2^+ 形式存在，因此催化臭氧分解的活性中心为 OH_2^+，具体如图 7-13（b）所示。

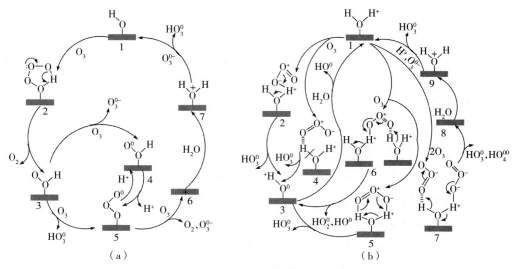

图 7-13　臭氧在催化剂表面的分解机理

　　自由基反应机理是最被认可的非均相臭氧催化氧化机理，却无法解释某些研究结果。有研究人员提出另一种臭氧催化氧化机理，即催化剂通过配位络合作用吸附有机物，然后被催化剂表面、液相中的氧化剂（O₃、·OH 等）氧化分解。Lugube等根据试验结果提出的载体负载金属催化剂的催化机理就属于此种催化机理，他将其分为两种形式：一种是催化剂上负载的金属在催化反应中价态不变，仅起到配位络合作用，即有机物吸附在催化剂表面，形成具有一定亲核性的表面螯合物，然后臭氧或羟基自由基与之发生氧化反应，形成的中间产物能在表面进一步被氧化，也可能脱附到溶液中进一步氧化；另一种是金属的价态发生改变，参与氧化还原反应，即认为催化剂不但可以吸附有机物，而且还直接与臭氧发生氧化还原反应，产生的氧化态金属和羟基自由基可以直接氧化有机物，具体作用机理如图 7-14 所示。

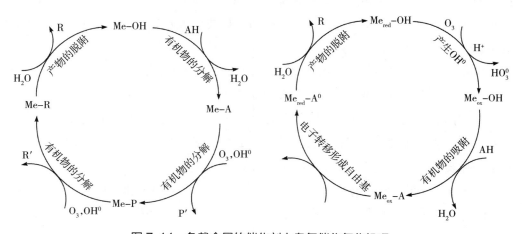

图 7-14　负载金属的催化剂上臭氧催化氧化机理

非均相催化剂活性高、稳定性好、易分离、流程简单，具有很好的应用前景。臭氧催化氧化过程中的催化剂主要是活性炭、沸石、金属氧化物（MnO_2、Fe_2O_3、TiO_2、Al_2O_3 等）及负载在载体上的金属或金属氧化物。

废水中的色度主要由溶解性有机物、悬浮胶体、铁、锰和颗粒物等引起。溶解性有机物引起的色度较难去除，致色有机物的特征结构是带双键或芳香环。在臭氧的作用下，这些物质由于其发色基团（芳香基或共轭双键）受到自由基的进攻而解聚，生成了低分子量的有机物，从而导致水体的色度显著降低。臭氧可氧化铁、锰等无机有色离子为难溶物，臭氧的微絮凝效应还有助于有机胶体和颗粒物的混凝，并通过过滤去除致色物。废水中的许多有机色素都能被臭氧氧化，使其发色基团如重氮、偶氮的—N≡N—键断裂，醌式结构破坏而脱色。

7.2.4.3　臭氧氧化法影响因素

在水处理的过程中，臭氧氧化法的氧化效果受到诸多因素的影响，如反应体系的 pH、温度、催化剂、臭氧用量等。

（1）反应体系的 pH

根据相关的研究表明，臭氧氧化不同废水的最佳 pH 不同，且 pH 对反应速率和途径都有重要的影响。通常，当 pH 在 12 以上时，随着溶液 pH 的升高，臭氧氧化降解有机物的速率就越快，效果越好。但是当溶液的 pH 大于 12 时，羟基自由基之间会发生淬灭反应，其速率常数级数达 10^9 mol/（L·s），使得有机污染物的降解速率下降。因此，为了得到较好的臭氧氧化效果，将废水的 pH 调节到 7～12 为较佳的反应条件。废水中常见有机化合物的反应速率常数如表 7-8 所示。

表 7-8　不同有机物与臭氧的反应速率常数

有机物	浓度 /（mmol/L）	pH	反应速率常数 k/ [mol/（L·s）]
甲醇	600	2～6	0.024
乙醇	6～60	2	0.37
甲醛	70～600	2	0.1
四氯乙烯	0.7	2	＜0.1
硝基苯	5～10	2	0.09
甲苯	0.4～4	1.7	14
4-氯苯酚	0.1～0.5	1	600
乙酸	1 000	2.5	＜3×10^{-5}
甲酸	1～20	3.75	0～10

（2）温度

反应温度主要从两个方面影响臭氧氧化处理有机废水的效果：一方面，根据阿仑尼乌斯公式，反应速率随着反应温度的升高而加快；另一方面，臭氧氧化降解水中有机物的反应是气液非均相反应，随着反应温度的升高，O_3 在水中的溶解度逐渐降低，导致废水中有机物的降解效率下降。

（3）催化剂

有机污染物的矿化程度较低是限制臭氧氧化应用的局限性之一，往臭氧氧化反应体系中加入少量的催化剂是解决这个问题的有效途径。根据催化剂与反应溶液的接触方式不同，可以将催化臭氧化分为均相催化臭氧化反应和非均相催化臭氧化反应。在均相催化臭氧氧化反应过程中，过渡金属和金属铁通常被用作催化剂，包括 Fe^0、Fe^{2+}、Mn^{2+}、Ni^{2+} 和 Co^{2+}。

（4）臭氧用量

在反应体系中，随着臭氧投加量的增大，溶液中臭氧浓度逐渐升高，此时溶液中会产生更多的氧化活性组分（如·OH），使有机物的降解速率逐渐提高。但是，由于臭氧在水中的溶解度较小，当投加的臭氧量过大时，臭氧会溢出反应体系而降低臭氧的利用效率，使臭氧处理成本升高。所以在设计臭氧氧化反应器时，需要考虑增大臭氧溶解度，常将反应器设计为长径比较大的柱状或塔状，增加臭氧在反应器中的停留时间，从而提高臭氧的综合利用率。此外，由于臭氧氧化有机物的局限性，其不能完全矿化有机物，有时也不需要完全矿化有机物，而常与其他技术联用，因此应根据处理目标选择合适的臭氧用量。

7.2.4.4　臭氧氧化反应器

（1）臭氧 / 过氧化氢（O_3/H_2O_2）

O_3/H_2O_2 系统也称为 Peroxone 过程。它的氧化能力在于 H_2O_2 能引发臭氧的分解，产生·OH。研究发现加入 H_2O_2 可以提高几种有机物的氧化效率。对于三氯乙烯（TCE）和四氯乙烯（PCE）污染的地表水的研究中使用了 O_3/H_2O_2 高级氧化过程并获得成功。

O_3/H_2O_2 的最佳摩尔投加比常常为 0.5～1，具体数值取决于促进剂和抑制剂的种类和浓度。H_2O_2 本身也可以起到促进剂和抑制剂的作用，因此获得最佳投加比是非常重要的。在很多情况下，都希望在臭氧氧化过程中能加强臭氧传质。

（2）臭氧 / 紫外光辐照（O_3/UV）

在紫外光辐照下，臭氧比 H_2O_2 光分解能力强 [$\varepsilon_{254\,nm}(O_3)=3\,300\ M^{-1}\cdot cm^{-1}$，$\varepsilon_{254nm}(H_2O_2)=19\ M^{-1}\cdot cm^{-1}$]，因此 O_3/UV 的氧化能力强于 H_2O_2/UV。

Prengle 等首次预见了 O_3/UV 体系在废水处理中的商业潜力。他们指出这种组合工艺可以增强对含氰络合物、含氯溶剂、杀虫剂，以及综合参数（如 COD、BOD）的氧化能力。

其他的研究表明 O_3/UV 体系能除去卤代芳烃，氧化速率比单独使用臭氧快。O_3、UV 的最佳比值取决于水质和水环境，但无法给出通用的指导原则。然而，在水处理中臭氧必须处于溶液中，但对于废水处理情况不完全如此。

（3）反应器

从概念上讲，O_3/UV 和 O_3/H_2O_2 的应用非常简单。使用 O_3/UV 处理过程时，在向废水中鼓入臭氧-氧气混合物的同时或之后，用紫外灯照射废水，对于 O_3/H_2O_2 处理过程，在向废水中鼓入臭氧-氧气混合物的同时，可以加入 H_2O_2。在实际中要注意下列几个细节。

对于 O_3/UV 过程，使用带搅拌的光化学反应罐（STPR）能获得更好的传质效果。臭氧接触与 UV 照射同时进行比先后进行更好，因为需要良好的臭氧传递以维持 $\cdot$OH 反应。STPR 反应器有望被静态混合器-鼓泡塔-循环泵处理过程取代。

在使用 UV 灯的 AOP 组合过程中，常常使用低压汞灯。它的主要输出在 254 nm（占总强度的 85%），这对臭氧的光解效率是非常重要的。经石英封装的未掺杂 TiO_2 的汞灯也会产生 185 nm 射线，该射线可以企生臭氧，并有助于 H_2O_2 的光解。在饮用水处理过程中，如果 H_2O_2 浓度超过了法律规定值，可以考虑使用能发射大量低于 254 mm 射线的低压汞灯。

7.2.4.5　臭氧-电催化氧化作用机理

臭氧-电催化氧化技术是将臭氧与电催化技术结合的一种新型高级氧化技术。臭氧-电催化氧化技术是一种新型的高级氧化技术。该技术利用了碳电极的性质和臭氧技术结合，可以将臭氧和氧气混合气体中的氧气原位转化成 H_2O_2，进而利用传统的臭氧和 H_2O_2 结合的 Peroxone 技术产生高活性的羟基自由基，从而降解难降解污染物。

臭氧-电催化水处理技术通过臭氧发生器将纯 O_2 转化为 O_3，并将所得 O_2 和 O_3 的混合气体通入电化学废水处理反应器中；该反应器中含有一块炭黑-聚四氟乙烯（Carbon-PTFE）阴极，能高效地将 O_2 电化学还原为 H_2O_2；原位产生的 H_2O_2 进一步与通入的 O_3 发生 Peroxone 反应，生成在溶液中氧化能力非常强的 $\cdot$OH（$E^{\ominus}=2.80$ V），$\cdot$OH 能与有机污染物迅速反应（反应速率常数通常在 $10^6 \sim 10^{10}$ $M^{-1} \cdot s^{-1}$）、氧化多种有机物（无选择性氧化）并将有机污染物完全矿化为无害的 CO_2 和 H_2O，从而高效降解去除水体中上述污染物，实现出水的无害化。具体反应如下：

$$O_2 + 2H^+ + 2e^- \longrightarrow H_2O_2 \qquad (7\text{-}119)$$

$$H_2O_2 + O^3 \longrightarrow \cdot OH + O_2^- + H^+ + O_2 \qquad (7\text{-}120)$$

$$H_2O + O_3 + e^- \longrightarrow \cdot OH + O_2 + OH^- \qquad (7\text{-}121)$$

臭氧-电催化氧化技术与其他高级氧化技术相比具有如下优点：①不需要 H_2O_2 或含铁试剂；②水体受色度影响较小；③只有在电解操作时才需电工。

7.3 电催化法的影响因素

电催化氧化效果是该技术关注的核心问题之一。从相关资料看，影响处理效果的主要因素可分 5 个方面，即电极材料、电解质溶液、废水的理化性质和工艺因素（电化学反应器的结构电流密度、通电量等）。其中，电极材料是近年研究的重点。

（1）电极材料

在电解法处理有机废水的过程中，电极不仅起着传送电流的作用，而且对有机物的氧化降解起催化作用，电极材料选择的好坏，直接影响有机物降解效率的高低。电解过程主要是通过阳极反应来降解有机物的，而且电位越高，有机物的脱除效果越明显。但电位过高会受到阳极材质腐蚀和多种副反应的制约，主要竞争副反应是阳极氧气的析出，因此催化电极应具有较高的析氧超电势。在电解过程中，电极作为电催化剂，不同的电极材料可引起电化学反应速度发生数量级上的变化。传统的电极材料（如氧化铅、铅等）理论上也能使有机物在发生析氧反应前氧化降解，但反应的动力学速率很慢，实际应用价值不大，因此，研制高电催化活性的电极材料成为广大研究者关注的焦点。对电极进行掺杂是改变电极材料组成及其性能的常用的一类方法。

（2）电解质溶液

电解质溶液对有机物的电化学催化氧化的影响主要体现在两个方面：

①电解质溶液的浓度。电解时，电解质溶液浓度太低，电流就很小，则降解速率很低；一般情况下，随着电解质溶液浓度的增加，溶液的导电能力增强，槽电压降低，降解效率提高。但电解质浓度达到一定浓度后，电压效率的提高趋于平缓，若再加大投入量会增加处理费用，而且使溶液中电解质离子浓度增加，从而使进一步深度处理难度增大。

②电解质的种类，电解质的种类对电极上的反应的影响也是不容忽视的。电解

质的种类有 Na$_2$SO$_4$、NaCl。

Na$_2$SO$_4$：惰性电解质，电解过程中不参与反应，只起导电作用，电解效率的高低仅与其浓度有关；

NaCl：在电解过程中参与电极反应，Cl$^-$ 在阳极氧化，进而转变成 HClO，后者是一种强氧化剂，不但可以直接氧化有机物，而且可以阻止有机物（或中间产物）在电极表面的吸附（使电极活性降低）。

Cl$^-$ 的加入也可以引起一些副反应，如生成的游离氯或电极上吸附的单原子氯可以与废水中溶解的有机物或其氧化的中间产物反应，生成有毒且更难降解的有机氯化物；Cl$^-$ 在电极上的吸附影响有机物在电极上的吸附氧化；Cl$_2$ 的产生也使电流效率有所降低。

（3）废水的理化性质

同一电极对不同有机物表现出不同的电催化氧化效率。废水体系的 pH 常常会影响电极的电氧化效率，而这种影响不仅与电极的组成有关，也与被氧化物质的种类有关。一般地，添加支持电解质（如 NaCl、Na$_2$SO$_4$）增加废水的电导率，可减少电能消耗，提高处理效率。

（4）工艺因素

有机废水属于复杂污水体系，该类废水的大部分毒物含量小，电导率低，为强化处理能力，需要设计时空效率高、能耗低的电化学反应器。反应器一般根据电极材料性质和处理对象的特点来设计。早期的反应器多采用平板二维结构，面体比比较小，单位槽处理量小，电流效率比较低。针对此缺陷，采用三维电极来代替二维电极，大大增加了单元槽体积的电极面积，而且由于每个微电解池的阴极和阳极距离很近，液相传质非常容易，因而大大提高了电解效率和处理量。

7.4　电催化电极的组成及结构

电极材料是实现电催化过程极为重要的支配因素，而电化学反应通常在电极／溶液界面的电极表面上发生，因此，电极表面的性能则成为更重要的因素。

催化剂之所以能改变电极反应的速率，是由于催化剂与反应物之间存在的某种相互作用改变了反应进行的途径，降低了反应的超电势和活化能。在电催化过程中，催化反应是发生在催化电极／电解液的界面，即反应物分子必须与电催化电极发生相互作用，而相互作用的强弱则主要取决于催化电极表面的结构和组成。

电化学法废水处理技术及其应用

7.4.1 表面材料

目前已知电催化电极表面材料主要涉及过渡金属及半导体化合物。

（1）过渡金属由于过渡金属的原子结构中都含有空余的 d 轨道和未成对的 d 电子，通过含过渡金属的催化剂与反应物分子的电子接触，这些催化剂空余 d 轨道上将形成各种特征的吸附键达到分子活化的目的，从而降低了复杂反应的活化能，达到了电催化目的。依次，过渡金属及其一些化合物具有较好的催化活性，这种活性不仅依赖于其电子特征因素（即 d 电子轨道特征），还依赖于几何因素（即吸附位置及类型）。这类电催化电极材料主要含有 Ti、Ir、Pt、Ni、Ru、Rn 等金属或合金及其氧化物，如 RuO_2/Ti 电极、Ru-Rn/Ti 电极、RuO_2-TiO_2 电极、Pt/Ti 电极、Pt/GC 电极等。

（2）半导体化合物一些元素（如 Sn、Pb 等），虽然不是过渡金属，没有未成对的 d 电子，但其氧化物却具有半导体的性质。由于半导体的特殊能带结构，其电极/溶液界面具有一些不同于金属电极的特征性质，因此在电催化问题的研究半导体化合物占有特殊重要的位置。研究指出，由于产物不易被吸附在电极表面，本身 PbO_2 电极表面的氧化速率高于 Pt、Ni、Ru 以及石墨电极。另外还研究表明，无论是苯酚的消失情况，还是从 TOC 值的降低情况来看，Sb 掺杂的 SnO_2 电极都比 Pt 电极效率要高得多。

此外，近年来稀土元素在电化学中的应用也是研究人员感兴趣的课题。稀土元素内层 f 电子由 0 向 14 逐个填满，因此它们不但有空余 d 轨道，更有空余的 f 轨道和未成对的 f 电子，这使它们在光学、磁学、电学性能上具有很多特殊的优异性质。已由研究表明，稀土催化剂可对碳氢化合物进行间接的部分氧化，利用氯化稀土制备多孔的 Ru/Ti 电极也已被报道。

7.4.2 基础电极

所谓基础电极，也叫电极基质，是指具有一定强度、能够承载催化层的一类物质。一般采用贵金属电极（如 Ti 等）和碳电极（如石墨、玻碳等）。基础电极无电催化活性，只承担着作为电子载体的功能，因此高的机械强度和良好的导电性是对基础电极最基本的要求，此外与电催化组成具有一定的亲和性也是基础电极的要求之一。

7.4.3 载体

基础电极与电催化涂层有时亲和力不够，致使电催化涂层易脱落，严重影响电

272

极寿命。所谓电催化电极的载体就是一类起到将催化物质固定在电极表面，且维持一定强度的一类物质，对电极的催化性能也有很大影响。常用的载体多采用聚合物膜和一些无机物膜。

载体必须具备良好的导电性及抗电解液腐蚀的性能，其作用可分为两种：支持和催化，相应地可以将载体分为两种情况。

（1）支持性载体是载体仅作为一种惰性支撑物，只参与导电过程，对催化过程不做任何贡献，催化物质负载条件不同只会引起活性组分分散性的变化。

（2）催化性载体与负载物存在某种相互作用，这种相互作用的存在修饰了负载物质的电子状态，其结果可能会显著改变负载物质的活性和选择性。也就是说，载体与负载物质共同构成活性组分而起催化作用。

7.4.4　电极表面结构

电催化电极的表面微观结构和状态也是影响电催化性能的重要因素之一。而电极的制备方法直接影响到电极的表面结构。

目前电催化电极的主要制备方法有热解喷涂法、浸渍法（或涂刷法）、物理气相沉积法（PVD）、化学气相沉积法（CVD）、电沉积法、电化学阳极氧化法以及溶胶-凝胶法等。为了增大单位体积的有效反应面积，改善传质，用于三维电极的各种新材料相继问世，如碳-气凝胶电极、金属碳复合电极、碳泡沫复合电极、网状玻碳材料等，其共同点是都具有相当大的比表面积。纳米结构材料以其奇异的特性引人们广泛关注，纳米技术的进展将对电催化电极的制备起到巨大的推动作用。另一类引人注目的新材料是导电陶瓷，其导电性能与石墨相当，且化学惰性优异，已经有人着手研究使之具有微结构并更好地负载催化物质。

总之，无论是提高催化活性还是提高孔积率，改善传质、改进电极表面微观结构都是一个重要手段，因而电极的制备工艺绝对是非常关键的一个环节。

7.5　电催化电极类型

电化学氧化水处理过程的阳极材料研究经历了漫长的发展历史。由于废水成分复杂且污染物浓度往往存在波动性，导致电化学处理废水过程的阳极材料的处理效果一直并不理想。为了开发合适的电化学处理废水用高催化活性电极，针对电极材料的相关研究涵盖了金属电极、碳素电极、金属氧化物电极以及非金属氧化物电极等。

7.5.1　金属电极

金属电极是指在电化学反应过程中，以单质金属作为工作电极，各种电化学反应都以该金属表面为反应界面完成电子转移。因为碱金属和碱土金属的活性太强，不适合做电极，电化学废水处理过程常见的金属电极有铝、铁、钛及铂族金属等，每种电极都有各自不同的性能和用途。

电化学过程中，最常用的金属电极为铂族金属电极，该类电极耐蚀性强，电催化活性高，既可作为阳极，又可作为阴极。

金属电极在使用过程中，尤其是在氧化作用下，容易发生氧化反应生成氧化膜导致电极钝化失活，这是金属电极难以解决的最大问题；铂族金属虽然稳定性及氧化活性都较高，但其成本太高。所以寻求低成本、高稳定性、高催化活性的金属材料作为电极，是金属电极研究领域的主要目标。

7.5.2　碳素电极

碳素材料因其良好的导电性较早就被用作电极，碳素材料的性能因其成分及加工工艺的不同差别较大；其中人造石墨材料含杂质较少，导电性、导热性较好，且具有较好的化学稳定性，是制作电极的优良材料。1896 年石墨阳极的成功研制，标志着石墨电极时代的开始，同时也带动了电极材料的快速发展。

碳素电极在使用过程中有两个缺点：一是在有氧气析出的环境下，碳元素极易和氧发生反应生成 CO 和 CO_2，造成石墨电极材料的腐蚀；二是碳素材料强度较低，电极在储运及使用过程中机械损耗较大。近年来，通过改变碳素材料组织结构，以及对其进行溶剂浸制等方式提高石墨材料的机械强度和耐蚀性的研究，成为该领域重要研究课题。

7.5.3　活性炭纤维电极

活性炭纤维是由有机高聚物聚丙烯腈、酚醛树脂、聚乙烯醇基、纤维素基以及沥青基等有机纤维原料经碳化和进一步活化制得。活性炭纤维电极具有较高的比表面积、较好的吸附性能、较好的导电性能和较高的反应活性，因而在废水处理中具有广泛应用。

活性炭纤维电极因物理、化学结构的特殊性而具有优异的吸附性能，但是该类电极微孔孔径较小，仅对小分子物质具有较好的吸附性能，对大分子物质的吸附性较差，这决定了该电极比较适合处理微污染原水和较低浓度废水。

7.5.4　金属氧化物电极

在电化学过程中，电催化活性最高的一类电极是金属氧化物电极，也叫"形稳阳极"（Dimensionally Stable Anode，DSA）。这类电极多数为半导体材料，主要用于环境污染治理、燃料电池、电化学合成等领域。金属氧化物电极由金属基体和氧化物薄膜构成。该类电极是通过溅射法、喷雾热解法、涂层热解法、溶胶-凝胶法、电沉积法等方法将金属氧化物涂层覆盖在基体表面而构成的复合电极。常用的金属基体为钛、金、铂、不锈钢等金属，常用的氧化物薄膜以过渡金属的氧化物为主。目前此类电极研究较多的为 PbO_2、SnO_2、RuO_2 和 IrO_2 等。该种电极可以通过改进材料及表面涂层结构使其具有比较高的析氧过电位，通过改变氧化物膜的组成和制备工艺条件而获得优异的稳定性和催化活性。

钛基形稳阳极电催化氧化是近年发展起来的一项新技术，其对有机污染物的降解作用较强，尤其是废水中的生物难降解有机污染物在该类电极的电催化氧化作用下，可以彻底降解为 H_2O 和 CO_2，不产生二次污染。但该类电极降解有机物的机理尚未有定论，不同的型稳阳极材料对有机污染物的氧化降解速度和效果也大有不同，究竟是电极材料的哪些性质影响了电催化效果，其影响规律也尚不明确，所以研究者们展开了大量的研究，开发了不同的电极来研究该类电极。

钛表面上很容易自动生成保护性氧化膜，导致表层电阻太高，所以金属钛不能直接用作阳极，经大量研究发现钛基体可以和一些金属及导电性氧化物形成电阻很小的接触界面，从此奠定了在钛基体表面覆盖氧化物涂层制备形稳阳极的基础。形稳阳极的成功开发和使用，克服了金属电极、石墨电极容易钝化失活，易腐蚀以及成本高等缺点。

依照钛基形稳阳极的制备过程，根据电化学反应的具体需求，可以人为设计拟制备电极材料的结构和组成。通过相应的制备工艺，使本身不具备结构支撑功能但具有电催化功能的材料在电化学反应中获得应用，这为不同种类电催化氧化电极的制备提供了新的思路。也正是由于形稳阳极结构性能及电化学性质可以随着表面氧化物的组成和制备方法的改变而改变，几十多年来研究者们围绕型稳阳极的制备及改性方法、涂层结构、电催化氧化机理等做了大量的研究工作。

7.5.4.1　钛基单一涂层电极材料

单一涂层电极是指在钛基体上通过电沉积或热分解等方法制备只含一种氧化物涂层的型稳阳极，该类电极制备工艺简单。单一涂层钛基电极主要以 Ti/IrO_2、Ti/RuO_2 以及 Ti/TiO_2 电极为主。

由于 Ti/IrO$_2$ 电极降解有机物效率较低，单一涂层电极中用于废水处理的主要是 Ti/RuO$_2$ 电极。单一涂层钛基电极中，还有一类常用的 Ti/TiO$_2$ 电极，该类电极主要用于光电结合降解有机物。

钛基单一涂层电极制备简单，成本低廉，在电催化废水处理中具有较好的效果，尤其在光电结合催化降解有机物方面仍然是电化学降解废水领域的研究热点。为更好地提高电极的催化活性、使用寿命及其导电性，研究者通过在单一涂层中加入其他元素或者添加中间层对电极材料进行改性。元素掺杂及中间层的添加形成复合涂层电极，可以很好地改善电极的各项性能，为高性能电极材料的制备提供了思路。

7.5.4.2　钛基复合涂层电极材料

为了改善形稳阳极的电催活性并延长其使用寿命，研究者们通过在电极涂层中掺杂其他元素或添加中间层的方式制备出具有复合涂层的电极材料。

在电极表面的氧化物涂层中掺杂一种或者几种金属或非金属元素，在电极涂层中可以形成晶面阶梯、位错等表面缺陷，半导体内部缺陷的增多能在禁带间形成电子转移的通道，提高电极的导电性及催化活性，从而加快电极表面上的电化学氧化反应进程，提高电流效率。而且研究表明掺杂改性后电极的析氧、析氯过电位都会得到提升，对有机污染物的彻底氧化降解是有利的；当废水中含有含氯有机污染时，较高析氯过电位的电极可以避免更难降解的有机氯化物的生成对水体造成的二次污染。通过元素掺杂还可避免高浓度有机物降解时阻碍电子传递的聚合物膜在电极表面上生成，以保证电极在长时间工作条件下仍具备高效的催化氧化活性。

复合涂层电极的制备过程相对复杂，要考虑涂层中各种组分的配比对电极催化性能及电极寿命的相互影响。复合涂层电极相比单一涂层电极的电催化性能普遍有所提升。

电化学氧化降解有机污染物的主要竞争副反应是阳极氧气的析出，若废水里含有较多的 Cl$^-$ 时，Cl$_2$ 的析出则是主要副反应，所以电催化阳极必须要有较高的析氧过电位。型稳阳极就是因为通过改变涂层结构或元素掺杂等方式来提高自身析氧过电位，才成为电催化领域备受关注的一类电极，被广泛应用于有机合成、电解电镀以及污水处理等方面。几种钛基金属氧化物电极性能及用途如表 7-9 所示。

表 7-9　钛基金属氧化物电极的分类及用途

分类	主要成分	典型阳极	主要用途	析氧过电位 /V
锰系阳极	MnO_2	Ti/MnO_2、$Ti/Sn-Sb-MnO_x$、$Ti/Ru-MnO_x$、$Ti/Nb-MnO_x$	提取有色金属、甲醇氧化	1.3～1.5
铅系阳极	PbO_2	Ti/PbO_2	电解冶炼、污水处理	1.2～1.3
钌系阳极	RuO_2	Ti/RuO_2、Ti/TiO_2-RuO_2、$Ti/Ru-Ir-Ti$、$Ti/Ru-Co-Ti$、$Ti/Ru-Sn-Ti$	氯碱工业、电镀、有机合成、提取有色金属、阴极保护	1.1～1.2
铱系阳极	IrO_2	Ti/IrO_2、$Ti/IrCo$、$Ti/Ir-Ta$、$Ti/Ir-Sn$、$Ti/Ir-Ru-Sn$、$Ti/Ir-Ru-Ti$	海水淡化、有机合成、电镀、有色金属箔生产	1.05～1.1
锡系阳极	SnO_2	Ti/SnO_2、Ti/SnO_2-Sb、$Ti/Sb-Sn$、$Ti/Pb-Sn$	氯碱工业、有机废水处理	1.7～2.2

综上所述，钛基锡系电极的析氧过电位较高，是电化学氧化废水体系中理想的阳极材料。但其催化效率及使用寿命仍有待提高，复合涂层中掺杂元素对电极性能的影响机制还不明确，因此针对该类电极的制备及改性研究成为电化学氧化有机废水体系的研究热点。

型稳阳极的成功研制及其优良的性能为电催化氧化处理废水工业化的实现带来了希望。综合文献报道可知：优良的形稳阳极的基体一般具有较高的导电性和稳定性；电极催化涂层与基体附着力强，不易被电解液腐蚀和磨损，还有较好的抗中毒作用；电极有较大的比表面积和较高的析氧过电位。

除了具备优良性能外，制作工艺简单且成本低廉也是对工业化水处理电极的重要要求。型稳阳极的制备方法基本有热分解法、溅射法和沉积法：热分解法也叫热氧化法，即在金属基体上涂刷金属盐溶液，然后通过高温煅烧使涂层分解为金属氧化物。该制备方法工艺、设备都比较简单，操作条件相对温和，是制作型稳阳极的最普遍方法；溅射法多数需要真空以及磁控等技术将涂液溅射到金属基体上，涂层更加均匀，电极致密度较好，但该方法工艺及设备复杂，涂液浪费严重；沉积法又可分为气相沉积、液相沉积及电沉积 3 种方法，沉积法制备的电极往往更加致密，涂层与基体结合力好，使用寿命长，但沉积法除了使用的设备昂贵之外，其操作条件一般较苛刻，制作成本较高。

钛基型稳阳极因其优越的电化学性能，是目前研究最多的一类用于有机废水处理的电极材料，主要包括钛基铱系（Ti/IrO_2）、钛基钌系（Ti/RuO_2）、钛基锰系（Ti/MnO_2）、钛基铅系（Ti/PbO_2）、钛基锡系（Ti/SnO_2），另外还有在这几种电极基础上掺杂其他元素的复合电极。钛基铱系和钌系阳极使用的都是稀有贵金属，成本较高，IrO_2 和 RuO_2 的稳定性较差，在高阳极电位下会生成高级氧化物；钛基锰系和铅系阳极的析氧过电位较低，处理废水的效果并不理想，尤其铅系电极存在涂层脱落造成环境污染的风险。相比较而言，钛基锡系电极具有更高的析氧过电位和催化氧化效果，而且电极制作的原料廉价易得，工艺简单，所以钛基锡系电极被视为最有应用前途的一类型稳阳极。

近年来，国内外学者对钛基锡系电极处理有机废水的研究越来越多，尤其是对复合锡系电极的涂层结构及催化性能研究受到水处理学术界的重视，也开发出了大量的复合电极，其中以掺杂 Sb 的 $Ti/Sb-SnO_2$ 电极处理废水效果最好，对该类电极的改性研究成为研究的热点。

7.6　电催化电极的选择

在电极上的反应类似于化学催化作用，电极材料能显著地影响电化学反应的速度。在同样的过电位下及一定的电解液中，电极反应速度因电极基体材料的不同而变化，这在电化学中称为电催化。在电催化反应中，电极作为电催化剂，电极材料的不同可以使电化学反应速度的数量级发生变化，所以适当选择电极材料是提高电催化效率的有效途径。

选择电极材料，首先需要了解电催化反应如何受电极基体材料性质的影响。电极反应是电子参与的氧化还原反应，所以电催化反应进行的情况同电极电位有重要的联系。电极电位越负，越容易失去电子；电极电位越正，越容易得到电子，电极电位负的金属是较强的还原剂，电极电位正的金属是较强的氧化剂，所以电极电位是选择电极材料的重要依据。苋菜红染料废水的电解脱色研究结果表明，脱色率和 COD 去除率同阳极材料的电极电位有明显的对应关系。电极电位越正其脱色率和 COD 去除率越高。

有机物在金属氧化物阳极上的氧化反应机理和产物选择性同阳极金属氧化物的价态和表面上的氧化物种有关。在金属氧化物 MO_x 阳极上生成的较高价金属氧化物 MO_{x+1} 有利于有机物选择性氧化生成含氧化合物；在 MO_x 阳极上生成的自由基 $MO_x[OH\cdot]$ 有利于有机物氧化燃烧生成 CO_2。酚在 IrO_2 阳极上氧化反应产物有芳香化合物、脂肪酸和 CO_2，而在 SnO_2 阳极上生成的 CO_2 明显增多。这是由于 SnO_2 电极的电极电位大于 IrO_2 电极的电极电位。试验指出，在 IrO_2 阳极表面上羟基自由基浓度几乎为 0，而在 SnO_2 阳极表面上有羟基自由基的集聚，所以表面羟基自由基有助于酚的完全氧化。

在阴离子表面活性剂和支持电解质 $HClO_4$ 存在下，制备了电沉积于钛上的

β-PbO$_2$ 电极。该种方法制备的电极表面可以较多地吸附羟基自由基，显著地增进 DMSO 和苯甲醛的阳极氧化反应的电催化活性。

电极在电催化反应中有如化学反应中的催化剂，所以电极材料的选用同一般化学反应所用催化剂的选择规律相似。为了使化学反应有高的选择性和专一性，催化剂经常需要多组分，在电化学反应中，多组分组成电极也是很重要的一个研究方面。Ti/SnO$_2$-Sb$_2$O$_3$-MnO$_2$/PbO$_2$-MnO$_2$ 阳极的制备可作为多组分电极设计的一个示例。钛阳极失效的主要原因是析氧反应所产生的新生态氧扩散到电极表面，从而在钛表面生成不导电的 TiO$_2$ 膜。为了使阳极活化，在电极表面加一层 PbO$_2$-MnO$_2$ 活性层；为了减少新生态氧扩散到钛表面，在钛电极基体与活性层中间加一层 SnO$_2$-Sb$_2$O$_3$-MnO$_2$ 中间层。在含酚污水的处理中，这种阳极有很高的电催化活性和电化学稳定性。

在墨水生产的污水处理中，覆盖有氧化钌、氧化钴或二氧化锰的钛阳极有很好的效果，特别是后者显示出更好的净化效果，二氧化锰作为阳极的一种组分有助于提高阳极的氧化能力。

从以上各例可以看出，电极的电催化作用既可以来自电极材料本身，亦可用有电催化功能的"覆盖层"对电极表面进行改性而实现，它们是两类不同的电催化电极。尽管电极类型各异，但对它们有一些共同的要求：好的导电性和耐蚀性，因此在以上所给出的各例中多用高耐蚀性的钛作为电极的基体。以钛为基体，在其表面"覆盖"有电催化剂及其他组分的金属氧化物的电极是值得进一步开拓的重要电极类型。对有机物的氧化消除反应，在阳极上进行着有机物氧化降解和水分解析氧两个主要的竞争反应，因此要求电极具有较高的析氧过电位。负载于钛基体的复合金属氧化物电极，例如，Ti/SnO$_2$-Sb$_2$O$_3$ 电极是一种有高析氧电位，催化性能优良，导电性良好，适用于处理有机工业废水的电极。

7.7　电催化法废水处理反应器

电化学反应器按反应器的工作方式分类可分为间歇式、置换流式和连续搅拌箱式电化学反应器。按反应器中工作电极的形状分类可分为二维电极反应器、三维电极反应器。二维电极呈平面或曲面状，电极的形状比较简单，如平板形、圆柱形电极。电极反应发生于电极表面，其电极表面积有限，比表面积极小，但电势和电流在表面上分布比较均匀。三维电极的结构复杂，通常是多孔状。电极反应发生于电极内部，整个三维空间都有反应发生。特点是比表面积大，床层结构紧密，但电势和电流分布不均匀。常见电化学反应器的电极类型如表 7-10 所示。

表 7-10　常见电化学反应器的电极类型

电极	二维电极反应器		三维电极反应器	
固定式电极	平行板电极	容器（板式）	多孔电极	网状
		压滤式		布式
		堆积式		泡沫式
	同心圆筒	容器（挂式）	固定床电极	糊状、片状
				纤维、金属毛
		流通式		球状
				棒状
移动式电极	平行板电极	互给式	活动流动床电极	金属颗粒
		振动式		碳颗粒
	旋转电极	旋转圆筒式电极	移动床电极	浆状电极
		旋转圆盘式电极		倾斜式
		旋转棒		滚动式
				旋转颗粒床

　　根据工作电极和移动电极的形式，二维反应器可分为平版式、振动式、圆筒式、圆盘式等，用于有机物降解、金属回收等。

　　三维电化学反应器是针对使用三维电极而言的，由于宏观上三维电极相当于扩大了电极作用面积，因而三维电化学反应器亦称为床式结构。根据所加入粒子的特性，三维反应器可强化阳极过程或强化阴极过程。在有机废水处理方面，三维结构被认为是最具发展前景的电化学结构。

　　传统的平板二维电极面体比（Arear-volume Ratio）较小，单位槽体处理量小，电流效率低，尤其是在电导率低时，因而在实践中难以有突破性进展。

　　针对传统二维电极这一缺陷，20 世纪 60 年代末期学者们提出了三维电极的概念。三维电极又名三元电极（Three-dimension-electrode），是一种新型的电化学反应器，也叫粒子电极（Particle Electrode）或床电极（Bed Electrode）。它是在传统二维电解槽电极间装填粒状或其他碎屑状工作电极材料（如活性炭、金属碳复合电极、网状玻碳电极等），并使装填工作材料表面带电成为第三极，在工作电极材料表面能发生电化学反应。与二维电极相比，三维电极能使单位电解槽电极面积增大，且因粒子间距小，物质传质效果极大改善，因此具有较高电流效率和单位时空产率，从而加快电催化氧化反应速率。

　　三维电极有多种分类方法，按照粒子极性分为单极性和复极性；单极性床填充阻抗较小的粒子材料，当主电极与导电粒子接触时，粒子带电，两电极间通常有隔膜存在；复极性床一般填充高阻抗粒子材料，无须隔膜，粒子间及粒子与主电极间不导电，因而不会短路。若按电极构型分有矩形和圆柱形；按电流与液流方向关系可分为平行形与垂直形；按充填状态分则分为固定方式与流动方式，由于粒子材料充填方式分类法与实际工程设计关系密切，因而是最常用的一种分类方法。固定式的三维电极、粒子材料在床体中不会发生位移，处于相对稳定状态，以填充床电极（Packed-bed-electrode）为典型代表，其优点是面体比高、馈电较为均匀、传质好、电流效率和时空产率高。不足之处是长时间运行后，因污染物及转化物往往会吸附沉积在电极表面易引起粒子层的堵塞，需进行清洗或电极极性的更换使粒子电极再生。流动方式的粒子材料在床体中发生相对位移，处于流动状态。以流化床电极（Fluid-bed-electrode）为代表，其优点是良好的传质和高面体比，从而保证了较高的电流效率、时空产率，电极粒子的循环清洗及流动时相互冲击防止电极堵塞使电流效率降低。其缺点是粒子电极接触不紧密，使粒子馈电电流及电势分布不均，馈电极及隔膜易沉积污染物，降低电流效率。

三维电极的最初研究是从多孔电极开始，流化床（FBE）的设计在 1969 年由 Backhurst 和 Goodridge 提出，其基本构型如图 7-15 所示。床体分为两部分：阳极区和阴极区，中间以隔膜 2 分开，阴极区填充粒子电极材料 7，阴极液（重金属废水）从阴极区底部入口 10 进入，使粒子材料处于流动状态，最后从阴极区上部出口 5 流出。阳极液从阳极区底部入口 9 进入，从上部出口 4 流出。在工作一段时间后粒子材料会因吸附而变大同时沉落在阴极区底部由出口 8 排出，在体外清洗，而小粒子则由上部入口 6 进入阴极区形成粒子电极的循环。这种设计的面体比达到 200 m²/m³，因此在保证有效电流密度为 0.01 A/cm² 时就可允许很大电流通过。

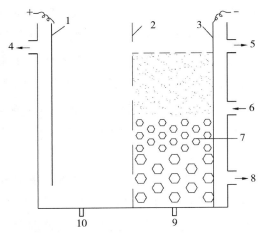

1—阳极；2—隔膜；3—阴极；4—阳极液出口；5—阴极液出口；6—小粒子入口；
7—填料；8—大粒子出口；9—阴极液入口；10—阳极液入口

图 7-15　流化床基本结构

最初的固定床设计是采用碳纤维、网状玻态炭作为填充材料，这种床叫接触床（Continuous-bed-electrode），其目的在于既保持流化床的高面体比和时空产率的同时也能在一定程度上使电势、电流分布均匀。比较典型的固定床是填充床（PBE）。

7.8 电催化氧化法在废水处理中的应用

电催化氧化法是处理难降解有机污染物的有效方法之一，具有比一般化学反应更强的氧化及还原能力。在含醛、醇、醚、酚及染料等污染物处理中也逐渐得到应用。电催化氧化过程是通过阳极反应直接降解有机物，或通过阳极反应产生羟基自由基（·OH）、臭氧一类的氧化剂降解有机物，这种降解途径使有机物分解更加彻底，不易产生毒害中间产物。在反应中。电子是主要反应试剂，不必添加额外化学试剂，设备体积小，占地少，便于自动控制，不产生二次污染。

王建秋等用三维电极法处理氯苯废水，并研究了外加槽电流、停留时间、氯苯初始质量浓度、废水初始 pH 等对氯苯去除率的影响。试验结果表明：在外加槽电流为 2.0 A、氯苯初始质量浓度为 1～200 mg/L、停留时间为 40～60 min、废水初始 pH 为 7 的条件下，氯苯去除率达 83% 以上。他们还探讨了氯苯的电化学降解机理。外加槽电流和停留时间是影响氯苯去除率的主要因素，外加槽电流越大氯苯去除率越高，但同时电耗能也会增加，而停留时间超过 60 min 后对氯苯去除率影响不大。废水 pH 和氯苯初始质量浓度是次要影响因素，在较宽的废水 pH 范围和氯苯初始质量浓度范围内，三维电极对氯苯废水均有较好的处理效果。

朱卫国等采用涂覆法和浸渍法分别制备了以 Pd、Ru、Sn 为负载催化剂，以塑料填料和活性炭填料为载体的导电粒子，用于三维电极法催化降解 4-氯酚模拟废水。结果表明：在相同处理条件下，塑料填料导电粒子对 4-氯酚的去除效果优于活性炭填料导电粒子。两种导电粒子的重复使用性和再生性研究表明，塑料填料导电粒子可重复使用性更高，且再生的塑料填料导电粒子不影响其再次使用。通过对电化学催化氧化降解机理分析，说明了塑料填料导电粒子的高催化活性对有机物的氧化降解具有重要作用。

赵立功等在焦化废水经 A^2/O 工艺处理后，再采用混凝-沉淀-三维电极反应器-浸没式超滤-反渗透工艺进行深度处理，工艺流程如图 7-16 所示。该工艺的核心是三维电极反应器，其对经过生化和混凝-沉淀处理后废水中难降解有机物的去除率能达到 50% 以上，同时对色度的去除率也达到了 90%，从而保证了后续反渗透膜工艺的稳定运行，使整个系统的回收率达到 60% 以上。在进水 COD 为

250～300 mg/L、SS 为 100 mg/L、电导率为 3 000～4 500 μS/cm 的条件下，最终出水 COD≤10 mg/L、浊度≤0.5 NTU、电导率≤300 μS/cm，所有指标都达到《城市污水再生利用　工业用水水质》（GB/T 19923—2005）中敞开式循环冷却水系统补充水水质要求，且处理费用≤3.45 元 /t，系统运行稳定，这为焦化废水的深度处理及回用提供了一种可靠、稳定、经济的解决方案。

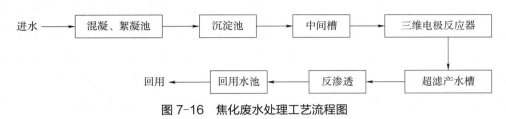

图 7-16　焦化废水处理工艺流程图

　　王橝橦等探索三维电催化微电解集成设备、利用三维电催化微电解技术，以国际公认的难处理废水垃圾渗滤液为预处理对象，通过动态、静态单因素试验，分析三维电催化微电解集成设备预处理前后，渗滤液中 COD、氨氮和色度 3 项指标的变化。从电解电压、极板正负交换周期、曝气量、渗滤液流量和电解时间 5 种影响因子角度分析并确定试制的集成设备最佳运行条件，达到为后续处理工艺减轻压力，降低单位废水量的处理成本，降低污染等目的。试验结果显示电压梯度在 25～30 V 时、极板正负交换周期控制在 30 s、曝气总量梯度在 2 000 L/h、流量控制在 30 L/h、电解时间为 90 min 左右时，COD 去除率可达 41%、氨氮去除率可达 24%、色度去除率可达 60%，系统对污染物去除率较高。三维电极-铁碳微电解法以废铁刨花为原料，以废铁治废水，设备投资和处理设施土建投资少，运行费用低，且 COD、氨氮去除效率相对较高。

　　石岩等将三维电极和电 Fenton 法联用处理垃圾渗滤液，在电流密度 57.1 m A/cm^2、极板间距 10 cm、初始 pH 为 4.0、Fe^{2+} 投加量 1 mmol/L、曝气量 0.2 m^3/h 的条件下，COD 和 TOC 的去除率分别达 80.80% 和 73.26%。

7.9　电催化法废水处理的试验研究

7.9.1　电催化法处理氨氮废水的试验研究

7.9.1.1　废水来源及水质

　　氨氮废水主要来源于化肥、焦化、石化、制药、食品、垃圾填埋场等，大量氨氮废水排入水体不仅引起水体富营养化、造成水体黑臭，给水处理的难度和成本加大，甚至对人群及生物产生毒害作用，国内外氨氮废水的处理方法主要有电化学法、吹脱法、折点氯化法、沸石脱氨法、电渗析法、膜分离法、生物脱氨法、MAP沉淀法等。

电化学氧化法除氨氮的基本原理是在电极表面的电催化作用下或在自由电场而产生的自由基的作用下使氨氮被氧化。氨氮的电化学去除有两种途径：直接电氧化，氨可以直接在阳极失去 3 个电子被氧化成氮气和水；间接电氧化，氯离子首先在阳极上被氧化为游离氯，然后溶解在水溶液中形成"活性氯"，作为强氧化剂与氨氮反应产生氮气。最终使溶液氨氮得到去除。相比较传统工艺，电化学氧化法不需要直接投加化学物质，也不需要使用微生物，不仅操作简单，控制容易，而且反应速度更快，优点相当明显。

本试验所采用的水样来自云南某钢铁厂生化后沉淀池出水。原废水为淡白色浑浊液体，pH 在 6 左右。经电化学氧化工艺来处理。

原水水质情况如表 7-11 所示。

表 7-11　原水水质情况

水质指标	COD_{Cr}/（mg/L）	氨氮 /（mg/L）	pH
原水水质	200～300	800～1 000	8.0 ± 0.2

7.9.1.2　工艺原理

（1）三维电极电催化

三维电极电催化氧化是一种新型的高级氧化技术，具有操作条件温和、无二次污染、产生的·OH 能将难降解有机污染物矿化等优点。与二维电极不同之处在于其主电极间堆有粒状或碎屑类材料构成填料床层并在外加电场作用下成为粒子电极（床层电极）。因而三维电极不仅大大增加了面积体积比，而且加快了物质传递并提高了反应速率。

三维电极反应器有单极性和复极性之分。而复极性反应器床层填充高阻抗粒子，通过在主电极上施加外电压，以静电感应使粒子一端成为阴极，另一端为阳极的粒子电极，这样床层中可形成无数微小的电解池。因此，复极性三维电极反应器无隔膜、结构简单，操作方便。但当床层中如采用金属、活性炭、石墨等阻抗较小的材料作粒子电极时则必须加入绝缘粒子，并按一定的体积比或质量比与粒子电极混合构成床层填料，以减少粒子电极间的短路电流，增加反应电流，提高床层填料中粒子电极的复极化率，从而提高电流效率。

复极性三维电极反应器中大都选用石英砂、玻璃珠、塑料等材料作为绝缘粒子，并按一定的体积比或质量比与粒子电极混合后作为床层填料，但由于石英砂、玻璃珠、塑料等绝缘粒子的材质、密度、形状尺寸与粒子电极相差甚大，很难使之均匀分布在粒子电极中，不能有效减少短路电流，运行中产生电极材料与绝缘材料分层的现象，甚至导致绝缘失效，造成电流短路。

（2）絮凝沉淀

经前面电化学催化氧化处理后，废水中含有大量反应产生的悬浮物，需投加碱液中和，然后投加 PAC、PAM 混凝沉淀去除，提高出水水质。

7.9.1.3　试验用品及测试方法

（1）试验药品

重铬酸钾标准溶液：$C(1/6K_2Cr_2O_7)=0.250$ mol/L

试亚铁灵指示剂

浓硫酸：$\rho(H_2SO_4)=1.84$ g/mL

液碱：10%

硫酸银-硫酸溶液：$\rho(Ag_2SO_4)=10$ g/L

硫酸亚铁铵标准溶液：$C\left[(NH_4)_2Fe(SO_4)_2\cdot6H_2O\right]\approx0.1$ mol/L

过氧化氢：30%

硫酸汞：粉末状

蒸馏水

二氯化汞-碘化钾-氢氧化钾

碘化汞-碘化钾-氢氧化钠

酒石酸钾钠溶液

氨氮标准溶液

（2）试验仪器

分光光度计、智能混凝搅拌机、COD 恒温加热器、恒温干燥箱、电子天平、pH 计、曝气机等。

（3）分析方法

pH 测定：采用 pH 计测定试样的 pH

COD 测定：重铬酸钾法（GB 11914—1989）

氨氮测定：纳氏比色法

7.9.1.4　试验装置

采用自制的三维电极反应装置，极板间距 40 mm，有效电解槽体积 1 000 mL，阳极钛涂钌铱涂层电极，阴极为不锈钢电极，4片阳极板，5片阴极板，单板电极有效面积为 0.6 cm²。三维电解时无烟煤活性炭填充于阴阳极之间，活性炭总添加量为 800 g。室温下，恒电流降解，每隔 20 min 记录电压变化，同时每隔 0.5 h 取处理后的溶液 100 mL 并检测 COD、NH_3-N。本试验采用的三维电极电催化反应装置如图 7-17 所示。

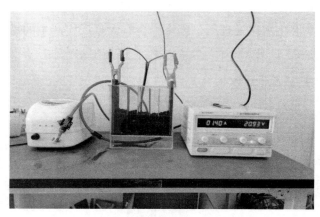

图 7-17　三维电极电催化反应装置

7.9.1.5　试验步骤

（1）试验步骤

原水──→三维电极电催化（反应时间 90 min）──→加 PAC、PAM 混凝沉淀──→取上清液测 COD、NH_3-N。

（2）试验过程

原水 pH 为 8 左右，用氢氧化钠溶液调节 pH 至 11 左右后，取沉淀池出水，用三维电极电催化 90 min 后，出水加 PAC、PAM 进行絮凝沉淀。取上清液进行检测。

7.9.1.6　试验结果

废水经三维电极电催化处理后出水的水质情况如表 7-12 所示。废水经三维电极电催化处理后出水中的氨氮去除率在 99.72% 左右。

表 7-12　废水经处理后的出水水质

水质指标	COD_{Cr}/（mg/L）	氨氮/（mg/L）	pH
出水水质	50	2.15	6.8

废水通过三维电极电催化处理后，可有效降解氨氮，去除率为 99.72% 左右，

出水上清液呈无色透明。

7.9.2 电催化法处理酵母废水的试验研究

7.9.2.1 废水来源及水质

全世界酵母年产量 300 多万 t，被广泛应用于酿酒、食品、中医药、饲料、化妆品等领域。酵母抽提物作为一种新型的营养物质，富含多种氨基酸和多肽，在调味品市场上越来越受到消费者的喜爱。以废糖蜜为主要原料的酵母废水，由于含有较高的黑色素、酚类以及焦糖等物质，颜色较深，呈棕黑色；废水中含约 0.5% 干物质，主要成分为酵母蛋白质、纤维素、胶体物质，以及未被充分利用的废糖蜜中的营养成分如残糖等，因而在废糖蜜发酵生产酵母之后的废水中有机物很难再被生物处理掉，这就是酵母行业废水难以生物处理的主要原因。

采用云南某生物科技有限公司的调节池出水进行试验，废水通过"三维电极催化 + 混凝 +UV/O$_3$+BAF"工艺进行试验。原废水为黑褐色液体，pH 为 3 左右。

原水水质情况如表 7-13 所示。

表 7-13 原水水质情况

水质指标	COD$_{Cr}$/（mg/L）	BOD$_5$/（mg/L）	SS/（mg/L）	pH
设计进水水质	16 000	3 425	2 510	3

7.9.2.2 工艺原理

（1）三维电极法

传统的平板二维电极面体比较小，单位槽体处理量小，电流效率低，尤其是在电导率低时，在实际应用中难以有突破性进展。针对传统二维电极这一缺陷，在20 世纪 60 年代末期 Backhurst 提出了三维电极 / 三元电极的概念；在 70—80 年代电化学反应器三维化开始引人注目并首先应用于分析领域，而当时研究三相流化床、滴流床（Trickle Bed）等气-液-固系电解槽颇为活跃；90 年代开始探讨三维电极在水处理中的应用。21 世纪之后开始大范围使用三维电极法处理废水。

在国外，用三维电极处理有机废水的研究非常多。三维电极能够增加电解槽的面体比，提高电流效率和处理能力，还易于实现连续运行，同时还可以在不同电流密度下进行操作。三维电极法的另一个特点是不使用或较少量使用化学药品，后续处理简单、占地面积小、处理能力大、管理方便等。

一般认为电解产生的 H$_2$O$_2$ 和 ·OH 在降解污染物过程中发挥最主要的作用。当阴极上通过电解产生或外界提供 O$_2$ 时发生还原反应产生 H$_2$O$_2$，反应过程如下：

酸性条件下：$O_2 + 2H^+ + 2e \longrightarrow H_2O_2$

碱性条件下：$O_2 + H_2O + 2e \longrightarrow HO_2^- + OH^-$

$$HO_2^- + H_2O \longrightarrow H_2O_2 + OH^-$$

（2）絮凝沉淀

废水经三维电极催化氧化处理后，出水中含有大量反应过程产生的悬浮物，需投加碱液进行中和，并投加 PAC、PAM 进行絮凝沉淀，提高出水水质。

（3）UV/O$_3$

利用特定波长的高能 UV 光束的高效杀菌能力，裂解恶臭气体中细菌的分子键，破坏细菌的核酸（DNA），如氨、三甲胺、硫化氢、甲硫氢、甲硫醇、甲硫醚、二甲二硫、二硫化碳和苯乙烯，硫化物 H$_2$S、VOC 类，苯、甲苯、二甲苯的分子链结构，使有机或无机高分子恶臭化合物分子链迅速降解转变成低分子化合物，如 CO$_2$、H$_2$O 等，彻底达到脱臭及杀灭细菌的目的。

臭氧杀菌主要是依靠其分解后产生的单氧原子或溶于水后产生的单原子氧（·O）、羟基（·OH）的强氧化能力，臭氧先与细胞壁和细胞膜的脂类双键起反应，穿过细胞壁和细胞膜进入核内。作用于外壳脂蛋白和内面脂多糖果肉而改变细胞内膜的渗透性，使细胞内膜漏出，最后导致细胞溶解、死亡。

（4）BAF

BAF 原理：污水通过滤料层，水体含有的污染物被滤料层截留，并被滤料上附着的生物降解转化，同时，溶解状态的有机物和特定物质也被去除，所产生的污泥保留在过滤层中，而只让净化的水通过，这样可在一个密闭反应器中达到完全的生物处理而不需在下游设置二沉池进行污泥沉降。

7.9.2.3　试验用品及分析方法

（1）试验药品

重铬酸钾标准溶液：$C(1/6K_2Cr_2O_7)=0.250$ mol/L

试亚铁灵指示剂

浓硫酸：$\rho(H_2SO_4)=1.84$ g/mL

氢氧化钠溶液：10%

硫酸银−硫酸溶液：$\rho(Ag_2SO_4)=10$ g/L

硫酸亚铁铵标准溶液：$C\left[(NH_4)_2Fe(SO_4)_2 \cdot 6H_2O\right] \approx 0.1$ mol/L

过氧化氢：30%

硫酸汞：粉末状

蒸馏水

（2）试验仪器

智能混凝搅拌机、COD 恒温加热器、恒温干燥箱、电子天平、pH 计、曝气机等。

（3）分析方法

pH 测定：采用 pH 计测定试样的 pH

COD 测定：重铬酸钾法（GB 11914—1989）

7.9.2.4　试验设备

废水处理试验装置如图 7-18 所示。三维电极反应装置：由直流稳压电源、曝气装置、水泵、三维电解槽、电极板、粒子电极组成。UV/O$_3$ 和 BAF 反应装置如图 7-19 所示。

图 7-18　三维电极反应装置

图 7-19　UV/O$_3$+BAF 反应装置

7.9.2.5　试验流程

（1）试验步骤

原水 ——→ 三维电极催化氧化（反应时间 60 min）——→ 加 PAC、PAM 絮凝沉淀 ——→ UV/O$_3$（反应时间 60 min）——→ BAF ——→ 取上清液测 COD。

（2）试验过程

原水 pH 为 3 左右，不需调 pH。取 1 000 mL 原水至三维电极反应器内，催化氧化处理 60 min，加 PAC、PAM 絮凝沉淀。取絮凝沉淀后的上清液进入 UV/O$_3$ 反应装置进行处理，臭氧曝气 60 min 后从反应器下方出水，出水进入 BAF 后经底部缺氧，中间耗氧处理后上方出水，取水样进行检测。

7.9.2.6　试验结果

废水经"三维电极催化氧化 +UV/O$_3$+BAF"处理后出水的具体水质情况如表 7-14 所示。废水经三维电极催化氧化处理后，COD 去除率为 66.37% 左右；三维电极催化氧化处理后的废水经 UV/O₃ 催化处理后再经 BAF 生化处理，COD 进一步降低，出水 COD 去除率为 99.38% 左右。

表 7-14　废水经处理后出水水质

指标	原水	三维电解	UV/O₃	BAF
COD_{Cr}/（mg/L）	16 000	5 860	3 580	800
去除率 /%	—	63.37	77.62	77.65

废水经"三维电极催化氧化 +UV/O₃+BAF"工艺处理后的颜色变化情况如图 7-20 所示。

图 7-20　酵母废水处理前后水质变化情况

废水经过"三维电极催化氧化 + 混凝-絮凝 +UV/O₃+BAF"的工艺处理后，可以有效降解 COD，且去除率为 99.38% 左右，出水上清液呈无色透明。

第 8 章

电化学法
在废水处理中的应用

随着世界各国工业的迅猛发展，废水的排放量急剧增加，尤其是化学、农药、染料、医药、食品等行业排放的废水，其浓度高、色度大、毒性强，含有大量生物难降解的成分，给全球带来了严重的水体污染。常用的废水处理技术有物理法、化学法、生物法，其中，物理法、化学法容易引起二次污染；生物法以其经济性和较高的处理效率成为目前使用广泛的、能使污染物最终无机化、矿物化的方法，但它只能有效地处理生物相容的有机物。当废水中含有难降解有机物或生物毒性污染物时（如许多芳香烃及其衍生物），直接利用生物法处理该种废水则面临着极大的挑战，尽管已提出利用酶去除某些芳香烃化合物，可是酶的活性等问题仍需解决。电化学法处理环境污染物技术是新近发展起来的环境污染控制技术之一，运行成本低、效率高，不产生二次污染，设备简单，兼具气浮、絮凝、杀菌，尤其对难生物降解有毒污染物的去除非常有效，是目前国内外研究较为活跃的领域。

8.1 电化学法处理重金属废水工程实例

8.1.1 废水来源及特点

某重金属工业园区内的入驻企业以有色金属冶炼加工、电子设备生产、机电加工等产业类型为主，排放的废水主要是含重金属离子的工业废水，废水排放具有重金属种类多、浓度高，COD、氨氮等生化指标较低，水质水量排放不均匀等特点。

8.1.2 处理规模及水质

（1）设计废水处理能力

该工业园区废水处理工程一期设计规模为 3 500 m^3/d，远期规模为 7 000 m^3/d。

（2）进水水质情况

根据相关的水质资料，废水进水水质如表 8-1 所示。

表 8-1 某工业园废水进水水质情况

项目	铅/（mg/L）	锌/（mg/L）	汞/（mg/L）	砷/（mg/L）	镉/（mg/L）	pH
进水水质	1.0	5.0	0.02	0.5	0.1	6.5~10

（3）废水处理后出水水质

根据当地生态环境部门的相关要求，废水经处理后出水中的重金属污染因子执行《地表水环境质量标准》（GB 3838—2002）Ⅲ类水质标准，如表 8-2 所示。

表 8-2　废水出水水质指标

项目	铅 / (mg/L)	锌 / (mg/L)	汞 / (mg/L)	砷 / (mg/L)	镉 / (mg/L)	pH
进水水质	0.05	1.0	0.000 1	0.05	0.005	6.5～9.5

8.1.3　设计方案

该项目水质具有污染因子多、有毒有害性大的特点，且来水水质不均匀，部分时段明显偏酸或偏碱，需要进行有针对性的中和处理。重金属工业废水有多种常规处理工艺，例如沉淀法、氧化还原法、吸附法等，该项目在广泛调研及参考类似项目经验后确定采用电化学处理工艺。

电化学法是在电场的作用下金属电极产生阳离子，从离子的产生到形成絮体包括 3 个连续的阶段：①在电场的作用下，阳极产生电子形成微絮凝剂-铁或微絮凝剂-铝的氢氧化物；②水中悬浮的颗粒、胶体污染物在微絮凝剂的作用下失去稳定性；③脱稳后的污染物颗粒和微絮凝剂之间相互碰撞，结合成肉眼可见的大絮体。

电化学法中常用的电极材料为铁，在阳极和阴极之间通以直流电，发生的电极反应如下：

在碱性条件下：$Fe^{2+} + 2OH^- \longrightarrow Fe(OH)_2$

在酸性条件下：$4Fe^{2+} + O_2 + 2H_2O \longrightarrow 4Fe^{3+} + 4OH^-$

电化学法在处理过程中具有多功能性，除电化学作用外还有电化学氧化和还原、电气浮等作用。

（1）工艺流程

含重金属的工业废水处理系统工艺流程如图 8-1 所示。

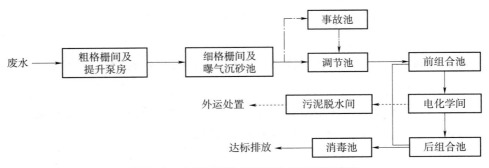

图 8-1　含重金属的工业废水处理工艺流程

（2）工艺流程说明

含重金属的工业废水首先进入粗格栅及提升泵房，经粗格栅去除较大漂浮物后经泵提升至细格栅和曝气沉砂池，以进一步去除细小漂浮物和无机颗粒物。经预处理后的重金属废水进入调节池，进行水质的均化调节，为了应对突发状况，设置了事故池，事故状态下可临时储存重金属废水，再进入后续流程进行处理。

经过调质后的废水由泵提升至前组合池，在前组合池中投加 NaOH 和聚丙烯酰胺（PAM）。经预处理后的废水进入斜板沉淀区进行沉淀，底泥进入与斜板沉淀池合建的污泥沟，由泵将污泥提升至综合设备间的贮泥池，通过螺杆泵压入脱水设备进行脱水干化后由业主方妥善处理；上清液进入电化学处理系统，去除重金属等污染物质，出水进入后组合池，并在后组合池中加入 PAM 进行曝气、絮凝等反应，然后进入后组合池的斜板沉淀区，上清液达标排放，底泥的处理同前组合池所产生的底泥。

经电化学处理的废水中重金属离子得到有效去除，再经过添加次氯酸钠药剂进一步消毒处理后，即可达标排放。

该项目产生的污泥含有多种有毒物质，经厂内处理至污泥含水率＜60% 后，运往危险废物处置中心进行集中处置。

8.1.4　主要构筑物及其参数

（1）粗格栅及提升泵房

粗格栅及提升泵房合建，构筑物尺寸为 12.00 m×5.35 m×7.10 m。

粗格栅 2 台，格栅宽度为 600 mm，栅条间隙为 20 mm。潜污泵 3 台，其中 2 台为变频控制，流量为 144 m³/h，扬程为 120 kPa，功率为 8 kW。

（2）细格栅及曝气沉砂池

细格栅及曝气沉砂池合建，构筑物尺寸为 21.70 m×4.50 m×4.00 m。

细格栅 2 台，格栅宽度为 900 mm，栅条间隙为 6 mm。曝气沉砂池 2 座，配置罗茨鼓风机 2 台，功率为 3 kW；砂水分离器 1 台，功率为 1 kW。

（3）调节池和事故池

调节池和事故池合建，构筑物尺寸为 52.40 m×20.00 m×5.30 m，停留时间各为 17 h。

调节池和事故池内各设置立式搅拌器 1 台，叶轮直径为 2.5 m，功率为 6 kW；事故池内的提升泵流量为 144 m³/h，扬程为 60 kPa，功率为 3 kW。

（4）前组合池

前组合池前段分为三格，废水在前组合池内投加 NaOH 及 PAM 后，依次经过混凝搅拌、曝气、斜管沉淀后再进入电化学设备间。前组合池尺寸为 18.90 m×20.60 m×5.00 m。

主要设备有框式搅拌机 3 台，功率为 1.5 kW；污泥泵 2 台，流量为 25 m³/h，扬程为 100 kPa，功率为 1.5 kW；斜板面积为 162 m²，斜板间距为 80 mm，斜长为 1.0 m，安装角度为 60°；桁车吸泥机 1 台，排泥量为 140 m³/h，功率为 4.4 kW。

（5）电化学间

电化学设备间土建尺寸为 21.00 m×9.00 m，主要设备：电化学成套设备主机 4 套，单台功率为 75 kW，配套 8 台整流器，每台主机内置 48 块钢板，尺寸为 600 mm×400 mm×10 mm。此外还有污泥泵 1 台，流量为 10 m³/h，扬程为 100 kPa，功率为 0.75 kW；螺杆空压机 1 台，风量为 8 m³/min，功率为 45 kW。

电化学设备间的现场图片如图 8-2 所示。正中排列的四台设备为电化学设备主机，周边分列的为整流器。每台电化学设备主机通过给多块钢板加直流电，在钢板之间产生电场，待处理的水流入钢板的空隙。在该电场中，通电的钢板会有一部分被消耗而进入水中。电场中的离子与非离子污染物被通电，并与电场中电离的产物以及钢板发生反应。在此过程中，各种离子相互作用的结果通常是以其最稳定的形式结合成固体颗粒，从水中沉淀出来。

图 8-2　电化学设备间现场

（6）后组合池

后组合池的结构形式与前组合池类似，后组合池前段分为三格，在池内投加 PAM，依次经曝气、混凝、斜管沉淀等流程，上清液进入消毒池进行消毒处理。后组合池尺寸为 19.30 m×16.70 m×5.00 m。

主要设备有框式搅拌机 2 台，功率为 1.1 kW；污泥泵 2 台，流量为 25 m³/h，扬程为 100 kPa，功率为 1.5 kW；斜板面积为 174 m²，斜板间距为 80 mm，斜长为 1.0 m，安装角度为 60°；桁车吸泥机 1 台，排泥量为 140 m³/h，功率为 4.4 kW。

（7）接触消毒池

接触消毒池土建尺寸为 10.30 m×5.00 m×4.00 m。采用次氯酸钠消毒，配置自动加药系统 2 套。

（8）污泥脱水间

在污泥脱水间外设储泥池 1 座，土建尺寸为 10.30 m × 5.00 m × 4.50 m。污泥经储泥池浓缩后进入污泥脱水间脱水，污泥脱水间和加药间合建，土建尺寸为 37.20 m × 16.10 m。将污泥含水率降至 60% 以下后运至危险废物处置中心进一步处理。

污泥处理流程分 3 段：①污泥浓缩系统，将污泥进行有效浓缩，为后续的压榨调理做准备，主要设备有带式浓缩机 2 台，带宽为 1.5 m。②污泥调理系统，主要用于给污泥添加药剂，主要设备有固化剂（石灰、三氯化铁）储存及计量投加装置 1 套。③污泥压榨清洗系统，此部分为污泥处理的主要工段，经浓缩调理后的污泥在此处被进一步压榨以降低含水率，主要设备有板框压滤机 2 台，过滤面积为 120 m²，功率为 13 kW；清洗水泵 2 台，流量为 24 m³/h，压力为 19.6 MPa，功率为 22 kW；压榨水泵 2 台，流量为 6 m³/h，压力为 16.1 MPa，功率为 5.5 kW。

8.1.5 运行情况

（1）实际进水、出水水质

由于园区内部分企业进驻进度缓慢，另有部分排污企业停产等原因，造成目前进水量偏低，一般为 1 000～2 000 m³/d，低于设计标准。园区污水处理系统实际进水、出水水质对比如表 8-3 所示。

表 8-3 园区污水处理系统实际进水、出水水质对比

项目	铅/(mg/L)	锌/(mg/L)	汞/(mg/L)	砷/(mg/L)	镉/(mg/L)	COD/(mg/L)	BOD₅/(mg/L)	SS/(mg/L)	NH₃–N/(mg/L)	TP/(mg/L)	pH
进水	0.5	1.931	0.001	0.387	0.050 0	114	26	97	13.55	0.48	6.89
出水	0.011	0.090	0.000 05	0.025	0.000 5	10.25	2.06	11	0.51	0.05	8.54

实际进水水量、水质的波动范围均较大，经过电化学处理装置后出水水质较为稳定，重金属指标能满足《地表水环境质量标准》（GB 3838—2002）Ⅲ类水质标准。由于进水中 COD、NH_3–N 等生化指标含量本来就不高，因此能获得较好的去除效果。

（2）运行成本分析

动力费：电耗平均为 3.5 kW·h/m³，电价按 0.7 元/（kW·h）计，动力费为 2.45 元/m³。

药剂费：主要包括在前、后组合池中添加的 NaOH 和 PAM，用于污泥处理的

石灰和 $FeCl_3$，用于消毒的 $NaClO$ 等药剂，总药剂费为 0.75 元 /m³。

人工费：污水厂定员 8 人，人工费为 0.3 元 /m³。

综上所述，污水处理直接运营成本约 3.5 元 /m³，未含设备大修维护、财务成本和折旧。

8.2　电化学法处理矿山废水工程实例

8.2.1　废水来源及特点

某矿业公司主业为采选业，生产钨精矿、锡精矿、铜精矿、少量伴生银。目前年采掘能力达 40 余万 t，年产一级黑钨精矿 2 000 余 t，综合回收伴生元素钼（Mo）、铋（Bi）、铜（Cu）、锡（Sn）、银（Ag）、砷（As）等。废水来源于矿山采矿点和矿石粗选厂，水质检测结果表明该废水水主要是多项重金属含量超标，废水中的砷（As）、锌（Zn）、镉（Cd）全部超标。

8.2.2　处理规模及水质

（1）设计废水处理能力

根据该公司的生产规模及收集的各种原始资料，该矿山废水排放量约为 3 000 m³/d。考虑到水量的波动，确定该废水处理站设计规模为 3 500 m³/d。

（2）进水水质情况

根据相关的水质资料，废水进水水质如表 8-4 所示。

表 8-4　某矿业公司废水进水水质情况

项目	锌 /（mg/L）	镉 /（mg/L）	砷 /（mg/L）	SS/（mg/L）	pH
进水水质	≤7.48	≤0.23	5.05	≤4 500	5.0～5.7

（3）废水处理后出水水质

该矿山废水主要来自采矿点和矿石粗选厂，根据项目环评要求，处理后的出水水质执行《污水综合排放标准》（GB 8978—1996）的一级标准，如表 8-5 所示。

表 8-5　废水出水水质标准

项目	锌 /（mg/L）	镉 /（mg/L）	砷 /（mg/L）	SS/（mg/L）	pH
进水水质	≤2.0	≤0.1	0.5	≤30	6.0～9.0

8.2.3　设计方案

考虑水质水量变化规律、国家与当地排放标准等因素，应选择经济合理、技术成熟、操作简便的废水处理工艺。目前，通常采用的重金属废水处理方法是硫化物或石灰的化学沉淀法，该处理工艺占地面积大，污泥量大，工艺控制复杂，污染物排放浓度较高，很难满足日益严格的排放标准要求；由于化学药剂的添加，导致产生大量的废渣，这些废渣目前尚无较好的处置方法，这种方法的处理效果并不稳定。

电絮凝法具有电解氧化、电解还原、电解絮凝及电解气浮等作用，能够同时去除水中的重金属、悬浮固体、乳化有机物和其他多种污染物。其优点是无须添加氧化剂、絮凝剂等化学药品，不会或很少产生二次污染，设备体积小、占地小、操作简便灵活，电絮凝法对废水中重金属的去除率比传统的化学沉淀法高。

由于该矿山废水是通过明渠排放，因此废水中含砂量比较高。根据废水的水质分析和参考国内类似矿山重金属废水处理系统运行经验，以及现有的生产废水管理经验，确定本工程废水处理系统采用"沉砂池预处理＋沉淀预处理＋电絮凝处理"工艺。

（1）工艺流程

重金属废水处理系统工艺流程如图8-3所示。

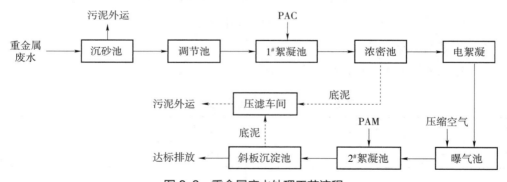

图 8-3　重金属废水处理工艺流程

（2）工艺流程说明

污水截污工程建于废石坝附近，污水经截污后，先自流进入沉砂池去除大部分的SS，沉砂池出水经管道自流进入调节池，由泵送至絮凝池，在絮凝池中投加PAC药剂，同时进行搅拌，产生更大的絮凝体以去除SS，出水自流入浓密池，浓密池上清液自流进入电絮凝处理装置，浓密池底泥由泵加压送至压滤机进行过滤分离。

电絮凝处理装置利用高频直流电源，通过电解凝聚、电解气浮以及电解氧化还原反应产生一系列多核羟基络合物及氢氧化物，与水中的溶解性固体、胶体和悬浮物尤其是重金属污染因子产生絮凝作用，从而产生大量的污染物絮凝团，使废水中重金属进一步得到去除。出水进入组合池，组合池包括曝气池、絮凝池和斜板沉淀池，废水先在曝气池中将水中 Fe^{2+} 氧化为 Fe^{3+}，增加沉降性能后进入絮凝池，在絮凝池中投加 PAM 药剂，充分絮凝搅拌后进入斜板沉淀池，上清液达标排放，斜板沉淀池产生的污泥送至压滤机进行过滤分离。

8.2.4　主要构筑物及其参数

（1）沉砂池

沉砂池尺寸为 15.00 m × 7.70 m × 3.50 m，地下式，分 2 格，有效水深为 2.90 m，沉淀时间为 2.3 h，水力表面负荷为 1.30 m³/（m²·h）。

（2）调节池

调节池尺寸为 25.00 m × 15.00 m × 3.00 m，地上式，有效水深为 2.70 m，污水停留时间为 7 h。配置 4 台（2 用 2 备）IS125-100-200 单级单吸离心泵，单级单吸离心泵的性能为 Q=75 m³/h、H=13.5 m、P=7.5 kW，配套 Y132M-4 电机。

（3）1# 絮凝池

1# 絮凝池与浓密池合建，共设 2 座，每座处理水量为 1 750 m³/d，每座采用 2 台 JYB-25-Ⅱ型搅拌桶，分别用于絮凝和反应；每台搅拌桶尺寸为 Φ2.50 m × 3.80 m，搅拌桨叶轮直径为 800 mm，搅拌电机功率为 11 kW。絮凝反应时间为 30 min。

（4）浓密池

浓密池设 2 座，每座处理水量为 1 750 m³/d，直径为 9.0 m，表面负荷为 1.15 m³/（m²·h），总高为 5.87 m。浓密池选用 CG-9 型中心传动刮泥机，运行功率为 1.5 kW。底部布置 2 台（1 用 1 备）80FLU-70 型工程塑料压滤泵，性能参数为 Q=50 m³/h、H=70 m，P=30 kW，配套 Y200L1-2 电机。

（5）电化学间

电化学间尺寸为 24.00 m × 9.00 m，高度为 7.5 m；电化学间内布置 3 套 HSJ 电化学一体化设备，预留 1 套设备的基础。HSJ 电化学一体化设备采用标准模块化设计，主要由电解槽及铁极板组成；单套处理能力为 50 m³/h，功率为 180 kW。设备混凝土操作平台高度为 2.90 m，设备的整流柜和开关柜置于平台上。

（6）曝气池

曝气池由曝气池、2# 絮凝池及斜板沉淀池合建组成。曝气池为 8.00 m × 5.00 m × 4.00 m，曝气反应时间为 60 min，有效容积为 150 m³，曝气风机采用 2 台（1 用 1 备）SSR150 型罗茨鼓风机，SSR150 型罗茨鼓风机排气压力为 53.9 kPa、流量为

13.36 m³/min、转速为 970 r/min、功率为 22 kW。

（7）2# 絮凝池

2# 絮凝池尺寸为 8.00 m × 1.85 m × 4.00 m，絮凝反应时间为 24 min，有效容积为 55 m³。絮凝池均分为 4 格，每格安装 LFJ-170 型反应搅拌机，搅拌功率分别为 0.75 kW、0.75 kW、0.37 kW、0.37 kW。

（8）斜板沉淀池

斜板沉淀池沉淀区平面尺寸为 14.50 m × 6.20 m，斜板沉淀池深度为 4.00 m，有效容积为 306 m³，停留时间为 2.1 h，表面负荷为 1.6 m³/（m²·h）。沉淀池内设置玻璃钢斜板，斜板间距为 50 mm，水流上升流速为 0.46 mm/s，水力负荷为 1.64 m³/（m²·h）。斜板沉淀池采用 HJX-8.3 桁架泵吸式吸泥机进行排泥，池宽为 8.00 m，行车速度为 1.2～1.6 m/min，轨距为 8.30 m，电机功率为 0.55 × 2 kW。

（9）压滤间

压滤间与加药间合建组成。压滤间平面尺寸为 24.00 m × 9.00 m，压滤机选用 3 台（2 用 1 备）。XMAZ1250-U 型压滤机单台过滤面积为 120 m²，滤室数量为 46 个，滤室容积为 1.79 m³，滤板规格为 1 250 mm × 1 250 mm × 60 mm，滤饼厚度为 30 mm，设备外形尺寸为 6 840 mm × 1 940 mm × 1 640 mm，电机功率为 4 kW。渣量约为 15.75 t/d，污泥浓度约为 98%，体积流量约为 780 m³/d，滤后浓度约为 65%，体积流量约为 33.8 m³/d。

（10）加药间

加药间平面尺寸为 24.00 m × 6.00 m。PAC 和 PAM 储存于药剂堆存间，PAC 和 PAM 的制备各采用 2 个 Φ2.0 m × 3.6 m 玻璃钢搅拌槽，共 4 个，每个搅拌槽配 ZJ-800 搅拌机，搅拌功率为 1.5 kW。PAC 和 PAM 的投加各采用 2 台 J-Z800/0.5 型柱塞计量泵，共 4 台（2 用 2 备），单台柱塞计量泵性能为 Q=800 L/h、P=0.75 kW。PAM 药剂耗量为 8.75 kg/d，药剂浓度为 0.1%，药剂量约为 8.75 m³/d；PAC 药剂耗量为 175 kg/d，药剂浓度为 5%，药剂量约为 3.5 m³/d。

8.2.5 运行情况

本工艺在调试初期水量波动较大，由于废水是通过明渠输送到废水处理站，在雨季时候，部分地面径流也通过明渠输送到废水处理站，导致废水处理站出现超设计负荷、系统运行不稳定等情况，对其运行造成了很大的冲击。调试后期通过对上游明渠进行改造，确保了废水处理站进水量及水质的稳定性。

废水处理站投入运行后，设备运行稳定，经处理后出水可稳定达到《污水综合排放标准》（GB 8978—1996）的一级排放标准。废水出水水质与出水标准如表 8-6

所示。

表 8-6　废水出水水质与出水标准

项目	锌/（mg/L）	镉/（mg/L）	砷/（mg/L）	SS/（mg/L）	pH
出水水质	0.900～1.350	0.003～0.070	0.025～0.150	9.5～15.5	7～8
出水标准	≤2.0	≤0.1	≤0.5	≤30	6～9

8.3　电化学法处理制药废水工程实例

8.3.1　废水来源及特点

云南某生物科技有限公司设在临沧双江，主要生产黄藤素等产品。黄藤素提取的主要工艺是硫酸浸泡、提取、盐析、过滤、沉淀、酒精提取、结晶、烘干。废水的主要特点是有机污染物浓度高、悬浮物含量高、色度高、生化抑制因素种类复杂多样。在原料浸泡、过滤、药物提取和冲洗等过程中会产生生产废水。废水间歇排放，日均水质波动较大。

8.3.2　处理规模及水质

（1）设计废水处理能力

根据建设方提供的资料，废水处理站设计处理能力为 30 m³/d。

（2）进水水质情况

建设方提供的进水水质情况具体如表 8-7 所示。

表 8-7　云南某生物科技有限公司废水进水水质情况

项目	COD_{Cr}/（mg/L）	BOD_5/（mg/L）	SS/（mg/L）	色度/倍	pH
进水水质	4 000	1 500	1 000	500	3～6

（3）废水处理后出水水质

废水经处理后出水水质需达到《污水排入城镇下水道水质标准》（GB/T 31962—2015）表 1 中的 B 级标准，如表 8-8 所示。

表 8-8　废水出水水质标准

项目	COD_{Cr}/（mg/L）	BOD_5/（mg/L）	SS/（mg/L）	色度/倍	pH
排放标准	≤500	≤350	≤400	≤64	6～9

8.3.3 设计方案

黄藤素提取过程中采用乙醇、硫酸溶液浸泡黄藤粗粉，并添加食盐合并搅拌，因此排出来的废水含有很高的盐分、呈深黄色、COD高，并且废水中的色度采用活性炭也无法进行有效脱色。根据废水水质情况并通过中试，采用"气浮+电絮凝+曝气生物滤池"的组合工艺。

（1）工艺流程

根据现场中试及参照国内外工程实践，该废水处理工艺流程如图8-4所示。

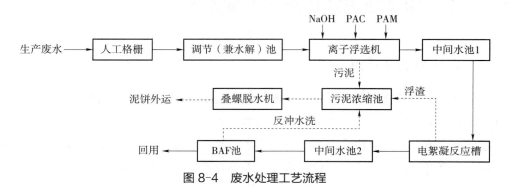

图8-4 废水处理工艺流程

（2）工艺流程说明

厂区废水经管道收集，经人工格栅去除颗粒杂质后进入废水处理站的调节（兼水解）池，调节（兼水解）池内设潜水搅拌机混合水质，并在兼氧性的作用下去除部分有机物，将大分子难降解有机物水解为小分子有机物。调节池污水经泵提升至管道混合器投加NaOH调节pH，之后投加PAC、PAM至离子浮选机，经气浮去除大部分悬浮物后进入中间水池1，中间水池1的水由泵提升进入电絮凝反应槽进行电絮凝处理，出水再进入BAF池好氧处理，去除COD、BOD等污染物。BAF池处理后的水全部作为循环冷却水回用。

离子浮选机、电絮凝反应槽、BAF池等处产生的污泥全部流入污泥浓缩池，上清液流入调节（兼水解）池，浓泥由叠螺脱水机脱水，脱水后干污泥外运处置。

该系统主要由格栅、调节（兼水解）池、离子浮选机、电絮凝反应槽、BAF池等几部分组成，以下是对各个部分的详细说明：

1）格栅

主要用于去除废水中体积较小的漂浮物、悬浮物，以减轻后续处理构筑物的负荷，用来去除那些可能堵塞水泵机组、管道阀门的悬浮物，并保证后续处理设施能正常运行。

图 8-5　废水处理站现场

2）调节（兼水解）池

用于调节水量和均匀水质，使废水能比较均匀进入后续处理单元。在调节池内进行水质均衡、水量调节，并通过水解酸化作用去除废水中的部分 COD，将大分子有机物分解成小分子有机物，提高废水的可生化性，减轻后续废水处理单元的处理负荷。池内设 1 台潜水推流搅拌机使水混合均匀。

3）离子浮选机

气浮处理法就是向废水中通入空气，并以微小气泡形式从水中析出成为载体，使废水中的乳化油、微小悬浮颗粒等污染物质黏附在气泡上，随气泡一起上浮到水面，形成泡沫-气、水、颗粒（油）三相混合体，通过收集泡沫或浮渣达到分离杂质、净化废水的目的。浮选法主要用来处理废水中靠自然沉降或上浮难以去除的乳化油或相对密度接近 1 的微小悬浮颗粒。目前加压溶气气浮法在国内外应用最为广泛，与其他方法相比，具有以下优点：

①在加压条件下，空气的溶解度大，供气浮用的气泡数量多，能够确保气浮效果；

②溶入的气体经骤然减压释放，产生的气泡不仅微细、粒度均匀、密集度大，而且上浮稳定，对液体扰动微小，因此特别适用于对疏松絮凝体、细小颗粒的固液分离；

③工艺过程及设备比较简单，便于管理、维护；

④特别是采用部分回流式，处理效果显著、稳定，并能较大地节约能耗。

4）电解絮凝反应槽

电解絮凝是通过电解及电凝聚原理使带电的污染物颗粒在电场中泳动，其部分电荷被电极中和而促使其脱稳聚沉。废水进行电解絮凝处理时，不仅对胶态杂质及悬浮杂质有凝聚沉淀作用，而且由于阳极的氧化作用和阴极的还原作用，能去除水中多种污染物。对废水中污染物具有氧化、还原、中和、凝聚、气浮分离、破乳等多种物理化学作用于一体，瞬间就完成废水的处理。

5）BAF池

BAF池具有去除SS、COD、BOD、硝化、脱氮、除磷、去除AOX（有害物质）的作用。曝气生物滤池是集生物氧化和截留悬浮固体于一体的新工艺。曝气生物滤池与普通活性污泥法相比，具有有机负荷高、占地面积小（是普通活性污泥法的1/3）、投资少（节约30%）、不会产生污泥膨胀、氧传输率高、出水水质好等优点。

8.3.4 主要构筑物及其参数

（1）调节（兼水解）池

调节（兼水解）池尺寸为 9.50 m×5.50 m×2.50 m，地下式，有效水深为 2.00 m。配置 2 台（1 用 1 备）50QW5-10-0.75 潜水泵，潜水泵的性能为 Q=5 m³/h、H=10 m、P=0.75 kW；配置 2 套（1 用 1 备）QJB3/8 潜水搅拌机，潜水搅拌机的性能为 P=3.0 kW。

（2）离子浮选机

离子浮选机共设 1 座，处理水量为 5 m³/h，碳钢防腐，含释放器、反应罐、刮渣机、溶气罐、液位控制阀等；配置 2 台（1 用 1 备）CDL2-6 回流泵，回流泵的性能为 Q=2 m³/h、H=50 m、P=0.75 kW；配置 3 套 KYJY-1000 加药系统，含加药桶、计量泵、搅拌机等。

（3）电絮凝反应槽

电絮凝反应槽尺寸为 1.80 m×1.00 m×2.00 m，布置 1 套电絮凝一体化设备，预留 1 套设备的基础。电絮凝一体化设备采用标准模块化设计，主要由电解槽、不锈钢极板及铝极板组成；电絮凝一体化设备电压为 380 V，功率为 10 kW，电极间距为 3 cm，反应时间为 30 min。设备采用混凝土基础，整流柜和开关柜置于基础上。

（4）BAF池

BAF池尺寸为 Φ2.40 m×6.00 m，有效容积为 26 m³，碳钢防腐。曝气风机采用 2 台（1 用 1 备）FTB-65 型罗茨鼓风机，排气压力为 40 kPa，流量为 3.96 m³/min。

（5）污泥浓缩池

污泥浓缩池尺寸为 3.50 m×2.50 m×2.00 m，有效容积为 13 m³。配置 1 台 50QW5-10-0.75 污泥泵，泵的性能为 Q=5 m³/h、H=10 m、P=0.75 kW；配置 1 套

X-131 型叠螺式脱水机，污泥处理量为 6～10 kg/h。

8.3.5　运行情况

本工艺废水处理站投入运行后，设备运行稳定，经处理后出水可稳定达到《污水排入城镇下水道水质标准》（GB/T 31962—2015）表 1 中的 B 级标准。废水经处理后的具体出水水质指标如表 8-9 所示。

表 8-9　废水出水水质指标

项目	$COD_{Cr}/$（mg/L）	$BOD_5/$（mg/L）	SS/（mg/L）	色度 / 倍	pH
出水水质	100	30	20	35	6～9

8.4　电化学法处理垃圾渗滤液废水工程实例

8.4.1　废水来源及特点

凤庆县某生活垃圾填埋场在垃圾填埋处理的过程中产生一定量垃圾渗滤液。垃圾渗滤液是在垃圾填埋过程中产生的一种有毒有害的高浓度有机废水。渗滤液中有机物种类繁多，成分复杂，水质水量波动大、营养元素比例失调和难降解等特点，并且随填埋场年龄的增长，难降解有机物所占比例逐渐增大，直接采用生化法处理难以达到理想的效果。

8.4.2　处理规模及水质

（1）设计废水处理能力

该垃圾填埋场产生的垃圾渗滤液量为 40 m^3/d。

（2）进水水质情况

根据提供的相关资料，该生活垃圾填埋场的进水水质情况如表 8-10 所示。

表 8-10　凤庆县某生活垃圾填埋场进水水质情况

项目	COD/（mg/L）	BOD/（mg/L）	NH_3-N/（mg/L）	SS/（mg/L）	TN/（mg/L）	pH
进水水质	5 000	2 000	1 700	1 700	1 800	6～9

（3）废水处理后出水水质

废水经处理后出水各项指标需满足《生活垃圾填埋场污染控制标准》（GB 16889—2008）的要求，如表 8-11 所示。

表 8-11　废水出水水质标准

项目	COD/ （mg/L）	BOD/ （mg/L）	NH$_3$-N/ （mg/L）	SS/ （mg/L）	TP/ （mg/L）	色度/ 倍	总铬/ （mg/L）	总砷/ （mg/L）	总铅/ （mg/L）	pH
出水水质	100	30	25	30	3	40	0.1	0.1	0.1	6～9

8.4.3　设计方案

目前垃圾渗滤液的处理方法主要以生物法为主，其中年轻渗滤液中易生物降解的有机物含量较高、BOD$_5$/COD$_{Cr}$ 值较高、氨氮较低，适宜采用生物法处理。垃圾渗滤液色度很高，呈淡茶色或黄褐色。在生化处理时会产生大量生物泡沫，对处理系统正常运行产生一定影响。由于渗滤液中含有一些有机物很难被生物降解，经生化处理后 COD 浓度通常仍为 500～2 000 mg/L，采用生物方法很难将 COD 浓度降到国家最新排放标准规定的 100 mg/L 以内。因此，采用物化法对其进行预处理以提高其可生化性已成为垃圾渗滤液处理的重要研究方向之一。根据废水水质情况并通过中试，采用"电絮凝＋预过滤处理＋二级 DTRO 系统"的组合工艺。

（1）工艺流程

根据现场中试及参照国内外工程实践，该废水处理工艺流程如图 8-6 所示。

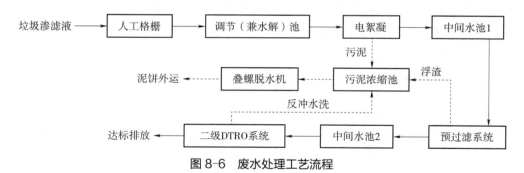

图 8-6　废水处理工艺流程

（2）工艺流程说明

垃圾填埋场废水经管道收集，人工格栅去除颗粒杂质后进入废水处理站的调节（兼水解）池，调节（兼水解）池内设潜水搅拌机混合水质，并在兼氧性的作用下去除部分有机物，将大分子难降解有机物水解为小分子有机物。调节池污水经泵提升至电絮凝设备，经过电解氧化将难降解有机物降解为小分子后进入中间水池 1，中间水池 1 的水由泵提升进入预过滤系统去除悬浮物后进入中间水池 2，中间水池 2 的水经泵提升后进入二级 DTRO 反渗透系统进行处理。由于一些溶解性气体存在于透过液中，而且它们无法被反渗透膜去除，这些气体会造成最后出水 pH 低于排放标准，故二级 DTRO 系统透过液进入脱气塔，去除透过液中的溶解性酸性气体。

二级 DTRO 反渗透系统的透过液进入脱气塔脱除 CO_2，提高出水 pH。渗滤液储罐为防止结垢而加入硫酸与碳酸氢盐反应产生 CO_2，而不被 RO 截留，因此它通过 RO 膜进入透过液中，使得透过液带酸性；因此，二级透过液通过脱气塔去除 CO_2，提高出水 pH。二级 DTRO 系统处理后的出水达标排放。

电絮凝设备、预过滤系统等处产生的污泥全部流入污泥浓缩池，上清液流入调节（兼水解）池，浓泥由叠螺脱水机脱水，脱水后干污泥外运处置。

图 8-7　废水处理站现场

（3）处理效果预测

根据垃圾渗滤液废水水质情况并结合类似工程中大量的经验数据，采用本工艺处理时各单元废水能达到的处理效果预测如表 8-12 所示。

表 8-12　核心工艺处理效果预测

处理单元	COD_{Cr}/（mg/L）			BOD_5/（mg/L）			NH_3-N/（mg/L）			SS/（mg/L）		
	进水	出水	去除率/%	进水	出水	去除率/%	进水	出水	去除率/%	进水	出水	去除率/%
调节池	5 000	4 600	8	2 000	1 800	10	1 700	1 530	10	1 700	1 615	5
电絮凝	4 600	1 840	60	1 800	540	70	1 530	306	80	1 615	323	80
砂滤	1 840	1 840	—	540	540	—	306	306	—	323	129	60
DTRO 系统	1 840	92	95	540	27	95	306	18.4	94	129	2.58	98

8.4.4　主要构筑物及其参数

（1）调节（兼水解）池

调节（兼水解）池1座，有效容积为100 m³，钢筋混凝土结构，用于调节水量和均匀水质，使废水能较均匀地进入后续处理单元。在调节池内进行水质均衡、水量调节，并通过水解酸化作用去除废水中的一部分COD，并将大分子有机物分解成小分子有机物，提高废水的可生化性，减轻后续污水处理单元的处理负荷。池内设1台潜水推流搅拌机使水混合均匀。

（2）电絮凝设备

电絮凝技术利用高效电解絮凝作用，生成吸附性极强的高活性絮凝基团，对于非溶解性高分子有机物有较好的去除效果。同时，与电气浮和电氧化作用相结合，可以进一步提高其对有机物的去除率，尤其是对于难生化降解的有机物，可以通过强氧化作用切断化学键，提高有机物的可生化性，再结合生化处理法可达到充分降解COD的目的。

电絮凝反应槽尺寸为1.50 m×0.80 m×1.80 m，布置1套电絮凝一体化设备。电絮凝一体化设备采用标准模块化设计，主要由电解槽、不锈钢极板及铝极板组成；电絮凝一体化设备电压为380 V，功率为5 kW。

（3）预过滤系统

预过滤系统采用3台（2用1备）砂滤器，交替使用，每台容积为450 L，直径为600 mm，高为1950 mm，经过砂滤器后的渗滤液中粒径大于50 μm的颗粒被全部除去。砂滤器压力降达200 kPa时，需进行反冲洗，包括空气反冲洗、水力反冲洗和正向水力压实3个阶段，历时20 min，冲洗后的废水进入调节（兼水解）池。反冲洗可由自控系统自动完成，也可手动完成。

预过滤系统配置1台砂滤增压离心泵，离心泵的性能为P=0.55 kW；配置1台砂滤式风机，风机的性能为P=1.1 kW；配置2套芯式过滤器，型号为单芯-20PP；配置1套蓝式过滤器，型号为DN25。

（4）DTRO系统

DT特种膜是主要应用于液体脱盐及净化的新型膜分离组件，其耐高压、抗污染特点十分明显。即使在高浊度、高SDI值、高盐分、高COD的情况下，也能经济有效地稳定运行。经工程实践证明，在垃圾渗滤液原液处理中，一级DT膜片寿命可长达3年，甚至更长。与其他前处理设备（如MBR）集成后寿命可长达5年以上，这是一般卷式反渗透处理系统无法达到的。

第一级DTRO系统采用碟管式膜柱，型号为210 39ABS1B 9，膜面积为405 m²，共 18 支，膜通量为 12 L/（m²·h），膜材质为聚酰胺。设计最大工作压力为 35 bar，最大回收率为 80%，清洗周期为 1～2 周，预期膜的工作寿命为 1～2 年。配置 1 台高压柱塞泵，高压柱塞泵的性能为 P=7.5 kW；配置 1 台在线增压泵，在线增压泵的性能为 P=9.2 kW；配置 1 套加热器，加热器的性能为 P=6.5 kW。

第二级 DTRO 系统采用碟管式膜柱，型号为 210 39ABS1B 9，膜面积为 405 m²，共 5 支，膜通量为 12 L/（m²·h），膜材质为聚酰胺。设计最大工作压力为 35 bar，最大回收率为 80%，清洗周期为 1～2 周，预期膜的工作寿命为 1～2 年。配置 1 台高压柱塞泵，高压柱塞泵的性能为 P=5.5 kW。

8.4.5　运行情况

该工程于 2017 年上半年施工，经 3 个月的调试，于 2018 年 3 月交付使用。目前，各工艺单元正常运行，出水水质远优于《生活垃圾填埋场污染控制标准》（GB 16889—2008）的要求。废水进水、出水水质以及排放标准如表 8-13 所示。

表 8-13　废水进水、出水水质以及排放标准

项目	COD/（mg/L）	BOD/（mg/L）	NH₃-N/（mg/L）	SS/（mg/L）	TN/（mg/L）	pH
进水水质	5 000	2 000	1 700	1 700	1 800	6～9
出水水质	72.5	4.1	15	2	16.2	7.5
排放标准	100	30	25	30	40	6～9

8.5　电化学法处理医药化工废水工程实例

8.5.1　废水来源及特点

浙江某医药化工厂主要从事医药化工中间体的生产、销售，主导产品包括三氯苯胺、羟基甲苯、高吸水性灭火树脂以及异氰酸异丙酯。废水主要来源于各车间生产中原料水解、离心等过程产生的多股工艺废水以及水冲泵废水、冷凝冷却水、洗釜水等。废水成分复杂、浓度高、可生化性差，采用传统的 Fenton 试剂预处理效果不理想。

8.5.2　处理规模及水质

（1）设计废水处理能力
该医药化工厂水质不稳定，设计水量为 120 m³/d。

（2）进水水质情况

根据该医药化工厂提供的相关资料，该企业所排放的废水中主要含有甲醇、苯胺、苯酚等，同时还含有一些原材料、中间产物及产品残留物等，成分复杂（产品经常变化），含盐量高。进水水质情况如表 8-14 所示。

表 8-14　浙江某医药化工厂废水进水水质情况

项目	COD/（mg/L）	BOD/（mg/L）	NH₃-N/（mg/L）	SS/（mg/L）	Cl⁻/（mg/L）	色度 / 倍	挥发酚 /（mg/L）	pH
进水水质	≤10 000	≤1 500	≤200	≤1 000	≤5 000	≤400	≤300	8～11

（3）废水处理后出水水质

废水经处理后出水各项指标需要满足《化学合成类制药工业水污染物排放标准》（GB 21904—2008）的要求，如表 8-15 所示。

表 8-15　废水出水水质标准

项目	COD/（mg/L）	BOD/（mg/L）	NH₃-N/（mg/L）	SS/（mg/L）	Cl⁻/（mg/L）	色度 / 倍	挥发酚 /（mg/L）	pH
出水水质	≤180	≤35	≤30	≤70	—	≤50	≤0.5	6～9

8.5.3　设计方案

目前对此类医药化工废水的处理一般采用物化-生化工艺。由于该废水有机成分复杂，含苯酚类、苯胺类物质且含盐量高，$BOD_5/COD_{Cr}<0.2$，可生化性差；同时苯酚类物质对微生物的代谢具有较强的抑制性，直接进入生化系统很难保证微生物的正常驯化。为此，必须对废水进行预处理，而单独采用 Fenton 试剂曝气预处理不能为后续生化处理提供保证。微电解法是利用金属腐蚀原理形成原电池对废水进行预处理的良好工艺，该技术已广泛应用于废水处理中，尤其应用在生物难降解废水。光催化氧化装置是利用 $H_2O_2/UV/TiO_2$ 系统，即 TiO_2 作催化剂，过氧化氢在紫外光的照射下产生氧化能力极强的 ·OH，废水经光催化氧化装置，可使其中有机物的去除率达 40%，BOD_5/COD_{Cr} 提高至 0.4 以上，为后续的生化处理创造条件。A^2/O 法是比较成熟的废水处理技术，主要特点是能同时脱氮除磷，处理费用低，出水稳定。本废水处理工程中采用"微电解 + 光催化氧化 +A^2/O"的组合工艺。

（1）工艺流程

废水处理系统工艺流程如图 8-8 所示。

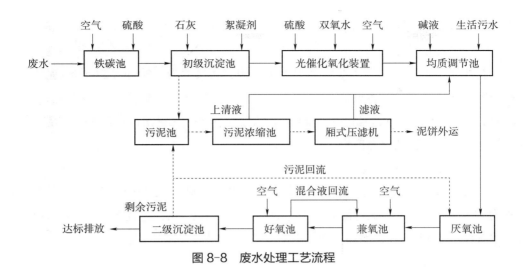

图 8-8　废水处理工艺流程

（2）工艺流程说明

　　各车间废水经收集后，经泵送至铁碳池，同时投加浓硫酸调节 pH≈3，罗茨风机供气，停留时间约为 2 h。铁碳池出水由泵提升至初级沉淀池，进水中投加 Ca（OH）$_2$（调节 pH）及絮凝剂 PAM，机械搅拌混合，经絮凝沉淀后，向初沉池出水中投加硫酸回调 pH 至弱酸性，投加 H$_2$O$_2$ 进入光催化氧化装置，调整曝气强度，停留时间约为 2 h。向光催化氧化装置出水投加碱液调 pH 至 6.5～7.5，进入均质调节池。生活污水经泵送至均质调节池混合后，由泵提升至厌氧池，从池底布水器出水均匀上升与悬浮污泥充分接触，此外，从二级沉淀池回流污泥，补充微生物及维持适宜的碱度。厌氧池分 2 格，内有循环泵。出水溢流至兼氧池，兼氧池适当曝气，提供微量的溶解氧及维持污泥呈悬浮状，提高固、液相接触面积，同时从好氧池回流混合液，进行反硝化作用。经兼氧池三格式推流出水至好氧池，即接触氧化池，微孔曝气，维持好氧微生物所需的溶氧量，出水溢流进入二级沉淀池，然后经排放口排放。厌氧池、兼氧池、好氧池均布有组合填料。初级沉淀池污泥、二级沉淀池剩余污泥排至污泥池，再经泵送至重力污泥浓缩池，污泥经浓缩减容后输送至厢式压滤机脱水，泥饼外运处置。

8.5.4　主要构筑物及其参数

（1）铁碳池

　　铁碳池 1 座，半地上式钢砼结构，其尺寸为 3.00 m × 2.00 m × 3.50 m，有效容积为 18 m^3，内涂环氧树脂防腐。池内配有 PPR 穿孔曝气装置 1 套；工业在线 pH 计 1 套；浮球式液位控制器 1 套；电磁流量计 1 套；耐腐蚀提升泵 2 台（1 用 1 备）；

罗茨风机 3 台（2 用 1 备）。

（2）初级沉淀池

初级沉淀池 1 座，地上式钢筋混凝土结构，其尺寸为 3.00 m×2.00 m×3.70 m，有效容积为 20 m³，表面负荷 0.8 m³/（m²·h），内涂环氧树脂防腐。池内配有斜管填料，材质 PE，有效直径为 50 mm，体积约为 10 m³。Ca(OH)₂、PAM 加药装置各 1 套，进口处安装减速搅拌机。

（3）光催化氧化装置

光催化氧化装置 1 座，PRPP 结构，其尺寸为 3.00 m×2.00 m×2.50 m，有效容积为 10 m³，分 3 段。池内配有石英紫外光灯，λ=360 nm，直径为 15 mm；PPR 穿孔曝气装置 1 套；H₂O₂ 加药装置 1 套。

（4）均质调节池

均质调节池 1 座，半地上式钢筋混凝土结构，其尺寸为 36.00 m×2.00 m×2.50 m，有效容积为 10 m³。池内配有离心式自吸泵 2 台（1 用 1 备）；浮球式液位控制器 1 套；碱液加药装置 1 套。

（5）厌氧池

厌氧池 1 座，地上式钢筋混凝土结构，其尺寸为 8.00 m×4.00 m×6.50 m，有效容积为 190 m³，分 2 格，水力停留时间为 38 h，COD 容积负荷小于 6 kg/（m³·d），MLSS 约为 20 g/L。池内配有内部循环泵 2 台；组合生化填料，直径为 180 mm，体积约为 120 m³。

（6）兼氧池

兼氧池 1 座，地上式钢筋混凝土结构，有效容积为 190 m³，其尺寸为 8.00 m×4.00 m×6.50 m，分 3 格，水力停留时间 38 h，COD 容积负荷小于 4 kg/（m³·d），MLSS 约为 10 g/L。池内配有 EPDM 微孔曝气装置 1 套；组合生化填料，直径为 180 mm，体积约为 120 m³。

（7）好氧池

好氧池 1 座，地上式钢筋混凝土结构，有效容积为 250 m³，其尺寸为 10.00 m×5.00 m×5.50 m，分 3 格，水力停留时间为 50 h，COD 容积负荷小于 2 kg/（m³·d），MLSS 约为 6 g/L。池内配有 EPDM 微孔曝气装置 1 套；混合液回流泵 1 台，回流比约为 200%；组合生化填料，有效直径为 180 mm，体积约为 200 m³。

（8）斜管二沉池

斜管二沉池 1 座，Q235 结构，有效容积为 24 m³，表面负荷为 0.6 m³/（m²·h），其尺寸为 4.00 m×2.00 m×3.50 m。池内配有污泥回流泵 1 台；斜管填料：材质 PE，直径为 50 mm，体积约为 12 m³。

（9）污泥池

污泥池 1 座，半地下式钢筋混凝土结构，其尺寸为 3.00 m×1.50 m×2.50 m，有效容积为 9 m³。污泥回流泵 1 台，回流比约为 60%。

（10）污泥浓缩池

污泥浓缩池 1 座，地上式钢筋混凝土结构，其尺寸为 2.00 m×2.00 m×4.50 m，有效容积为 16 m³。池内配有螺杆泵 1 台；厢式压滤机 1 台。

8.5.5　运行情况

（1）工程调试

该工程于 2010 年 5 月开始调试，先进行厌氧系统的污泥培养与驯化，污泥采用城市污水处理厂的消化污泥，并投加部分牛粪水。开启内部循环系统，初期控制污泥负荷小于 0.1 kg/（kg·d）。利用厂内蒸汽将水温每天升高 2℃，1 周后升至 35℃。根据微生物细胞对 N、P 的吸收规律，补充该类营养素，同时严格控制进水 pH 为 6.5～7.5，碱度大于 1 000 mg/L，并缓慢提高进水浓度。经过 4 个月的调试运行，厌氧系统 COD 的容积负荷由最初的 1.0 kg/（m³·d）提高到 3.0 kg/（m³·d），COD 去除率由 28.2% 升至 79.5% 以上，且出水挥发酸（VFA）控制在 500 mg/L 左右，达到了预期的效果。厌氧系统的污泥培养与驯化进行 1 个月后开始对兼氧系统的微生物进行培养，启动底部微孔曝气装置，控制溶解氧 DO＜0.5 mg/L，同时起到搅动底部污泥的作用，使之呈悬浮状，大大增加固、液相接触面积，有利于微生物的培养与驯化；培养过程中需控制好污染物浓度与营养素的比例关系。在兼氧系统的微生物培养 1 个月后开始对好氧系统的微生物进行培养，启动初期"闷曝" 3～7 d，停止曝气，待污泥沉淀后，排出上清液，再进水曝气；经过一段时间，观察到处理效果良好后提高进水浓度，控制曝气池内溶解氧 DO=2～4 mg/L，以便好氧微生物的生长代谢，加速污泥附着在填料上，缩短挂膜周期。在整个生化系统的培养驯化过程中，跟踪监测水质情况，根据变化调整进水负荷、控制曝气量等，在处理效果良好的情况下，按设计水量 5%～10% 的比例逐步加大工业废水量，使微生物逐步适应新的环境。

微电解-混凝沉淀-光催化氧化系统在厌氧系统污泥接种完成后开始进行调试。对该系统主要进行物化调试，根据微电解出水的水质情况调整废水的进水流量和曝气强度，依据沉淀池出水的情况控制石灰和絮凝剂的投加量，根据光催化氧化出水的水质情况调整氧化剂投加量和曝气强度。

（2）处理效果

污水处理站经过近 5 个月的生化系统微生物培养，3 个多月的连续进水调试

（平均每天进水量大于设计水量 80%），主要处理单元对污染物的去除率均达到了预期的效果，调试过程中的数据监测结果如表 8-16 所示。

表 8-16　污水处理站调试监测数据

日期	COD/（mg/L）							COD 去除率 /%
	进水	铁碳池出水	初沉池出水	光催化出水	厌氧池出水	兼氧池出水	好氧池出水	
2010-11-13	9 850	8 355	7 520	4 136	1 035	625	132	98.6
2010-11-14	9 520	8 085	7 326	3 985	998	605	129	98.6
2010-11-15	10 080	8 210	7 385	4 021	1 056	630	138	98.6
2010-11-16	8 995	7 950	7 210	4 050	1 005	624	135	98.5
2010-11-17	9 540	8 215	7 394	4 152	1 056	628	141	98.5

该工程已于 2010 年 11 月底按设计水量投入运行，出水各项指标稳定达标且优于《化学合成类制药工业水污染物排放标准》（GB 21904—2008）的要求。

（3）经济效益分析

该工程占地面积约为 600 m²，工程总投资 150 万元，1 t 废水折合投资约 1.5 万元。运行费用中电费约 1.4 元 /t；新鲜水费约 0.08 元 /t；硫酸、液碱、PAM 的用量较少，石灰粉用量约 100 kg/d，工业过氧化氢约 300 kg/d，折合处理费用约 5.5 元 /t；安排 2 名工人，按月工资 1 500 元计，折合处理费用约 1.0 元 /t。废水处理站在运行过程中合计运行费用约为 8.0 元 /t。

8.6　电化学法处理制膜废水工程实例

8.6.1　废水来源及特点

南方某制膜企业主要生产中空纤维膜，由于在生产工艺中加入必要的有机溶剂，致使废水中的有机物浓度较高，其中的主要成分为 DMAC（二甲基乙酰胺）、DMF（二甲基甲酰胺）、PVDF（聚偏氟乙烯）、PVP（聚乙烯吡咯烷酮）、PEG（聚乙二醇）、甘油和乙醇等，因而使得该生产工艺的废水 COD 值较高，毒性较大，可生化性差。

该企业采用生化 MBR 工艺，通过"厌氧 + 好氧 + 膜"进行处理。但由于生产废水的 COD 值较高，达到 30 000～40 000 mg/L，工艺进水经稀释至 COD 为 2 500 mg/L

左右时，总出水 COD 仍在 400 mg/L 左右，无法达到国家出水水质要求。因此需要对废水处理工艺进行改造，在原有基础上增加电化学预处理工艺，提高废水的可生化性，使 MBR 发挥更大的作用，改善出水水质。

8.6.2 处理规模及水质

（1）设计废水处理能力

根据企业车间生产状况和发展要求，废水处理站设计规模为 200 m³/d。

（2）进水水质情况

企业提供的进水水质情况具体如表 8-17 所示。

表 8-17 南方某制膜企业废水进水水质情况

项目	COD/（mg/L）	BOD/（mg/L）	BOD_5/COD_{Cr}	TN/（mg/L）	NH_3-N/（mg/L）	pH	色度
进水水质	30 000～40 000	8 000～15 000	0.3	1 500～2 500	3～5	5～8	无色

（3）废水处理后出水水质

废水经处理后出水水质需达到《污水综合排放标准》（GB 8978—1996）的一级标准，如表 8-18 所示。

表 8-18 废水出水水质标准

项目	COD_{Cr}/（mg/L）	BOD_5/（mg/L）	NH_3-N/（mg/L）	pH
排放标准	≤100	≤20	≤15	6～9

8.6.3 设计方案

根据国内外对高浓度难生化处理废水的实际工程运行情况和现场中试试验，在保留原有 MBR 工艺、实现低的建设费用和运行成本、达到最佳出水效果的基础上，对该废水采用"曝气微电解＋混凝离心＋催化电氧化"联合工艺进行预处理，利用物化处理法可有效降低废水的 COD 值并提高其可生化性。

（1）工艺流程

根据现场中试及参照国内外工程实践，该废水处理工艺流程如图 8-9 所示。

（2）工艺流程说明

由于该原水水质水量变化大，且根据工程要求，物化处理工艺的废水进水需要把 COD 稀释调节到 20 000 mg/L 左右，因此在工艺最前端设置均质调节池。调节池出水依次进入一级 pH 调节池、一级微电解反应器、二级 pH 调节池、二级微电解反应器、三级 pH 调节池、离心机、电催化氧化一级配水池、一级电催化氧化反应器、电催化氧化二级配水池、二级电催化氧化反应器、沉淀池，然后进入原有 MBR 工艺。

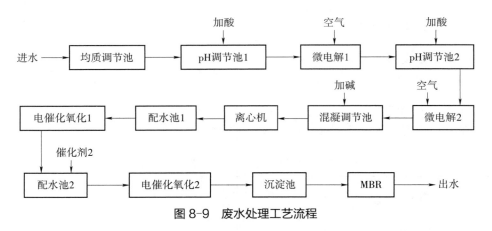

图 8-9　废水处理工艺流程

8.6.4　主要构筑物及其参数

（1）均质调节池

均质调节池尺寸为 10.00 m×7.00 m×3.50 m，水力停留时间为 24 h，调节容积为 200 m³。池内设有多点进水管路。

（2）pH 调节池

pH 调节池尺寸为 3.20 m×3.20 m×2.50 m，水力停留时间为 2 h，调节废水的 pH 至 3～4。池内壁做防腐，池内设有曝气管路用于调酸混合。

（3）微电解反应器

微电解反应器尺寸为 Φ3.00 m×3.50 m，废水停留时间为 2.5 h。进气量为 0.7 m³/h，进水量为 8.5 m³/h。设备连接管路上安装有电磁流量计。

（4）混凝调节池

混凝调节池有效容积为 25 m³。由于微电解出水含铁量较高，所以需要调节微电解出水的 pH 后通过离心去除，废水经去除铁离子后才能进入电催化氧化反应器和生化反应器。在混凝调节池内把废水 pH 调节至 8～9。

（5）离心机

离心机采用 LW355-1460 型卧式螺旋卸料沉降离心机，它将微电解出水中的铁泥从混合液中分离出来，便于下一步的处理。

（6）电催化氧化设备

电催化氧化设备的尺寸为 Φ3.00 m×3.50 m，有效容积为 20 m³，废水停留时间为 2.5 h。设备内装有电极板和特制填料，通过电源提供的直流电流发生电催化氧化作用。进气量为 0.5 m³/h，进水量为 8.5 m³/h。

（7）沉淀池

沉淀池的尺寸为 3.00 m × 3.00 m × 3.50 m，混合来自电催化氧化设备的产水、部分生活污水、部分低浓度生产废水和部分雨水等，将生化 MBR 进水的悬浮物降低到一定程度。

（8）MBR 膜生物反应器

MBR 膜生物反应器的尺寸为 10.00 m × 6.00 m × 3.50 m，铁质反应器，有效容积为 200 m³，废水停留总时间为 24 h。反应器中好氧区和膜区设有曝气管路。

8.6.5　运行情况

该工艺于 2009 年动工改造，2010 年 5 月开始调试运行并经过一段时间的试运行，取得了比较理想的运行效果，处理后排水指标均满足国家排放要求。各单元运行情况具体如表 8-19 所示。

表 8-19　各处理单元出水水质

处理单元	COD_{Cr}/（mg/L）			BOD_5/（mg/L）		TN/（mg/L）		NH_3-N/（mg/L）	
	进水	出水	去除率/%	进水	出水	进水	出水	进水	出水
微电解	19 500	9 650	50.5	3 354	—	1 937	—	3.9	1
混凝离心	9 650	7 720	20.0					1	
电催化氧化	7 720	3 680	52.3	—	2 186	—	583	—	≤0.02
沉淀池	3 680	1 644	—						
MBR 生化	1 644	69	95.8	—	16	330	42.8	—	3

从表 8-19 中的各处理单元运行结果可知，在进水 COD 为 19 500 mg/L 时，物化处理过程的 COD 去除率达到 81.1%，有机物处理效率较高；BOD_5/COD_{Cr} 由进水的 0.3 提高到 0.5～0.6，可生化性有极大提高。物化处理的出水经生化缓冲池调节后再经过 MBR 生化处理，出水水质达到排放标准。

8.7　电化学法处理酵母废水工程实例

8.7.1　废水来源及特点

酵母被广泛应用于食品加工、酿酒、营养保健、医药、动物养殖等领域。酵母生产过程中产生的废水是典型的难降解废水。由于难降解物质多、含盐量高，目前国内能将酵母废水处理稳定达到行业排放标准的企业很少，是国际公认治理难度较高的工业废水之一。

云南某生物科技有限公司成立于 2009 年，在临沧建有一座年产 1 万 t 食品加工用酵母生产线，产品销往全国。该公司在生产过程中产生的酵母废水具有高 COD_{Cr}、高色度、高 SO_4^{2-} 含量和可生化性低等特征，废水呈棕褐色、酸性，具有刺激性气味。高 COD_{Cr}、高色度表明废水中存在大量带有发色基团和助色基团的有机物，这是由于蔗糖经制糖和酵母发酵的过程中，高温加热会产生大量的大分子焦糖化合物和类黑精色素等物质，使得废水颜色呈棕褐色，同时酵母不能充分利用糖蜜中的有机物质，使剩余的有机物质和酵母生长代谢全过程中产生的新有机物质共同进入废水中所导致；高 SO_4^{2-} 含量是由于工厂不断添加（NH_4）$_2SO_4$ 作为酵母发酵的营养盐所导致，硫酸盐参与酵母发酵过程中的许多反应，甚至提供酵母本身含硫氨基酸的成分。酵母废水中的氮磷元素含量较高，但可生化性指数仅为 $BOD_5/COD_{Cr}=0.25$，表明废水中生物降解所需的营养元素相对充足，但经发酵后残留的可生物降解的有机物比例较小；同时，可以看出废水中含有较高浓度的 Fe、S^{2-}/Cl^- 和 Si 元素，这些物质对生物生长具有一定程度的抑制作用，因此酵母废水可生物降解性能较差，不适于直接进行生物处理，需进行预处理提高废水可生化性后再进入生物处理过程。

8.7.2 处理规模及水质

（1）设计废水处理能力

根据建设方提供的资料，废水处理站设计处理规模为 600 m^3/d。

（2）进水水质情况

建设方提供的进水水质情况具体如表 8-20 所示。

表 8-20 云南某生物科技有限公司废水进水水质情况

项目	COD_{Cr}/（mg/L）	BOD_5/（mg/L）	SS/（mg/L）	pH
进水水质	15 000	8 000	750	3.8～4.5

（3）废水处理后出水水质

废水经处理后出水水质需达到《酵母工业水污染物排放标准》（GB 25462—2010）中表 2 直接排放限值，如表 8-21 所示。

表 8-21　废水出水水质标准

项目	COD$_{Cr}$/（mg/L）	BOD$_5$/（mg/L）	SS/（mg/L）	色度/倍	pH
排放标准	≤150	≤30	≤50	≤30	6～9

8.7.3　设计方案

酵母生产过程中废水的产生主要是在糖蜜的预处理、酵母发酵液的分离及酵母乳的真空过滤环节，这部分废水产生的 COD 量占酵母生产过程中排放 COD 总量的 90% 以上，其次是酵母生产过程中清洗产生的废水。酵母生产排放的污染物主要来自糖蜜本身，酵母发酵生产利用的是糖蜜中可发酵利用的糖类物质，而不被酵母吸收利用的物质以及酵母新陈代谢产生的代谢产物最终会随废水排放。废水中含有较高浓度的 Fe、S^{2-}/Cl^- 和 Si 元素，这些物质对生物生长具有一定程度的抑制作用，因此酵母废水可生物降解性能较差，不适于直接进行生物处理，需进行预处理调节废水可生化性能后再进入生物处理过程。通过分析，本工程决定采用"高效气浮 + 微电解 + 厌氧 + 接触氧化 +UV/ 臭氧催化氧化"工艺进行处理。

（1）工艺流程

根据现场中试及参照国内外工程实践，该废水处理工艺流程如图 8-10 所示。

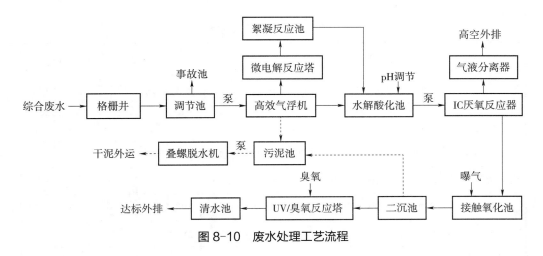

图 8-10　废水处理工艺流程

（2）工艺流程说明

该废水处理工艺主要包括格栅、调节池、高效气浮机、微电解反应塔、水解酸化池、IC 厌氧反应器、接触氧化池、UV/ 臭氧反应塔等几个部分。废水中主要污染物都是难降解的有机污染物，且 pH 为 3.8～4.5。废水经管道收集，通过格栅去除大颗粒杂质，进入调节池。调节池设潜水搅拌机混合水质，并在兼氧性的作用下去除部分有机物，将大分子难降解有机物水解为小分子有机物。再经泵提升进入高效气浮机，去除大部分悬浮物后进入微电解反应塔，经强氧化反应去除大量难以生物降解的有机物及部分 COD，为后续的生化处理提供良好的条件。废水经微电解反应塔预处理后，出水进入絮凝反应池，混凝沉淀去除 SS 和大量强氧化产物，出水进入水解酸化池。水解酸化池的水经泵提升后至 IC 厌氧反应器，经厌氧生化处理后，除去大部分有机物，然后废水自流进入接触氧化池进行好氧处理，去除 COD、BOD 等污染物。接触氧化池出水进入二沉池，在二沉池中去除悬浮物后进入 UV/ 臭氧反应塔，该出水即可满足排放要求。

高效气浮机、厌氧反应器、二沉池等处的排出污泥全部流入污泥池，上清液流入调节池，浓泥由叠螺脱水机脱水，干污泥外运后按一般工业废弃物处置。

8.7.4　运行情况

本废水处理站调试运行的厌氧污泥取自一家昆明某植物提取厂厌氧塔里排出的颗粒污泥，并将污泥投入至厌氧反应器内，污泥占反应器容积的 30% 左右；好氧池污泥取自当地污水厂的压滤污泥。废水处理站经 3 个多月的调试运行后，出水达到《酵母工业水污染物排放标准》（GB 25462—2010）中表 2 直接排放限值标准。各单元废水处理效果如表 8-22 所示。

表 8-22　各处理单元出水水质

项目	COD_{Cr}/（mg/L）			BOD_5/（mg/L）			SS/（mg/L）			pH	
	进水	出水	去除率/%	进水	出水	去除率/%	进水	出水	去除率/%	进水	出水
格栅	15 000	—	—	8 000	—	—	750	720	≥5	4	4
气浮设备	15 000	12 000	≥20	8 000	6 800	≥15	720	280	≥60	4	7
微电解反应塔	12 000	8 400	≥30	6 800	5 100	≥25	280	—	—	4	7
水解酸化池	8 400	6 720	≥20	5 100	3 825	≥25	280	—	—	7	7
IC 厌氧反应器	6 720	2 016	≥70	3 825	956	≥75	280	—	—	7	7
一级接触氧化	2 016	504	≥75	956	191	≥80	280	—	—	6～9	—
二级接触氧化	504	201	≥60	191	57	≥70	280	—	—	6～9	—
二沉池	201	201	—	57	57	—	280	50	≥70	6～9	—
UV/ 臭氧反应	201	120	≥40	57	28	≥50	50	50	—	6～9	—

8.8　电化学法处理己二酸酯生产废水工程实例

8.8.1　废水来源及特点

山东潍坊某化工有限公司主要生产己二酸二甲酯和己二酸二乙酯，生产能力为 2 万 t/a，排放废水为生产废水和生活污水。生产废水主要为甲醇和己二酸反应后反应釜的冲洗废水，含己二酸、甲醇、碳酸钠、硫酸钠和氢氧化钠等，水量为 20 m³/d，COD_{Cr} 约为 120 000 mg/L，pH 为 8～10，甲醇含量为 6%～8%，碳酸钠和硫酸钠含量约为 4%；生活污水水量为 5 m³/d。该企业生产废水具有间歇排放、COD_{Cr} 和甲醇浓度高、盐度高等特点，属高浓度甲醇废水。

8.8.2　处理规模及水质

（1）设计废水处理能力

根据化工企业提供的相关资料，废水总量为 25 m³/d，其中生产废水为 20 m³/d，生活污水为 5 m³/d。

（2）进水水质情况

建设方提供的进水水质情况具体如表 8-23 所示。

表 8-23　山东潍坊某化工有限公司废水进水水质情况

项目	COD_{Cr}/（mg/L）	甲醇 /%	硫酸钠 /%	pH
进水水质	120 000	6～8	4	8～10

（3）废水处理后出水水质

废水处理后排入潍坊工业园区污水处理厂进一步处理，出水水质需达《污水综合排放标准》（GB 8978—1996）的三级标准，如表 8-24 所示。

表 8-24　出水水质指标

项目	COD/（mg/L）	BOD/（mg/L）	石油类 /（mg/L）	硫酸盐 /（mg/L）	pH
排放标准	500	600	20	—	6～9

8.8.3　设计方案

高浓度甲醇废水处理工艺主要有两段 UASB 法、水解酸化-两级厌氧工艺及厌氧-好氧活性污泥法等，但进水 COD_{Cr} 一般小于 20 000 mg/L，还未见 COD_{Cr} 高达 120 000 mg/L 的高浓度甲醇废水处理的相关报道。实验室试验结果表明，该高浓度生产废水直接采用厌氧处理，效果极不明显。综合考虑处理效果和成本，决定对该生产废水采用三维电极法进行预处理，然后将两股废水混合后采用两级 ABR-接触氧化工艺进行处理。

（1）工艺流程

根据实验室试验结果及参照国内外工程实践，该废水处理工艺流程如图 8-11 所示。

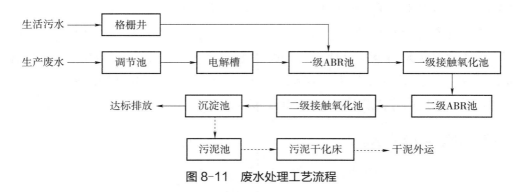

图 8-11　废水处理工艺流程

（2）工艺流程说明

1）针对本项目生产废水 COD_{Cr} 极高的特点，采用三维电极法进行预处理。三维电极在反应过程中产生具有强氧化性能的羟基自由基（·OH）直接将废水中的大部分甲醇氧化为二氧化碳和水，同时少量的己二酸酯被氧化或分解；在电解槽阴极生成的氢离子与废水中的碳酸钠发生作用，避免了废水处理过程中高浓度碳酸钠对生化处理过程的抑制作用。

2）采用两级 ABR-接触氧化对电解出水进行生化处理，有利于微生物的分段培养与驯化，提高了厌氧和好氧微生物的选择性，对出水水质提供了保障。

3）针对本项目废水水量小、COD_{Cr} 高的特点，延长废水停留时间（6 d），保障了出水水质，大大降低了运行费用。

8.8.4　主要构筑物及其参数

（1）调节池

调节池 1 座，钢筋混凝土结构，尺寸为 4.00 m × 3.00 m × 2.50 m，HRT 为 1.25 d。生产废水主要在调节池内充分混合，均匀水质水量。

（2）电解槽

电解槽 2 座，串联运行，采用 PP 板焊接而成，尺寸 2.00 m × 0.50 m × 1.40 m，有效水深为 1.0 m，每天运行 20 h，阳极为石墨板，阴极为碳钢板，极板间距为 5 cm，共 20 组，交替排列。直流电源采用国产高频开关电源，额定电流为 400 A，额定电压为 30 V。槽内充填椰子壳粒状活性炭，填充率为 30%。在电解槽内，部分己二酸酯分解为甲醇和己二酸，同时部分甲醇和己二酸直接被氧化为 CO_2 和 H_2O，COD_{Cr} 得以大幅降低。根据实验室试验，COD_{Cr} 设计去除率为 70%。电解槽配置 14cq-5 磁力泵 2 台（1 用 1 备）。

（3）格栅井

格栅井 1 座，砖混结构，尺寸为 1.00 m × 0.50 m × 1.50 m，采用人工格栅，栅条间距 1 cm。废水先经格栅去除大块杂物后，泵入 1# ABR 池。格栅井内配置 0.75 kW 潜污泵 1 台。

（4）一级 ABR 池

一级 ABR 池 2 座，钢筋混凝土结构，尺寸为 4.00 m × 3.00 m × 2.50 m，HRT 为 2 d，池内分别安装一层长 1.8 m、宽 4 mm 的比表面积达 4 000 m^2/m^3 的"生物飘带"填料，上下固定。容积负荷为 3 kg COD_{Cr}/（$m^3 \cdot d$），COD_{Cr} 设计去除率为 70%，内置颗粒污泥。

（5）一级接触氧化池

一级接触氧化池 2 座，钢筋混凝土结构，尺寸为 4.00 m × 3.00 m × 2.50 m，HRT 为 2 d，DO 为 2 mg/L，池内安装"生物飘带"。容积负荷为 3.5 kg COD_{Cr}/（$m^3 \cdot d$），COD_{Cr} 设计去除率为 70%。

（6）二级 ABR 池

二级 ABR 池 1 座，钢筋混凝土结构，尺寸为 4.00 m × 3.00 m × 2.50 m，HRT 为 1 d，池内安装"生物飘带"填料。容积负荷为 3 kg COD_{Cr}/（$m^3 \cdot d$），COD_{Cr} 设计去除率为 50%，内置颗粒污泥。

（7）二级接触氧化池

二级接触氧化池 1 座，钢筋混凝土结构，尺寸为 4.00 m × 3.00 m × 2.50 m，HRT 为 1 d，DO 为 2 mg/L，池内安装"生物飘带"。容积负荷为 0.5 kg COD_{Cr}/（$m^3 \cdot d$），COD_{Cr} 设计去除率为 70%。

（8）沉淀池

沉淀池 1 座，钢筋混凝土结构，尺寸为 1.50 m × 1.50 m × 2.50 m，竖流式，HRT 为 4.32 h。

（9）污泥池

污泥池 1 座，砖混结构，尺寸为 1.50 m × 1.50 m × 1.50 m。污泥泵 2 台。沉淀污泥排放到污泥池后，用污泥泵打入污泥干化床，上清液回流至调节池。

（10）污泥干化床

污泥干化床 1 座，砖混结构，尺寸为 1.50 m × 1.50 m × 1.50 m。污泥经干化后外运填埋，上清液回流至调节池。

8.8.5　运行情况

本项目于 2009 年 3 月开始实施，4 月中旬完成土建并投入调试。调试初期，将取自柠檬酸废水处理 UASB 内的颗粒污泥按体积比 5% 的投加量投加至 ABR 池；将取自附近污水处理厂的剩余活性污泥按体积比 5% 的投加量投加至接触氧化池。泵入生活污水和冷却水，同时各 ABR 池和接触氧化池均注入 0.2 m³ 和 0.1 m³ 的生产废水，待各池均注满后，开启风机，按气水比 10:1 调节曝气量，闷曝 2 d。开启电解槽，调节电压为 20 V，电流强度为 400 A，控制流量为 0.1 m³/h，连续运行 5 d，若出水 COD_{Cr}<500 mg/L，增加电解槽流量至 0.2 m³/h，运行 5 d；逐渐将电解槽流量增至 1 m³/h，即电解槽满负荷运行。调试至 15 d 时，观察到二级接触氧化池填料表面已布满一层黄褐色生物膜，剪取一小截填料镜检，发现原生动物如钟虫、轮虫等较多，同时观察到 ABR 池产气量较高。2009 年 6 月初，该废水处理设施正式投入运行，6—11 月，系统出水 COD_{Cr} 均小于 330 mg/L。各处理单元对废水的处理效果如表 8-25 所示。

表 8-25　6～11 月各处理单元对 COD_{Cr} 的处理效果　　　单位：mg/L

项目	6 月	7 月	8 月	9 月	10 月	11 月
电解槽进水 COD_{Cr}	128 000	115 000	123 000	119 000	127 000	118 000
电解槽出水 COD_{Cr}	34 500	31 600	32 800	27 300	32 500	28 800
一级 ABR 进水 COD_{Cr}	27 750	25 370	26 320	21 916	26 000	23 110
一级 ABR 出水 COD_{Cr}	6 730	6 800	6 720	6 390	6 620	6 400
一级接触氧化出水 COD_{Cr}	1 884	1 985	1 920	1 860	1 935	2 458
二级 ABR 出水 COD_{Cr}	1 220	1 352	1 265	1 187	1 345	1 259
二级接触氧化出水 COD_{Cr}	285	318	293	350	342	329
沉淀池出水 COD_{Cr}	260	297	278	326	328	316

本项目处理规模为 25 m³/d，工程总投资 32 万元，其中土建工程 17.5 万元，设备材料投资 14.5 万元。总装机容量 32.9 kW，运转容量 12.45 kW，直接运行成本（主要为电费，不含人工费）为 0.36 元 /m³。

8.9　电化学法处理化学合成制药废水工程实例

8.9.1　废水来源及特点

江苏某医药公司主要采用化学合成法生产抗肿瘤、抗生素、内分泌、消化道及精神类药物的原料药，其排放的废水按高浓度废水和低浓度废水分质收集，高浓度废水主要为生产车间用于合成药剂时产生的结晶母液、转相母液、吸附残液等；低浓度废水主要为生产工艺过程中产生的反应釜、过滤机、催化剂载体等设备和材料的清洗水等。

8.9.2　处理规模及水质

（1）设计废水处理能力

根据医药公司提供的相关资料，废水处理站设计处理规模为 800 m³/d。

（2）进水水质情况

医药公司提供的进水水质情况具体如表 8-26 所示。

表 8-26　江苏某医药公司废水进水水质情况

项目	COD$_{Cr}$/（mg/L）	NH$_3$-N/（mg/L）	SS/（mg/L）	pH	水量 /（m³/d）
高浓度废水	≤90 000	≤1 000	≤500	3～4	30
低浓度废水	≤3 000	≤100	≤500	5～6	400
生活污水	≤400	≤30	≤200	6～8	200

（3）废水处理后出水水质

根据园区污水处理厂的接管要求，该废水处理站建成后出水执行《污水综合排放标准》（GB 8978—1996）表 4 中的二级标准，如表 8-27 所示。

表 8-27　出水水质标准

项目	COD$_{Cr}$/（mg/L）	NH$_3$-N/（mg/L）	SS/（mg/L）	pH
排放标准	≤300	≤50	≤150	6～9

8.9.3　设计方案

化学合成类制药合成工艺流程比较长，反应步骤多，未反应的原辅料及溶剂大量进入废水中。废水中主要污染物质为有机物，如苯类有机物、醇、酯、石油类、乙醇、氯仿、DMF 等。该类废水水质、水量波动大，多含有成分复杂且有抑菌作用的抗生素，有机污染物种类多、浓度高、色度深和含盐量高，属于典型的高浓度难降解有机废水，仅靠单一的处理方法无法满足达标排放要求，必须组合几种工艺进行联合处理。

该企业废水经过一系列小试，主要具有以下特点：①高浓度生产废水表观杂质较少，偏黄色，呈酸性，有机物浓度极高，COD 浓度近 10×10^4 mg/L，氨氮浓度高，盐度基本能满足微生物生存要求。②高浓度生产废水和低浓度生产废水的 BOD_5/COD_{Cr} 值较同类废水高，有一定的可生化性。通过研究，本工程决定采用"电催化 + 微电解 + 混凝沉淀池 + 上升式厌氧污泥床 +A/O"工艺处理化学合成制药废水。

（1）工艺流程

根据实验室小试结果及参照国内外工程实践，该废水处理工艺流程如图 8-12 所示。

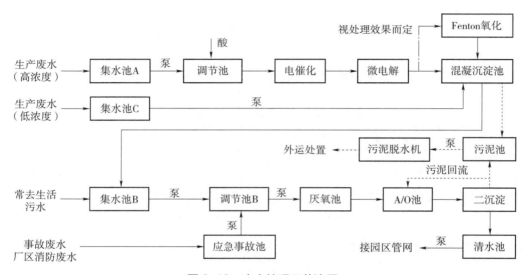

图 8-12　废水处理工艺流程

（2）工艺流程说明

高浓度生产废水经集水池 A 收集后由泵提升至调节池 A，池前端设 pH 调节反应区，调节废水的 pH，以利于后续的反应。经均质均量后的废水用泵送入电催化反应器进行处理，电催化出水进入微电解反应塔进一步反应。微电解出水与低浓度生产废水混合后进入混凝沉淀池，通过加入混凝药剂以促进水中胶体、悬浮物等的沉淀，进一步去除污染物。

为保证预处理效果，可根据高浓度生产废水的微电解处理效果，将一组混凝反应池灵活调整成 Fenton 氧化池，高浓度废水经微电解后先进行 Fenton 氧化反应，再与低浓度生产废水混合后进行混凝沉淀。生产废水经预处理后进入调节池 B 与厂区生活污水混合，再一起进入厌氧池进行厌氧降解，然后进入 A/O 池进行生化处理。为保证脱氮效果，池中设混合液回流系统。生化出水经二沉池固液分离后进入清水池，由泵送入园区管网。二沉池设污泥回流泵，将污泥回流至 A/O 池。混凝沉淀池污泥、厌氧池污泥及二沉池剩余污泥经污泥池浓缩后脱水外运处置。

为避免出现因生产故障、检修、消防等突然产生大量高浓度废水给废水处理站带来的负荷冲击和环境污染等一系列问题，设应急事故池用于接纳生产过程中的事故废水。

8.9.4　主要构筑物及其参数

（1）集水池 A

集水池 A 主要用于收集高浓度生产废水，利用车间排放口的原有集水池。配套设备：耐腐蚀提升泵 2 台（1 用 1 备）Q=3.6 m³/h、H=180 kPa、N= 2.2 kW。

（2）调节池 A

调节池前端设有 pH 调整反应区。废水经 pH 及水质、水量调节后提升至电催化反应器进行处理。尺寸：$L \times B \times H$=3.50 m × 3.00 m × 3.00 m，有效水深为 2.50 m。结构形式：钢筋混凝土，内壁防腐，半地下式。

配套设备：加酸装置 1 套，N= 0.55 kW；pH 控制系统 1 套；搅拌装置 1 套，N=0.37 kW；耐腐蚀提升泵 2 台（1 用 1 备），Q=1.5 m³/h、H=100 kPa、N=2.2 kW。

（3）电催化反应器

电催化反应器采用成套设备，共 2 组，单组处理能力为 2 m³/h，N=15 kW。

（4）微电解反应器

微电解反应器共设 2 座反应塔，搅拌槽式，并联使用。

配套设备：微电解反应器 2 座，Φ1.50 m × 2.00 m，碳钢衬胶防腐，N=2.2 kW。

（5）混凝沉淀池

经微电解处理后投加混凝药剂，进一步去除废水中的污染物质，分为混凝反应区和混凝沉淀区，反应区分 2 组 4 格。其中有一组可根据高浓度废水微电解处理效果，灵活调整成 Fenton 氧化池。

尺寸：反应区 $L \times B \times H$=5.00 m × 4.00 m × 3.00 m，有效水深为 2.50 m。沉淀区 $L \times B \times H$=5.00 m × 5.00 m × 5.00 m，有效水深为 4.50 m。

结构形式：钢筋混凝土，内壁防腐，半地下式。

配套设备：混凝加药装置 2 套，N=2.2 kW；pH 控制系统 2 套；Fenton 加药装置 2 套，N=1.1 kW；搅拌装置 4 套，N=1.5 kW；污泥泵 2 台（1 用 1 备），Q=3.2 m³/h、H=80 kPa、N=0.55 kW。

（6）集水池 C

集水池 C 主要用于收集低浓度生产废水，利用车间排放口原有集水池。

配套设备：提升泵 2 台（1 用 1 备），Q=28 m³/h、H=80 kPa、N=1.5 kW。

（7）格栅井及集水池 B

生活污水经格栅去除大颗粒杂质后进入集水池 B，通过泵提升进入调节池 B。

配套设备：机械格栅 1 台，N=0.55 kW；提升泵 2 台（1 用 1 备），Q=28 m³/h、H=80 kPa、N=1.5 kW。

（8）调节池 B

调节池 B 用于混合生产废水（高浓度、低浓度）、厂区生活污水，池中设搅拌系统，均衡水质水量，以减少对生物处理系统的冲击负荷。

尺寸：$L \times B \times H$=16.00 m × 12.00 m × 5.00 m，有效水深为 4.50 m。

结构形式：钢筋混凝土，内壁防腐，半地下式。

配套设备：pH 控制系统 1 套；提升泵 2 台（1 用 1 备），Q=40 m³/h、H=100 kPa，N=2.2 kW；潜水搅拌机 3 台，N=2.2 kW；蒸汽加热装置 1 套。

（9）厌氧池

UASB 池内设三相分离器，部分区域安装填料，设有排泥系统，出水自流进入接触氧化池。反应池分隔成独立的 2 格，以提高操作运行的灵活性。池中设内循环泵，以提高池内水的上升流速。温度控制在 35℃。尺寸：$L \times B \times H$=16.00 m × 12.00 m × 7.00 m，有效水深为 6.50 m。

结构形式：钢筋混凝土，半地下式。

配套设备：布水排泥系统 1 套；组合填料及支架；内循环泵 2 台（1 用 1 备），Q=125 m³/h、H=200 kPa、N=15 kW。

（10）A/O 池

A/O 池前端为缺氧池，末端为好氧池，池中设硝化液回流装置，有利于去除总氮。

尺寸：缺氧区 $L \times B \times H$=16.00 m × 5.00 m × 5.30 m，有效水深为 4.80 m。好氧区 $L \times B \times H$=16.00 m × 13.00 m × 5.00 m，有效水深为 4.50 m。

结构形式：钢筋混凝土，半地下式。

配套设备：潜水搅拌机 4 台，N=1.5 kW；硝化液回流泵 2 台（1 用 1 备），Q=66 m³/h、H=80 kPa、N=3.7 kW；罗茨风机 2 台（1 用 1 备），Q=12.68 m³/min、H=0.58 MPa、N=22 kW；曝气系统（硅橡胶膜微孔管式），曝气面积为 208 m²；组合填料及支架；在线溶氧仪 1 套；在线 pH 仪 1 套。

（11）二沉池

二沉池采用中心进水周边出水辐流式沉淀池，表面水力负荷为 0.66 m³/（m²·h）。

尺寸：Φ8.00 m × 3.50 m，池壁有效水深为 3.00 m。

结构形式：钢筋混凝土，半地下式。

配套设备：中心传动刮泥机 1 套，N=0.37 kW；污泥泵 2 台（1 用 1 备），Q=12 m³/h、H=80 kPa、N=0.75 kW。

（12）清水池

清水池用于监测出水水质，保证处理出水达标排放。尺寸：$L \times B \times H$=4.00 m × 4.00 m × 4.50 m，有效水深为 4.00 m。

结构形式：钢筋混凝土，半地下式。

配套设备：出水泵 2 台（1 用 1 备），Q=35 m³/h、H=200 kPa、N=5.5 kW。

（13）污泥池

污泥池用于收集储存混凝沉淀池、厌氧池及二沉池的剩余污泥。污泥经过浓缩脱水后外运处置，上清液回流至调节池 B。

尺寸：$L \times B \times H$=5.00 m × 5.00 m × 4.50 m，有效容积为 100 m³。

结构形式：钢筋混凝土结构，半地下式。

配套设备：进泥泵 2 台（1 用 1 备），Q=8 m³/h、H=500 kPa、N=3 kW；厢式压滤系统 1 套，过滤面积为 60 m²，N=3 kW。

8.9.5　运行情况

（1）UASB 反应器调试

UASB 反应器接种污泥取自工业园区污水处理厂经消化一个月的污泥，将含固率为 80% 的接种污泥投入调节池，加生活污水及少量工艺废水充分搅拌均匀泵入 UASB 反应器，蒸汽加热控制温度在 35℃，接种污泥投加量为 100 t。对 UASB 反应器出水进行连续监测并逐步提高进水 COD 浓度至 4 000 mg/L，当反应器的 COD 去除率稳定在 60% 以上时，观察污泥床有大量污泥絮体形成，反应器顶部液面有大量气泡产生，由此可以认为 UASB 反应器初步启动成功。

（2）A/O 生化系统调试

生化系统接种污泥取自工业园区污水处理厂好氧活性污泥，脱水后的活性污泥含固率约为 80%，污泥投加量为 100 t。以生活污水、少量工艺废水及 UASB 反应器出水并添加少量 N、P 营养闷曝一周。运行中连续观察填料上的挂膜情况，当发现填料挂膜良好时，逐步提高进水浓度至 1 500 mg/L，当反应器的 COD 去除率稳定在 80% 以上时，对填料上的絮体镜检，观察到生物相丰富，有大量菌胶团及原生动物存在，由此可以认为 A/O 生化系统调试成功。

（3）运行结果

该工程于 2012 年 6 月底竣工，调试期约 4 个月，各工艺单元运行正常，监测结果显示出水水质达到《污水综合排放标准》（GB 8978—1996）中表 4 的二级标准，11 月一次性顺利通过当地环保局验收。甲苯、苯胺类、苯酚、硝基苯类、氯仿在出水中均未检出。废水处理站运行监测结果如表 8-28 所示。

表 8-28 废水处理站运行监测结果

项目	COD_{Cr}/（mg/L）	SS/（mg/L）	NH_3-N/（mg/L）	TN/（mg/L）	pH
高浓度废水	6.34×10^4	250	516	592	4.04
低浓度废水	3 235	220	66	78	5.64
出水	252	28	0.45	13.3	7.52
排放标准	300	150	50	20	6～9

（4）运行经济分析

工程投资为 568.92 万元，其中土建投资为 230.78 万元，设备投资为 241.55 万元，设计、安装、调试为 96.59 万元。

动力费为 1.24 元 /m^3，药剂费为 0.98 元 /m^3，人工费为 0.21 元 /m^3，总费用为 2.43 元 /m^3。

参考文献

［1］许嘉宁，陈燕．我国水污染现状［J］．广东化工，2014，41（3）：143-144.

［2］王啸宇，催杨，陈玫君．中国水污染现状及防治措施［J］．甘肃科技，2013，29（13）：34-35.

［3］曾郴林，刘情生．微电解法处理难降解有机废水的理论与实例分析［M］．北京：中国环境出版社，2018.

［4］高廷耀，顾国维，周琪．水污染控制工程［M］．北京：高等教育出版社，2007.

［5］马承愚，彭英利．高难度难降解有机废水的治理与控制［M］．北京：化学工业出版社，2006.

［6］任南琪，丁杰，陈兆波．高难度有机工业废水处理技术［M］．北京：化学工业出版社，2012.

［7］丁真真．难降解有机废水的处理方法研究现状［J］．甘肃科技，2006，22（2）：113-115.

［8］姜安玺，刘丽艳，李一凡，等．我国持久性有机污染物的污染与控制［J］．黑龙江大学学报，2004，21（2）：97-101.

［9］戴树桂．环境化学［M］．北京：高等教育出版社，2006.

［10］Zava D T，Blen M，Duwe G. Estrogenic activity of natural and synthetic estrogens in human breast cancer cells in culture［J］．Environ Health Perspect，1997，105（3）：637-645.

［11］孟紫强．环境毒理学［M］．北京：中国环境科学出版社，2008.

［12］胡家会，马永忠．持久性有机污染物（POPs）的研究进展［J］．科技导报，2006，24（7）：27-29.

［13］黑笑涵，徐顺清，马照明，等．持久性有机污染物的危害及污染现状［J］．环境科学管理，2007，32（5）：38-42.

［14］岳敏，谷学新，邹洪，等．多环芳烃的危害与防治［J］．首都师范大学学报（自然科学版），2003，24（3）：40-44.

［15］蒋闽兰，肖佰财，禹娜，等．多环芳烃对水生动物毒性效应的研究进展［J］．

海洋渔业，2014，36（4）：372-384.

［16］徐国文，王丹，朱丽，等.氯代苯酚类化合物的构效关系研究［J］.内蒙古工业大学学报，2005，24（2）：101-104.

［17］胡俊，王建龙.氯酚类污染物的辐射降解研究进展［J］.辐射研究与辐射工艺学报，2005，6（23）：135.

［18］徐美倩.废水可生化性评价技术探讨［J］.工业水处理，2008，28（5）：17-20.

［19］乌锡康.有机化合物环境数据简表［D］.上海：华东理工大学，2009.

［20］曲久辉，刘会娟，等.水处理电化学原理与技术［M］.北京：科学出版社，2007.

［21］高颖，邬冰.电化学基础［M］.北京：化学工业出版社，2007.

［22］李荻.电化学原理［M］.北京：北京航空航天大学出版社，2008.

［23］张自杰.排水工程（下册）［M］.北京：中国建筑工业出版社，2015.

［24］陈武，李凡修，梅平.废水处理的电化学方法研究进展［J］.湖北化工，2001，1（1）：11-12.

［25］吴晓迪，陈志强.电化学法处理工业废水的现状与发展研究［J］.环境科学与管理，2014，39（8）：30-33.

［26］刘辉，方战强，李伟善.电化学法降解持久性有机污染物（POPs）的研究进展［J］.广东化工，2007，34（1）：53-55.

［27］施国键，乔俊莲，郑广宏，等.电化学氧化处理生物难降解有机废水的研究进展［J］.化工环保，2009，29（4）：326-330.

［28］李婧，柴涛.电化学氧化法处理工业废水综述［J］.广州化工，2012，40（15）：46-47，51.

［29］王翠，史佩红，杨春林.电化学氧化法在废水处理中的应用［J］.河北工业科技，2004，21（1）：49-53.

［30］李炳焕，黄艳娥，刘会媛.电化学催化降解水中有机污染物的研究进展［J］.环境污染治理技术与设备，2002，3（2）：23-27.

［31］马鲁铭.废水的催化还原处理技术：原理及应用［M］.北京：科学出版社，2008.

［32］胡筱敏，李亮，赵研，等.污水电化学处理技术［M］.北京：化学工业出版社，2020.

［33］Tennakoon C L K. Electrochemical treatment of human waste in a packed-bed reactor［J］. J Appl Electrochem，1996（26）：18-19.

［34］Gallone P. Achievements and tasks of electrochemical engineering［J］. Electrochemical Acta，1997（22）：913-920.

［35］Beer H B.Electrodes and coating thereof［J］.US Patent：3632498，1972.

［36］Comninellis C，Pulgarin C. Electrochemical oxidation of phenol for wastewater treatment using SnO_2 anodes［J］. J Appl Electrochem，1993，23：108-112.

［37］曹莹，周育红，孙克宁，等.三维电极在水处理技术中的应用［J］.黑龙江电力，2001，23（2）：125-128.

［38］周鑫江.电化学氧化法处理硝基酚类废水的研究［D］.北京：中国地质大学（北京），2014.

［39］翟婧涵.电化学氧化法处理含4-氯苯氧乙酸和2,4,6-三硝基苯酚废水的研究［D］.沈阳：沈阳工业大学，2014.

［40］周鑫江，王根，胡伟武，等.电化学氧化处理废水中的2,4,6-三硝基-1,3,5-苯三酚［J］.工业水处理，2014，34（10）：22-25.

［41］刘月丽，葛红花.电化学氧化法去除苯酚研究［J］.电化学，2003，9（4）：457-463.

［42］张石磊，江旭佳，洪国良.电絮凝技术在水处理中的应用［J］.工业水处理，2013，33（1）：10-14，19.

［43］周振，姚吉伦，庞治邦，等.电絮凝技术在水处理中的研究进展综述［J］.净水技术，2015，34（5）：9-15，38.

［44］张峰振，杨波，张鸿，等.电絮凝法进行废水处理的研究进展［J］.工业水处理，2012，32（12）：11-16.

［45］催明玉.电气浮处理特种废水的机理和实验研究［D］.大连：大连理工大学，2005.

［46］Sarpola A，Hietapelto V，Jalonen J，et al. Identification of the hydrolysis products of $AlCl_3 \cdot 6H_2O$ by electrospray ionization mass spectrometry［J］. Journal of Mass Spectrometry，2004，39（4）：423-430.

［47］Lakshmanan D，Clifford D A，Samanta G. Ferrous and ferricion generation during iron electrocoagulation［J］.Environmental Science Technology，2009，43（10）：3853-3859.

［48］Lakshmanan D，Clifford D A，Samanta G. Compara tive study of arsenic removal by iron using electrocoagulation and chemical coagulation［J］.Water Research，2010，44（19）：5641-5652.

［49］张莹，龚泰石.电絮凝技术的应用与发展［J］.安全与环境工程，2009，16

（1）：38-40.

［50］宋均轲，钱斌.电絮凝技术在废水处理中的应用［J］.广州化工，2011，39（14）：40-41.

［51］孙境蔚.电絮凝技术在废水处理中的应用［J］.泉州师范学院学报，2006，24（6）：55-59.

［52］陈雪明.电凝聚能耗分析与节能措施［J］.水处理技术，1997，23（3）：165.

［53］赵玉华，苍晓艺，赵首权，等.直流电和交流电凝聚法处理偶氮染料废水的对比研究［J］.沈阳建筑大学学报（自然科学版），2011，27（1）：125-129.

［54］Kabdash I，Vardar B，Arslan-Alaton I，et al. Effect of dye auxiliarics on color and COD removal from simulated reactive dyebath effluent by electrocoagulation［J］.Chemical Engineering Journal，2009，148（1）：89-96.

［55］Mélanie Asselin，Patrick Drogui，Satinder Kaur Brar，et al. Organics removal in oily bilgewater by electrocoagulation process［J］. Journal of Hazardous Materials，2008，34（1）：446-455.

［56］王丽敏，李秋荣，石晴.电絮凝法处理含油废水的研究［J］.化工科技，2005，13（3）：30-33.

［57］丁春生，黄燕，缪佳，等.电凝聚法去除废水中重金属离子 Cr^{6+}、Cu^{2+} 的研究［J］.中国给水排水，2012，28（3）：71-74.

［58］徐旭东，王中琪，周乃磊.不锈钢-铝电极电絮凝处理含铜废水的试验研究［J］.安全与环境工程，2010，17（2）：46-50.

［59］马鲁铭.废水的催化还原处理技术：原理及应用［M］.北京：科学出版社，2008.

［60］樊金红，徐文英，高廷耀.铁内电解法处理硝基苯类废水的机理与展望［J］.环境保护科学，2004，30（3）：9-12.

［61］Matheson L J，Tratnyek P G. Reductive dehalogenation of chlorinated methanes by iron metal［J］.Environmental Science & Technology，1994，28（12）：2045-2053.

［62］Agrawal A，Tratnyek P G. Reduction of nitro aromatic compounds by zero-valent iron metal［J］. Environmental Science & Technology，1995，30（30）：153-160.

［63］樊金红，徐文英，高廷耀.Fe-Cu 微电池电解法预处理硝基苯废水［J］.同济大学学报（自然科学版），2005，33（3）：334-338.

［64］陈宜菲，陈少瑾.利用零价铁还原土壤中硝基苯类化合物的研究［J］.环境科

学学报，2007，27（2）：241-246.

［65］陈宜菲.零价金属还原转化硝基芳香烃污染物研究进展［J］.辽宁化工，2009，38（9）：643-646.

［66］樊金红，徐文英，高廷耀.零价铁体系预处理硝基苯废水机理的研究［J］.工业用水与废水，2004，35（6）：53-56.

［67］徐文英，樊金红，高廷耀.硝基苯类物质在铜电极上的电还原特性及 pH 的影响［J］.环境科学，2005，26（2）：102-107.

［68］杜晓明，刘厚田.偶氮染料分子结构特征与其生物降解性的关系［J］.环境化学，1991，10（6）：12-18.

［69］陈晔，陈刚，陈亮，等.偶氮染料分子结构对其生物脱色影响的研究进展［J］.环境科学与技术，2011，34（8）：65-69.

［70］杨颖，王黎明，关志成.零价铁法处理活性艳橙 X-GN 染料废水［J］.清华大学学报（自然科学版），2005，45（3）：359-362.

［71］刘海宁，曲久辉，李国亭，等.转鼓式内电解装置处理水中酸性橙 Ⅱ 染料［J］.环境科学学报，2007，27（9）：1425-1430.

［72］Zhang S J，Yu H Q，Li Q R. Radiolytic degradation of Acid Orange 7：a mechanistic study［J］.Chemosphere，2005，61（7）：1003-1011.

［73］Zhang H，Duan L，Zhang Y，et al. The use of ultrasound to enhance the decolorization of the C.I. Acid Orange 7 by zero-valent iron［J］.Dyes and Pigments，2005，65（1）：39-43.

［74］刘霞，卢毅明，马鲁铭，等.催化铁内电解反应床对水中酸性红 B 的脱色研究［J］.环境工程学报，2009，3（1）：98-102.

［75］李海燕，曾庆福.铁屑还原及微波铁屑诱导氧化降解偶氮染料历程的研究［J］.环境工程学报，2008，2（3）：294-298.

［76］叶张荣，马鲁铭.铁屑内电解法对活性艳红 X-3B 脱色过程的机理研究［J］.水处理技术，2005，31（8）：65-67.

［77］樊金红，马鲁铭，王红武，等.Al-Cu 双金属体系对活性艳红 X-3B 的脱色研究［J］.环境科学，2008，29（6）：1587-1592.

［78］傅强根，胡勇有.铝炭微电解处理刚果红废水的效果及脱色机理研究［J］.环境科学学报，2013，33（6）：1527-1534.

［79］李保华，孙治荣，杨冬梅.铁系金属对氯代有机物的还原脱氯研究进展［J］.化工环保，2007，27（4）：323-327.

［80］吴德礼，马鲁铭，徐文英，等.Fe/Cu 催化还原法处理氯代有机物的机理分析

［J］.水处理技术，2005，31（5）：30-33.

［81］Helland B R，Alvarez P J J，Schnoor J L. Reductive dechlorination of carbon tetrachloride with elemental iron［J］. Journal of Hazardous Materials，1995，41（2-3）：205-216.

［82］吴德礼，王红武，樊金红，等. Fe⁰催化还原转化水中 CCl_4 的实验研究［J］.环境科学，2008（12）：3433-3438.

［83］吴德礼，王红武，马鲁铭. Ag/Fe 催化还原体系处理水体中氯代烃的研究［J］.环境科学，2006，27（9）：1802-1807.

［84］段志婕，吴德礼，马鲁铭.零价金属还原技术处理氯代有机物的研究进展［J］.环境科学与管理，2007，32（6）：79-83.

［85］李杰，王芳，杨兴伦，等.纳米铁和钯化铁对水体中高氯苯的降解特性［J］.环境科学，2011，32（3）：692-698.

［86］程荣，王建龙.纳米 Fe⁰ 作用下 4-氯酚的脱氯特性及机理［J］.环境科学，2007，28（3）：578-583.

［87］何娜，李培军，范淑秀，等.零价金属降解多氯联苯（PCBs）［J］.生态学杂志，2007，26（5）：749-753.

［88］Sayles G D，You G，Wang M，et al. DDT，DDD and DDE dechlorination by zero-valent iron［J］. Environ Sci. Technol，1997，31（12）：3448-3454.

［89］Gillham R W，O'Hannesin S F. Enhanced degradation of halogenated aliphatics by zero-valent iron［J］. Ground Water，1994，32（6）：958-967.

［90］Srinivasan R，Sorial G A.Treatment of perchlorate in drinking water：a critical review［J］.Separation and Purification Technology，2009，69（1）：7-21.

［91］Yeung A T，Gu Y. A review on techniques to enhance electrochemical remediation of contaminated soils［J］.Journal of Hazardous Materials，2011，195：11-29.

［92］Scherer M M，Richter S，Valentine R L，et al. Chemistry and microbiology of permeable reactive barriers for in situ groundwater clean up［J］.Critical Reviews in Microbiology，2000，26（4）：221-264.

［93］应迪文.微电解方法的原理研究、性能拓展及在难降解废水处理中的应用［D］.上海：上海交通大学，2013.

［94］张春永.铁碳微电解法废水处理技术研究［D］.南京：东南大学，2004.

［95］杨健，郑广宏.微电解预处理难降解有机废水的研究进展［J］.工业用水与废水，2008，39（5）：1-5.

［96］孙志华，魏永强，李志刚，等.铁碳微电解工艺分析与设计优化［J］.新疆环

境保护，2008，30（3）：35-37.

［97］刘敏．内电解法处理难降解有机物特性及其分子结构的相关性研究［D］.上海：同济大学，2008.

［98］陈郁，全燮．零价铁处理污水的机理及应用［J］.环境科学研究，2000，13（5）：24-26，37.

［99］金霄，阮新潮．内电解法在废水处理中的研究进展［J］.广州化工，2012，40（7）：6-8.

［100］杨玉峰．铁碳微电解组合工艺预处理高难度难降解有机废水的研究［D］.杭州：浙江工业大学，2009.

［101］周培国，傅大放．微电解工艺研究进展［J］.环境污染治理技术与设备，2001，2（4）：18-24.

［102］马丽霞，赵仁兴．铁屑内电解法在废水处理中的应用研究进展［J］.河北工业科技，2003，20（1）：50-53，57.

［103］鞠峰，胡勇有．铁屑内电解技术的强化方式及改进措施研究进展［J］.环境科学学报，2011，31（12）：2585-2594.

［104］于军，秦霄鹏，高磊．内电解技术处理有机废水的应用进展［J］.中国给水排水，2009，25（12）：12-15，19.

［105］庞翠翠．铁碳微电解填料板结过程的研究［D］.邯郸：河北工程大学，2012.

［106］秦树林，赵岳阳，王忠泉．微电解处理工艺及传统填料存在问题与改进措施［J］.能源环境保护，2013，27（5）：8-10，23.

［107］闵乐．催化铁内电解法生产性试验和使用镀铜电极的研究［D］.上海：同济大学，2006.

［108］王子，马鲁铭．催化铁还原技术在工业废水处理中的应用进展［J］.中国给水排水，2009，25（6）：9-13，18.

［109］吴琼，周启星，华涛．微电解及其组合工艺处理难降解废水研究进展［J］.水处理技术，2009，35（11）：27-32.

［110］Plata G B O D L., Alfano O M, Cassano A E. 2-Chlorophenol degradation via photo fenton reaction employing zero zalent iron nanoparticles［J］.Journal of Photochemistry and Photobiology A: Chemistry，2012，233（2）：53-59.

［111］尹美兰．两种三元微电解填料的开发及其性能研究［D］.沈阳：沈阳工业大学，2016.

［112］张春永，沈迅伟，徐飞高，等．一种新型微电解材料组合的性能研究［J］.

水处理技术，2005，31（1）：32-34，49.

［113］曹立伟，张淑娟，张有智，等.微电解填料的研究进展［J］.现代化工，2015，35（6）：13-17.

［114］邹昊辰，张思相，栗占彬，等.废水处理用微电解规整化填料的制备［J］.化工环保，2008，28（6）：546-548.

［115］张思相.新型微电解填料的开发及其在废水处理中的应用［D］.长春：吉林大学，2007.

［116］姜国保.微电解作用机理及反应器研究现状［J］.中国环境管理干部学院学报，2010，20（6）：65-67.

［117］Phillips D H，Watson D B，Roh Y，et al. Mineralogical characteristics and transformations during long-term operation of a zero-valent iron reactive barrier ［J］. Journal of Environment Quality，2003，32（6）：2033-2045.

［118］Phillips D H，Nooten T V，Bastiaens L，et al. Ten year performance evaluation of a field-scale zero-valent iron permeable reactive barrier installed to remediate trichloroethene contaminated groundwater ［J］.Environmental Science & Technology，2010，44（10）：3861-3869.

［119］曾小勇，王红武，马鲁铭，等.微曝气催化铁内电解法预处理化工废水［J］.中国给水排水，2005，21（12）：1-4.

［120］Fan J，Ma L. The pretreatment by the Fe-Cu process for enhancing biological degradability of the mixed wastewater ［J］.Journal of Hazardous Materials，2009，164（2-3）：1392-1397.

［121］Ma L，Zhang W. Enhanced biological treatment of industrial wastewater with bimetallic zero-valent iron ［J］.Environmental Science & Technology，2008，42（15）：5384-5389.

［122］Xu W，Li P，Fan J. Reduction of nitrobenzene by the catalyzed Fe/Cu process ［J］. Journal of Environmental Sciences，2008，20（8）：91-921.

［123］Wei J，Xu X，Liu Y，et al. Catalytic hydrodechlorination of 2,4-dichlorophenol over nanoscale Pd/Fe：Reaction pathway and some experimental parameters ［J］. Water Research，2006，40（2）：348-354.

［124］He F，Zhao D. Hydrodechlorination of trichloroethene using stabilized Fe-Pd nanoparticles：Reaction mechanism and effects of stabilizers，catalysts and reaction conditions ［J］. Applied Catalysis B：Environmental，2008，84（3-4）：533-540.

［125］全燮，刘会娟，杨凤林，等.二元金属体系对水中多氯有机物的催化还原脱氯特性［J］.中国环境科学，1998，18（4）：333-336.

［126］周红艺，徐新华，等.钯/铁双金属对水中氯苯的催化脱氯研究［J］.浙江大学学报（工学版），2003，37（3）：345-349.

［127］Chaplin B P, Reinhard M, Schneider W F, et al. A critical review of Pd-based catalytic treatment of priority contaminants in water［J］.Environmental Science & Technology, 2012, 46（7）：3655-3670.

［128］Angeles-Wedler D, Mackenzie K, Kopinke F D. Permanganate oxidation of sulfur compounds to prevent poisoning of Pd catalysts in water treatment processes［J］. Environmental Science & Technology, 2008, 42（15）：5734-5739.

［129］Cheng R, Zhou W, Wang J L, et al. Dechlorination of pentachlorophenol using nanoscale Fe/Ni particles：role of nano-Ni and its size effect［J］. Journal Hazards Material, 2010, 180：79-85.

［130］Glavee G N, Klabunde K J, Sorensen C M, et al. Chemistry of borohydride reduction of iron（Ⅱ）and iron（Ⅲ）ions in aqueous and nonaqueous media. Formation of nanoscale Fe, FeB and Fe_2B powders［J］.Inorganic Chemistry, 1995, 34（1）：28-35.

［131］Wang C B, Zhang W X. Synthesizing nanoscale iron particles for rapid and complete dechlorination of TCE and PCBs［J］. Environmental science & technology, 1997, 31（7）：2154-2156.

［132］李钰婷，张亚雷，代朝猛，等.纳米零价铁颗粒去除水中重金属的研究进展［J］.环境化学，2012，31（9）：1349-1354.

［133］李钰婷，张亚雷，代朝猛，等.纳米零价铁颗粒用于地下水原位修复的研究进展［J］.现代农业科技，2015，（4）：204-208.

［134］Yan W, Herzing A A, Kiely C J, et al. Nanoscale zero-valent iron（nZVI）：Aspects of the core-shell structure and reactions with inorganic species in water［J］. Journal of Contaminant Hydrology, 2010, 118（3）：96-104.

［135］张茜茜，夏雪芬，周文，等.纳米零价铁的制备及其在环境中的应用进展［J］.环境科学与技术，2016，39（1）：60-65.

［136］贾金平，徐新燕，吕洲，等.缺氧/好氧两段式内电解处理有机废水的方法［P］.CN：1935681A，2007-03-28.

［137］赖鹏，赵华章，王超，等.铁碳微电解深度处理焦化废水的研究［J］.环境

工程学报，2007，1（3）：15-20.

［138］杨林，宋鑫，王玉军，等.微电解预处理靛蓝牛仔布印染废水［J］.环境工程学报，2013，7（1）：265-272.

［139］于璐璐，林海，陈月芳，等.曝气微电解法预处理难降解含氰农药废水［J］.化工学报，2011，62（4）：1091-1096.

［140］冯雅丽，张茜，李浩然，等.铁碳微电解预处理高浓度高盐制药废水［J］.环境工程学报，2012，6（11）：3855-3860.

［141］王奇，潘家荣，梅朋森，等.电 Fenton 及光电 Fenton 法废水处理技术研究进展［J］.三峡大学学报（自然科学版），2008，30（2）：89-94.

［142］杨新涛，马如意，王倩，等.Electro-Fenton 法的影响因素及研究进展［J］.环境科技，2014，27（5）：72-76.

［143］张令戈.Fenton 法处理难降解有机废水的应用与研究进展［J］.矿冶，2008，3（17）：96-101.

［144］王其仓，刘有智，白雪，等.Fenton 试剂法处理有机废水的技术进展［J］.化工中间体，2009，5（12）：25-29.

［145］张国卿，王罗春，徐高田，等.Fenton 试剂在处理难降解有机废水中的应用［J］.工业安全与环保，2004，30（3）：17-19.

［146］孙艳慧，张卿，季常青.Fenton 试剂在有机废水处理中的应用［J］.净水技术，2014，33（1）：25-29.

［147］宫本平，彭冠涵.Fenton 氧化法在废水处理中的研究进展［J］.辽宁化工，2012，41（10）：1104-1106.

［148］王娟，杨再福.Fenton 氧化在废水处理中的应用［J］.环境科学与技术，2011，34（11）：104-108.

［149］包木太，王娜，陈庆国，等.Fenton 法的氧化机理及在废水处理中的应用进展［J］.化工进展，2008，27（5）：660-665.

［150］张玲玲，李亚峰，孙明，等.Fenton 氧化法处理废水的机理及应用［J］.辽宁化工，2004，33（12）：734-737.

［151］陈胜兵，何少华，娄金生.Fenton 试剂的氧化作用机理及其应用［J］.环境科学与技术，2004，27（3）：105-107.

［152］鞠琰，陈嘉川，薛嵘.Fenton 氧化法的影响因素及其在废水处理中的应用［J］.环境科技，2007，20（s2）：111-113.

［153］张潇逸，何青春，蒋进元，等.类芬顿处理技术研究进展综述［J］.环境科学与管理，2015，40（6）：58-61.

［154］白蕊，李巧玲，李建强，等. Fenton 法及类 Fenton 法在污水处理方面的研究与应用［J］. 化工科技，2010，18（6）：69-73.

［155］余美维. Fenton 氧化降解苯胺的条件优化及机理研究［D］. 北京：中国矿业大学，2015.

［156］豆子波. Fenton 及类 Fenton 试剂深度处理制药废水的效能研究［D］. 哈尔滨：哈尔滨工业大学，2009.

［157］范拴喜，江元汝. Fenton 法的研究现状与进展［J］. 现代化工，2007，27（1）：104-107.

［158］张传君，李泽琴，程温莹，等. Fenton 试剂的发展及在废水处理中的应用［J］. 世界科技研究与发展，2005，27（6）：64-68.

［159］朱琳娜，吴超，何争光. Fenton 试剂法处理难生物降解有机废水最新进展［J］. 能源技术与管理，2006（2）：59-62.

［160］李章良，黄建辉. Fenton 试剂氧化机理及难降解有机工业废水处理研究进展［J］. 韶关学院学报，2010（3）：66-72.

［161］张芳，李光明，赵修华，等. 电 -Fenton 法废水处理技术的研究现状与进展［J］. 工业水处理，2004，24（12）：9-13.

［162］汤茜. 电 Fenton 法降解模拟偶氮染料废水的实验研究［D］. 兰州：兰州理工大学，2010.

［163］Panizza M，Cerisola G. Removal of organic pollutants from industrial wastewater by electrogenerated Fenton`s reagent［J］. Wat Res.，2001，35（16）：3987-3992.

［164］方建章，李浩，雷恒毅. 电生成 Fenton 试剂处理染科废水［J］. 化工环保，2004，24（4）：284-287.

［165］Qiang Z M，Chang J H，Huang C P. Electrochemical generation of hydrogen peroxide from dissolved oxygen in acidic solutions［J］. Water Research，2002，36（1）：85-94.

［166］Enric B，Miguel A B，Jose A G. Mineralization of herbicide 3,6-dichioro-2-methoxybenzoic acid in aqueous medium by anodic oxidation，electro-Fenton and photoelectro-Fenton［J］. Electrochimica Acta，2003，48（12）：1697-1705.

［167］Boye B，Momar Morieme Dieng，Brillas E. Anodic oxidation，electro-Fenton and photoelectro-Fenton treatments of 2,4,5-trichlorophenoxyacetic acid［J］. Journal of Electroanalytical Chemistry，2003，557：135-146.

［168］石岩，王启山，岳琳，等.三维电极-电 Fenton 法处理垃圾渗滤液［J］.天津大学学报，2009，42（3）：248-252.

［169］Lin S H，Chang C C.Treatment of landfill leachate by combined electro-Fenton oxidation and sequencing bath reactor method［J］.Wat Res.，2000，34（17）：4243-4249.

［170］解清杰，马涛，王琳玲，等.六氯苯污染沉积物的电 Fenton 法处理［J］.华中科技大学学报（自然科学版），2005，33（3）：122-124.

［171］Briiias E，Casado J.Aniline degradation by electro-Fenton and peroxi-coagulation processes using a flow reactor for wastewater treatment［J］.Chemosphere，2002，47（3）：241-248.

［172］雷乐成，汪大翠.水处理高级氧化技术［M］.北京：化学工业出版社，2001.

［173］江传春，肖蓉蓉，杨平.高级氧化技术在水处理中的研究进展［J］.水处理技术，2011，37（7）：12-16.

［174］吴支备，刘飞.高级氧化技术在水处理中的研究进展［J］.山西建筑，2016，42（8）：156-157.

［175］李翠翠，沈文浩，陈小泉.光催化氧化反应机理及在造纸废水处理中的应用［J］.中国造纸，2011，30（8）：191-191.

［176］何静.光电催化协同降解有机污染物［D］.唐山：华北理工大学，2019.

［177］景晓辉.光电催化氧化降解染料废水［D］.上海：东华大学，2011.

［178］王玉春，张丽，董丽华.光催化氧化法在污水深度处理中的研究应用综述［J］.净水技术，2012，31（6）：9-13.

［179］魏宏斌.光催化氧化法的影响因素和发展趋势［J］.上海环境科学，1995，14（3）：7-10.

［180］刘然，薛向欣，杨合，等.光催化材料在环保领域中的应用进展［J］.能源环境保护，2004，18（4）：5-8.

［181］孙锦宜，林西平.环保催化材料与应用［M］.北京：化学工业出版社，2002.

［182］聂英华，周雨虹，鹿政理.湿式催化氧化法处理工业废水［J］.环境保护科学，2001，27（5）：11-13.

［183］关自斌.湿式催化氧化法处理高浓度有机废水技术的研究与应用［J］.铀矿冶，2004（2）：101-106.

［184］陈彩云，张倩.湿式催化氧化法处理高浓度有机废水的现状与展望［J］.内

蒙古农业科技，2011，8（5）：15-16.

［185］王永仪，杨志华，蒋展鹏，等.废水湿式催化氧化处理研究进展［J］.环境科学进展，1995（2）：35-41.

［186］王齐.超临界水氧化印染废水实验研究［D］.太原：太原理工大学，2013.

［187］吴克宏，张居.超临界水氧化技术及其在废水处理中的应用［J］.云南环境科学，2003，22（4）：35-37.

［188］王公民.催化剂的制备方法和成型探讨［J］.硅谷，2012（23）：117-117.

［189］彭怡，古昌红，傅敏.活性炭改性的研究进展［J］.重庆工商大学学报（自然科学版），2007，24（6）：577-580.

［190］蔡芬芬，朱义年，梁美娜.活性炭改性的研究进展及其应用［A］// 2008中国环境科学学会学术年会优秀论文集［C］，2008：776-780.

［191］陈繁忠，傅家谟，盛国英，等.电催化氧化法降解水中有机物的研究进展［J］.中国给水排水，1999，15（3）：24-26.

［192］陈卫国，朱锡海.电催化产生 H_2O_2 和·OH 机理及在有机物降解中的应用［J］.水处理技术，1997，23（6）：354-357.

［193］冯玉杰.电化学技术在环境工程中的应用［M］.北京：化学工业出版社，2002.

［194］陈康宁.金属阳极［M］.上海：华东师范大学出版社，1999.

［195］别继艳.电催化氧化技术处理难降解有机废水［D］.杭州：浙江工业大学，2002.

［196］李弯.电催化还原去除废水中硝酸盐氮的研究［D］.南京：南京航空航天大学，2017.

［197］张显峰，王德军，赵朝成，等.三维电极电催化氧化法处理废水的研究进展［J］.化工环保，2016（3）：250-255.

［198］Willy J Masschelein.紫外光在水和废水处理中的应用［M］.张彭义译.北京：机械工业出版社，2013.

［199］吴东平，潘红磊.紫外光催化氧化技术处理有机污染物的研究动态［J］.环境工程，1998，16（3）：64-66.

［200］刘晨.光电催化氧化降解含氮有机污染物的研究［D］.沈阳：沈阳工业大学，2020.

［201］储金宇.臭氧技术及应用［M］.北京：化学工业出版社，2002.

［202］Christiane Gottschallc，Libra J A，Saupe A.水和废水臭氧氧化——臭氧及其应用指南［M］.李风亭，张冰如，张善发，等译.北京：中国建筑工业出版

社，2003.

［203］Fernando J Beltran，Beltran. 水和废水的臭氧反应动力学［M］. 周云瑞译. 北京：中国建筑工业出版社，2007.

［204］朱秋实，陈进富，姜海洋，等. 臭氧催化氧化机理及其技术研究进展［J］. 化工进展，2014，33（4）：1010-1014.

［205］Pines D S，Reckhow D A. Effect of dissolved cobalt（Ⅱ）on the ozonation of oxalic acid［J］. Environ. Sci. Technol.，2002，36（19）：4046-4051.

［206］Zhao L，Ma J，Sun Z，et al. Mechanism of heterogeneous catalytic ozonation of nitrobenzene in aqueous solution with modified ceramic honeycomb［J］. Appl. Catal. B：Environ.，2009，89（3-4）：326-334.

［207］Zhao L，Sun Z，Ma J. Novel relationship between hydroxyl radical initiation and surface group of ceramic honeycomb supported metals for the catalytic ozonation of nitrobenzene in aqueous solution［J］. Environ. Sci. Technol.，2009，43（11）：4157-4163.

［208］代莎莎，刘建广，宋武昌，等. 臭氧氧化法在深度处理难降解有机废水中的应用［J］. 水科学与工程技术，2007（2）：24-26.

［209］闫岩，胡浩. 臭氧氧化技术在水处理中的应用［J］. 广州化工，2012，40（16）：33-35.

［210］庞会从，王振川，邓晓丽，等. 臭氧在水处理中的应用［J］. 河北科技大学学报，2003，24（2）：81-85.

［211］Legube B，Leitner N K V. Catalytic ozonation：a promising advanced oxidation technology for water treatment［J］. Catalysis Today，1999，53（1）：61-72.

［212］Zeng Z，Zou H，Li X，et al. Ozonation of acidic phenol wastewater with O_3/Fe（Ⅱ）in a rotating packed bed reactor：optimization by response surface methodology［J］. Chemical Engineering & Processing，2012，60（10）：1-8.

［213］Zhang X B，Dong W Y，Sun F. Y，et al. Degradation efficiency and mechanism of azo dye RR2 by a novel ozone aerated internal micro-electrolysis filter［J］. Journal of Hazardous Materials，2014，276C（9）：77-87.

［214］赵泽华. 臭氧催化氧化法处理 TAIC 生产废水的实验研究［D］. 南京：南京大学，2014.

［215］袁实. 电催化臭氧水处理技术的开发和研究［D］. 北京：清华大学，2014.

［216］Keith Csott. Electrochemical process for clean technology［J］. Cambridge UK Published by the Royal Society of Chmistry，1995（2）：2-27.

［217］Kotz R，Stucki S，Carcer B. Electrochemical waste water treatment using high overvoltage anodes Part Ⅰ：physical and electrochemical properties of SnO₂ anodes ［J］. J Appl Electrochem，1991，21（1）：14-20.

［218］Smith De Sucre V，Watkinson A P. Anodic oxidation of phenol for waste water treatment［J］. Can J Chem Eng，1981，59（1）：52-59.

［219］Kirk D W，Sharifian H，Foulkes F R. Anodic oxidation of aniline for wawter treatment［J］. J Appl Electrochem，1985，15（2）：285-292.

［220］Srucki S，Kotz R，Carcer B，et al. Electrochemical waste water treatment using high overvoltage anodes Part Ⅱ：anode performance and applications［J］. J Appl Electrochem，1991，21（2）：99-104.

［221］毕强.电化学处理有机废水电极材料的制备与性能研究［D］.西安：西安建筑科技大学，2014.

［222］郝玉翠，葛伟青，刘艳娟.电极材料在电催化氧化处理有机废水中的应用［J］.化学工程师，2012（1）：35-37.

［223］陶龙骧，谢茂松.电催化和粒子群电极用于处理有机工业污水［J］.工业水处理，2000，9（9）：1-3.

［224］熊英健，范娟，朱锡海.三维电极电化学水处理技术研究现状及方向［J］.工业水处理，1998，18（1）：5-8.

［225］冯国栋，赵卫星，姜娈，等.三维电极在水处理中的应用［J］.应用化工，2010，39（9）：1390-1393.

［226］张杰，冉献强，范建伟，等.三维电极法处理废水的研究进展［J］.四川环境，2011，30（3）：119-122.

［227］王建秋，夏明芳，徐炎华.三维电极法处理氯苯废水［J］.化工环保，2007，27（5）：399-403.

［228］朱卫国，匡少平，宋洋，等.三维电极反应器导电粒子去除水中4-氯酚的性能研究［J］.工业用水与废水，2018（4）：47-51.

［229］赵立功，商策，闵磊，等.三维电极反应器用于焦化废水深度处理及回用［J］.中国给水排水，2010（15）：68-71.

［230］王欀橦，吴勇，卓勇，等.三维电极-铁碳微电解复合工艺处理垃圾渗滤液的动静态试验对比研究［J］.科学技术与工程，2016，16（29）：325-329.

［231］石岩，王启山，岳琳.三维电极-电 Fenton 法去除垃圾渗滤液中有机物［J］.北京化工大学学报，2008，35（6）：84-89.

［232］侯巧玲，王兴，李兴武，等.电化学处理用于重金属工业园区污水处理工程

［J］.中国给水排水，2017，33（10）：66-68.

［233］陈林.矿山重金属污水处理工程实例［J］.工业用水与废水，2019，50（3）：78-80.

［234］吴志坚，陈亮，张会展.微电解-光催化氧化-A²/O 工艺在医药化工废水处理中的应用［J］.工业水处理，2010，30（12）：89-92.

［235］渐明柱，李德生，薛敏涛，等.电化学预处理与 MBR 工艺联合处理制膜废水［J］.广州化工，2010，38（6）：175-176.

［236］肖继波，原琼，曾超平.己二酸酯生产废水处理工程设计与运行［J］.给水排水，2010，36（4）：60-62.

［237］章正勇，庄会中，胡岚.化学合成制药废水处理工程实例［J］.中国给水排水，2014，30（24）：126-129.

附录 A 有机化合物环境数据一览表

化合物名称	熔点/℃	沸点/℃	密度/(kg/L)	水中溶解度/(g/L)	COD/(g/g)	BOD/(g/g)	BOD_5/COD_{Cr} 生物可降解性	对微生物的毒性
A								
2-氨基苯甲酸	147			3.5		1.32		
4-氨基苯甲酸乙酯	88～89							100（N）
4-氨基偶氮苯	126	360				0	0	
2-氨基酚	174		1.328	17	2.49		+	
3-氨基酚	123	164		26	2.49		+	0.6
4-氨基酚	186.5	284		11	2.49		+	8 10
B								
巴豆醛	−75	104	0.85	155	2.22	0.85	0.38	
苯	5.5	80.1	0.879	1.78	2.15～3.07	0.5（1.15）		520，13（N），1 200（AN）
苯胺	−5.89	184.4	1.022	34	2.4	1.49～2.26	+	
苯丙氨酸	271	318（分解）		14.2	2.20		+	
1,2-苯二胺	103	258		41			+	
1,4-苯二胺	139.7	267		38	1.92	0.06	0.031	
1,2-苯二酚	105	240	1.371	451	1.89	0.69（1.47）	0.773	
1,3-苯二酚	109～111	281.4	1.272	840	1.89	1.15	0.794	3
1,4-苯二酚	171	287	1.358	59	1.83	0.48	0.40	58
1,2-苯二甲醚	22.5	206	1.084 2					
1,4-苯二甲酸	425		1.510	0.016	0.94	1	1.06	
苯酚	40.9	182	1.058	82	2.33～2.38	1.1～2.0	0.462	64
苯磺酸							+	
2-苯基苯酚	56	275	1.2	0.7				
苯甲胺		185	0.983					440

347

化合物名称	熔点/℃	沸点/℃	密度/(kg/L)	水中溶解度/(g/L)	COD/(g/g)	BOD/(g/g)	BOD₅/CODCr 生物可降解性	对微生物的毒性
苯甲醇	-15	206	1.046	40	2.5	1~1.55	0.598	350
苯甲醚	-37.5	153.7	0.989	1.5	1.81	0.17	0.094（+）	
苯甲醛	-26	179	1.05	3.3	1.98~2.41	1.62（1.78）	0.621	132
苯甲腈	-23~-26	234	1.015					11
苯甲酸	122	249	1.266	2.7	1.95~2.00	0.96~1.65	0.805	480
苯甲酸钠					1.6	1.13	0.707	
1,3,5-苯三酚	222		1.460	11.35	1.52~2.54	0.47	0.185	
苯乙酮	19.6	202	1.03	1.96	2.53~3.03	0.5~0.518	0.425	
苯乙酸	78.5	265	1.081	16			+	
苯乙烯	-30.6	145.3	0.91	0.3	2.12~2.88	1.12（1.60）	0.522	72
吡啶	-41.8	115.3	0.98	互溶		1.47	+	340
丙苯	-101	159	0.862	0.017	1.6	（1.2）	+	
丙醇	-126.2	97.2	0.804	互溶	2.40	0.47~1.50	0.625	2 700
丙酸	-92	141	0.992	互溶	1.41~1.51	0.36~1.3	+	
丙酮	-95	56.2	0.79	互溶	1.112~2.07	1.12	0.774	8 100（N）1 700
丙烯	-185	-47.8	0.609	0.84		0	0	
丙烯氯	-136	45	0.94	13	0.86~1.33	0.23	+	115
丙烯腈	-83	77.4	0.806		1.39~1.87	0.7	0.387	53
丙烯酸	13	141.6	1.051	互溶	1.33	1.1	0.623	41
C								
草酸	189		1.653	95	0.17~0.18	0.14~0.16	0.823	1 550

化合物名称	熔点 /℃	沸点 /℃	密度 /（kg/L）	水中溶解度 /（g/L）	COD/（g/g）	BOD/（g/g）	BOD₅/CODCr 生物可降解性	对微生物的毒性
草酸钠				34.1		0.08	+	
草酸乙二酯	−41	185	1.076					10 000
D								
丁胺	−104.5	99.5	0.74	互溶	2.26	1.25	0.447	800
丁苯	−88	183	0.86		3.22	0.49（1.96）	0.153	
丁二腈	80	267	0.985	128	1.60	(1.25)	0.782+	
丁二酸	185	235	1.56	68	1.85	0.64	+	
丁醛	−97	75	0.817	37	2.44	1.16	0.505	100
丁酸	−5.5	163.7	0.957	56	1.65～1.75	0.34～1.16	+	875
丁酮	−83.4	79.6	0.805	370	2.44	1.7	0.697	1 150
E								
蒽	216	340	1.25	0.001 9	3.21	0～0.06		
二苯醚	28	259	1.073	0.021			−	
二甲胺	−92.2	6.9	0.68	易	2.15	1.3（0.4）	0.653+	
二甲苯				0.13	3.17	0.98	0.309+	
1,3-二甲苯	−48	139	0.864		2.63	(2.53)	(+)	
1,4-二甲苯	13	138.4	0.86	0.198	1.42～2.56	0～2.35	0	
N,N-二甲基苯胺	2	192	0.96	1	2.53～2.63	0.25	0.095	
2,6-二甲酚	46	203			2.62	0 0.82	0 0.313,+	
N,N-二甲基甲酰胺	−61	153	0.95	互溶	1.54	0.02（0.10）	0.065	
二甲基亚砜	18.5	189	1.10				(+)	
1,2-二氯苯	−18	179	1.305	0.14	1.42	0	0	910，47（N）
1,4-二氯苯	53	173.4	1.458	0.08	1.42	0	0	
二氯甲烷	−96.7	40.1		13.2	0.38	0	0	
二氯乙酸	6	194	1.563	86.3	0.592	(0.2)	0.539+	

续表

化合物名称	熔点 /℃	沸点 /℃	密度 /（kg/L）	水中溶解度 /（g/L）	COD/（g/g）	BOD/（g/g）	BOD₅/CODcr 生物可降解性	对微生物的毒性
二硝基苯				0.49			−	
2,4-二硝基甲苯	70	300	1.521	0.3	1.33	0	0	57
二乙胺	−45	50.3	0.711	互溶	2.95	1.3	0.445+	
二乙醇胺	28	269	1.092	互溶	1.06~1.52	0.1	0.095+	10 000
N,N-二乙基苯胺	−38.8	216	0.935	14.4	2.59~2.79	0	0	
F								
反丁烯腈 -2		122.8	0.826		2.15	（1.24）	（0.576）	
反丁烯二酸	287	290（升华）	1.635	7.25	0.77	0.57~0.70	0.78	
呋喃	−85.6	32	0.964	10		0	0	
G								
甘氨酸	233	292（分解）	1.601	253	0.46~0.64	0.385~0.55	0.86	
甘露醇	166.1		1.52	156	0.92	0.68	0.74	
甘油		291	1.260	互溶	1.16~1.23	0.77~0.87	0.70	10 000
刚果红						0	0	
庚醛	−45	155	0.850				0.384	
膦胺酸	261			0.11			−	
谷氨酸	225		1.46	26.4	0.98	0.64	0.653	
H								
环己胺	−18	134	0.819				+	420
环己醇	25.15	161.1	0.962	36	2.15~2.35	0.379~1.60	0.684	
环己酮	−40.2	155.6	0.948	23	2.61	1~1.23	0.384	180
环己酮肟	90	206 210		15	2.12	0.03~0.04	0.019	30
环己烷	6.5	81.4	0.78	0.055		0	0（+）	
环己烯	−103.5	83	0.811	0.213		0	0	17

化合物名称	熔点 /℃	沸点 / ℃	密度 / （kg/L）	水中溶解度 / （g/L）	COD/ （g/g）	BOD/ （g/g）	BOD₅/CODCr 生物可降解性	对微生物的毒性
				J				
乙醇 -1	-51	158	0.82	59	2.65	0.79	0.30	62
乙二腈	-0.5	295	0.962		1.92		+	
乙酸	-6	204	0.945	11	2.28	（2.11）	0.44	
2-甲苯胺	-24.4	200	1.004	15		0.24～1.43	+	16
甲醇	-98	64.5	0.796	互溶	1.5	0.77	0.651	
3-甲苯酚	12	202	1.038	24.2	2.52	1.54	0.62	33 55
4-甲苯酚	34.8	202	1.038	24	2.4	1.4～1.76	0.62	30
2-甲苯酚	31	191	1.041	31	2.38～2.52	1.54～1.76	0.62	33 50
甲基丙烯酸	16	163	1.015		1.7	0.89	0.523	
甲基橙						0	0	
甲基呋喃	-88.7	63～65.6	0.913	3				90
3-甲基吲哚	95	266	0.5	0.5	2.52～2.95	1.51	0.512	
甲基紫						0	0	
甲酸	8.4	101	1.220	互溶	0.35	0.15～0.19	0.788（+）	
甲酰胺	2.55	211	1.133	互溶	0.35	0.007	-	
甲酸甲酯	-80.5	34.5	0.917	118	1.51	0.5	0.33	
酒石酸	171		1.76	206	0.52	0.30	0.677	
				K				
糠醇	-14.6	171	1.13			0.532		180
糠醛	-36.5	161.7	1.160	83	1.54	0.77	0.578	16
苦味酸	168			1.4			-	
喹啉	-19.5	237.7	1.095	60	1.97～2.31	1.71～1.77	0.712	
				L				
联苯	70	2.54	1.18	0.007 5		1.08	+	

化合物名称	熔点 /℃	沸点 /℃	密度 /（kg/L）	水中溶解度 /（g/L）	COD/（g/g）	BOD/（g/g）	BOD$_5$/COD$_{Cr}$ 生物可降解性	对微生物的毒性
邻苯二甲酸	206		1.593	5.4	1.44	0.85～1.44	0.878	
邻苯二甲酸二丁酯	-35	340	1.047	0.4	2.24	0.43～0.49	+	
磷酸三丁酯	-80	289	0.973	0.397	2.16	0.1	0.045	
硫脲	182		1.405	91.8	0.83	0.075～0.011	0.015	
氯苯	-45	132	1.107	0.49	0.41～0.91	0.03	0.033，-	17
4-氯苯酚	43	217	1.306	27.1			+	20
氯仿	-63.5	61.2	1.488	8.2	1.335	0～0.02	-	125
4-氯硝基苯	83.5	242	1.520			0	0	
氯乙酸	61	189	1.58	易	0.59	（0.3）	0.51+	
M								
吗啉	-4.75	128	1.00	互溶	1.34	0～0.02	0.011	310
咪唑	90～91	257	1.030 3					
N								
萘	80.3	217.9	1.175					
尿素	132.7		1.335	780			+	
脲酸			1.893	0.065	0.551	0.300	+	
柠檬酸	1 153		1.542	1 330	0.74	0.42，（0.61）	+	10 000
P								
偏二甲肼	-58	62.5	0.80		2.1	1.13	0.6	
苹果酸	140		1.595	0.88	2 376	2.62	0.17	
葡萄糖	146			323	0.60	0.53	+	
Q								
2-羟基苯丙酸				160	2.27	0.31	0.137	
2-羟基丙胺	1.4	160	0.962		1.35	0.7	0.59	
羟乙基乙酰胺					1.4	1.1	0.787	
羟乙酸	79		1.27			0.175	+	
R								
壬酸	13	254	0.907		2.52	0.59	0.234	

化合物名称	熔点/℃	沸点/℃	密度/（kg/L）	水中溶解度/（g/L）	COD/（g/g）	BOD/（g/g）	BOD₅/CODCr 生物可降解性	对微生物的毒性
乳糖	170				1.07	0.55	0.515	
乳酸	16	122	1.249		1.07	0.64～0.96		
S								
噻吩	−38.3	84	1.064	2.8		0	（＋）	
三甘氨酸	244				0.73	0.014	0.021	
三甘醇	−4	287.4	1.125	互溶	1.6	0.03～0.5	−，0.312	320
1,3,5-三甲苯	−52.7	164.7	0.865		0.32	0.096	0.3	
1,2,4-三氯苯	17	213	1.574	0.1	1.06	0.3	0.284	
三乙醇胺	21.2	360	1.12	互溶	1.66	0.01～0.17	0.005	10 000
水杨酸	159	256	1.443	1.8	1.58	0.97	＋	
四甘醇	−6	327	1.12	互溶	1.65	0.5	0.303	
四氢萘	35.7	207.7	0.97		0.315	0	0	
顺丁烯二酸	133		1.590	788	0.80～0.93	0.57～0.63	0.687	
T								
糖精	224				1.11	0.12	0.109	
W								
戊醇-1	−79	138	0.824	27	2.20～2.73	1.23～1.16	0.45	220
戊酸	−34	187	0.942	37	2.04	1.05～1.40	0.515	
X								
硝基苯	5.76	211	1.20	1.9	1.91	0	0	
2-硝基苯甲酸	147.5		1.575	6.8			＋	
4-硝基酚	113.4	179	1.479	16	1.54		−（＋）	4
辛醇-1	−17	195	0.824	0.3	2.89～2.95	1.12	0.37　0.41	50
Y								
一乙胺	−80.6	16.6	0.71	易	2.13	0.8	0.375＋	29
乙苯	−95	136.2	0.867	0.14		1.73	＋	12
乙醇	−117	78.4	0.789	互溶	2.08	（1.82）	0.875＋	6 500
乙二胺	8.5	117	0.898	互溶	1.05	0.01（1.0）	0.008＋	0.85

续表

化合物名称	熔点/℃	沸点/℃	密度/（kg/L）	水中溶解度/（g/L）	COD/（g/g）	BOD/（g/g）	BOD₅/CODCr 生物可降解性	对微生物的毒性
乙醚	-116	35	0.714	69		0.03	-	
乙醛	-124	20.8	0.783	互溶	1.82	0.91（1.07）	0.59+	
乙醛酸	79				0.63	0.175	0.248	
乙腈	-44.9	81.6	0.783	互溶	1.56	1.4	0.898+	680
乙酸	16.7	118.1	1.049	互溶	1.07	0.34~0.88	0.805+	
乙酸丁酯	-73.5	126.1	0.882	14	2.2	0.52	0.236+	115
乙酸乙酯	-8.36	77.2	0.901	80	1.54~1.88	0.86（1.57）	0.80+	
乙酸异丙酯	-73	90	0.877	18	2.02	0.26	0.129+	190
乙酸异丁酯	-98.9	118	0.871	6.35	2.20	0.67（2.05）	0.932+	200
乙酰胺	82.5	222	1.159	易	1.08	0.63~0.74	0.583+	10 000
乙酰苯胺	114	305	1.21	5.64		1.20	+	
乙酰丙酮	-23.2	139	0.976	125		0.1（1.24）	+	67
异丙醇	-89.5	82.4	0.785	互溶	2.30~2.40	1.29~2.00	+	1 050
异丁醛	-65.9	61.5	0.794	110	2.44	1.16	0.505	
硬脂酸	71.5	376.1	0.839	0.34	2.69~2.94	1.20~1.66	+	
吲哚	5.3	254	2.46		2.46	2.07	0.91	
油酸	16.3	360	0.89		2.25~2.54	0.17		
油酸钠					2.68	1.29	0.482	
Z								
仲丁醇	-89	107	0.808	125	2.47	1.87	+	
棕榈酸	64	239	0.853		0.80~2.87	0.06~1.10		
棕榈酸钠					2.61	0.45	0.172	

注：毒性指对好氧降解微生物，标（N）指对消化菌，标（AN）指对厌氧菌，括号内的数据为专用菌或经长期驯化菌的数值。

附录 B 标准氧化 - 还原电位 $\varphi^{\ominus}$（25℃）

电极还原反应	$\varphi^{\ominus}$/V	电极还原反应	$\varphi^{\ominus}$/V
$H_4XeO_6+2H^++2e^- \longrightarrow XeO_3+3H_2O$	+3.0	$Au^{3+}+3e^- \longrightarrow Au$	+1.40
$F_2+2e^- \longrightarrow 2F^-$	+2.87	$Cl_2+2e^- \longrightarrow 2Cl^-$	+1.36
$O_3+2H^++2e^- \longrightarrow O_2+H_2O$	+2.07	$Cr_2O_7^{2-}+14H^++6e^- \longrightarrow 2Cr^{3+}+7H_2O$	+1.33
$S_2O_8^{2-}+2e^- \longrightarrow 2SO_4^{2-}$	+2.05	$O_3+H_2O+2e^- \longrightarrow O_2+2OH^-$	+1.24
$Ag^{2+}+e^- \longrightarrow Ag^+$	+1.98	$O_2+4H^++4e^- \longrightarrow 2H_2O$	+1.23
$Co^{3+}+e^- \longrightarrow Co^{2+}$	+1.81	$ClO_4^-+2H^++2e^- \longrightarrow ClO_3^-+H_2O$	+1.23
$H_2O_2+2H^++2e^- \longrightarrow 2H_2O$	+1.78	$MnO_2+4H^++2e^- \longrightarrow Mn^{2+}+2H_2O$	+1.23
$Au^++e^- \longrightarrow Au$	+1.69	$Br_2+2e^- \longrightarrow 2Br^-$	+1.09
$Pb^{4+}+2e^- \longrightarrow Pb^{2+}$	+1.67	$Pu^{4+}+e^- \longrightarrow Pu^{3+}$	+0.97
$2HClO+2H^++2e^- \longrightarrow Cl_2+2H_2O$	+1.63	$NO_3^-+4H^++3e^- \longrightarrow NO+2H_2O$	+0.96
$Ce^{4+}+e^- \longrightarrow Ce^{3+}$	+1.61	$2Hg^{2+}+2e^- \longrightarrow Hg_2^{2+}$	+0.92
$2HBrO+2H^++2e^- \longrightarrow Cl_2+2H_2O$	+1.63	$ClO^-+H_2O+2e^- \longrightarrow Cl^-+2OH^-$	+0.89
$MnO_4^-+8H^++5e^- \longrightarrow Mn^{2+}+4H_2O$	+1.51	$Hg^{2+}+2e^- \longrightarrow Hg$	+0.86
$Mn^{3+}+e^- \longrightarrow Mn^{2+}$	+1.51	$NO_3^-+2H^++e^- \longrightarrow NO_2+H_2O$	+0.80
$Ag^++e^- \longrightarrow Ag$	+0.80	$Tl^++e^- \longrightarrow Tl$	−0.34
$Hg_2^{2+}+2e^- \longrightarrow 2Hg$	+0.79	$PbSO_4+2e^- \longrightarrow Pb+SO_4^{2-}$	−0.36
$Fe^{3+}+e^- \longrightarrow Fe^{2+}$	+0.77	$Ti^{3+}+e^- \longrightarrow Ti^{2+}$	−0.37
$BrO^-+H_2O+2e^- \longrightarrow Br^-+2OH^-$	+0.76	$Cd^{2+}+2e^- \longrightarrow Cd$	−0.40
$Hg_2SO_4^{2-}+2e^- \longrightarrow 2Hg+SO_4^{2-}$	+0.62	$In^{2+}+e^- \longrightarrow In^+$	−0.40
$MnO_4^{2-}+2H_2O+2e^- \longrightarrow MnO_2+4OH^-$	+0.60	$Cr^{3+}+e^- \longrightarrow Cr^{2+}$	−0.41
$MnO_4^-+e^- \longrightarrow MnO_4^{2-}$	+0.56	$Fe^{2+}+2e^- \longrightarrow Fe$	−0.44
$I_2+2e^- \longrightarrow 2I^-$	+0.54	$In^{3+}+2e^- \longrightarrow In^+$	−0.44
$Cu^++e^- \longrightarrow Cu$	+0.52	$S+2e^- \longrightarrow S^{2-}$	−0.48
$I_3^-+2e^- \longrightarrow 3I^-$	+0.53	$In^{3+}+e^- \longrightarrow In^{2+}$	−0.49
$NiOOH+H_2O+e^- \longrightarrow Ni(OH)_2+OH^-$	+0.49	$U^{4+}+e^- \longrightarrow U^{3+}$	−0.61
$Ag_2CrO_4+2e^- \longrightarrow 2Ag+CrO_4^{2-}$	+0.45	$Cr^{3+}+3e^- \longrightarrow Cr$	−0.74
$O_2+2H_2O+4e^- \longrightarrow 4OH^-$	+0.40	$Zn^{2+}+2e^- \longrightarrow Zn$	−0.76
$ClO_4^-+H_2O+2e^- \longrightarrow ClO_3^-+2OH^-$	+0.36	$Cd(OH)_2+2e^- \longrightarrow Cd+2OH^-$	−0.81
$[Fe(CN)_6]^{3-}+e^- \longrightarrow [Fe(CN)_6]^{4-}$	+0.36	$2H_2O+2e^- \longrightarrow H_2+2OH^-$	−0.83
$Cu^{2+}+2e^- \longrightarrow Cu$	+0.34	$Cr^{2+}+2e^- \longrightarrow Cr$	−0.91

续表

电极还原反应	$\varphi^{\ominus}$/V	电极还原反应	$\varphi^{\ominus}$/V
$Hg_2Cl_2+2e^- \longrightarrow 2Hg+2Cl$	+0.27	$Mn^{2+}+2e^- \longrightarrow Mn$	−1.18
$AgCl+e^- \longrightarrow Ag+Cl^-$	+0.22	$V^{2+}+2e^- \longrightarrow V$	−1.19
$Bi^{3+}+3e^- \longrightarrow Bi$	+0.20	$Ti^{2+}+2e^- \longrightarrow Ti$	−1.63
$Cu^{2+}+e^- \longrightarrow Cu^+$	+0.16	$Al^{3+}+3e^- \longrightarrow Al$	−1.66
$Sn^{4+}+2e^- \longrightarrow Sn^{2+}$	+0.15	$U^{3+}+3e^- \longrightarrow U$	−1.79
$AgBr+e^- \longrightarrow Ag+Br-$	+0.07	$Mg^{2+}+2e^- \longrightarrow Mg$	−2.36
$Ti^{4+}+e^- \longrightarrow Ti^{3+}$	0.00	$Ce^{3+}+3e^- \longrightarrow Ce$	−2.48
$2H^++2e^- \longrightarrow H_2$	0	$La^{3+}+3e^- \longrightarrow La$	−2.52
$Fe^{3+}+3e^- \longrightarrow Fe$	−0.04	$Na^++e^- \longrightarrow Na$	−2.71
$O_2+H_2O+2e^- \longrightarrow HO_2^-+OH^-$	−0.08	$Ca^{2+}+2e^- \longrightarrow Ca$	−2.87
$Pb^{2+}+2e^- \longrightarrow Pb$	−0.13	$Sr^{2+}+2e^- \longrightarrow Sr$	−2.89
$In^++e^- \longrightarrow In$	−0.14	$Ba^{2+}+2e^- \longrightarrow Ba$	−2.91
$Sn^{2+}+2e^- \longrightarrow Sn$	−0.14	$Ra^{2+}+2e^- \longrightarrow Ra$	−2.92
$AgI+e^- \longrightarrow Ag+I^-$	−0.15	$Cs^++e^- \longrightarrow Cs$	−2.92
$Ni^{2+}+2e^- \longrightarrow Ni$	−0.23	$Rb^++e^- \longrightarrow Rb$	−2.93
$Co^{2+}+2e^- \longrightarrow Co$	−0.28	$K^++e^- \longrightarrow K$	−2.93
$In^{3+}+3e^- \longrightarrow In$	−0.34	$Li^++e^- \longrightarrow Li$	−3.05